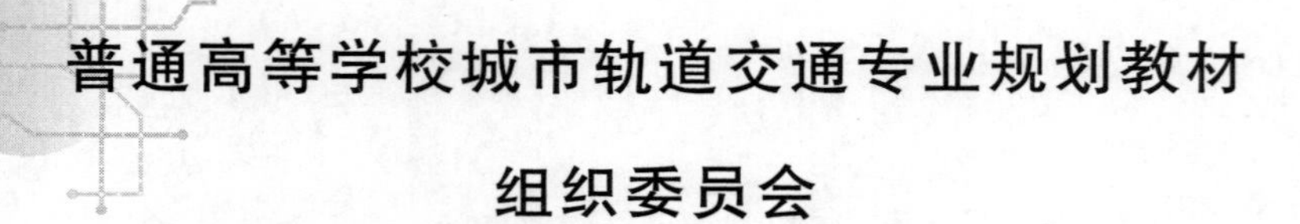

普通高等学校城市轨道交通专业规划教材

组织委员会

普通高等学校城市轨道交通专业规划教材

编写委员会

普通高等学校“十三五”省级规划教材

普通高等学校城市轨道交通专业规划教材

电工技术

主　　编　钟晓旭

编写人员（以姓氏笔画为序）

卫星宇　王　怡　邓春兰

杨振宇　钟晓旭　董　钢

中国科学技术大学出版社

内 容 简 介

本书结合高校“电工技术”课程要求，阐述了电工技术的基本原理及基础知识，并在章后辅以实训操作，包含电工技术理论知识和电工技术实训两个模块，涉及电压、电流、电阻、电源、欧姆定律、功率和能量、串联直流电路、并联直流电路、串并联直流电路、直流电路的分析方法、电容、磁路、电感、正弦交流电路、谐振电路、变压器、三相交流电路、常用电工工具、电工实训等内容，可供高校城市轨道交通相关专业、机电相关专业以及其他电类相关专业的教师和学生使用。

图书在版编目(CIP)数据

电工技术/钟晓旭主编. —合肥：中国科学技术大学出版社，2021.8
(普通高等学校城市轨道交通专业规划教材)
ISBN 978-7-312-05261-3

Ⅰ. 电…　Ⅱ. 钟…　Ⅲ. 电工技术—高等学校—教材　Ⅳ. TM

中国版本图书馆 CIP 数据核字(2021)第 145997 号

电工技术
DIANGONG JISHU

出版　中国科学技术大学出版社
安徽省合肥市金寨路 96 号，230026
http://press.ustc.edu.cn
http://zgkxjsdxcbs.tmall.com
印刷　安徽国文彩印有限公司
发行　中国科学技术大学出版社
经销　全国新华书店
开本　787 mm×1092 mm　1/16
印张　18.25
字数　444 千
版次　2021 年 8 月第 1 版
印次　2021 年 8 月第 1 次印刷
定价　45.00 元

总　序

本套教材根据城市轨道交通运营管理、城市轨道交通通信信号技术、城市轨道交通车辆技术、城市轨道交通机电技术、城市轨道交通供配电技术专业的人才培养需要，结合对职业岗位能力的要求，由安徽交通职业技术学院、南京铁道职业技术学院、郑州铁路职业技术学院、上海工程技术大学、沈阳交通高等专科学校、新疆交通职业技术学院、合肥职业技术学院、合肥铁路工程学校、合肥市轨道交通集团有限公司、深圳城市轨道交通运营公司、杭州城市轨道交通运营公司、宁波城市轨道交通运营公司、郑州铁路局等单位共同编写。

本套教材整合了国内主要城市轨道交通运营企业现场作业的内容，以实际工作项目为主线，以项目中的具体工作任务作为知识学习要点，并针对各项任务设计模拟实训与思考练习，实现了通过课堂环境模拟现场岗位作业情景达到促进学生自我学习、自我训练的目标，体现了"岗位导向、学练一体"的教学理念。

本套教材涵盖城市轨道交通运营管理、城市轨道交通通信信号技术、城市轨道交通车辆技术、城市轨道交通机电技术、城市轨道交通供配电技术专业，可作为以上各相关专业课程的教材，并可供相关城市轨道交通运营企业相关人员参考。

普通高等学校城市轨道交通专业规划教材
编写委员会

前 言

本书遵循理论联系实际、基础应用于实训的原则，尽量减少数理论证，以掌握概念、突出应用、培养技能为教学重点，使学生通过对本书的学习能把电工技术应用到实际工作中去，具备电工基础操作的基本技能。

全书分为电工基础篇和电工实训篇，电工基础篇包括电压、电流、电阻、电源、欧姆定律、功率和能量、串联直流电路、并联直流电路、串并联直流电路、直流电路的分析方法、电容、磁路、电感、正弦交流电路、谐振电路、变压器、三相交流电路；电工实训篇包括常用电工工具、电工实训等。

本课程是城市轨道交通相关专业、机电相关专业以及其他电类相关专业必修的专业基础课程，其任务是让学生掌握专业必备的电工技术基础技能，培养学生解决实际问题的能力，为学习后续专业技能打下基础。本书的主要特点有：

(1) 本着“必需、够用”的原则，满足专业发展的迫切需求，注重电工技术的基本概念、基本定律等基础知识的介绍，弱化烦琐的理论分析，由易到难、由浅入深，注重学生理解和应用能力的培养。

(2) 结合职业教育的特点，在课程设置上力求降低理论深度，使理论易于掌握，加深学生对实际应用知识的理解，通过实训，提高学生的综合能力和职业技能，使他们能适应不同专业的实际教学要求，便于开展教师的分层教学和学生的自我探究性学习。

(3) 与时代同步，融职业技能内容于各环节。图文并茂，目标明确，与当前职业教育教学改革和教材建设的总体目标吻合，为后续专业技能课学习打下基础，增强学生适应职业变化的能力。

本书由安徽交通职业技术学院钟晓旭担任主编、李锐主审。各章分工如下：安徽交通职业技术学院邓春兰编写第 1、2、3、4 章，安徽交通职业技术学院王怡编写第 5、6、15 章，安徽交通职业技术学院卫星宇编写第 7、8、9 章，安徽交通职业技术学院董钢编写第

10、11、12章，钟晓旭编写第13、14、16章，安徽交通职业技术学院杨振宇编写第17、18章。

由于编者水平有限，加之时间仓促，书中难免有不妥、疏漏之处，恳请广大师生批评指正。

编 者

2021年4月

目　录

基　础　篇

实 训 篇

基 础 篇

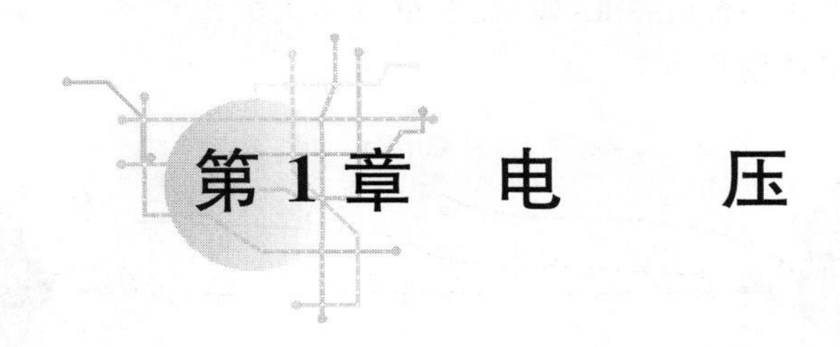

第1章　电　　压

“电压”一词对于我们大多数人而言都不陌生，闪光灯、笔记本电脑和手机等的电池都有特定的电压值。日常生活中我们也了解到大多数家用电器插座的输出电压是220 V，轨道列车上方的接触电压是750 V～25 kV。电压就在我们身边，那么电压究竟是什么？从何而来？下面我们一起来探究。

1.1　电压的产生

如果把负电荷放在正电荷集附近，如图1.1所示，将其朝着负电荷集的方向移动，由于电荷间同性相斥、异性相吸，施力者必须消耗能量来克服负电荷集对它的排斥力以及正电荷集对它的吸引力。如果移动的负电荷电量是1 C，在将其从 A 点移动到 B 点的过程中消耗的能量正好是1 J，那么 A，B 两点之间的电压就是1 V。

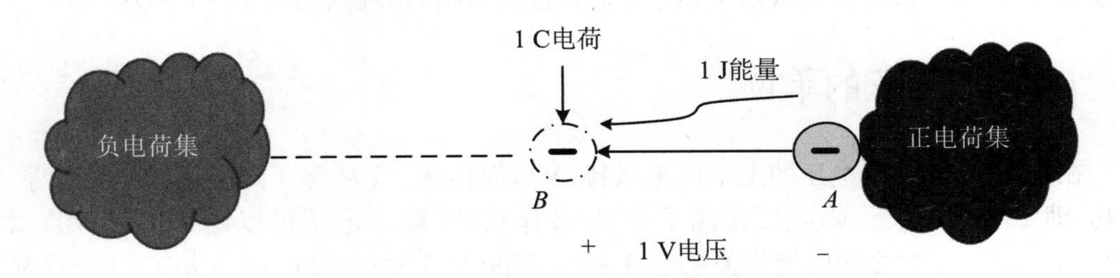

图1.1　电压的定义示意图1

1.1.1　电压的定义

根据以上描述，电压是电场力把单位电荷从一点移到另一点所做的功，定义为

$$U = \frac{W}{Q} \tag{1.1}$$

式中，U 表示电压，单位为伏特(V)；W 表示移动电荷过程中消耗的能量，单位为焦耳(J)；Q 表示所移动的电荷量，单位为库仑(C)。

注意：电压以伏特为单位，是为了纪念意大利物理学家伏特在电学领域做出的贡献。伏特最早发明了通过化学反应产生电压的化学电池。

如图1.2所示，如果把电荷移动到负电荷集表面，整个过程中消耗了3 J的能量，则

A,B之间就有 3 V 电压。依此类推,如果正、负电荷集都比较大,就需要消耗更多的能量移动电荷,即两点间的电压就更大。

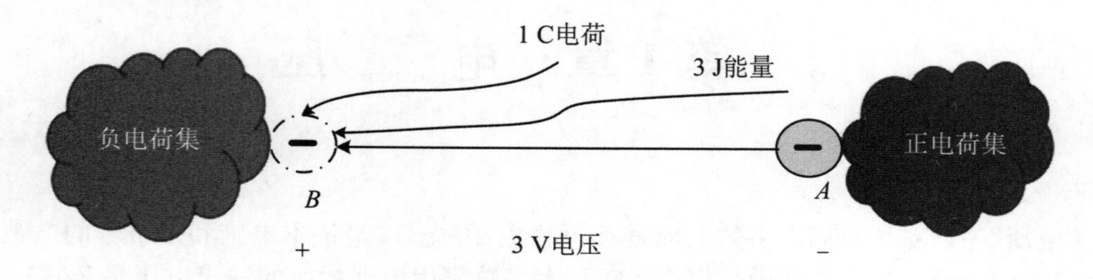

图 1.2　电压的定义示意图 2

【例 1.1】　如果在两点之间移动 10 C 电荷,消耗了 100 J 的能量,请计算两点间的电压。

解　根据式(1.1),$U=\dfrac{W}{Q}=\dfrac{100\ \text{J}}{10\ \text{C}}=10\ \text{V}$。

举一反三　如果两点之间的电压为 5 V,计算移动 20 C 电荷需要消耗的能量。

图 1.1 和图 1.2 中的正、负电荷集可由多种方法将电荷分离而来,从而建立所希望的电压。最常用的方法是轿车电池、闪光灯电池中的化学反应,其他各种便携式电池也大都如此。还可以通过机械方法来产生电压,例如汽车发电机和热力发电机等,或者利用可再生能源,例如太阳能电池和风力发电机分别利用太阳能和风能来产生电压。总的来说,这些装置或系统的主要作用就是分离正、负电荷,从而产生电压。因此,电池的正极和负极可以抽象为点,在正极点和负极点上聚集了高浓度的电荷,这两点之间建立了电压。

1.1.2　电压的单位

在国际单位制中,电压的主单位是伏特(V),简称伏。1 V 等于对 1 C 的电荷做了 1 J 的功,即 1 V = 1 J/C。强电压常用千伏(kV)作单位,弱小电压可以用毫伏(mV)、微伏(μV)作单位。它们之间的换算关系是:1 kV = 1000 V,1 V = 1000 mV,1 mV = 1000 μV。

1.1.3　电压方向及表示方法

习惯上把电压降低的方向规定为电压的实际方向,既可用正(+)、负(−)极性表示,也可以用双下标表示,如图 1.3 所示。

图 1.3　电压方向的标注

在分析、计算电路时,有时并不知道电压的实际方向,此时需要预先设定电压的方向,即电压的参考方向。

如图1.3(a)所示,正极性指向负极性的方向就是电压的参考方向;如图1.3(b)所示,U_{ab}表示a,b两点间的电压参考方向由a指向b。当电压的实际方向与参考方向一致时,$U>0$,电压为正值;当电压的实际方向与参考方向相反时,$U<0$,电压为负值。

【例1.2】 如图1.4所示,分别判断当U取5 V,-5 V时电压的实际方向。

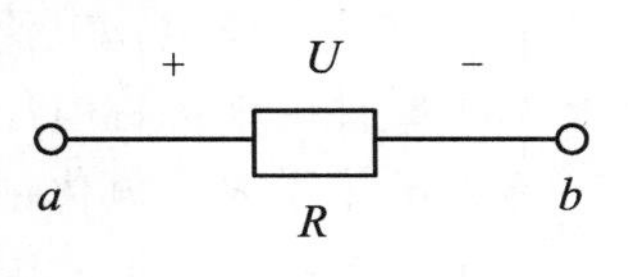

图1.4 例1.2图

解 根据参考方向与实际方向的关系可得:若$U=5$ V,则电压的实际方向从a指向b;若$U=-5$ V,则电压的实际方向从b指向a。

注意:在参考方向选定后,电压的值才有正负之分。

1.2 电压的分类及大小

1.2.1 电压的分类

1. 按电压形式分类

如果电压的大小及方向都不随时间变化,则这种电压称为稳恒电压或恒定电压,简称直流电压,用大写字母U表示;如果电压的大小及方向随时间变化,则这种电压称为变动电压。对电路分析来说,一种最为重要的变动电压是正弦交流电压(简称交流电压),其大小及方向均随时间按正弦规律周期性变化。交流电压的瞬时值用小写字母u或$u(t)$表示。

2. 按电压高低分类

按电压高低分类,电压可分为高电压、低电压和安全电压。

高、低压的区分是以电气设备对地的电压值为依据的。对地电压等于或高于1000 V的为高压,对地电压小于1000 V的为低压,具体分类如下:

(1) 1000 V以下电压等级,称为低压;

(2) 35 kV及以下电压等级,称为配电电压;

(3) 110~220 kV电压等级,称为高压;

(4) 330~500 kV电压等级,称为超高压;

(5) 1000 kV以上电压等级,称为特高压。

安全电压指人体较长时间接触而不致发生触电危险的电压。国家标准《安全电压》(GB 3805—1983)规定了为防止触电事故而采用的由特定电源供电的电压系列。我国对工频安全电压规定了以下5个等级,即42 V,36 V,24 V,12 V和6 V。

1.2.2 电压的常见值

(1) 电视信号在天线上感应的电压约为 0.1 mV；
(2) 维持人体生物电流的电压约为 1.2 mV；
(3) 碱性电池标称电压为 1.5 V；
(4) 电子手表用氧化银电池两极间的电压为 1.5 V；
(5) 一节铅蓄电池的电压为 2 V；
(6) 手持移动电话电池两极间的电压为 3.7 V；
(7) 对人体安全的电压一般不高于 36 V；
(8) 家庭电路的电压为 220 V；
(9) 动力电路的电压为 380 V；
(10) 无轨电车电源的电压为 550～600 V；
(11) 地铁上方的接触电压为 750～1500 V；
(12) 电视机显像管的工作电压在 10 kV 以上；
(13) 铁路列车上方的接触电压为 25 kV；
(14) 发生闪电的云层间的电压可达 1000 kV。

1.3 电　　位

由前面的内容可以看到，电压存在于两点之间。当移动 1 C 电荷到某一固定位置时，所要消耗的能量取决于被移动电荷的起始位置，因而电荷的位置决定了电压的大小。在力学中，物体的势能是由它的位置决定的。同样，在描述电压大小时常用“电位”一词。

1.3.1 电位的概念

要讨论电路中某一点的电位，必须在电路中选定某一点 O 作为参考点。只有选定了参考点，讨论电路中某点的电位才有意义。参考点 O 的电位称为参考电位，一般为了讨论问题方便，通常选择参考点的电位为 0。而其他各点的电位都与这一点进行比较，比它高的电位为正，比它低的电位为负。电位是相对的，随参考点发生变化；但任意两点间的电压是绝对的，不随参考点变化。

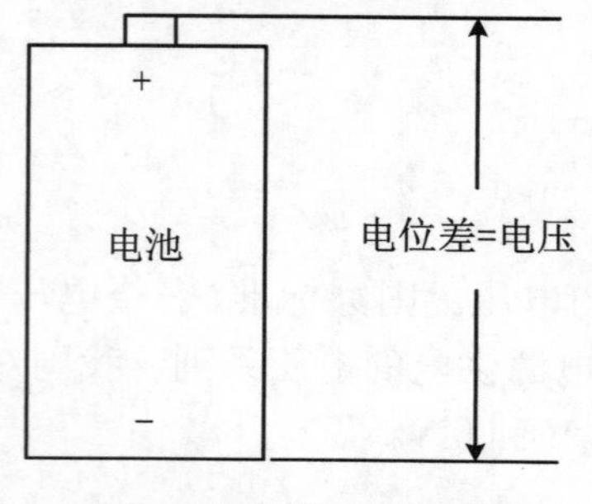

图 1.5　电压与电位的关系

例如，对于一节电池来说，电压就是电池正、负极之间的电位差，如图 1.5 所示。通常以电池负极为参考点(电位视为 0)，那么电池正极的电位为 1.5 V。假如以电池正极为参考点，则电池负极的电位为 −1.5 V，但正、负极间的电压总是 1.5 V。

实际上,电路中某一点的电位就等于该点与参考点之间的电压。参考点在电路图中常用“接地”符号“⊥”表示。

1.3.2 电压与电位的关系

电路中 a,b 两点间的电压等于 a,b 两点的电位之差,即

$$U_{ab} = V_a - V_b \tag{1.2}$$

【例 1.3】 如图 1.6 所示,以 A 点为参考点,求其余各点的电位。

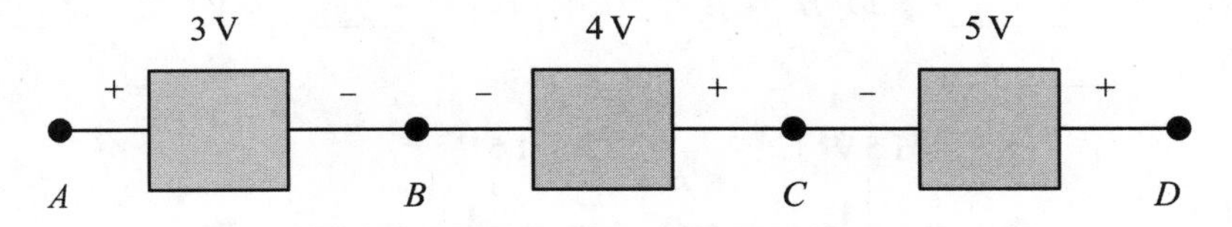

图 1.6 例 1.3 图

解 以 A 点为参考点,则 $V_A = 0$,根据式(1.2),$V_B = V_A - U_{AB} = 0 - 3\ \text{V} = -3\ \text{V}$,同理,$V_C = 1\ \text{V}$,$V_D = 6\ \text{V}$。

举一反三 分别选择 B,C,D 点作为参考点,求其他各点的电位,计算两点间的电压并进行比较,可以得出什么结论?

电压与电位的关系也可以用水压与水位的关系进行类比。如图 1.7 所示,电位相当于水位,电压就如同自来水管中的水压。水塔的水位高于水龙头的水位,它们之间的水位差即为水压。有了水压,自来水才能从水龙头里流出来。干电池正极电位高于负极(参考点位),形成电压,才能为外界用电设备提供能量。

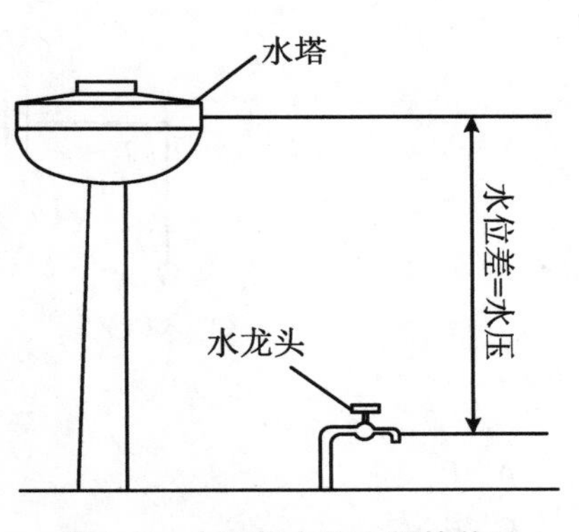

图 1.7 水压与水位之间的关系

注意:表示电源的电压时,一般采用“电动势”这一概念,详见第 4 章。

习 题

1. 电路中两点间的电位差叫________。
2. 衡量电场力做功本领大小的物理量叫________,其定义式为________。
3. 电位是________值,它的大小与参考点选择________;电压是________值,它的大小与参考点选择________。
4. 电压的正方向规定为________。
5. 将一电量为 $q = 2\times10^{-6}$ C 的点电荷从电场外一点移至电场中某点,电场力做功为 4×10^{-5} J,则两点间的电压为________。

6. 带电量为6×10^{-8} C的检验电荷从电场中的A点移到B点时，它的电能减少了6×10^{-7} J，则在这个过程中，电场力对检验电荷做了________的功，A，B两点之间的电压为________。

7. 把$q=1.5\times10^{-8}$ C的电荷从电场中的A点移到电位$V_B=10$ V的B点，电场力做了3×10^{-8} J的负功，那么A，B间的电压$U_{AB}=$________，A点电位$V_A=$________；若将电荷从A点移到C点，电场力做了6×10^{-8} J的正功，则C点电位$V_C=$________，$U_{BC}=$________。

8. 在如图1.8所示电路中，以C为参考点，则$V_A=$________，$V_B=$________，$U_{AB}=$________，$U_{AC}=$________；若以B为参考点，则$V_A=$________，$V_C=$________，$U_{AB}=$________，$U_{AC}=$________。

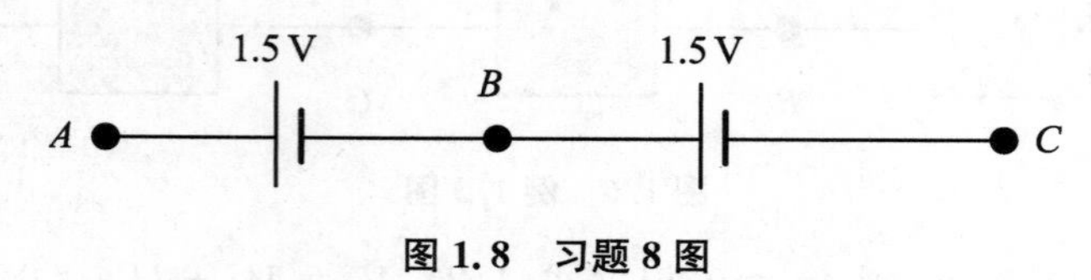

图1.8　习题8图

9. 电路如图1.9所示，A，B两点间的电压为(　　)。

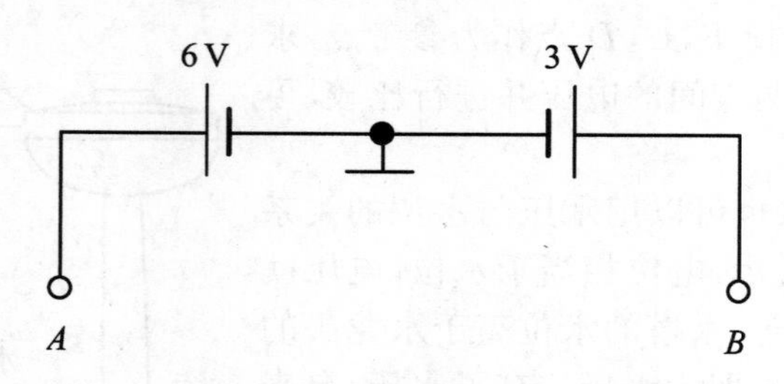

图1.9　习题9图

A. 0　　B. 3 V
C. 6 V　　D. 9 V

10. 电路中两点间的电压高，则(　　)。
A. 这两点的电位都高　　B. 这两点的电位差大
C. 这两点的电位都大于0　　D. 无法判断

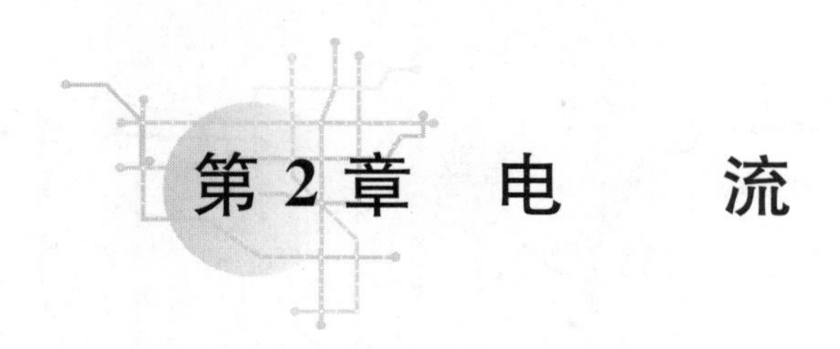

第2章 电　流

在生活常识中我们会接触到“电流”一词，电流沿导线流动，当太多的用电器连接在同一插座上时会因电流过大而跳闸，严重时可能还会引发火灾。电流能够加热物体，当电流通过灯泡时，灯泡能够发亮。我们的生活离不开电流，那么电流到底是什么？要形成电流需要什么条件？下面我们一起来探究。

2.1 电流的产生

将铜导线放在绝缘垫上，如图 2.1(a)所示，假想用与导线垂直的平面切割导线，产生圆形截面，如图 2.1(b)所示，所有自由电子是以两个相反的方向穿越横断面的，即从左到右，或从右到左。实际上，这些自由电子都是以随机方向不停地运动的。在任意瞬间，从一个方向通过假想横断面的电子数与从另一方向通过的电子数是相等的，所以净电流是 0。

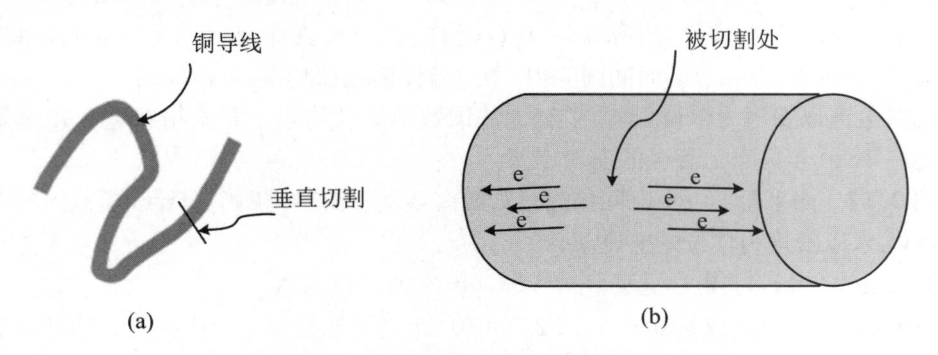

图 2.1 铜导线中自由移动电子假想示意图

为了让电子流动来做功，并且能够控制它的流动，需要在导线两端施加电压，强迫电子朝着电池的正极运动，如图 2.2 所示。

导线被连接到电池两极上的瞬间，导线中的自由电子便朝着电池的正极方向流动，而导线中的正离子则做简单的振动，其平均位置保持不变。电子不断地从导线中流走，电池的负极不断地提供新的电子，它就像是供应电子的源头，保持了电子的持续运动；到达正极的电子被正极吸收，而通过电池(内部)的化学反应，新的电子又在电池的负极被分离出来，以补偿不断离开的电子。为了进一步说明这一过程，考虑在图 2.2 的基础上增加一个电灯泡，用铜导线将灯泡与电池连接起来，这就构成了最简单的电路，如图 2.3 所示。

在连接完成的一瞬间，带有负电荷的自由电子便朝着正极运动，而铜导线中留下的正离子在平均位置发生简单振动。电子流过灯泡，通过摩擦使灯丝发热，当灯丝达到炽热时，便发出所期待的光。

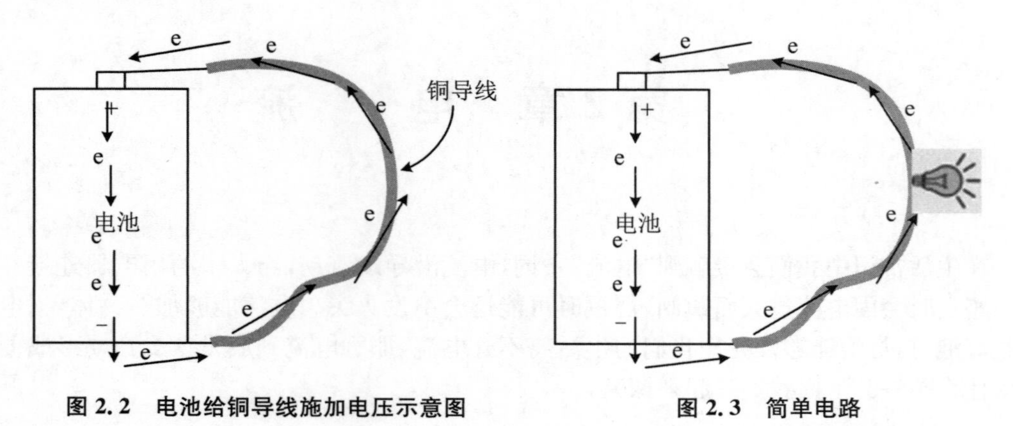

图 2.2　电池给铜导线施加电压示意图　　　图 2.3　简单电路

2.1.1　电流的定义

根据以上描述，电荷在电压的作用下有规则地定向运动形成的电子流，就是电流。电流的大小用电流强度来描述，简称电流。电流的大小在数值上等于单位时间内通过导体某一横截面的电荷量，用符号 I 表示：

$$I = \frac{Q}{t} \tag{2.1}$$

式中，I 是电流，单位为安培，简称安(A)；Q 是电荷，单位为库仑(C)；t 是时间，单位为秒(s)。式(2.1)表明，在相等的时间间隔内，通过导体的电荷越多，电流越大。

注意：电流以安培为单位，是为了纪念法国数学家和物理学家安培在电学领域做出的贡献，他在 1820 年提出了著名的安培定律。

【例 2.1】　如果每 40 ms 时间内通过如图 2.3 所示简单电路中铜导线横截面的电荷量是 0.08 C，求以安培为单位的电流。

解　由式(2.1)，可得 $I = Q/t = 0.08\ \text{C}/40\times10^{-3}\ \text{s} = 2\ \text{A}$。

举一反三　如果电流是 0.5 A，那么 2×10^{16} 个电子通过图 2.3 中铜导线的某一横截面需要多长时间？

也可用相似的力学原理来解释电流现象。在缺少压力的情况下，水静静地停滞在庭院中的水管内，没有明确的流动方向；同样地，在缺少电压的情况下，电子也没有规则地运动。然而，当打开水龙头加上水压时，水便被迫在水管中流动，产生水流。类似地，给电路施加电压，电荷就沿一定的方向定向流动，便产生了电流。

2.1.2　电流的单位

在国际单位制中，电流的主单位是安培，简称安，用符号 A 表示。它是国际单位制中的 7 个基本单位之一。强电流可用千安(kA)为单位，弱小电流可以用毫安(mA)、微安(μA)为单位。它们之间的换算关系是：1 kA = 1000 A，1 A = 1000 mA，1 mA = 1000 μA。

2.1.3 电流的方向及表示方法

电流是标量,物理学上规定电流的方向是正电荷定向运动的方向,即正电荷定向运动的速度的正方向或负电荷定向运动的速度的反方向。电流方向与电子运动方向相反。

这里电荷指的是自由电荷,金属导体中的自由电荷是自由电子,如图 2.3 所示,铜导体中自由移动的是电子,其移动的方向与规定的电流正方向相反。在酸、碱、盐的水溶液中自由电荷是正离子和负离子。

在电源外部电流由正极流向负极,在电源内部电流由负极流回正极。

电流方向的标注方法主要有两种:一种是箭头表示法,另一种是双下标表示法,如图 2.4所示。第一种更常用。

图 2.4　电流方向的标注

在简单电路中,如图 2.3 所示,可以直接判断电流的方向,即在电池内部电流由负极流向正极,而在电源外部电流则由正极流向负极,从而形成一闭合回路,方向是固定的。

在分析、计算电路时,有时并不知道电流的实际方向,因此需要预先设定电流的方向,即为电流的参考方向。

如图 2.4(a)所示,箭头方向就是电流的参考方向;如图 2.4(b)所示,I_{ab}表示 a, b 两点间的电流参考方向为由 a 流向 b。当电流的实际方向与参考方向一致时,$I>0$,电流为正值;当电流的实际方向与参考方向相反时,$I<0$,电流为负值。

【例 2.2】 如图 2.5 所示,分别判断当 I 取 5 A, −5 A 时电流的实际方向。

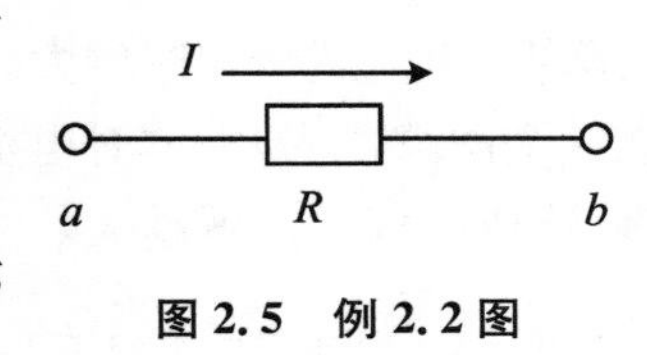

图 2.5　例 2.2 图

解　根据电流参考方向与实际方向的关系可得:若 $I=5$ A,则电流的实际方向为从 a 流向 b;若 $I=-5$ A,则电流的实际方向为从 b 流向 a。

注意:在参考方向选定后,电流的值才有正负之分。

2.2　电流的分类及影响

2.2.1 电流的分类

电流一般按电流形式分为直流电流(简称直流电)和交流电流(简称交流电)。

直流电是指方向不随时间发生改变的电流。生活中使用的可移动外置式电源提供的就是直流电。直流电被广泛地用于手电筒(干电池)、手机(锂电池)等各类生活小电器中。干电池(1.5 V)、锂电池、蓄电池等称为直流电源。因为这些电源电压都不会超过 24 V,所以属于安全电源。

交流电是指大小和方向都随时间发生周期性变化的电流。生活中各种插墙式电器使用的都是交流电源,交流电在家庭生活、工业生产中有着广泛的应用。生活民用电压 220 V、通用工业电压 380 V 都属于危险电压,电流大小则随着用电情况实时变化。

一些常见的电流如下:电子手表电流为 1.5~2 μA,白炽灯泡电流为 200 mA,手机电流为 100 mA,空调电流为 5~10 A,高压电电流为 200 A,闪电电流为 20000~200000 A。

2.2.2 电流对人体的伤害

电流通过用电设备,将电能转变成其他形式的能,产生巨大的经济效益,利国利民。与此同时,不可忽视的是电流造成触电伤亡的事实。

人体触电伤害主要与以下几方面的因素有关:

1. 通过人体电流的大小

当工频电流为 0.5~1 mA 时,人的手指、手腕就有麻或痛的感觉;当电流增至 8~10 mA 时,针刺感、疼痛感增强,人体会发生痉挛而抓紧带电体,但终能摆脱带电体;当接触电流达到 20~30 mA 时,人会迅速麻痹,不能摆脱带电体,而且血压升高,呼吸困难;当电流为 50 mA时,人会呼吸麻痹,心脏开始颤动,数秒钟后就会死亡。通过人体的电流越大,人体生理反应越强烈,病理状态越严重,致命的时间就越短。

2. 通电时间的长短

电流通过人体的时间越长,后果越严重。这是因为随着触电时间的增长,人体的电阻会降低,电流就会相应增大。同时,人的心脏每收缩、扩张一次,中间有 0.1 s 的时间间隙,在这个间隙期内,人体对电流作用最敏感,触电时间越长,与这个间隙期重合的次数就越多,造成的危害也就越大。

3. 电流通过人体的途径

当电流通过人体的内部重要器官时,后果更严重。例如,通过头部,会破坏脑神经,使人死亡;通过脊髓,会破坏中枢神经,使人瘫痪;通过肺部,会使人呼吸困难;通过心脏,会引起心脏颤动或停止跳动而致人死亡。这几种伤害中,以心脏伤害最为严重。根据事故统计:电流通过人体的途径最危险的是从手到脚,其次是从手到手,危险最小的是从脚到脚,但可能导致二次事故的发生。

4. 电流的种类

电流可分为直流电和交流电。交流电又可分为工频电和高频电。这些电流对人体都有伤害,但伤害程度不同。人体忍受直流电、高频电的能力比工频电强。工频电对人体的危害最大。

5. 触电者的健康状况

电击的后果也与触电者的健康状况有关。根据资料统计,肌肉发达者摆脱电流的能力强,成年人比儿童摆脱电流的能力强,男性比女性摆脱电流的能力强。电击对患有心脏病、肺病、内分泌失调及精神病等疾病的患者最危险,他们的触电死亡率最高。另外,对触电有心理准备的,触电伤害相对较轻。

无论是在工作还是在日常生活中,一定要注意安全用电、规范用电,对电保持一颗敬畏之心。

习 题

1. 电荷的________形成电流,电流的大小用________来衡量,其定义式是________。我们规定________为电流的方向。在金属导体中电流方向与电子的运动方向________。

2. 通过一个电阻的电流是 10 A,经过 3 min,通过这个电阻横截面的电荷量是________。

3. 导体中的电流为 1 A,经过________min,通过导体横截面的电荷量为 12 C。

4. 单位换算:5 mA = ________A;10 kA = ________A。

5. 电流的单位是________。

6. 电流的方向规定为( )。

A. 正电荷定向移动的方向　　B. 负电荷定向移动的方向

C. 带电粒子移动的方向　　D. 无方向

7. 通过一个电阻的电流是 5 A,经过 4 min,通过该电阻横截面的电荷量是( )。

A. 20 C　　B. 50 C

C. 1200 C　　D. 2000 C

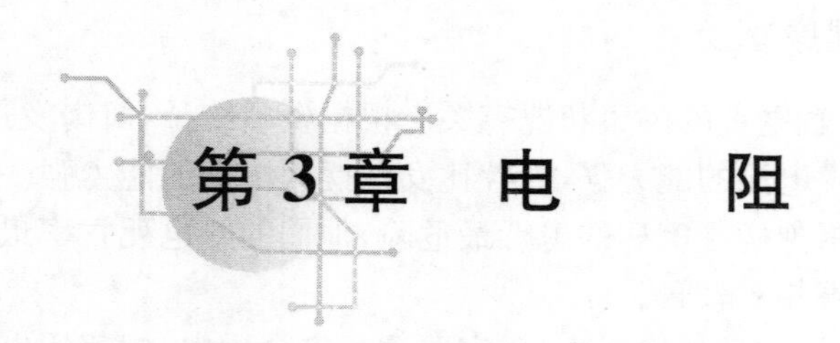

第3章 电　　阻

在前面的学习中我们了解到，在导线或者元件的两端施加电压，在回路中就会产生电流。那么，当施加的电压为一确定值时，不同的导线或者元件流过的电流一样大吗？电流的大小由谁来决定？这种差异如何而来？电路存在对电流的阻力，这就是本章要讲解的电阻，电阻大小又因为元件的材料及形状的不同而不同。

产生这种阻力的基本原理是：在电荷运动的路径上，自由电子之间或自由电子与离子之间存在碰撞与摩擦，结果将施加的电能转换成热能，并使元件温度和周围介质温度升高。人们从电加热器中感受到的温暖，就是来自电流通过较高阻值的电阻材料，经过上述碰撞与摩擦所产生的热量。

不同材料在通过电流方面，对所施加的电压有不同的反应。允许大量的电荷在其中流动而只需施加很小的电压的材料叫作导体，所以导体具有很低的电阻；即使加了很大的电压但其中也几乎没有电荷流动的材料叫作绝缘体，所以绝缘体具有很高的电阻。

3.1 电阻的定义

金属导体中的电流是自由电子定向移动形成的。自由电子在运动中要与金属正离子频繁碰撞，每秒钟的碰撞次数高达10^{15}次。这种碰撞阻碍了自由电子的定向移动，表示导体这种阻碍作用的物理量叫作该导体的电阻，在物理学中表示导体对电流阻碍作用的大小，是描述导体导电性能的物理量，通常用字母 R 表示。在电路中，电阻一般用如图 3.1 所示的符号表示。

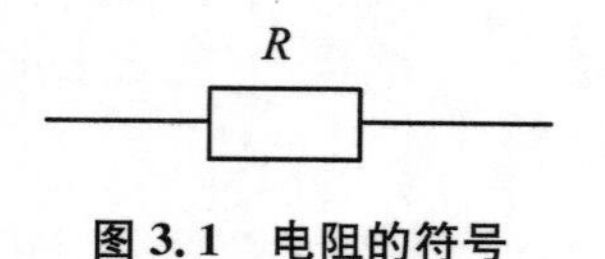

图 3.1　电阻的符号

在电阻的两端施加电压 U，当回路闭合时，在导体中就会产生电流 I，电流的大小与施加的电压及导体的电阻满足关系式：

$$R = \frac{U}{I} \tag{3.1}$$

称此为欧姆定律，详见第 5 章，其中 R 的单位是欧姆，简称欧，符号为 Ω。

由此可见，当导体两端的电压一定时，电阻愈大，通过的电流就愈小；反之，电阻愈小，通过的电流就愈大。导体的电阻越大，即表示导体对电流的阻碍作用越大。

不同的导体，电阻一般不同，电阻是导体本身的一种性质。

不但金属导体有电阻，其他物体也有电阻。导体的电阻是由它本身的物理条件决定的，金属导体的电阻是由它的材料性质、长短、横截面积以及使用温度决定的，所以，电阻的大小还可以用下式来表示：

$$R = \rho \frac{L}{S} \tag{3.2}$$

式中，ρ 为比例系数，表示温度为 20 ℃时材料的电阻率，由导体的材料和周围温度决定，它在国际单位制(SI)中的单位是欧姆·米(Ω·m)；L 是导体的长度，单位为米(m)；S 是导体的横截面积，单位为米^2(m^2)。

由此可见，当材料和横截面积相同时，导体的长度越长，电阻越大；当材料和长度相同时，导体的横截面积越小，电阻越大；当长度和横截面积相同时，不同材料的导体电阻不同。电阻是导体本身的一种属性，因此导体的电阻与导体是否接入电路、导体中有无电流、电流的大小等因素无关。

常用的电阻单位还有千欧姆(kΩ)、兆欧姆(MΩ)，它们的关系是

$$1\ \text{k}\Omega = 1000\ \Omega,\quad 1\ \text{M}\Omega = 1000\ \text{k}\Omega$$

【例 3.1】 已知铜在常温(20 ℃)时的电阻率为 $0.017\times10^{-6}\ \Omega\cdot\text{m}$，求长为 1000 m、横截面积为 1 cm^2 的铜导线的电阻。

解 根据式(3.2)，可得 $R = \rho \frac{L}{S} = 0.017\times10^{-6}\ \Omega\cdot\text{m}\times\frac{1000\ \text{m}}{10^{-4}\ \text{m}^2} = 0.17\ \Omega$。

举一反三 如果给以上导体施加 2 V 电压形成回路，流过的电流是多少？将施加的电压撤出，电流还有吗？电阻呢？

3.2 电阻的分类与应用

电阻元件的电阻值大小一般与温度有关，还与导体长度、粗细、材料有关。衡量电阻受温度影响大小的物理量是温度系数，其定义为温度每升高 1 ℃时电阻值发生变化的百分数。多数金属的电阻随温度的升高而增大，一些半导体却相反，如玻璃、碳等。

3.2.1 电阻的分类

1. 按阻值特性分

按阻值特性可以分为固定电阻、可调电阻、特种电阻(敏感电阻)。

不能调节大小的电阻称为定值电阻或固定电阻，而可以调节大小的电阻称为可调电阻。常见的可调电阻是滑动变阻器，例如，收音机音量调节的装置是个圆形的滑动变阻器，主要应用于电压分配，也称为电位器。

2. 按制造材料分

按制造材料可分为碳膜电阻、金属膜电阻、线绕电阻、无感电阻、薄膜电阻等。下面介绍几种典型电阻。

碳膜电阻如图 3.2 所示，它是用蒸发的方法将一定电阻率材料蒸镀于绝缘材料表面而制成的。

碳膜电阻(碳薄膜电阻)常用符号 RT 作为标志,为最早期也是最普遍使用的电阻器,利用真空喷涂技术在瓷棒上面喷涂一层碳膜,再将碳膜外层加工切割成螺旋纹状,依照螺旋纹的多寡来定其电阻值,螺旋纹愈多表示电阻值愈大,最后在外层涂上环氧树脂密封保护而成。其阻值误差虽然较金属膜电阻高,但由于价格便宜,碳膜电阻被广泛应用在各类产品上,是目前电子、电器设备和通信产品最基本的零组件。

金属膜电阻如图 3.3 所示,常用符号 RJ 作为标志,其同样利用真空喷涂技术在瓷棒上面喷涂,只是将碳膜换成了金属膜(如镍铬),在金属膜上车出螺旋纹做出不同阻值,并于瓷棒两端镀上贵金属。虽然它较碳膜电阻贵,但低杂音,稳定,受温度影响小,精确度高,因此被广泛地应用于高级音响器材、计算机、仪表、国防及太空设备等方面。

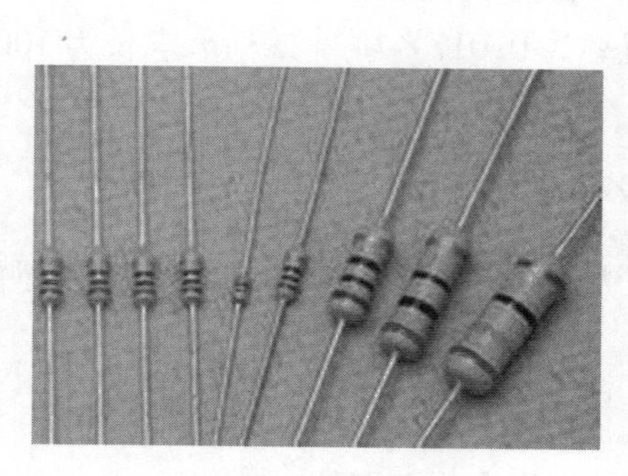

图 3.2　碳膜电阻

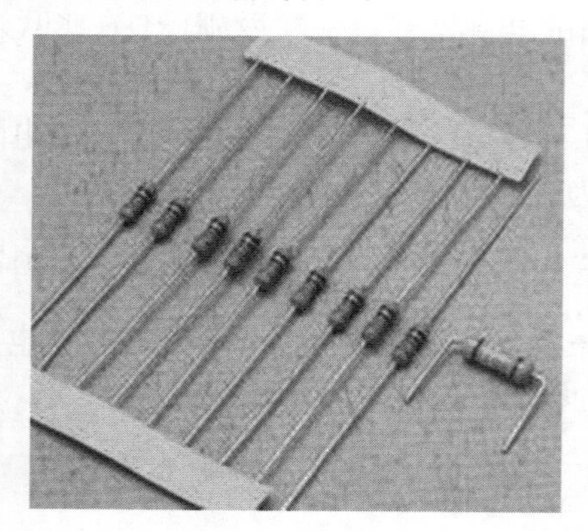

图 3.3　金属膜电阻

某些仪器或装置需要长期在高温的环境下操作,使用一般的电阻不能保证其稳定性,在这种情况下可使用金属氧化膜电阻(金属氧化物薄膜电阻器)。如图 3.4 所示,它是利用高温燃烧技术在高热传导的瓷棒上面烧附一层金属氧化薄膜而制成的(用锡和锡的化合物喷制成溶液,经喷雾送入 500 ℃的恒温炉,涂覆在旋转的陶瓷基体上。材料也可以用氧化锌等)。它具有耐酸碱能力强、抗盐雾等优点,因而适于在恶劣的环境下工作。它还兼备低杂音、稳定、高频特性好的优点。常用符号 RY 作为标志。

线绕电阻是用高阻合金线绕在绝缘骨架上制成的,外面涂有耐热的釉绝缘层或绝缘漆。线绕电阻具有较低的温度系数,阻值精度高,稳定性好,耐热耐腐蚀,主要作精密大功率电阻使用,缺点是高频性能差,时间常数大,如图 3.5 所示。

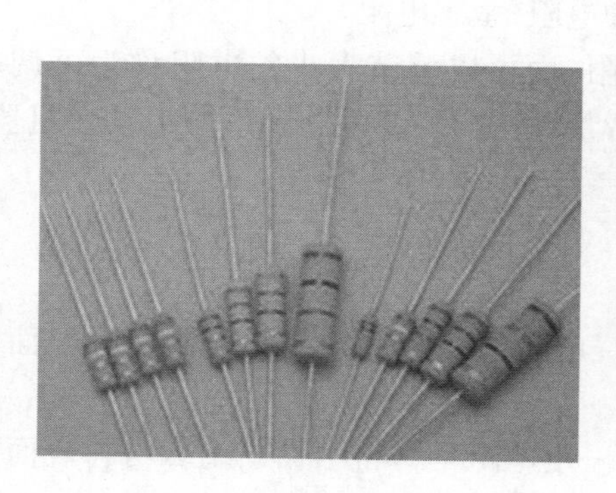

图 3.4　金属氧化膜电阻

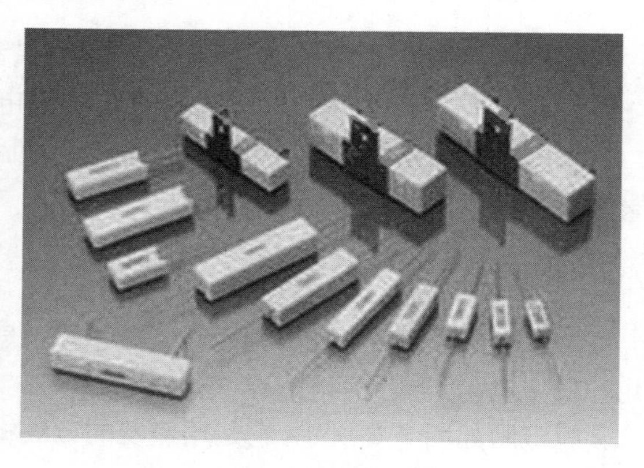

图 3.5　方形线绕电阻

方形线绕电阻俗称水泥电阻，采用镍、铬、铁等电阻较大的合金电阻线绕在无碱性耐热瓷件上，外面加上耐热、耐湿、无腐蚀的材料加以保护，再把线绕电阻体放入瓷器框内，用特殊不燃性耐热水泥加以充填密封。而不燃性涂装线绕电阻的差别只是外层涂装改由矽利康树脂或不燃性涂料。它们的优点是阻值精确，低杂音，可良好散热及可以承受较大的功率消耗，大多使用于放大器功率级部分。缺点是阻值不大，成本较高，亦因存在电感不适宜在高频的电路中使用。

实芯碳质电阻是用碳质颗粒状导电物质、填料和黏合剂混合制成的一个实体的电阻器，并在制造时植入导线，如图3.6所示。电阻值的大小根据碳粉的比例及碳棒的粗细长短而定。其价格低廉，但阻值误差、噪声电压都大，稳定性差，目前较少用。

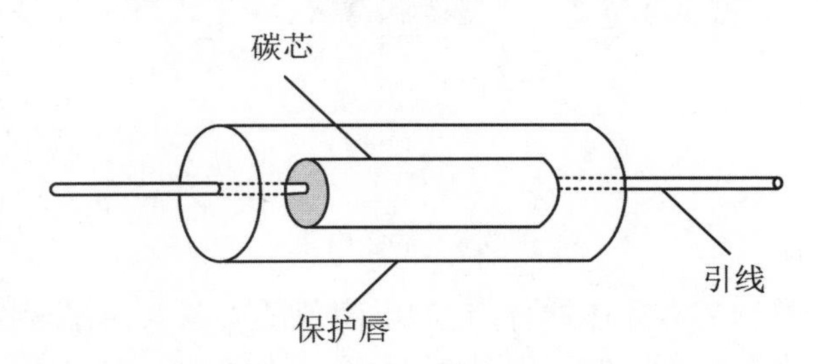

图3.6　碳质电阻

贴片电阻（片式电阻）是金属玻璃铀电阻的一种形式，如图3.7所示。它的电阻体是高可靠的钌系列玻璃铀材料经过高温烧结而成，特点是体积小，精度高，稳定性和高频性能好，适用于高精密电子产品的基板生产。而贴片排阻则是将多个相同阻值的贴片电阻集成在一片贴片上，目的是有效地限制元件数量，减少制造成本和缩小电路板的面积。

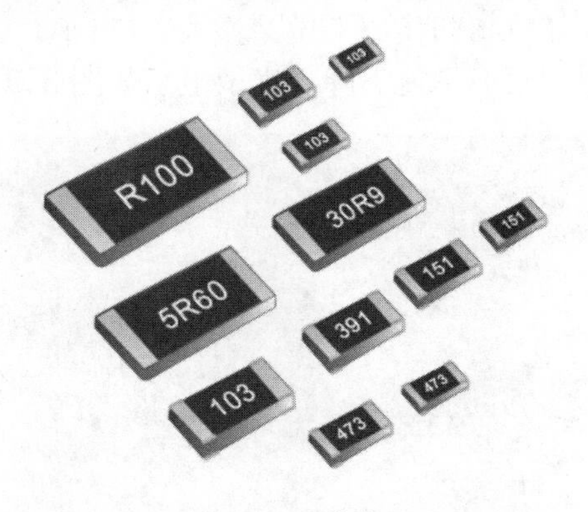

图3.7　贴片电阻

3.2.2　几种典型电阻的应用

这里简单介绍3种特种电阻：热敏电阻、光敏电阻、压敏电阻。

1. 热敏电阻

热敏电阻是敏感元件的一类，按照温度系数不同分为正温度系数热敏电阻（PTC）和负温度系数热敏电阻(NTC)。热敏电阻的典型特点是对温度敏感,不同的温度下表现出不同的电阻值。正温度系数热敏电阻(PTC)在温度越高时电阻值越大,负温度系数热敏电阻(NTC)在温度越高时电阻值越低,它们同属于半导体器件。热敏电阻如图 3.8 所示。

图 3.8　热敏电阻

热敏电阻是一个特殊的半导体器件,它的电阻值随着其表面温度的高低变化而变化。它原本是为了使电子设备在不同的环境温度下正常工作而使用的,叫作温度补偿。新型的计算机主板都有 CPU 测温、超温报警功能,就是利用了热敏电阻。

2. 光敏电阻

光敏电阻常用的制作材料为硫化镉(CdS),另外还有硒、硫化铝、硫化铅和硫化铋等材料。这些制作材料具有在特定波长的光照射下,其阻值迅速减小的特性。这是由于光照产生的载流子参与导电,在外加电场的作用下做漂移运动,电子奔向电源的正极,空穴奔向电源的负极,从而使光敏电阻的阻值迅速下降。光敏电阻如图 3.9 所示。

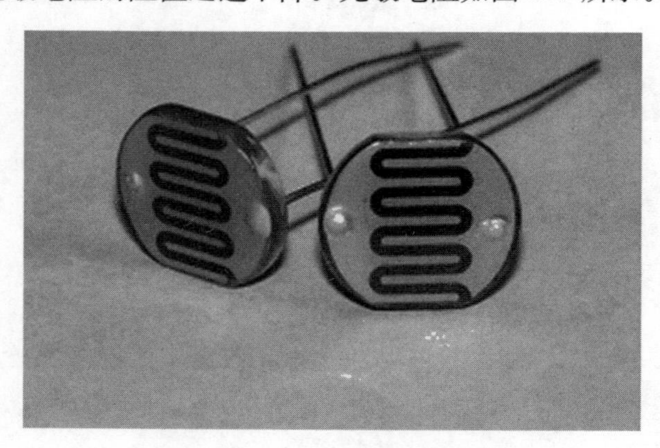

图 3.9　光敏电阻

利用这一特性,可以制作各种光控的小电路。例如,街边的路灯大多是用光控开关自动控制的,其中一个重要的元器件就是光敏电阻(或者是光敏三级管,一种功能相似的带放大作用的半导体元件)。光敏电阻是在陶瓷基座上沉积一层硫化镉膜后制成的,实际上也是一种半导体元件。声控楼道灯在白天不会点亮,也是因为光敏电阻在起作用。

3. 压敏电阻

压敏电阻是一种具有非线性伏安特性的电阻器件，主要用于在电路承受过压时进行电压钳位，吸收多余的电流以保护敏感器件。压敏电阻的电阻体材料是半导体，所以它是半导体电阻器的一个品种。压敏电阻如图3.10所示。

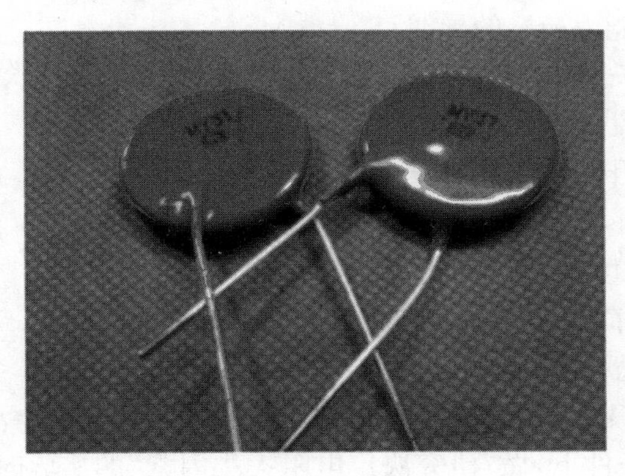

图3.10 压敏电阻

当加在压敏电阻上的电压低于它的阈值时，流过它的电流极小，它相当于一个阻值无穷大的电阻。也就是说，当加在它上面的电压低于其阈值时，它相当于一个断开状态的开关。

当加在压敏电阻上的电压超过它的阈值时，流过它的电流激增，它相当于一个阻值无穷小的电阻。也就是说，当加在它上面的电压高于其阈值时，它相当于一个闭合状态的开关。

利用以上特性，压敏电阻广泛地应用于电源系统、浪涌抑制器、安防系统和电动机的保护中。

习 题

1. 下列关于电阻的说法正确的是（　　）。

A. 导体通电时有电阻，不通电时没有电阻　B. 通过导体的电流越大，电阻越大

C. 导体两端电压越大，电阻越大　D. 导体电阻是导体本身的性质

2. 把一根粗导线与一根细导线串联起来接入电路中，则（　　）。

A. 细导线的电阻大　B. 粗导线的电阻大

C. 粗导线中的电流大　D. 两导线中的电流一样大

3. 关于导体的电阻，下列说法正确的是（　　）。

A. 加在导体两端的电压越大，导体的电阻越大

B. 通过导体的电流为0，导体的电阻也为0

C. 通过导体的电流越大，导体的电阻越小

D. 电阻是导体本身的性质，与电流、电压无关

4. 一根铜导线的电阻为 R，将它均匀拉长后，它的电阻(　　)。

A. 变大　　　　B. 变小

C. 不变　　　　D. 无法判断

5. 关于铜导线，下列说法正确的是(　　)。

A. 铜导线是导电能力最好的导线

B. 铜导线均匀拉长后，电阻变小

C. 铜导线截成两段后并成一根使用，电阻变小

D. 铜导线的温度升到足够高时，电阻为0

6. 关于导体的电阻，下列说法正确的是(　　)。

A. 两根铝导线，长度越长，电阻越大

B. 两根铝导线，横截面积相同，长度越长，电阻越大

C. 相同长度的导线，横截面积越大，电阻越小

D. 铜线的电阻比镍铬合金线的电阻小(温度影响不计，$\rho_{镍铬}>\rho_{铜}$)

7. 在温度一定的条件下，做"研究决定电阻大小因素"的实验时，采用了________的方法，即每次选用两根合适的导线，测出通过它们的电流，然后进行比较得出结论。表3.1给出了实验中用到的导线的情况。

表3.1　习题7表

导体代号	A	B	C	D	E	F	G
材料	锰铜	钨	镍铬丝	锰铜	钨	锰铜	镍铬丝
长度(m)	1.0	0.5	1.5	1.0	1.2	1.5	0.5
横截面积(mm^2)	3.2	0.8	1.2	0.8	1.2	1.2	1.2

(1) 为了研究导线电阻与材料是否有关，应选用的两根导线是________。

(2) 为了研究导线电阻与长度是否有关，应选择的两根导线是________。

(3) 为了研究导体电阻与横截面积是否有关，应选择的两根导线是________。

8. 一根粗细均匀的铜导线，电阻为 R，如果把它截为长度相同的两段，每段的电阻为 R_1，则 R_1________R；如果把原来的导线对折拧成一条使用，其电阻为 R_2，则 R_2________R。(填"$<$""$>$""$=$"。)

9. 请查询超导相关知识，并在班级分享。

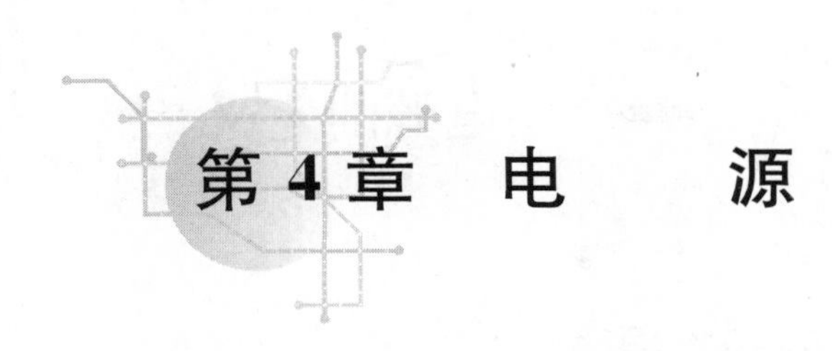

第 4 章　电　　源

根据第 1 章和第 2 章的内容，分析图 4.1(a)～(c)。

图 4.1(a)中，打开阀门水轮机会转动吗？

图 4.1(b)中，如何才能让水轮机转动？

图 4.1(c)中，怎样让水轮机持续转动？

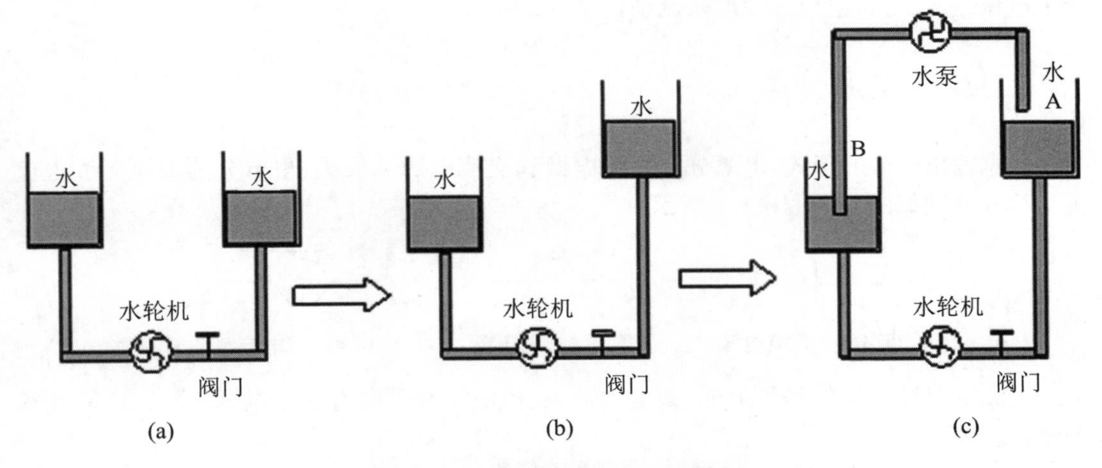

图 4.1　水轮机随水位转动示意图

从生活常识中我们很容易知道，水往低处流，有了水压，才能形成水流，前两个问题的答案不言而喻。电流跟水流相似，有了电压才会形成电流，且从高电位流向低电位。在图 4.1(c)中，要使水轮机转动，得到持续的水流，需借助水泵，将水从 B 容器抽入 A 容器中，始终保持 A 容器的水位高于 B 容器的水位，即在水轮机两端保持水压，这样才有持续的水流。换句话说，水泵是水流持续产生的原因，即水轮机持续转动的动力源。同理，如图 4.2 所示的电路，对于灯泡来讲，它两端接于电池的正负极，所以电流从正极(高电位)往负极(低电位)流动，灯泡能持续发光，这是因为电池具有一种能够将电子从正极"搬到"负极的能力，补充负极失去的电子，就如图 4.1 中水泵不断补给 A 容器中的水一样，所以电池是灯泡发亮的能量源泉，这就是本章要介绍的电源。

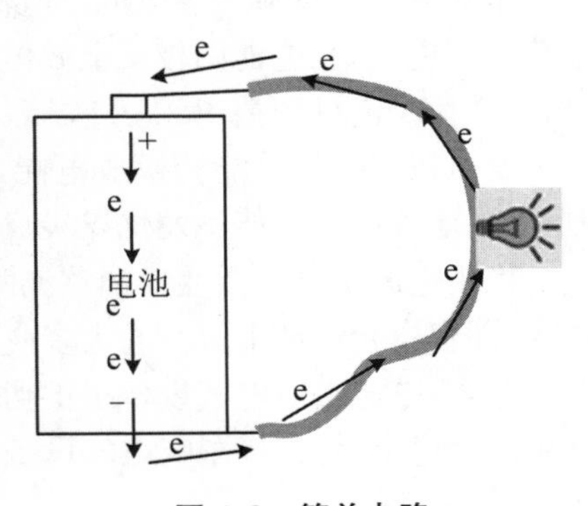

图 4.2　简单电路

4.1 电源的定义

4.1.1 电源的基本原理

电源是将其他形式的能转换成电能的装置,具有将电子从正极“搬到”负极的能力,保持外电路两端有电位差(电压)存在,使电路有持续电流。一般用电动势来描述电源的电压,简称电势,用字母 E 表示,来自电动势缩写词(EMF)的首字母。电动势代表在电路中产生电位差的能力,电位差使电荷流动。

4.1.2 电源分类

根据输出电能的形式,电源分为直流电源和交流电源两大类,也可分为电压源和电流源。符号分别如图 4.3~图 4.5 所示。

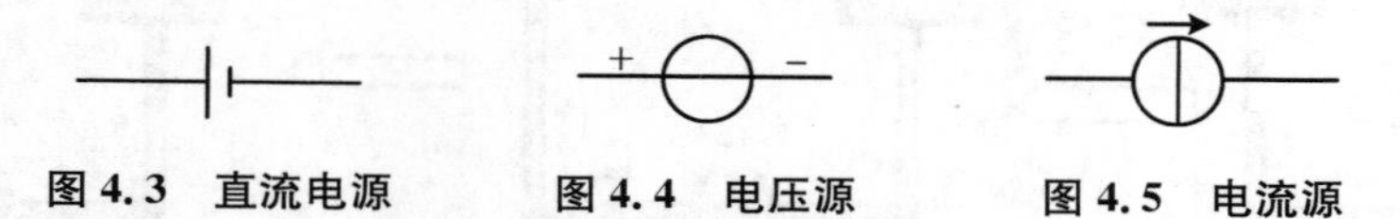

图 4.3 直流电源　图 4.4 电压源　图 4.5 电流源

直流电源最常见的是干电池、蓄电池等,交流电源常见的有家用电 220 V/380 V 交流电源。

根据电源的工作原理,电源可以分为 3 种类型:电池、发电机、稳压电源。

电池靠化学反应产生电能。电池本身并不带电,它的两极分别有正、负电荷,由正、负电荷产生电压,当电池两极接上导体时为了产生电流而把正、负电荷释放出去,当电荷散尽时,也就荷尽流(压)消了。

发电机能把机械能转换成电能,它源自“磁生电”原理,由水力、风力、海潮、水坝水压差、太阳能等可再生能源及烧煤炭、油渣等产生电力。

稳压电源主要包括变压和整流两部分,通过对交流电的整流和滤波技术实现,在“电子技术”课程中会详细讲解。它大多应用于实验室中。

总之,电源是向电气设备提供功率的装置,也称电源供应器。电源功率的大小,电流和电压是否稳定,将直接影响电气设备的工作性能和使用寿命。

4.2 电池电源

电池是最普通的直流电源。它是一个或更多个单元电池的组合,单元电池是电能的基本单元,靠化学反应或太阳能转换产生电能。根据其原理,电池可以分成一次电池和二次电池两种类型。二次电池是可充电的电池，而一次电池不能被充电。二次电池的化学反应是可逆的，充电时它能将电能转化成化学能存储起来。两种最普通的充电电池是铅酸电池（常用在汽车中）和镍氢电池（常用在计算器、闪光灯、电动工具、剃须刀等便携式消费电子产品中）。充电电池的明显优点是节省时间和费用，因为不像使用一次性电池那样需要频繁更换用尽了的电池。每个电池都有正极和负极，借助电介质在两个电极之间通过电池内部构成电流的通路。电介质既有接通电路的作用，同时又是离子的来源，这些离子传递着来自外部电路的电荷。

4.2.1 一次电池

通常使用的碱性一次电池如图 4.6 所示，用锌粉做阳极，用氢氧化钾做电介质，用碳做阴极，有 AA、AAA、C、D 等型号，额定容量随体积的增加而增加。额定容量值（单位为 Ah）代表了电池在规定时间内能够提供电流的量值。柱形电池剖面图如图 4.7 所示。

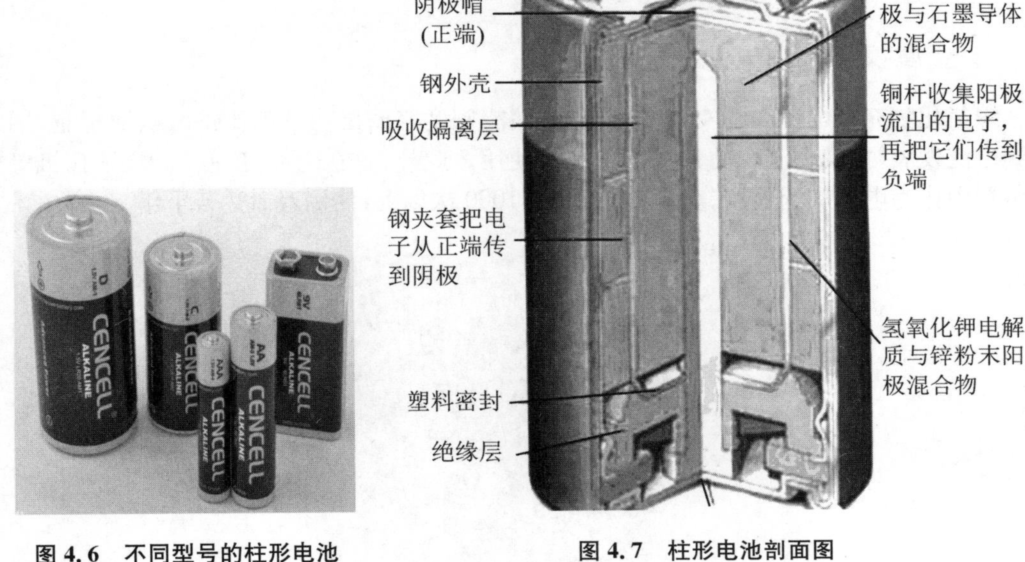

图 4.6 不同型号的柱形电池

图 4.7 柱形电池剖面图

4.2.2 二次电池

1. 酸性电池

这种电池广泛用在汽车中，提供 12 V 电压，如图 4.8 所示。它含有硫酸电介质、海绵状铅电极（Pb）和过氧化铅电极（PbO_2）。当负载接在电池端子上时，电子就通过负载从海绵状铅电极向过氧化铅电极运动，直到电极完全放电。放电时间取决于硫酸浓度的下降情况和每个极板上所覆盖的硫酸铅数量。它存在易于腐蚀、过度充电、产生气体、需要注水、自放电等缺点。随着新技术的应用，铅酸电池的体积和重量都显著减小了。在出现镍氢可充电电池之前，它在汽车和各种机电设备上的应用明显多于其他电池。

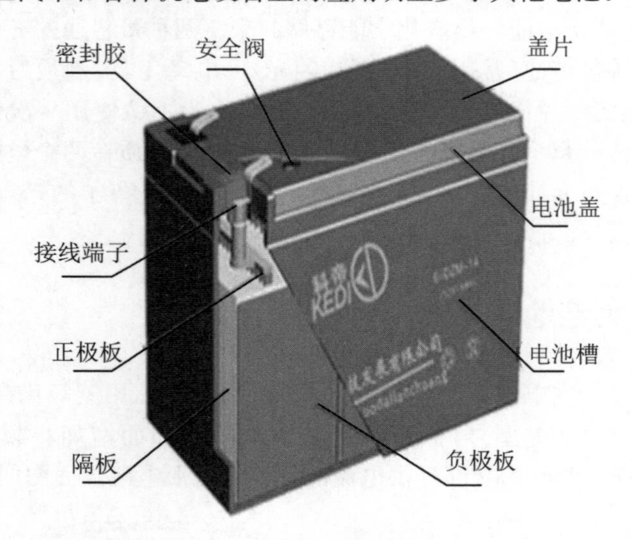

图 4.8　铅酸电池

2. 金属镍氢化物电池

镍氢化物充电电池如图 4.9 所示，它的储能密度与输出功率都比铅酸电池优越，因此得到广泛发展，尤其在混合动力汽车上广泛使用。此外，它在闪光灯、剃须刀、钻孔机等机电装置中作为电源广泛使用。它可以充放电 1000 次以上，使用寿命达若干年。

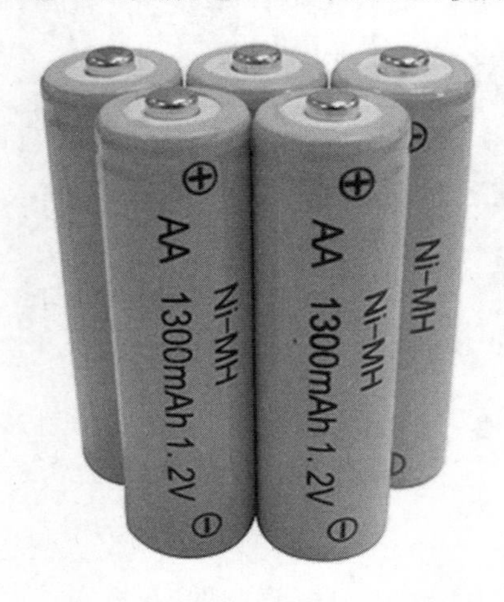

图 4.9　C 型镍氢化物可充电电池

4.2.3　锂电池

锂电池是一种比镍氢电池能量密度更大的电池，如图 4.10 所示。这种电池主要用在计算机、消费电子、电动工具等小功率产品上。通用汽车公司生产了一种内置混合动力的概念车雪佛兰沃蓝达，该车就使用了锂电池；笔记本电脑几乎都使用锂电池。目前，人们投入大量经费研究容量非凡的锂电池。纳米技术和微结构技术的最新应用进一步改进了这种电池的性能。

图 4.10　锂电池

4.3　发　电　机

4.3.1　直流发电机

发电机无论在结构上还是在工作原理上与电池相比都存在着相当大的区别。如图 4.11 所示，当外部机械给发电机施加转矩，使发电机的转子以铭牌上所写的转速旋转时，它的输出端就会产生额定的输出电压。直流发电机提供的端电压和功率大都超过电池提供的电压和功率，而寿命仅由它的结构来决定。商业上使用的直流发电机典型电压值是 120 V 或 240 V。

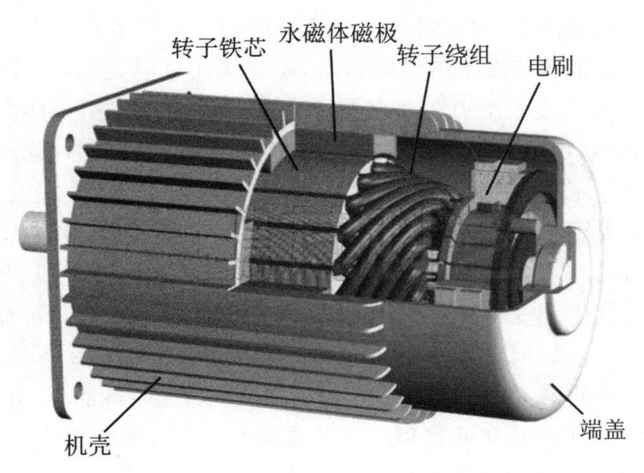

图 4.11　直流发电机

4.3.2 交流发电机

日常生活中我们使用交流电更多,所以交流发电机广泛存在于我们的生活中。交流发电机就是交流电源。交流发电机由水轮机、汽轮机、柴油机或其他动力机械驱动,将水流、气流、燃料燃烧或原子核裂变产生的能量转化为机械能传给发电机,再由发电机转换为电能。交流发电机结构如图 4.12 所示。

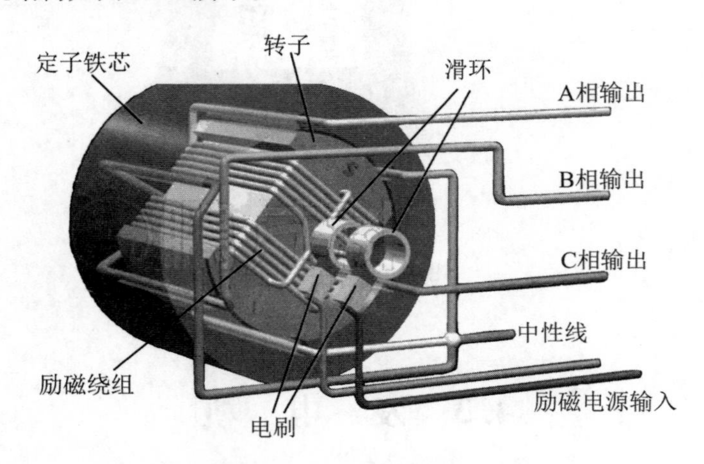

图 4.12 交流发电机结构

4.4 UPS 电源

4.4.1 UPS 的出现

随着 UPS 应用越来越多,大家对这个概念并不陌生。但有一个常见的错误观念,认为我们所使用的市电,除了偶尔发生的断电事故,是连续而且恒定的,其实不然。市电系统作为公共电网,上面连接了成千上万各种各样的负载,其中一些感性和容性较大的负载及开关电源不仅从电网中获得电能,还会反过来对电网本身造成影响,恶化电网或局部电网的供电品质,造成市电电压波形畸变或频率漂移。另外,意外的自然和人为事故,如地震、雷击、输变电系统断路或短路,都会危害电力的正常供应,从而影响负载的正常工作。根据电力专家的测试,电网中经常发生并且对计算机和精密仪器产生干扰或破坏的情况,有电涌、高压尖脉冲、暂态过电压、电压下陷、频率偏移、持续低电压、市电中断等,这会带来巨大的经济损失甚至人员伤亡,如何获得安全可靠的电源已是现代人不得不认真面对的重要问题。“需要是社会发展的第一推动力”,在这种背景下,UPS 应运而生,并伴随电力电子技术的发展不断推陈出新,在十几年间造就了一个崭新的产业,并广泛应用于轨道交通及各行各业中,前景可观,如图 4.13 所示。

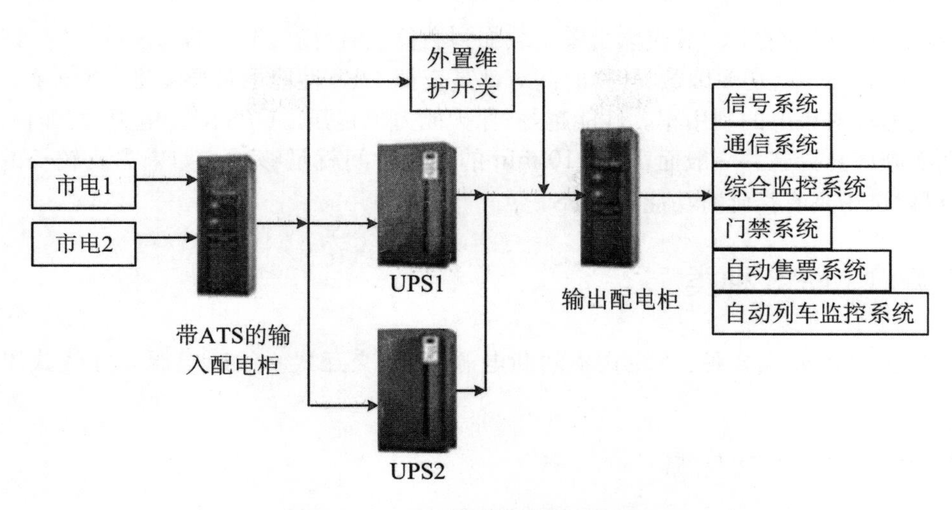

图 4.13 UPS 系统在地铁中的应用

4.4.2 UPS 的概念

UPS,即不间断电源,是一种含有储能装置、以逆变器为主要组成部分的恒压恒频的不间断电源。它主要用于给电力电子设备提供不间断的电力供应。图 4.14 为 UPS 在轨道交通屏蔽门电源系统中的应用,当市电输入正常时,UPS 将市电稳压后供应给负载使用,此时的 UPS 就是一台交流市电稳压器,同时它还向机内电池充电;当市电中断(事故停电)时,UPS 立即将机内蓄电池的电能通过逆变转换的方法向负载继续供应 220 V 交流电,使负载维持正常工作并保护负载软、硬件不受损坏。

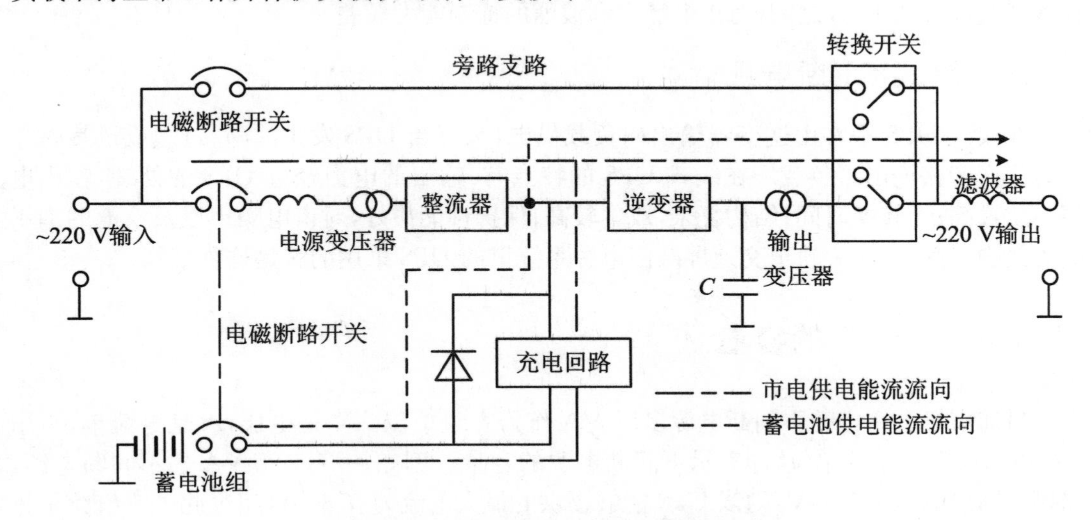

图 4.14 屏蔽门 UPS 电源电能流程图

UPS 作为保护性的电源设备,它的性能参数具有重要意义,应是选购时的考虑重点。市电电压输入范围宽,则表明对市电的利用能力强(减少电池放电);输出电压、频率范围小,则表明对市电的调整能力强,输出稳定。波形畸变率用以衡量输出电压波形的稳定性,而电压稳定度则说明当UPS突然由零负载加到满负载时，输出电压的稳定性。

还有UPS效率、功率因数、转换时间等都是表征UPS性能的重要参数，决定了对负载的保护能力和对市电的利用率。性能越好，保护能力也越强。UPS能在电力异常时有足够的时间实施应急措施。一般而言5～10 min的后备时间就足够了。如果需要较长的后备时间，可以选用具有长延时功能的UPS。

4.4.3　UPS种类

UPS大致可分成3种：离线式不间断电源、在线交互式不间断电源和在线式不间断电源。

1. 离线式不间断电源

离线式不间断电源如图4.14所示。平常市电通过旁路直接向负载供电，只有在停电时，才通过逆变器将电池能量转换为交流电向负载提供电力。离线式不间断电源的特点有：当市电正常时，离线式UPS对市电没有任何处理而直接输出至负载，因此对市电噪声以及浪涌的抑制能力较差；存在转换时间；保护性能最差；结构简单、体积小、重量轻、控制容易、成本低。

2. 在线交互式不间断电源

在线交互式UPS平常由旁路经变压器输出给负载，逆变器此时作为充电器。当断电时逆变器将电池能量转换为交流电输出给负载。在线交互式UPS的特点有：具双向性转换器设计，UPS电池回充时间较短；存在转换时间；控制结构复杂，成本较高；保护性能介于在线式与离线式UPS之间，对市电噪声和浪涌的抑制能力较差。

3. 在线式不间断电源

在线式UPS平常由逆变器输出向负载供电，只有当UPS发生故障、过载或过热时才会转为由旁路输出给负载。在线式UPS的特点有：输出的电力经过UPS的处理，输出电源品质最高；无转换时间；结构复杂，成本较高；保护性能最好，对市电噪声以及浪涌的抑制能力最强。图4.14中轨道交通屏蔽门电源系统里的UPS采用的就是这种模式。

4.4.4　UPS的容量

目前市场上销售的不间断电源多以VA作为容量单位。V是电压，A是电流单位，用VA作为视在功率的单位，即表示不间断电源的容量。例如，一台425 VA的不间断电源，如果其输出电压为110 V，则该UPS能够提供的最大电流为3.86 A，超过此电流值就是超载。另一种表示功率的方法是用W表示功率。W与VA之间的差别在于功率因数。功率因数一般为0.6～0.8，若低于0.5，则UPS设计得不佳。在选购UPS时，应考虑功率因数问题。

习 题

1. 电源的作用是使电路两端维持一定的电势差,从而使电路中保持________。

2. 形成电流的条件:(1) 电路中存在________;(2) 电路两端存在持续的________。

3. 关于电流的方向,下列描述正确的是( )。

A. 规定正电荷定向移动的方向为电流的方向

B. 规定自由电子定向移动的方向为电流的方向

C. 在金属导体中,自由电子定向移动的方向为电流的反方向

D. 在电解液中,由于正、负离子的电荷量相等,定向移动的方向相反,故无电流

4. 下列说法中正确的是( )。

A. 导体中只要电荷运动就形成电流

B. 在国际单位制中,电流的单位是 A

C. 电流有方向,它是一个矢量

D. 任何物体,只要其两端电势差不为零,就有电流存在

5. 以下说法中正确的是( )。

A. 只要有可以自由移动的电荷,就存在持续电流

B. 金属导体内的持续电流是自由电子在导体内的电场力作用下形成的

C. 单位时间内通过导体截面的电荷量越多,导体中的电流越大

D. 在金属导体内当自由电子定向移动时,它们的热运动就消失了

6. 请查询 UPS 在各行业中的典型应用。

7. 请分析图 4.14 中 UPS 在轨道交通屏蔽门电源系统中的工作原理。

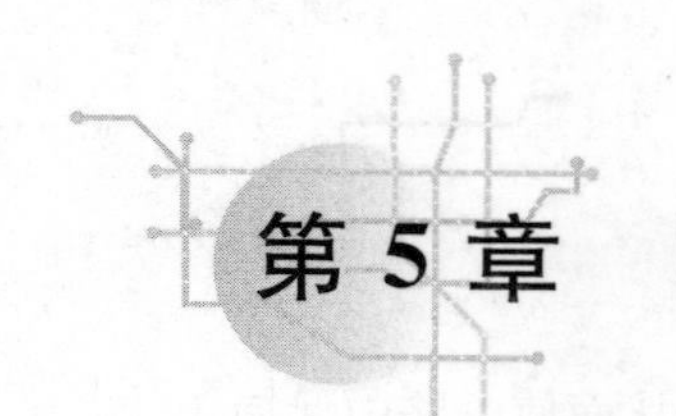

第 5 章 欧姆定律、功率和能量

前几章已经介绍了电路中 3 个重要的物理量——电压、电流和电阻，本章将揭示它们之间的相互关系，介绍电路中重要的公式，并详细讨论功率和能量的计算。

5.1 欧 姆 定 律

欧姆定律是电路中重要的学习内容之一，在数学方面欧姆定律公式并不难，而且它在任何时间适用于任何电路网络，也就是说该公式可应用于直流电路、交流电路、数字电路和微波电路等，实际上它适用于任何类型的信号电路。欧姆定律可以从下面的所有物理系统都遵守的基本公式演变而来：

$$\text{效果}=\frac{\text{动因}}{\text{阻碍作用}}$$

能量从一种形式到另一种形式的转换都与这个公式有关。在电路中，我们确定“效果”是电荷的流动，或者说是电流；两点之间的电位差，或者说电压是“动因”；而遇到的电阻则是“阻碍作用”。

用来类比电路的最简单的例子就是有压力阀的软管和软管中的水，软管中的水好比是铜导线中的电子，压力阀好比是施加的压力，软管的大小好比是与电阻有关的参数。关闭压力阀时，水只能停留在软管内没有一定的流动方向，就像没有施加电压时导体内只有相互碰撞的电子，没有电流；打开压力阀时，水流过软管，就像施加电压后铜导线中的电子有了确定的运动方向，就形成了电流。换句话，如果缺少“压力”，水和电气系统都不会有任何反应。软管中水的流速是软管直径大小的函数，软管直径减小将限制水流流过软管的速度，正如铜导线直径的减小将产生较大电阻限制电流流动一样。

总之，如果没有施加“压力”，比如电路中没有施加电压，系统便不会有响应，即电路中不会有电流，电流是电路对施加电压的响应。施加在软管上的压力越大，水流经软管的速度也越大，在电路中也是如此，电压越高，则电流越大。所以在电路中电压、电流和电阻存在如下关系：

$$\text{电流}=\frac{\text{电压}}{\text{电阻}}$$

即

$$I=\frac{U}{R} \tag{5.1}$$

式(5.1)称为欧姆定律，欧姆定律表述了：当电阻一定时，电阻上的电压越大，电流越大；在相同的电压下，电阻越大，电流越小。或者说，电流与所加电压成正比，与电阻成反比。

通过简单的数学变换，可以得到电压和电阻的公式：

$$U = IR \tag{5.2}$$

$$R = \frac{U}{I} \tag{5.3}$$

图5.1所示的简单电路中用到了式(5.1)中的所有参数，电阻直接与电源相连，建立了流经电阻和电源的电流。注意：符号 E 用于表示电路中电源的电动势；符号 U 用于表示电路中元件两端的电压。在图中电压源对电流“施加压力”，使电流从电池正极流出，经电阻返回电池负极。对负载电阻 R 而言，电流从电压的正极（高电位端）流入，从负极（低电位端）流出，对于任何电路中的任何电阻，流经电阻的电流方向决定了电阻两端电压的极性。

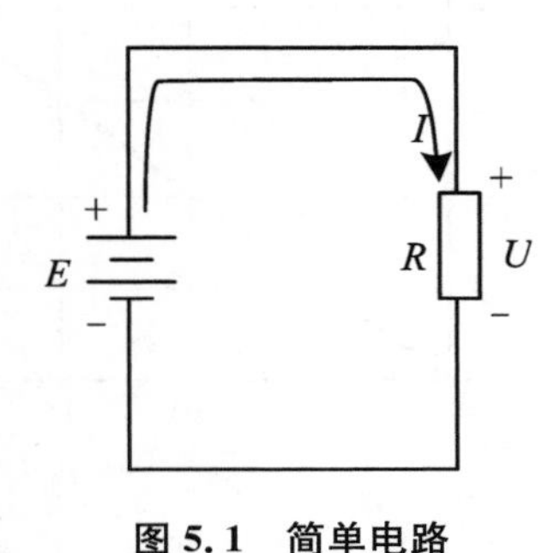

图5.1　简单电路

【例5.1】 将2.2 Ω电阻跨接在9 V电池两端，请确定电阻中电流的大小。

解　由式(5.1)，得

$$I = \frac{U}{R} = \frac{E}{R} = \frac{9\ \text{V}}{2.2\ \Omega} = 4.09\ \text{A}$$

【例5.2】 如果给60 W的灯泡施加220 V电压，结果产生500 mA电流，计算灯泡的电阻。

解　由式(5.3)，得

$$R = \frac{U}{I} = \frac{220\ \text{V}}{500 \times 10^{-3}\ \text{A}} = 440\ \Omega$$

5.2　绘制电阻的伏安特性曲线

在每个技术领域，表格、曲线、图形、图像等都起着重要的描述作用，通过描绘图像，可以方便地显示出系统的运行状态或者响应情况。针对电子设备的大多数特性，垂直轴（纵轴）用来表示电流，水平轴（横轴）用来表示电压，如图5.2(a)所示。

图5.2(a)中线性（直线）图像揭示了电阻不随电流或者电压的变化而变化，始终是定值。电流方向和电压极性如图5.2(b)所示，如果电流方向与图中的方向相反，则电流 I 位于横轴下方；如果电压极性与图中的方向相反，则电压 U 在纵轴左侧。对于固定的标称值电阻，图5.2(a)所示的第Ⅰ象限是唯一要考虑的象限，但是在“电子技术”课程中会遇到很多器件，它们的伏安特性曲线在其他象限的情况也需要考虑。

一旦得到图5.2所示的图像，任何电压对应的电流（或反之）都可以在图上找到。例如，在图5.2中，如果从横轴 $U = 25$ V这一点画一条垂线，与代表欧姆定律的斜直线相交，从交点再画一条水平线与电流坐标相交，那么交点的纵坐标就是电流值，即5 A。使用同样的方法，当 $U = 10$ V时，得到的电流是2 A，与欧姆定律确定的结果一样。

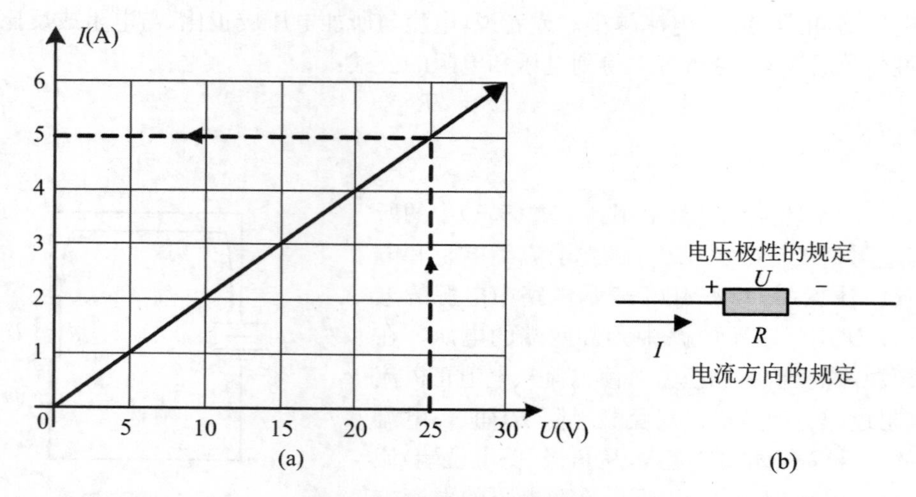

图 5.2　绘制的伏安特性曲线

如果将欧姆定律改写成下面的形式，并与直线方程相比较：

$$I = \frac{1}{R} \cdot E + 0$$

$$\downarrow \quad \downarrow \quad \downarrow \quad \downarrow$$

$$y = m \cdot x + b$$

我们发现，直线的斜率等于电阻的倒数，即

$$m = 斜率 = \frac{\Delta I}{\Delta U} + \frac{1}{R} \tag{5.4}$$

式中，Δ 表示微小的增量。从式(5.4)看出，电阻越大，斜率越小。如果绘制的伏安特性曲线是一条直线，则电阻值是一定值；如果绘制的伏安特性曲线是一条曲线，则在曲线的不同位置，电阻值是不一样的。

5.3　功　　率

一般来说，功率用于表示在特定时间内做功(能量转换)的多少，即表示做功的速率。例如，在相同时间内大电动机能够将更多的电能转换为机械能，所以大电动机比小电动机功率大。如果能量以焦耳(J)为单位，时间以秒(s)为单位，则功率的单位就是焦耳/秒(J/s)，称为瓦特(W)。若用公式表示，则功率的定义为

$$P = \frac{W}{t} \tag{5.5}$$

常用的单位还有千瓦(kW)、毫瓦(mW)等，它们与瓦[特](W)的换算关系为

$$1\ \text{kW} = 10^{3}\ \text{W}$$

$$1\ \text{mW} = 10^{-3}\ \text{W}$$

在电路中，传递转换电能的速率称为电功率，简称功率。或者说，功率是单位时间内元件吸收或发出的电能，利用电流和电压来计算电子设备或系统输入或者消耗的功率，可表

示为

$$P = UI \tag{5.6}$$

再通过欧姆定律，用电压来表示电流，可以得到用电压计算功率的公式

$$P = UI = U\left(\frac{U}{R}\right) = \frac{U^2}{R} \tag{5.7}$$

若用电流来表示电压，又可以得到用电流计算功率的公式

$$P = UI = (IR)I = I^2R \tag{5.8}$$

这样利用已知条件，就可以直接求得电阻所消耗的功率。换句话说，如果电流和电阻已知，直接利用式(5.8)；如果电压和电流已知，则适合采用式(5.6)。这样，确定功率时可以省去利用欧姆定律的求解过程。

式(5.6)表明：任何电源输出功率的能力不是由电源两端的电压简单地决定的，而是由电源两端电压和最大额定电流的乘积决定的。例如，汽车上用的电池是一种大型的、难以搬动的、相对较沉的电池，但电池电压仅有12 V，似乎让我们觉得可以用比小型9 V便携式收音机电池电压值稍大一点儿的电池作为汽车电池。但是电池提供的功率必须能够启动一辆汽车，即必须能够提供启动时所需的浪涌电流。为了产生这个电流，对器件的尺寸和材质都有专门要求。总之，电源的做功能力不是由电压或者电流额定值确定的，而是由两者的乘积决定的。

【例5.3】　如果电流是4 A，一个5 Ω电阻消耗的功率是多少？

解　由式(5.8)，得

$$P = I^2R = (4\ \text{A})^2 \times 5\ \Omega = 80\ \text{W}$$

【例5.4】　如果电阻值为5 kΩ，消耗的功率为20 mW，则通过电阻的电流为多少？

解　由式(5.8)，得

$$I = \sqrt{\frac{P}{R}} = \sqrt{\frac{20\times10^{-3}\ \text{W}}{5\times10^{3}\ \Omega}} = 2\ \text{mA}$$

5.4　能　　量

功率代表做功的速率。为了实现各种形式能量的转换，电气设备必须工作一段时间。例如，电动机可能会以很大的功率来拖动一个重型负载，但是，除非使电动机运行一段时间，否则就不会有能量的转换。此外，电动机拖动负载运行的时间越长，所消耗的电能也就越多。

因此，可由下式确定系统能量的得失多少：

$$W = Pt \tag{5.9}$$

在电路中，电流流过灯泡，灯泡会发光；电流流过电炉丝，电炉丝会发热；电流流过电动机，电动机会运转。电流流过一些用电设备时是会做功的，电流所做的功称为电功。电功即为电路所消耗的电能。根据式(5.6)可得电功的数学表达式：

$$W = Pt = UIt \tag{5.10}$$

根据欧姆定律可知，在电阻电路中电阻所消耗的电功为

$$W = UIt = I^2Rt = \frac{U^2 t}{R} \tag{5.11}$$

电功的国际单位是焦耳(J)，简称焦。在实际工作中，常用的单位是千瓦时(kW·h)，也称度。度与焦耳的换算关系为

$$1\text{度} = 3.6 \times 10^6\ \text{J}$$

电能表是测量电能的仪表，可以测量居民或企业的用电量。电能表通常直接安装在进入建筑物配电盘之前的线路上。图 5.3 是典型的电能表。

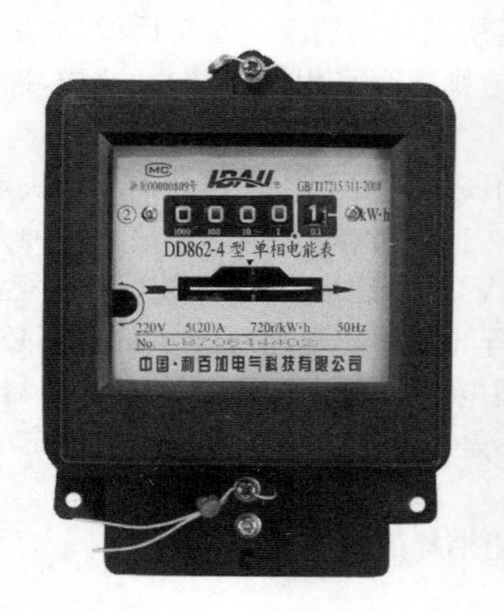

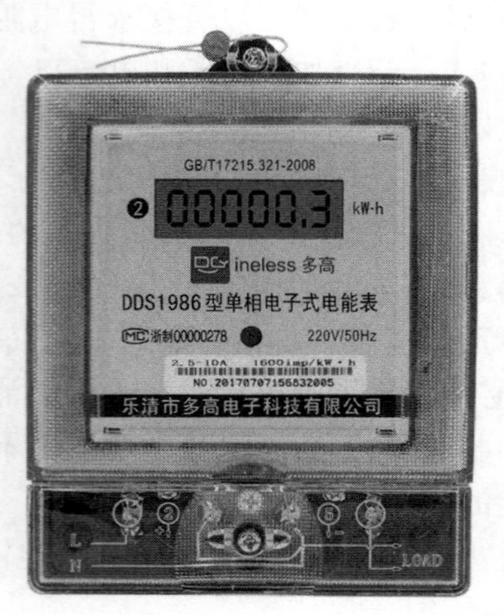

图 5.3　电能表

【例 5.5】　一个 60 W 灯泡持续工作 1 年(365 天)所消耗的电能是多少千瓦时?

解　$W = \frac{Pt}{1000} = \frac{60\ \text{W} \times 24\ \text{h/天} \times 365\ \text{天}}{1000} = \frac{525600\ \text{W·h}}{1000} = 525.6\ \text{kW·h}$

能量从一种形式到另一种形式的转换过程中存在能量的损失或存储，所以输出的能量肯定小于输入的能量，当然最好的期望是输出能量近似等于输入能量。根据能量守恒定律，这些能量需满足

$$\text{输入能量} = \text{输出能量} + \text{系统损失或存储的能量}$$

将上述关系两边同时除以时间 t，得

$$\frac{W_{\text{输入}}}{t} = \frac{W_{\text{输出}}}{t} + \frac{W_{\text{系统损失或存储}}}{t}$$

因为 $P = W/t$，所以得到

$$P_{\text{输入}} = P_{\text{输出}} + P_{\text{损失或存储}}$$

于是系统效率(η)可由下式确定：

$$\text{效率} = \frac{\text{输出功率}}{\text{输入功率}}$$

写出数学公式为

$$\eta = \frac{P_{\text{输出}}}{P_{\text{输入}}} \tag{5.12}$$

其中，η 是小数。如果用百分数表示效率，则为

$$\eta = \frac{P_{\text{输出}}}{P_{\text{输入}}} \times 100\% \tag{5.13}$$

当 $P_{输出} = P_{输入}$，即系统既无能量损失也无能量存储时，效率达最大值，即 100%。很显然，在输出能量或功率一定时，系统损失越大，效率越低。

【例 5.6】 一台电动机的效率是 80%，输入电流是 8 A，电压是 220 V，输出功率是多少瓦？

解　由式(5.13)，得

$$80\% = \frac{P_{输出}}{220\ \text{V} \times 8\ \text{A}} \times 100\%$$

输出功率为

$$P_{输出} = 0.8 \times 220\ \text{V} \times 8\ \text{A} = 1408\ \text{W}$$

习　题

1. 如果流经 220 Ω 电阻的电流是 5.6 mA，则电阻两端的电压是多少？

2. 如果电阻上的电压是 24 V，通过电阻的电流是 1.5 mA，则电阻的阻值是多少？

3. 如果启动汽车发动机时的电阻是 40 mΩ，汽车电池的电压是 12 V，则启动时从电池流出的电流是多少？

4. 如果冰箱在 220 V 电压时输入的电流为 5.6 A，则冰箱的电阻是多少？

5. 如果将一台电加热器接入 220 V 电源，输出电流为 8 A，则电加热器内阻是多少？如果一天使用加热器 2 h，转换的能量是多少焦耳？

6. 电阻网络两端的电压是 22 V，如果总电阻是 16.8 kΩ，则电流是多少？消耗的功率是多少？1 h 内消耗的能量是多少？

7. 一个 1 W 的电阻的阻值为 4.7 MΩ，通过电阻的最大电流是多少？如果额定功率增加到 2 W，电流额定值也加倍吗？

8. 一台 230 W 的燃油电动机，每周运行 12 h，其运行 5 个月需要的能量是多少千瓦时？(1 个月按 4 周计算。)

9. 在 10 h 内电气系统将 1200 kW · h 电能转换为热能，系统的功率是多少？如果施加的电压是 220 V，则从电源输出的电流是多少？如果系统效率是 82%，则 10 h 内损失或存储的能量是多少？

10. 普通计算机平均功率为 78 W，一个月按 31 天计算，每天工作 4 h，则一个月的电费是多少？设电价是 0.45 元/(kW · h)。

11. 立体音响系统的电流是 1.8 A，电压是 220 V，音频输出功率是 100 W。系统以热能形式损失的功率是多少？系统效率是多少？

第 6 章　串联直流电路

我们经常使用的电流有两种:一种是直流电流,另一种是正弦交流电流。直流电流是大小和方向不随时间变化的电流。本书在接下来的电路分析中,只涉及直流电流,并由简入繁地讨论直流电路的基本概念以及分析方法。

图 6.1 是一个简单电路,电路中的电池使电荷流经这个电路产生电流。只要电池接到电路上,并且保持它的输出特性,流经电路电流的大小和方向就不变化。假设导线为理想导体,它的电阻为零,导线上不存在电压。在外部电阻 R 上的电压 U 就等于电池的电动势 E。根据前几章所学的欧姆定律可得,在该电路中,电阻越大,电流越小。规定电流的方向与电子运动方向相反。假设电荷是均匀流动的,其电路各处电流都相等。注意,如果沿着规定的电流方向,对于单个电压源的直流电路流经电压源的电流方向总是从低电位到高电位,而无论电路中电压源的数量为多少,流经电阻的电流方向总是从高电位到低电位,如图 6.2 所示。

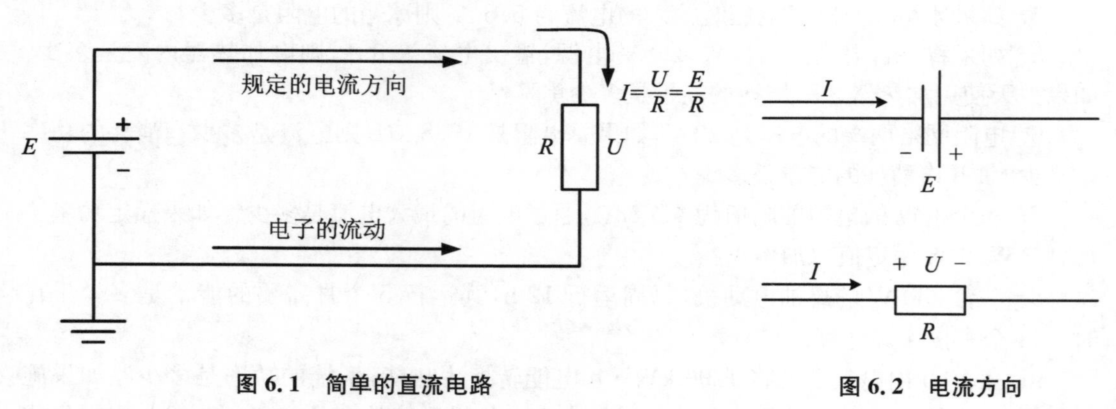

图 6.1　简单的直流电路　　　　图 6.2　电流方向

本章从简单电路入手,介绍电路分析的原理和方法。这些内容在电路分析中是普遍适用的,不会因为电路变得复杂而失效。以后在学习电工、电子或微机系统时也常常会用到这一系列知识。

6.1　电阻的串联

图 6.3(a)所示为由 3 个电阻组成的无分支电路。在电路中,若两个或两个以上的电阻按顺序一个接一个地连成一串,使电流只有一条通路,电阻的这种连接方式叫作电阻的串联。这里每个固定电阻仅有两个端子与电路相连,因此被称为二端元件。图 6.4 有 3 个电

阻连接在一个点上,则电阻之间就不是串联关系。

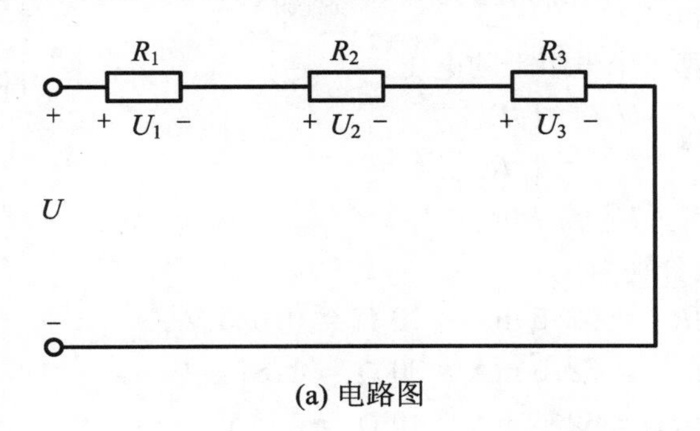

(a) 电路图

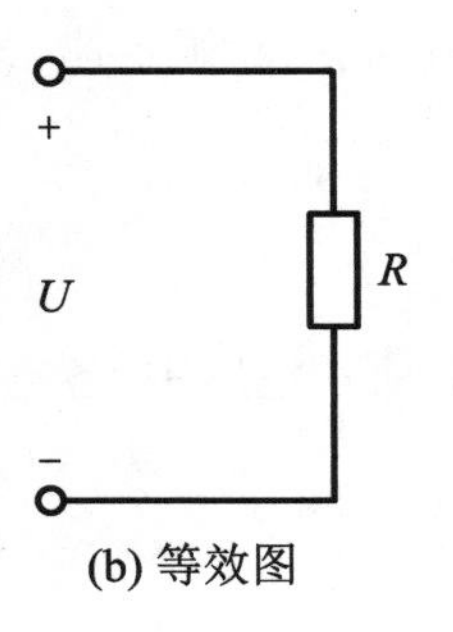

(b) 等效图

图 6.3　电阻的串联连接

对于电阻的串联连接,总电阻等于各个电阻阻值之和。n 个电阻串联时可以用式(6.1)描述上述关系,即

$$R = R_1 + R_2 + \cdots + R_n \tag{6.1}$$

由式(6.1)可以推出,无论电阻大小,串联电阻越多,总电阻就越大。假设图 6.3(a)中,$R_1 = 10\ \Omega$,$R_2 = 30\ \Omega$,$R_3 = 40\ \Omega$,则总电阻 $R_n = R_1 + R_2 + R_3 = 10\ \Omega + 30\ \Omega + 40\ \Omega = 80\ \Omega$。

在电路中,我们可以用欧姆表来测量任何结构电路的总电阻。因为电阻没有极性,可用欧姆表两只表笔连接电路任意两端,选择量程超过总电阻值,然后记下表的读数,如果量程是千欧,则读数就以千欧为单位。我们也可以通过计算得到电路中的阻值,6.2 节将介绍运用欧姆定律确定总电阻的方法。

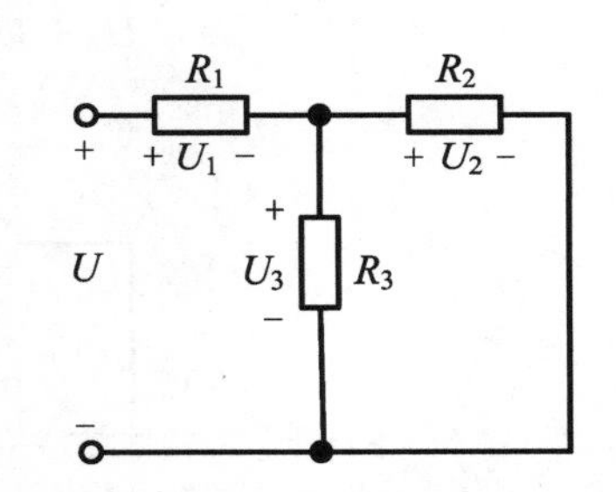

图 6.4　电阻的非串联连接(并联)

6.2　串联电路的电压、电流和功率

电路是指构成电流通路元器件的组合。

直流电源也是二端元件,通过两点与外部电路相连。将电源的两端分别接至串联电阻的两端,便构成了一个串联电路。电源接入电路的方式决定了电流的方向。对于串联直流电路来说,串联电路中电流的方向是从电压的正极流出,负极流入。

如图 6.5 所示,在前一节串联电阻的基础上加入 $E = 5\ \text{V}$ 直流电源,便得到一个串联电路。分析串联电路时,需要记住一个重要规律:串联电路中的电流处处相等。利用前面学习过的欧姆定律,将电路的总电阻值代入欧姆定律中,得到

$$I = \frac{E}{R} \tag{6.2}$$

式中,I 表示电路中的电流,R 为串联总电阻。将数值代入式(6.2)中,可得到电路中的电流

$$I = \frac{E}{R} = \frac{5\ \text{V}}{80\ \Omega} = 0.0625\ \text{A} = 62.5\ \text{mA}$$

已知电流,利用欧姆定律,又可以计算每个电阻上的电压:

$$\begin{aligned} U_1 &= I_1 R_1 \\ U_2 &= I_2 R_2 \\ U_3 &= I_3 R_3 \end{aligned} \tag{6.3}$$

在图 6.5 所示电路中,各电阻的电压分别为

$$\begin{aligned} U_1 &= I_1 R_1 = IR_1 = 62.5\ \text{mA} \times 10\ \Omega = 0.625\ \text{V} \\ U_2 &= I_2 R_2 = IR_2 = 62.5\ \text{mA} \times 30\ \Omega = 1.875\ \text{V} \\ U_3 &= I_3 R_3 = IR_3 = 62.5\ \text{mA} \times 40\ \Omega = 2.5\ \text{V} \end{aligned}$$

计算电路中电阻、电流和电压的数值时,每个数值后都带有单位,没有单位的数值是没有意义的。应注意单位之间的换算,如 1 A 等于 1000 mA,1 mA 等于 1000 μA。

由于串联电路流过各电阻的电流相等,电路中各个电阻两端的电压与它的阻值成正比,即

$$U_1 : U_2 : U_3 : \cdots : U_n = R_1 : R_2 : R_3 : \cdots : R_n \tag{6.4}$$

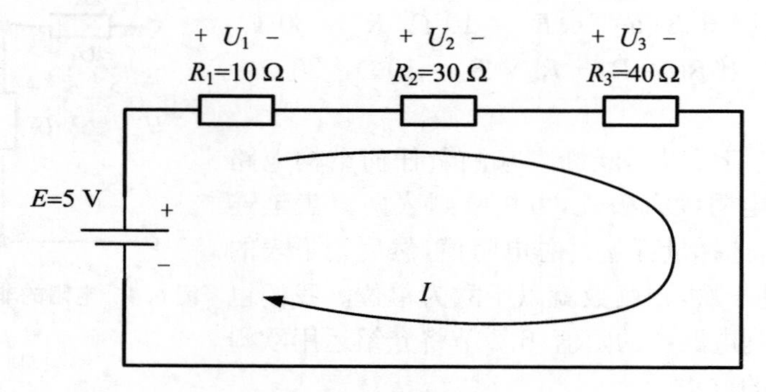

图 6.5　串联直流电路

【例 6.1】　已知电路的总电阻 $R = 15\ \text{k}\Omega$, $I_3 = 3\ \text{mA}$,计算图 6.6 所示电路中的 R_2 和 E。

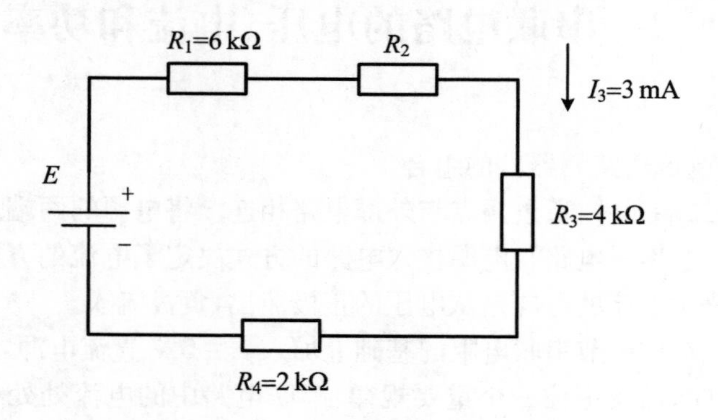

图 6.6　例 6.1 图

解　根据式(6.1)可得

$$R = R_1 + R_2 + R_3 + R_4$$

代入已知量,得

$$15\ \text{k}\Omega = 6\ \text{k}\Omega + R_2 + 4\ \text{k}\Omega + 2\ \text{k}\Omega$$

求得

$$R_2 = 3\ \text{k}\Omega$$

再根据欧姆定律求电源电压：

$$E = I_3 R = 3\ \text{mA} \times 15\ \text{k}\Omega = 45\ \text{V}$$

在电路的分析和计算中，功率的计算是十分重要的。对于任何电器系统，输入功率等于消耗或吸收的功率。图6.7所示的串联电路中，直流电源提供的功率等于各电阻消耗的功率之和，用公式表示为

$$P_E = P_{R_1} + P_{R_2} + P_{R_3} \tag{6.5}$$

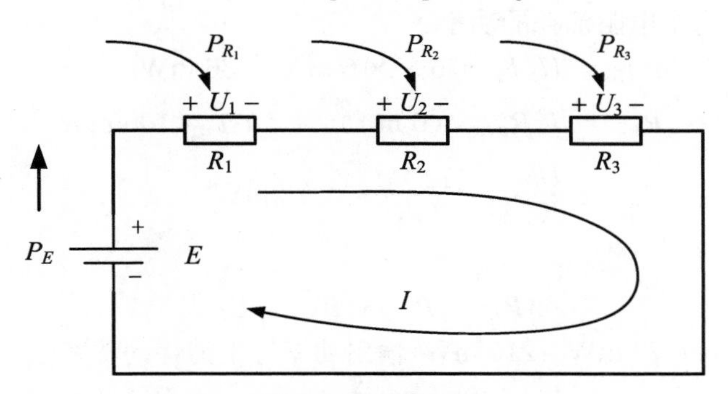

图6.7　串联电路

有 n 个电阻的串联电路，公式可表示为

$$P_E = P_{R_1} + P_{R_2} + \cdots + P_{R_n} \tag{6.6}$$

电压的输出功率为

$$P_E = EI \tag{6.7}$$

电阻消耗的功率可表示为(以 R_1 为例)

$$P_{R_1} = U_1 I_1 = I_1^2 R_1 = \frac{U_1^2}{R_1} \tag{6.8}$$

根据式(6.8)可以看出，在同一串联电路中，电阻越大，电源对其提供的功率越大。

【例6.2】　对图6.8所示的串联电路：(1) 计算电流；(2) 求电池的输出功率；(3) 求每个电阻消耗的功率；(4) 说明输出功率是否等于消耗的功率。

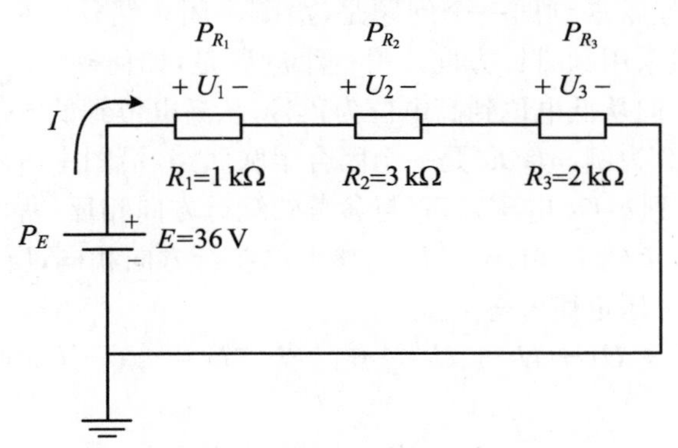

图6.8　例6.2图

解 (1) 计算电流:

$$I = \frac{E}{R_1 + R_2 + R_3} = \frac{36\ \mathrm{V}}{6\ \mathrm{k\Omega}} = 6\ \mathrm{mA}$$

(2) 计算电池的输出功率:

$$P_E = EI = 36\ \mathrm{V} \times 6\ \mathrm{mA} = 216\ \mathrm{mW}$$

(3) 由欧姆定律得到每个电阻的电压:

$$U_1 = IR_1 = 6\ \mathrm{V}$$
$$U_2 = IR_2 = 18\ \mathrm{V}$$
$$U_3 = IR_3 = 12\ \mathrm{V}$$

根据式(6.8),计算每个电阻消耗的功率:

$$P_{R_1} = U_1 I_1 = 6\ \mathrm{V} \times 6\ \mathrm{mA} = 36\ \mathrm{mW}$$
$$P_{R_2} = I_2^2 R_2 = (6\ \mathrm{mA})^2 \times 3\ \mathrm{k\Omega} = 108\ \mathrm{mW}$$
$$P_{R_3} = \frac{U_3^2}{R_3} = \frac{(12\ \mathrm{V})^2}{2\ \mathrm{k\Omega}} = 72\ \mathrm{mW}$$

(4)

$$P_E = P_{R_1} + P_{R_2} + P_{R_3}$$

即 36 mW + 108 mW + 72 mW = 216 mW,输出功率等于消耗的功率。

6.3 基尔霍夫电压定律

基尔霍夫电压定律是集总电路的基本定律,该定律是由基尔霍夫在 18 世纪中期研究得到的。它不仅适用于直流电路,也适用于交流电路、脉冲电路等,对于解决复杂网络问题非常有效,永远不会过时。其中,基尔霍夫电压定律(Kirchhoff's Voltage Law,KVL)指出:“在集总电路中,任何时刻沿任一闭合回路,所有支路电压上升和下降的代数和恒等于零。”即

$$\sum U = 0 \tag{6.9}$$

在使用该定律时经常遇到的一个问题是,沿哪条闭合路径?是否总是沿着电流的方向?为简化问题,一般采用顺时针方向。另一个问题是,如何确定各电压的正负号?对于一个确定电压,前进方向从低电位到高电位为正号,从高电位到低电位则为负号。

以串联电路图 6.9 为例,*abcda* 是一个闭合串联回路,沿图中所示的顺时针绕行方向。从 d 点经过电压源 E 到 a 点,电压升高,与参考的绕行方向相反,所以 E 为负号。从 a 点到 b 点时,电阻电压由负到正,电压下降,与参考的绕行方向相同,所以 U_1 为正号,U_2,U_3 同理。根据基尔霍夫电压定律可得

$$-E + U_1 + U_2 + U_3 = 0 \quad 或 \quad E = U_1 + U_2 + U_3$$

还可写成

$$E = IR_1 + IR_2 + IR_3$$

可以看出,在串联直流电路中,电源电压等于电路中电位下降的总和,基尔霍夫电压定

律也可以写成这种形式：

$$\sum U_{升} = \sum U_{降} \tag{6.10}$$

基尔霍夫电压定律可以推广应用于部分电路中。图6.10所示为某部分电路，沿绕行方向，由KVL有

$$IR + U_s + U_{AB} = 0$$

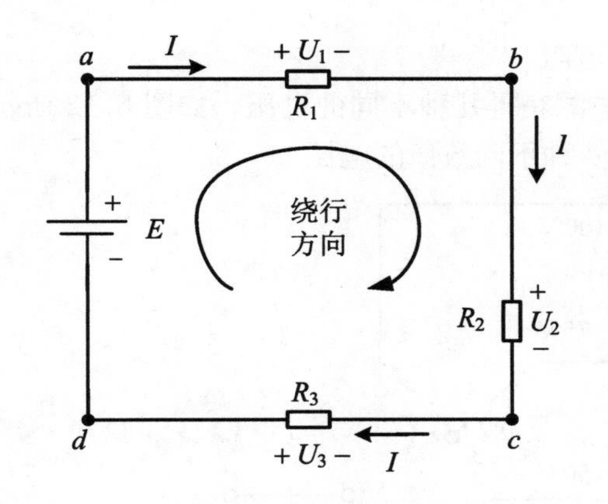

图6.9　闭合串联电路　　　图6.10　基尔霍夫电压定律的推广

【例6.3】　利用基尔霍夫电压定律确定图6.11所示电路中的电压 U_1，U_2。

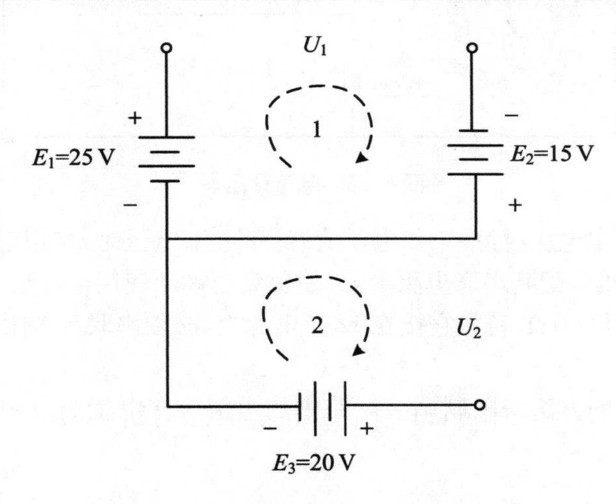

图6.11　例6.3图

解　在回路1中，沿顺时针绕行方向，由KVL可得

$$-25\ \text{V} + U_1 - 15\ \text{V} = 0$$

得

$$U_1 = 40\ \text{V}$$

同理，在回路2中，可得

$$U_2 + 20\ \text{V} = 0$$

得

$$U_2 = -20\ \text{V}$$

6.4 串联电路的应用

电阻串联的应用极为广泛,例如:

(1) 用几个电阻串联来获得阻值较大的电阻。

(2) 用串联电阻组成分压器,使用同一电源获得几种不同的电压。如图 6.12 所示,由 R_1～R_4 组成串联电路,使用同一电源,输出 4 种不同数值的电压。

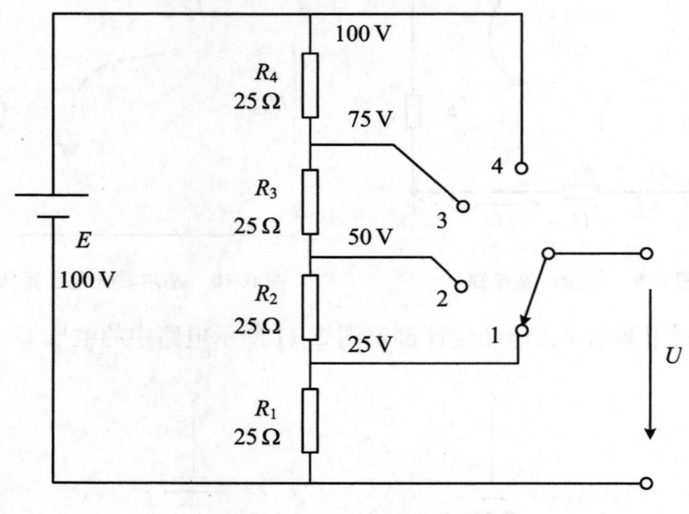

图 6.12　电阻分压器

(3) 当负载的额定电压(标准工作电压值)低于电源电压时,采用电阻与负载串联的方法,使电源的部分电压分配到串联电阻上,以使负载正确地使用电压值。例如,一个指示灯额定电压为 6 V,电阻为 6 Ω,若将它接在 12 V 电源上,必须串联一个阻值为 6 Ω 的电阻,指示灯才能正常工作。

(4) 用电阻串联的方法来限制调节电路中的电流。在电工测量中普遍用串联电阻法来扩大电压表的量程。

习　题

1. 有一个实验用的小灯泡电阻是 20 Ω,若用两节干电池做电源,实验时通过它的电流是多少?

2. 根据图 6.13 所示实物连接的电路图,画出其电路图。

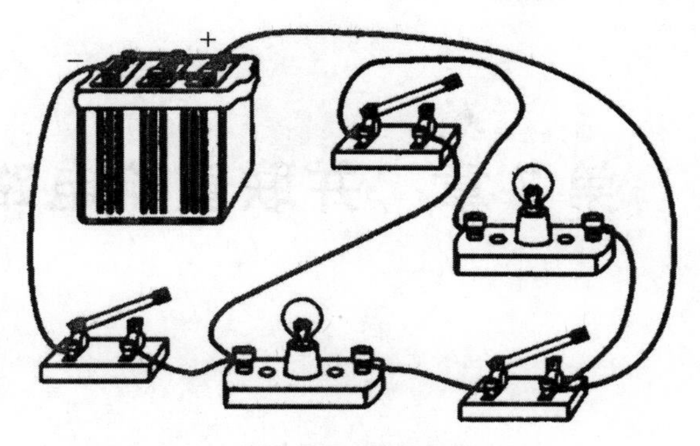

图6.13 习题2图

3. 如图6.14所示,电阻 $R_1=12\ \Omega$。电源控制开关S断开时,通过的电流为0.3 A;电源控制开关S闭合时,电流表的读数为0.5 A。问:(1) 电源电压为多大?(2) 电阻 R_2 的阻值为多大?

4. 如图6.15所示,滑动变阻器上标有"20 Ω 2 A"的字样,当滑片P在中点时,电流表读数为0.24 A,电压表读数为7.2 V,求:(1) 电阻 R_1 和电源电压;(2) 滑动变阻器移到右端时电流表和电压表的读数。

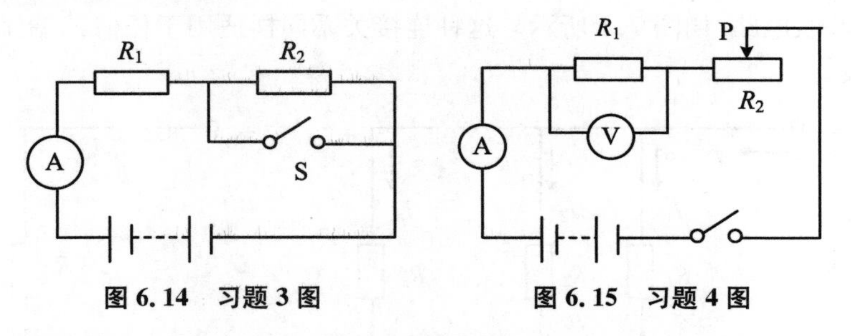

图6.14 习题3图　　图6.15 习题4图

5. 如图6.16所示,电源电压为12 V并保持不变。电阻 $R_1=20\ \Omega$,电源控制开关S闭合后,电流表读数为0.2 A。问:(1) R_1 两端的电压为多大?(2) 电阻 R_2 的阻值为多大?

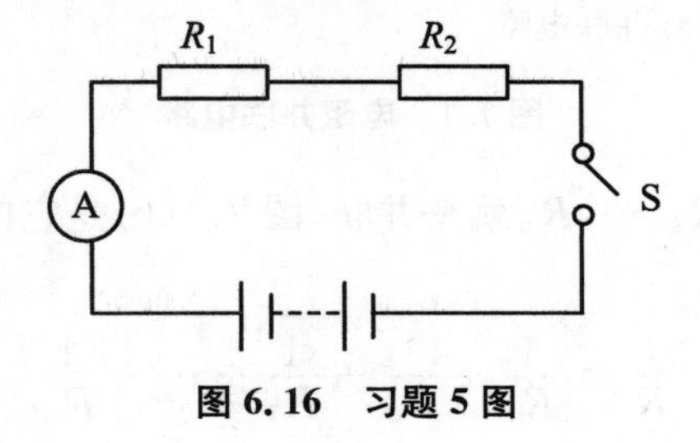

图6.16 习题5图

第 7 章　并联直流电路

7.1　并联电路

和串联电路一样,并联电路也是结构最简单的电路,但它是构成大多数复杂电路的基础。第 6 章详细讨论了串联电路,本章详细讨论并联电路以及与其相关的方法和定律。

如果两个元件、两个支路或两个电路有两个公共的连接点,就称它们为并联连接,简称并联。把两个或两个以上的电阻接到电路中的两点之间,电阻两端承受同一个电压的电路,叫作电阻并联电路,如图 7.1 所示。这种连接关系同样适用于任何二端元件,例如电压源和各种仪表。

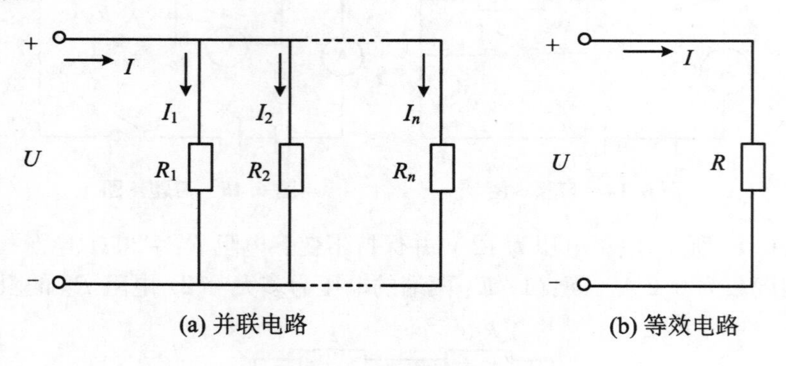

(a) 并联电路　　(b) 等效电路

图 7.1　电阻并联电路

图 7.1(a)中电阻 $R_1, R_2, \cdots, R_n$ 就是并联,图 7.1(b)是它的等效电路。并联电路的总电阻由下面的公式确定:

$$\frac{1}{R} = \frac{1}{R_1} + \frac{1}{R_2} + \frac{1}{R_3} + \cdots + \frac{1}{R_n} \tag{7.1}$$

也可以写成

$$R = \frac{1}{\dfrac{1}{R_1} + \dfrac{1}{R_2} + \dfrac{1}{R_3} + \cdots + \dfrac{1}{R_n}} \tag{7.2}$$

从式(7.1)可以看出,并联电路的总阻值倒数等于各并联电阻的倒数之和,也可以用式(7.2)计算任何数量电阻并联后的总阻值。并联电路总电阻公式不像串联电路总电阻公式那样简单,计算时需要求倒数。但是在大多数情况下,仅有 2 个或者 3 个电阻并联在一起,我们可以推导两个电阻并联时总电阻的计算公式,这个公式无须担心求倒数的问题。

$$\frac{1}{R}=\frac{1}{R_1}+\frac{1}{R_2}=\frac{R_1+R_2}{R_1R_2}$$

即

$$R=\frac{R_1R_2}{R_1+R_2} \tag{7.3}$$

可见,两个电阻并联的总电阻值是这两个电阻的乘积除以它们的和。

【例 7.1】 计算图 7.2 所示电路的总电阻 R。

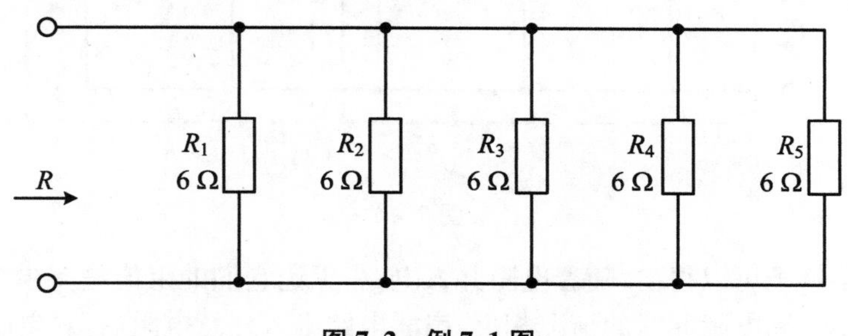

图 7.2　例 7.1 图

解　由式(7.1)得

$$R=\frac{1}{\frac{1}{R_1}+\frac{1}{R_2}+\frac{1}{R_3}+\frac{1}{R_4}+\frac{1}{R_5}}$$

而 $R_1=R_2=R_3=R_4=R_5$,所以

$$R=\frac{1}{5\times\frac{1}{R_1}}=\frac{R_1}{5}=\frac{6\ \Omega}{5}=1.2\ \Omega$$

从这个例子可以看出,n 个相同电阻并联,总电阻等于这个阻值除以 n,即

$$R=\frac{R_n}{n} \tag{7.4}$$

式中,R_n 为任意一个相同电阻的阻值。

【例 7.2】 计算图 7.3 所示电路的总电阻 R。

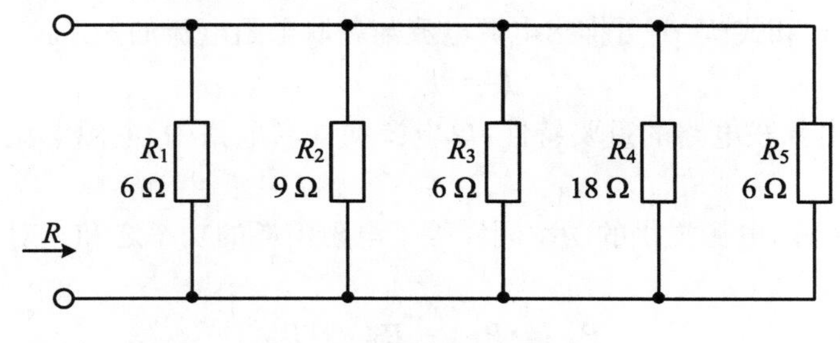

图 7.3　例 7.2 图

图 7.4 与图 7.3 的总电阻相同,由式(7.3)得

$$R''=\frac{R_2R_4}{R_2+R_4}=\frac{9\ \Omega\times18\ \Omega}{9\ \Omega+18\ \Omega}=6\ \Omega$$

再由式(7.4)得

$$R = \frac{R_n}{n} = \frac{6\ \Omega}{4} = 1.5\ \Omega$$

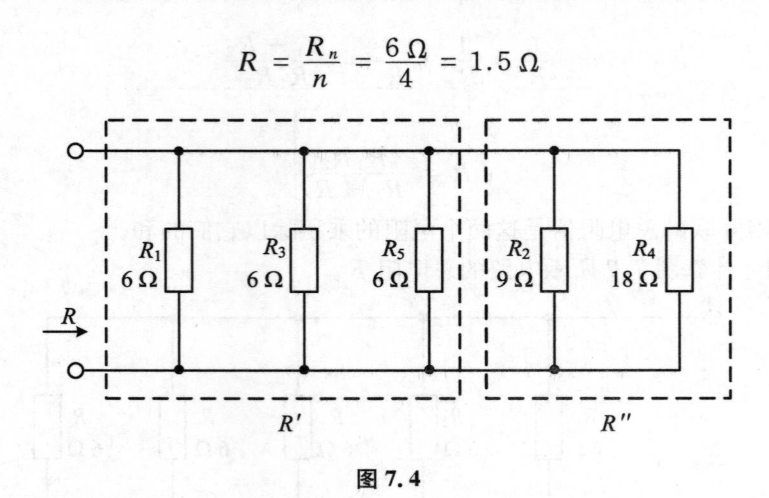

图 7.4

从以上两个例子可以得出，随着电阻并入电路，无论它们的阻值是多少，并联电路的总电阻值都会减小。和电阻并联的情况相反，串联电路串入任意电阻后，总电阻总是增加的。

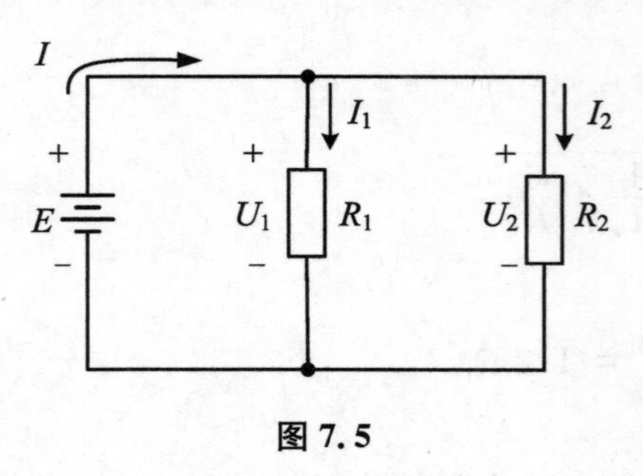

图 7.5

并联电阻与电源相连，就构成了并联电路。如图 7.5所示，电源的正极直接连接到电阻的顶端，负极连接到电阻的底端。显然，加在每个电阻上的电压都相同。并联的任何元件两端的电压都是相同的。

$$U_1 = U_2 = E \tag{7.5}$$

并联电路的电流从电源流出，分配给每个并联电阻。所产生的电流是并联电路总电阻的函数，总电阻越小，电流越大。由于并联元件的电压相同，因此流过每个电阻的电流也可由欧姆定律确定，即

$$I_1 = \frac{E}{R_1},\quad I_2 = \frac{E}{R_2} \tag{7.6}$$

用水流类比并联电路中的电流。一个粗水管分成两个细水管之后，水流的总量不变，管道越细，水流就越小。在任何时候，流入粗管道的总水流肯定与两个细水管中的水流总量相同。由式(7.1)和式(7.6)可推出电源电流与并联电阻电流的关系：

$$I = I_1 + I_2 \tag{7.7}$$

我们可以得出并联电路的重要特性：单电源的并联电路中，电源电流等于各个并联支路电流之和。

和串联电路一样，电源提供的功率同样等于电阻消耗的功率之和。对于图 7.6 所示的并联电路有

$$P_E = P_{R_1} + P_{R_2} + P_{R_3} \tag{7.8}$$

电阻消耗的功率可表示为(以 R_1 为例)

$$P_{R_1} = U_1 I_1 = I_1^2 R_1 = \frac{U_1^2}{R_1} \tag{7.9}$$

和串联电路中是一样的，并且在并联电路中，电阻越大，分配的功率越小。

【例 7.3】 在图 7.6 所示并联电路中，计算：(1) 总电阻 R；(2) 电源电流和每个电阻的电流；(3) 电源的功率；(4) 每个并联电阻分配的功率。

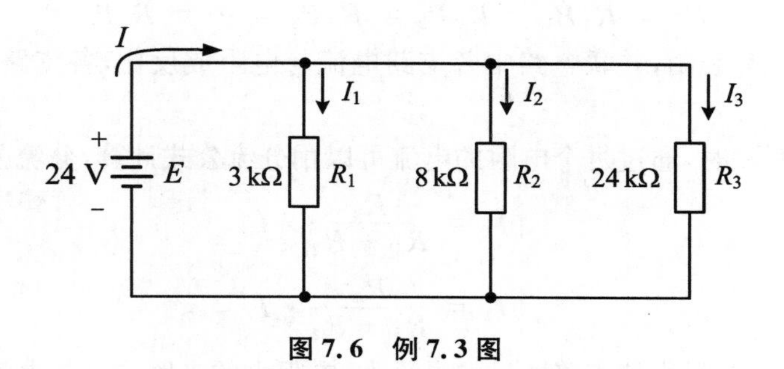

图 7.6　例 7.3 图

解　(1) 总电阻为

$$R=\frac{1}{\frac{1}{R_1}+\frac{1}{R_2}+\frac{1}{R_3}}=\frac{1}{\frac{1}{3}+\frac{1}{8}+\frac{1}{24}}\ \text{k}\Omega=2\ \text{k}\Omega$$

(2) 电源电流和每个电阻的电流计算如下：

$$I=\frac{E}{R}=\frac{24\ \text{V}}{2\ \text{k}\Omega}=0.012\ \text{A}=12\ \text{mA}$$

$$I_1=\frac{E}{R_1}=\frac{24\ \text{V}}{3\ \text{k}\Omega}=0.008\ \text{A}=8\ \text{mA}$$

$$I_2=\frac{E}{R_2}=\frac{24\ \text{V}}{8\ \text{k}\Omega}=0.003\ \text{A}=3\ \text{mA}$$

$$I_3=\frac{E}{R_3}=\frac{24\ \text{V}}{24\ \text{k}\Omega}=0.001\ \text{A}=1\ \text{mA}$$

(3) 电源的功率为

$$P_E=EI=24\ \text{V}\times 12\ \text{mA}=288\ \text{mW}$$

(4) 分别用3种方法计算3个电阻的功率，得

$$P_{R_1}=U_1I_1=EI_1=24\ \text{V}\times 8\ \text{mA}=192\ \text{mW}$$

$$P_{R_2}=I_2^2R_2=(3\ \text{mA})^2\times 8\ \text{k}\Omega=72\ \text{mW}$$

$$P_{R_3}=\frac{U_3^2}{R_3}=\frac{E^2}{R_3}=\frac{(24\ \text{V})^2}{24\ \text{k}\Omega}=24\ \text{mW}$$

可见，$P_E=P_{R_1}+P_{R_2}+P_{R_3}$成立。

通过以上分析，现将并联电路的特点总结如下：

(1) 电路中各个电阻两端的电压相同，即

$$U_1=U_2=U_3=\cdots=U_n \tag{7.10}$$

(2) 电阻并联电路总电流等于各支路电流之和，即

$$I=I_1+I_2+I_3+\cdots+I_n \tag{7.11}$$

(3) 并联电路的总阻值的倒数等于各并联电阻的倒数的和，即

$$\frac{1}{R}=\frac{1}{R_1}+\frac{1}{R_2}+\frac{1}{R_3}+\cdots+\frac{1}{R_n} \tag{7.12}$$

(4) 电阻并联电路的电流分配和功率分配关系

在并联电路中，并联电阻两端的电压相同，所以

$$U=R_1I_1=R_2I_2=R_3I_3=\cdots=R_nI_n \tag{7.13}$$

↓

$$U^2 = R_1P_1 = R_2P_2 = R_3P_3 = \cdots = R_nP_n \tag{7.14}$$

式(7.13)和式(7.14)表明，并联电路中各支路电流与电阻成反比，各支路电阻消耗的功率和电阻成反比。

当两个电阻并联时，通过每个电阻的电流可以用分流公式计算，分流公式为

$$\begin{cases} I_1 = \dfrac{R_2}{R_1 + R_2} \cdot I \\ I_2 = \dfrac{R_1}{R_1 + R_2} \cdot I \end{cases} \tag{7.15}$$

在电阻并联电路中，电阻小的支路通过的电流大，电阻大的支路通过的电流小。

7.2　基尔霍夫电流定律

基尔霍夫第一定律又称节点电流定律、基尔霍夫电流定律(Kirchhoff's Current Law, KCL)。KCL 指出：在任一瞬间通过电路中任一节点的电流代数和恒等于 0，即

$$\sum i(t) = 0$$

在直流电路中，写作

$$\sum I = 0 \tag{7.16}$$

如图 7.7 所示，可列出节点 a 的电流方程：

$$-I_1 + I_2 + I_3 - I_4 + I_5 = 0 \tag{7.17}$$

对式(7.17)进行变形，可得

$$I_2 + I_3 + I_5 = I_1 + I_4 \tag{7.18}$$

对式(7.18)加以分析，可以看出

$$\sum I_{\text{入}} = \sum I_{\text{出}}$$

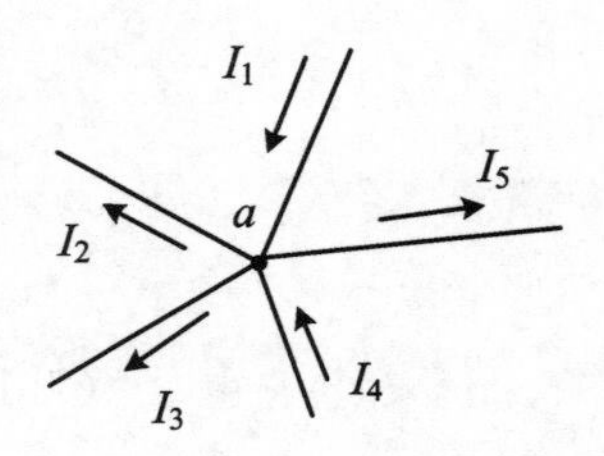

图 7.7　基尔霍夫第一定律应用

这也是基尔霍夫电流定律的另一种表述方式：在任一时刻，对电路中的任一节点，流入节点的电流之和等于流出节点的电流之和。

需要注意的是：

(1) KCL 是电荷守恒和电流连续性原理在电路中任意节点处的反映。

(2) KCL 是对支路电流加的约束，与支路上接的是什么元件无关，与电路是线性的还是非线性的无关。

(3) KCL 方程是按电流参考方向列出的，与电流实际方向无关。

【例 7.4】　如图 7.8 所示，求 I_1 和 I_2 的大小。

解　根据基尔霍夫电流定律，对于左边节点：

$$I_1 = 10\text{ A} + 3\text{ A} + 5\text{ A} = 18\text{ A}$$

对于右边节点：

$$I_2 = 10\text{ A} + 2\text{ A} - 5\text{ A} = 7\text{ A}$$

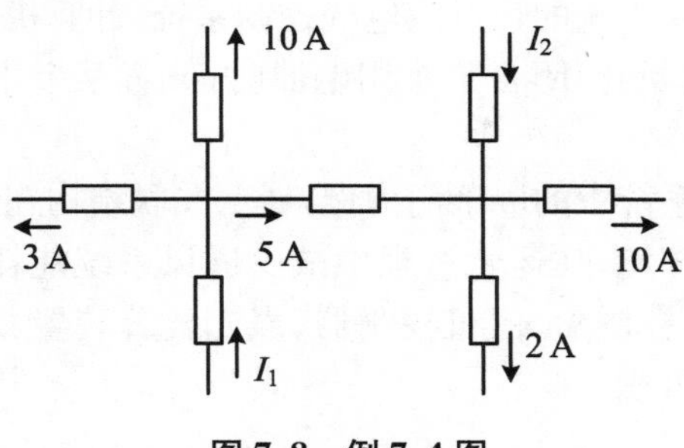

图 7.8　例 7.4 图

7.3　电压源的并联

日常生活中用到的电压源包括电池、发电机、信号源等，电压源是从实际电源抽象得到的电路模型，它们是二端有源元件。当电压源为恒定值时，称为恒定电压源或直流电压源。我们经常见到几个干电池一起使用，是因为单个直流电压源所能提供的电压是一定的，最大允许电流也是一定的。而在实际应用中，常需要较高的电压和较大的电流，这需要将电池按一定规律连接起来，组成电池组，以便提高供电电压或增大供电电流。

那么，多个直流电压源按照什么样的规律连接能够输出我们所要求的电压、电流呢？

把直流电压源的正极接在一起作为电路的正极，把直流电压源的负极接在一起作为电路的负极，若 n 个相同的直流电压源，电动势为 E，内阻为 R_0，则并联后的电动势 $E_{并}=E$，内阻 $R_{0并}=\dfrac{R_0}{n}$，当负载电阻为 R 时并联直流电压源输出的总电流为

$$I=\frac{E_{串}}{R+R_{0并}}=\frac{E}{R+\dfrac{R_0}{n}}\tag{7.19}$$

因为并联元件两端的电压是相同的，所以只有当电压源具有相同的电压时，它们才可以并联在一起，多个电压源并联后，输出电动势不变，输出电流增大。所以，并联多个电池或电源的主要目的是增加输出电流的能力。根据基尔霍夫电流定律，总的输出电流是每个电源输出电流之和。

注意：如果将不同端电压的两个电池并联在一起，可能导致两个电池的失效或损坏。因为这时较大电压的电池会通过较小电压的电池快速放电。

7.4　应　　用

并联电路的优点有：① 如果结构中的一条支路出现了问题，其他的支路仍然能够正常工作；② 可以在任何时候加入新的支路，而不影响那些已经存在的支路。

并联电路的优点使得它在日常生活和工业领域的应用中十分广泛。例如，家用照明电

路中的用电器通常都是并联供电的，工厂、电气控制系统、计算机等也采用并联结构。只有将用电器并联使用，才能在断开、闭合某个用电器时，或者某个用电器出现断路故障时，保障其他用电器能够正常工作。

下面以城市轨道交通系统中的屏蔽门为例，展示并联结构在电气系统中的应用。地铁屏蔽门具有改善乘客候车环境，在运营过程中减少通风系统能耗的功能。如图 7.9 所示，主要由主控制机、站台端头控制盒、门机控制器、声光告警装置、就地控制盒、操作指示盘、站台控制开关及总线网络组成。

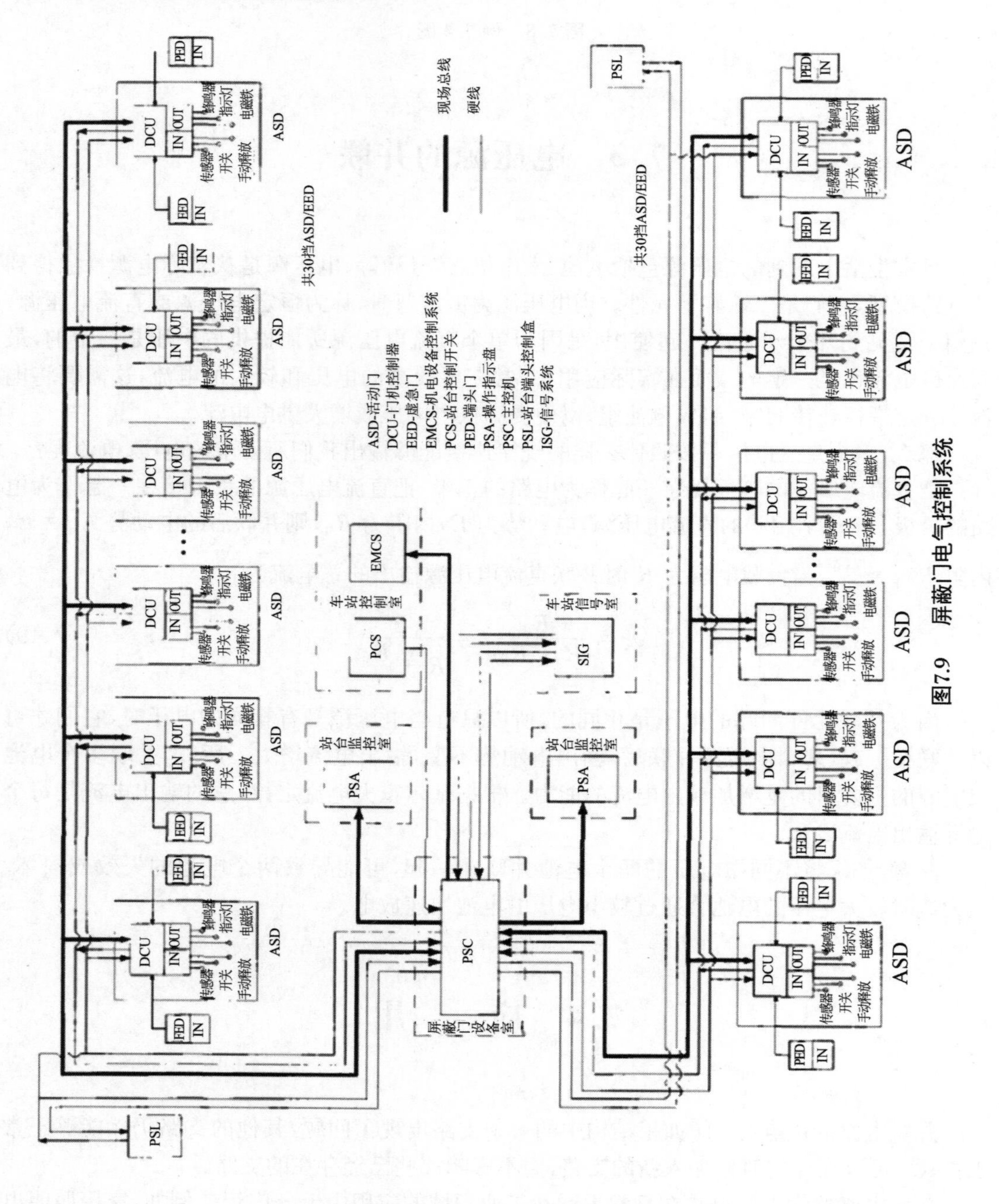

图7.9　屏蔽门电气控制系统

屏蔽门系统为一级负荷供电(当线路发生故障停电时,仍然保证连续供电),可采用UPS电源进行供电。系统的驱动电源和控制电源相互独立,有独立的UPS蓄电池组,每一组屏蔽门之间的驱动电路和控制电路也可以看成是并联的,这样可以保证屏蔽门系统一组控制或驱动线路出现问题时不会影响其他屏蔽门组的运行。

习　题

1. 如图7.10所示,已知 $E=5$ V,$R=10$ Ω,$I=1$ A,则电压 $U=$(　　)V。

A. 15　　B. 5　　C. −5　　D. 10

2. 如图7.11所示,复杂电路中电流 $I=$(　　)A。

A. −3　　B. 3　　C. −1　　D. 1

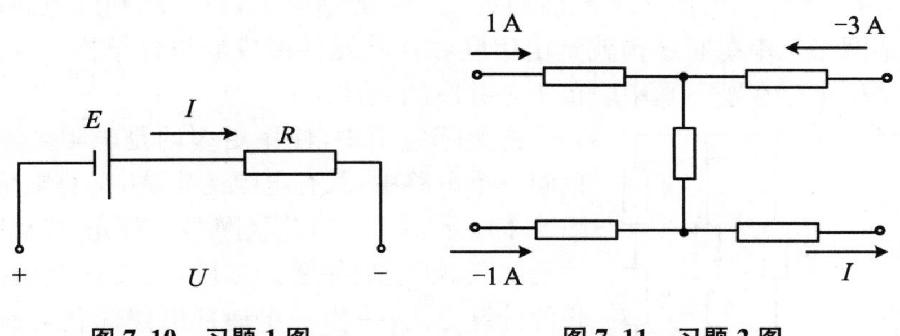

图7.10　习题1图　　图7.11　习题2图

3. 对于具有 n 个节点、b 个支路的电路,可列出________个独立的KCL方程,可列出________个独立的KVL方程。

4. KCL是对电路中各支路________之间施加的线性约束关系。

5. 将两只"220 V　60 W"的灯泡串联接入220 V电路中,每只灯泡实际消耗的电功率是多少?灯泡的寿命有何变化?这种情况是否可以应用到实际生活中(举例说明)?

6. 根据基尔霍夫定律求图7.12所示电路中的电流 I_1 和 I_2。

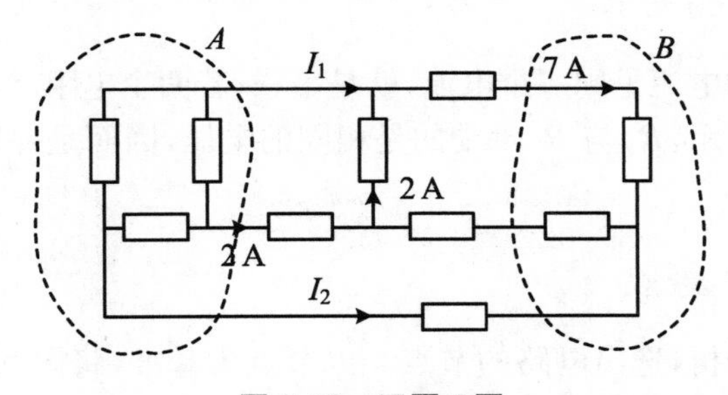

图7.12　习题6图

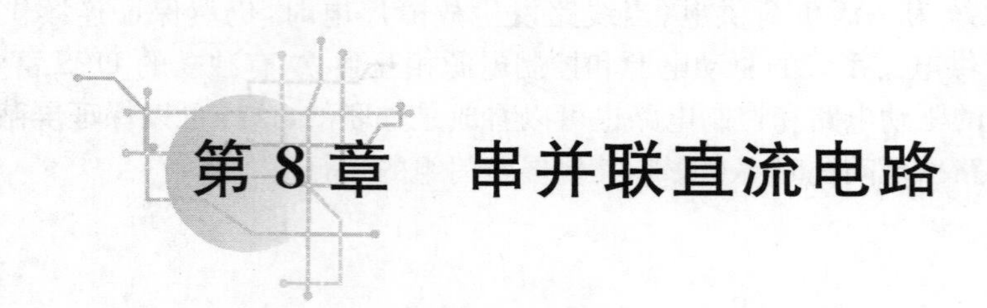

第 8 章　串并联直流电路

8.1　串并联网络

前两章详细介绍了串联和并联电路的基础知识。由于现在的电路结构形式多样，因此，很难对其他网络结构给出一个准确的定义。一般情况下，我们遇到的电路结构可能是串并联或复杂网络。串并联结构就是由串联和并联元件形成的组合结构。复杂网络结构就是指在该结构中存在既不是串联也不是并联的元件。

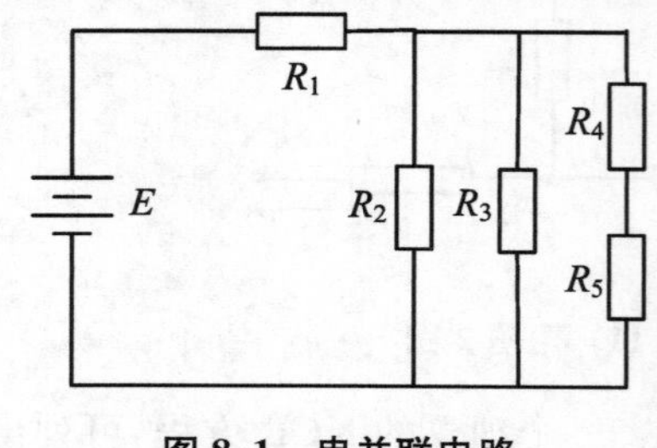

图 8.1　串并联电路

在实际应用中，使用更多的是电阻的混联电路，即在同一个电路中，既有电阻的串联，又有电阻的并联，如图 8.1 所示是一个串并联网络。首先，要确定出哪些元件是串联，哪些是并联。然后，只要按电阻的串联和并联的计算方法，一步一步地把电路简化，最后就可以求出其总的等效电阻了。判别串并联电路的串、并联关系应掌握以下 3 种方法。

1. 看电路的结构特点

若两电阻首尾相接就是串联，若首首尾尾相接就是并联。如图 8.1 所示，R_2与 R_3首首、尾尾相接，是并联；而 R_4与 R_3是首尾相接，因此是串联。

2. 看电压、电流的关系

若流经两个电阻的电流是同一个电流，就是串联；若两个电阻上承受的是同一个电压，就是并联。如图 8.1 所示，R_2与 R_3承受的是相同的电压，因而是并联；而 R_4与 R_5流过相同的电流，因此是串联。

3. 对电路做变形等效

对电路结构进行分析，选出电路的节点。以节点为基准，将图 8.1 电阻混联电路结构变形，然后进行判别。

8.2　串并联直流电路的分析方法

电路中的每一点均有一定的电位,检测电路中各点的电位是分析电路与维修电器的重要手段。

【例 8.1】　在图 8.2 所示电路中,$V_D=0$,电路中 E_1,E_2,R_1,R_2,R_3 及 I_1,I_2 和 I_3 均为已知量,试求 A,B,C 3 点的电位。

解法一　因为 $V_D=0,U_{AD}=E_1,U_{AD}=V_A-V_D$,所以 A,B,C 点的电位分别为

$$V_A=U_{AD}=E_1$$

$$V_B=U_{BD}=R_3I_3$$

$$V_C=U_{CD}=-E_2$$

以上求 A,B,C 3 点的电位是分别通过 3 条简单的路径得到的。

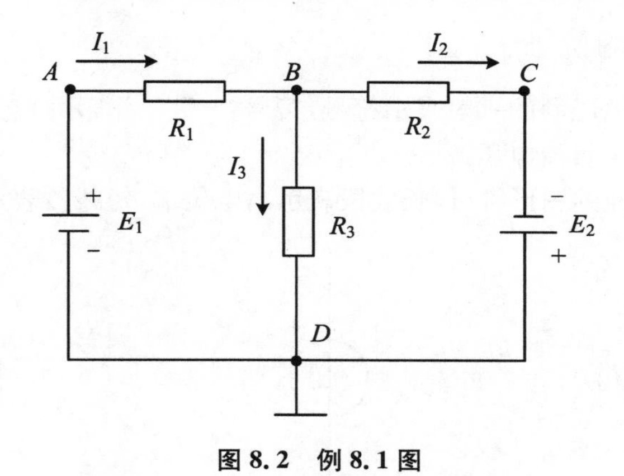

图 8.2　例 8.1 图

解法二　取定电位时,路径的选择可以是随意的。下面以 B 点为例进行分析。

当沿路径 BAD 时,

$$V_B=U_{BA}+U_{AD}=-R_1I_1+E_1$$

当沿路径 BCD 时,

$$V_B=U_{BC}+U_{CD}=R_2I_2-E_2$$

两条路径虽然表达式不同,但其结果是相等的。通过以上分析,可以归纳出电路中各点电位的计算方法和步骤:

(1) 确定电路中的零电位点(参考点)。通常规定大地电位为 0。一般选择机壳或许多元件汇集的公共点为参考点。

(2) 计算电路中某点 A 的电位,就是计算 A 点与参考点 D 之间的电压 U_{AD},在 A 点和 D 点之间,选择一条捷径(元件最少的简捷路径),A 点电位即为此路径上全部电压之和。

(3) 列出选定路径上全部电压代数和的方程,确定该点电位。

注意:

(1) 当选定的电压参考方向与电阻中的电流方向一致时,电阻上的电压为正值,反之

为负值。

(2) 当选定的电压参考方向是从电源正极到负极,电源电压取正值,反之取负值。

8.3 电压源和电流源的等效变换

8.3.1 电压源

常用电源中有各类电池、发电机和各种信号源,它们都是二端元件。电源中能够独立向外提供电能的电源,称为独立电源,包括电压源和电流源。

如果电源输出恒定的电压,即电压的大小与电流无关,我们把这种电源称为理想电压源。理想电压源是实际电源的一种理想模型。

1. 理想电压源的符号

图 8.3(a)是理想电压源的一般表示符号,符号"+""-"表示理想电压源的参考极性。

图 8.3(b)表示理想直流电压源。

图 8.3(c)是干电池的图形符号,长线段表示高电位端,短线段表示低电位端。

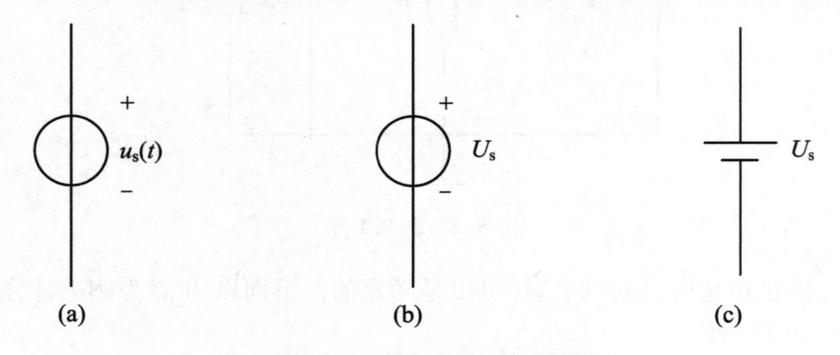

图 8.3 理想电压源的符号

2. 理想电压源的性质

(1) 理想电压源的端电压是常数 U_s,或是时间的函数 $u_s(t)$,与输出电流无关。

(2) 理想电压源的输出电流和输出功率取决于外电路。

(3) 端电压的输出电流和输出功率取决于外电路。

(4) 端电压不相等的理想电压源并联或端电压不为 0 的理想电压源短路,都是没有意义的。

3. 实际电压源

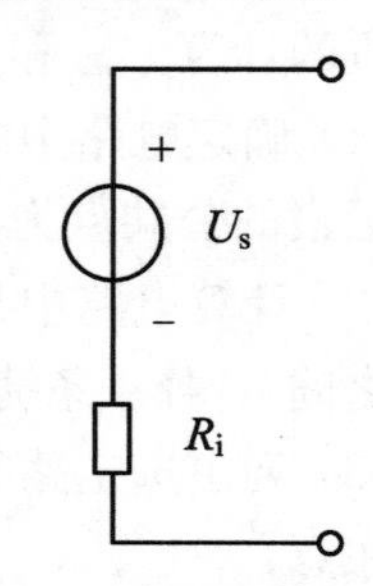

图 8.4 实际直流电压源

可以用一个理想电压源和一个电阻串联来模拟,此模型称为实际电压源模型。实际直流电压源如图 8.4 所示。电阻 R_i 叫作

电源的内阻，有时又称为输出电阻。实际直流电压源端电压为

$$U = U_s - IR_i \tag{8.1}$$

8.3.2 电流源

如果电源输出恒定的电流，即电流的大小与端电压无关，我们把这种电源称为理想电流源。理想电流源也是一种理想二端元件，其图形符号如图 8.5 所示，其中 I_s为电流源输出的电流，箭头标出了它的参考方向。理想电流源可以理解为输出电流不受外电路影响，只依照自己固有的规律随时间变化的电源。

1. 理想电流源的符号

（1）理想电流源的输出电流是常数 I_s，或是时间的函数$i(t)$，与理想电流源的端电压无关。

（2）理想电流源的端电压和输出功率取决于外电路。

（3）输出电流不相等的理想电流源串联或输出电流不为 0 的理想电流源开路，都是没有意义的。

2. 实际电流源模型

可以用一个理想电流源和一个电阻并联来模拟，此模型称为实际电流源模型，如图8.6所示。实际直流电流源输出电流为

$$I = I_s - \frac{U}{R_i} \tag{8.2}$$

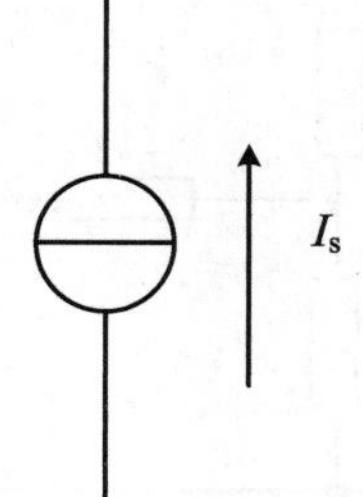

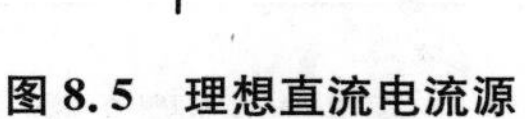

图 8.5　理想直流电流源

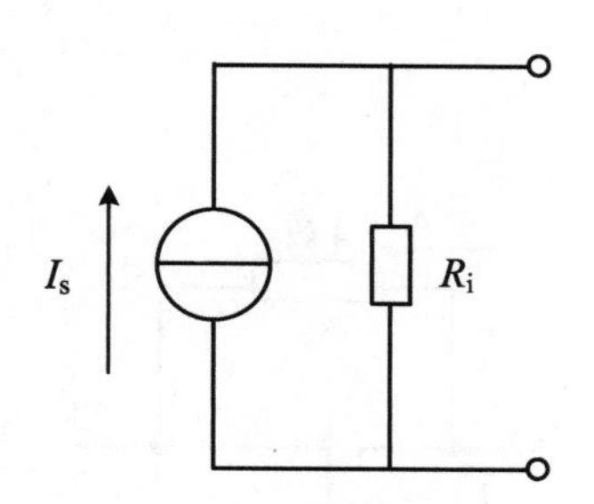

图 8.6　实际直流电流源模型

8.3.3 电压源与电流源的等效变换

在电路分析和计算中，电压源和电流源是可以等效变换的(图 8.7)。这里的等效变换是对外电路而言的，即把它们与相同的负载连接，负载两端的电压、负载中的电流、负载消耗的功率都相同。

两种电源等效变换关系由下式决定：

$$I_s = \frac{E}{R_0} \tag{8.3}$$

$$U_s = R_0 I_s \tag{8.4}$$

式(8.3)可将电压源等效变换成电流源，内阻 R_0阻值不变，要注意将其改为并联；式(8.4)可将电流源等效变换成电压源，内阻 R_0阻值不变，要注意将其改为串联。

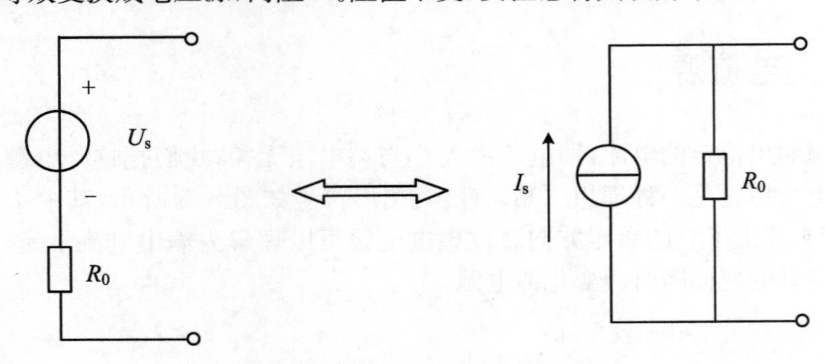

图 8.7　电压源与电流源的等效变换

习　题

1. 如图 8.8 所示，a 点的电位为(　　)V。

A. 0　　B. −8　　C. −6　　D. −14

2. 电路如图 8.9 所示，ab 间的等效电阻为(　　)Ω。

A. 10　　B. 8　　C. 5　　D. 4

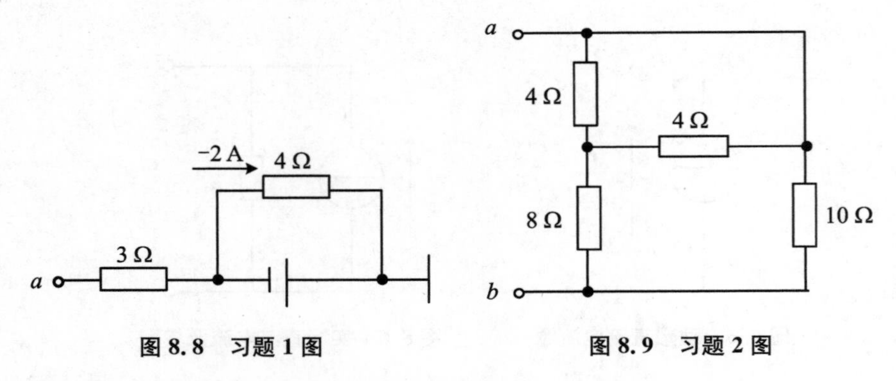

图 8.8　习题 1 图　　**图 8.9　习题 2 图**

3. 如图 8.10 所示为某元件电压与电流的关系曲线，则该元件为(　　)。

A. 理想电压源　　B. 理想电流源

C. 电阻　　D. 无法判断

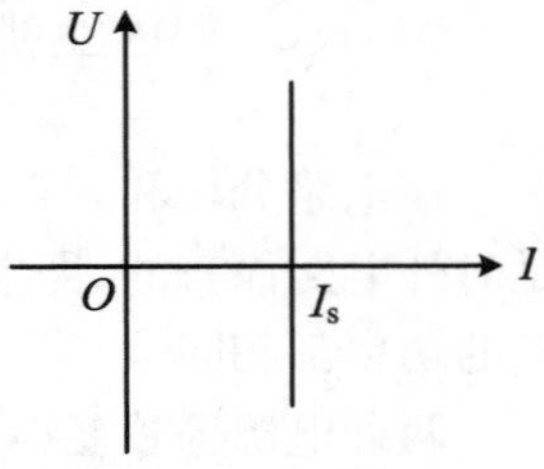

图 8.10　习题 3 图

4. 对于理想电压源而言，不允许________路，但允许________路。

5. 理想电压源和理想电流源串联，其等效电路为________。理想电流源和电阻串联，其等效电路为________。

6. 理想电流源在某一时刻可以给电路提供恒定不变的电流，电流的大小与端电压无关，端电压由________来决定。

7. 在图 8.11 所示电路中，$U_{ab}=5$ V，R 为多少？

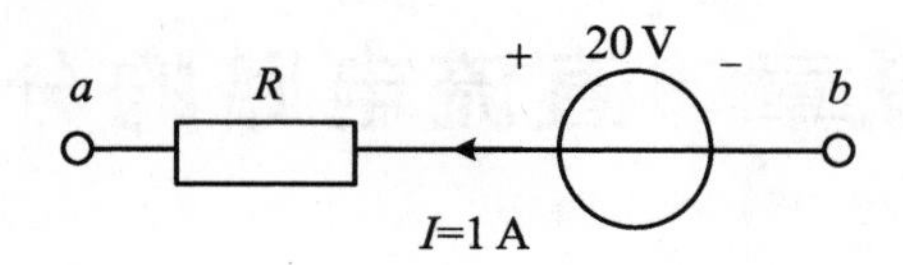

图 8.11　习题 7 图

8. 用电源的等效变换化简图 8.12 中的电路(化成最简形式)。

9. 图 8.13 所示是某电路的一部分，试求电路中的电流 I 及电压 U_{ab}。

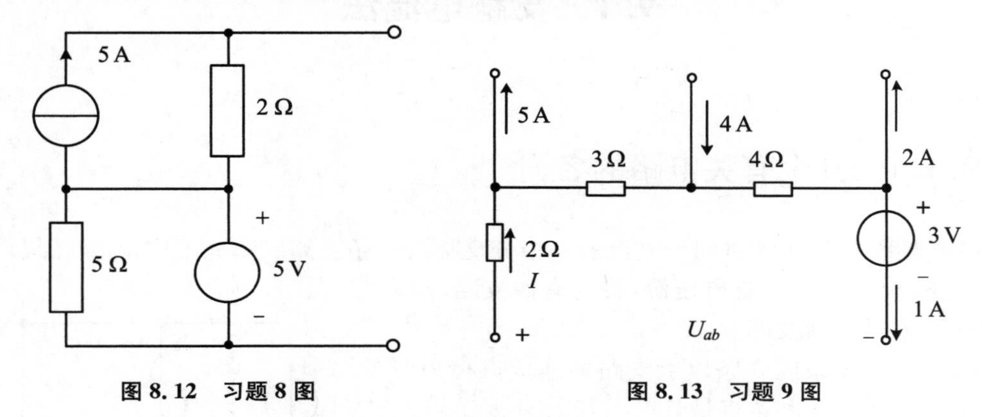

图 8.12　习题 8 图　　　　图 8.13　习题 9 图

10. 求图 8.14 所示电路中 a、b 端的等效电阻 R_{ab}。

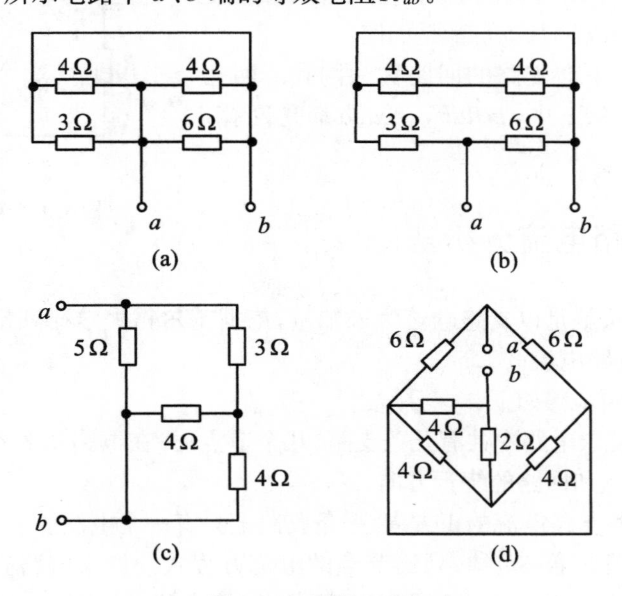

图 8.14　习题 10 图

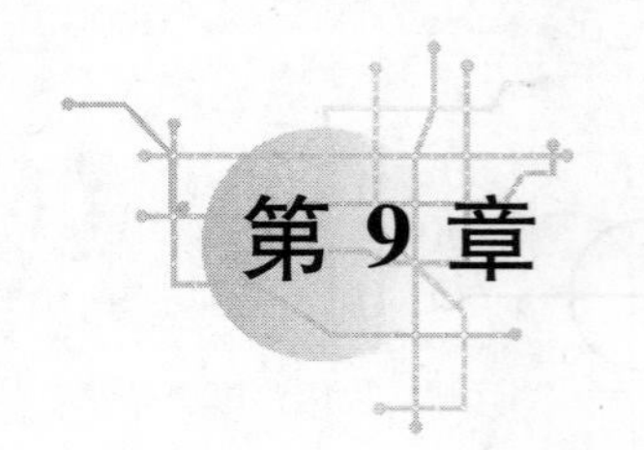

第 9 章　直流电路的分析方法

9.1　支路电流法

9.1.1　几个有关电路的名词

（1）支路：电路中流过同一电流的一个分支称为一条支路。图 9.1 中，bad，bcd，bed 均为支路，bad，bcd 中有电压源，称为有源支路；bed 中无电源，称为无源支路。

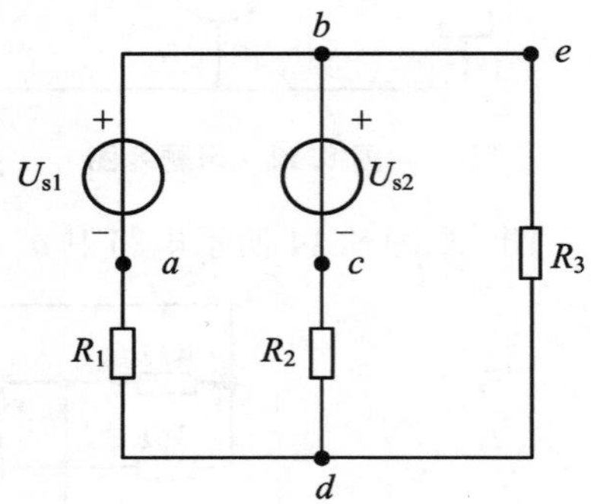

图 9.1　电路名词用图

（2）节点：3 条或 3 条以上支路的连接点称为节点。图 9.1 中，b 点和 d 点是节点，a，c，e 不是节点。

（3）回路：由若干支路构成的闭合路径称为回路。图 9.1 中，$bcdab$，$bedcb$，$bedab$ 都是回路。

（4）网孔：内部不含支路的回路称为网孔。网孔是回路的一种。图 9.1 中，$bcdab$，$bedcb$ 都是网孔，$bedab$ 不是网孔。

9.1.2　支路电流分析法

所谓支路电流法就是以支路电流为未知量，依据基尔霍夫定律列出方程组，然后解联立方程组，求得各支路电流。

支路电流法解题步骤如下：

（1）首先确定复杂电路中共有几条支路、几个节点，并在电路图的不同点上注以字母，以便表示不同的节点和回路的绕行方向。

（2）任意选定各支路电流的正方向，一条支路上只有一个电流。

（3）应用基尔霍夫第一定律，列出节点的电流方程式。如果电路有两个节点，则只能列出一个独立的方程式。对于一个具有 n 条支路、m 个节点（$n>m$）的复杂直流电路，需要列出 n 个方程式来联立求解。而电路有 m 个节点时，则只能列出 $m-1$ 个独立的方程式，这样还缺 $n-(m-1)$个方程式。

（4）用基尔霍夫第二定律列出不足的方程式。在列回路电压方程式时，应先绘出或注明回路的绕行方向，以便确定 E 和 RI 前面的正负号；若每次所取的回路能含有一个新支路(即其他方程式中没有利用过的支路)，则此回路电压方程式就是独立的。

(5) 代入已知数据，解联立方程组，求出各支路电流的大小，并确定各支路电流的实际方向。计算结果为正值时，实际方向与参考方向相同；计算结果为负值时，实际方向与参考方向相反。

(6) 验算。把求得的电流代入未写过的回路电压方程式中，以检验结果是否正确。

【例9.1】 如图9.2所示电路中，已知 $U_{s1}=15\ \text{V}$，$U_{s2}=12\ \text{V}$，$R_1=1\ \Omega$，$R_2=0.5\ \Omega$，$R_3=10\ \Omega$，求各支路电流的大小。

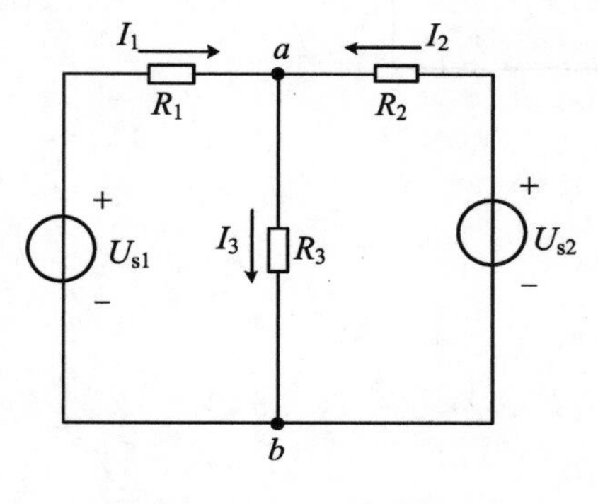

图9.2　例9.1图

解　(1) 电路中共有3条支路、2个节点。并在电路图的节点处注以字母 a，b。

(2) 选定各支路电流的正方向，如图9.2所示。

(3) 应用基尔霍夫电流定律，列出节点的电流方程式。对于节点 a，有

$$I_1+I_2=I_3$$

(4) 应用基尔霍夫电压定律列出回路电压方程式。

在回路 U_{s1}—R_1—R_3—U_{s1} 中，

$$U_{s1}=R_1I_1+R_3I_3$$

在回路 U_{s2}—R_3—R_2—U_{s2} 中，

$$U_{s2}=R_2I_2+R_3I_3$$

(5) 代入已知数据，解联立方程组，求出各支路电流的大小，并确定各支路电流的实际方向。

$$I_1+I_2=I_3$$
$$I_1+10I_3=15$$
$$0.5I_2+10I_3=12$$

解得

$$I_1=2.42\ \text{A}(\text{实际方向与参考方向一致})$$
$$I_2=-1.16\ \text{A}(\text{实际方向与参考方向相反})$$
$$I_3=1.26\ \text{A}(\text{实际方向与参考方向一致})$$

(6) 经验算，求解正确。

【例9.2】 在图9.3所示的电路中，已知：理想电流源的电流 $I_s=8\ \text{A}$，理想电压源的端电压 $U_s=10\ \text{V}$，$R_1=1\ \Omega$，$R_2=2\ \Omega$，$R_3=3\ \Omega$，$R_4=1\ \Omega$。试用支路电流法求各支路电流。

解　图9.3所示电路中共有5条支路，由于其中一条为理想电流源支路，故只需求4条支路电流，因此列出4个方程即可，各支路电流的参考方向如图9.3所示。

(1) 应用基尔霍夫电流定律，列出节点的电流方程式。

节点 a：

$$I_1+I_2-I_3=0$$

节点 b：

$$I_3-I_4+I_s=0$$

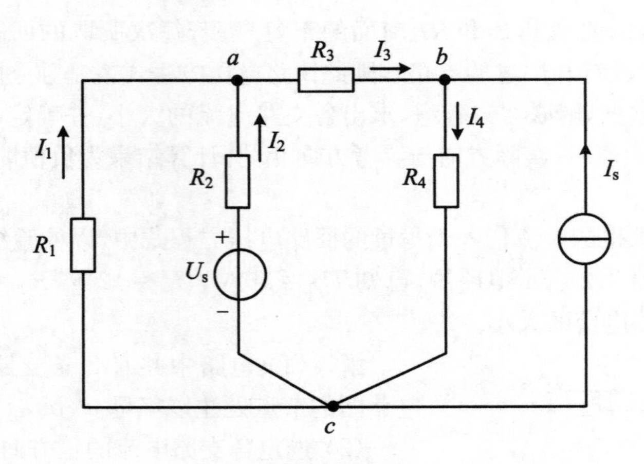

图 9.3　例 9.2 图

(2) 应用基尔霍夫电压定律列出回路电压方程式。

在回路 R_1—R_2—U_s—R_1 中，

$$1I_1 - 2I_2 = -10$$

在回路 R_2—R_3—R_4—U_s—R_2 中，

$$2I_2 + 3I_3 + 1I_4 = 10$$

(3) 将上述 4 个方程联立求解，得

$$I_1 = -4\,\text{A},\quad I_2 = 3\,\text{A},\quad I_3 = -1\,\text{A},\quad I_4 = 7\,\text{A}$$

(4) I_1，I_3 均小于 0，说明 R_1，R_3 中电流的实际方向与所选的参考方向相反。

9.2　节点电压法

在电路中任意选择某节点为参考点，则其余节点称为独立节点。独立节点与参考节点之间的电压为节点电压，节点电压的参考极性均是指向参考节点的，节点电压法的本质是把求各支路电流的问题转变为求节点电压。

节点电压法是以电路中的节点电压为变量，应用基尔霍夫电流定律列出与节点电压数相等的独立电流方程，从而求解出电路的节点电压。

由于任一支路都连接在两个节点之间，根据基尔霍夫电压定律不难断定支路电压是两个节点电压之差。

在图 9.4 所示电路中，其节点数为 3，选择参考节点（通常用接地符号“⊥”表示），节点 1 和节点 2 对参考节点的电压就分别为它们的节点电压 U_1 和 U_2。根据 KVL，不难得出

$$U_{12} = U_1 - U_2$$

因此，只要求出节点电压，就能确定所有支路电压。

下面以图 9.4 为例列出节点电压方程，电路中各支路电流的参考方向如图 9.4 所示，下面列写 KCL 方程。

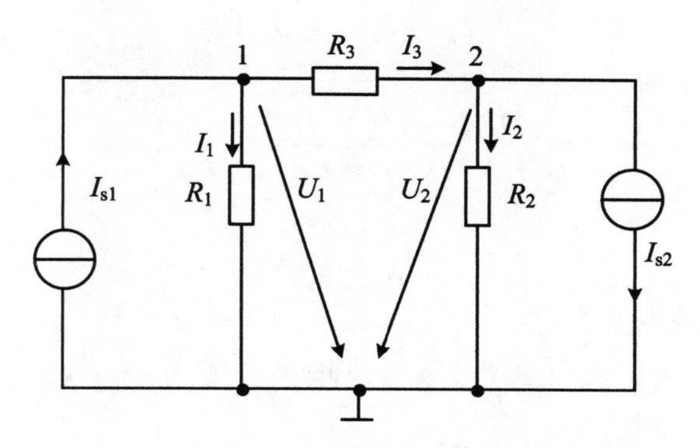

图 9.4　节点电压法电路

节点 1：

$$-I_1-I_3+I_{s1}=0$$

节点 2：

$$I_3-I_2-I_{s2}=0$$

根据各电流的求解，以上各式可用节点电压表示为

$$-\frac{U_1}{R_1}-\frac{U_1-U_2}{R_3}+I_{s1}=0$$

$$\frac{U_1-U_2}{R_3}-\frac{U_2}{R_2}-I_{s2}=0$$

移项、整理后得

$$\left(\frac{1}{R_1}+\frac{1}{R_3}\right)U_1-\frac{1}{R_3}U_2=I_{s1}$$

$$-\frac{1}{R_3}U_1+\left(\frac{1}{R_2}+\frac{1}{R_3}\right)U_2=-I_{s2}$$

这就是以节点间电压 U_1，U_2 为未知量的方程，只要求出电压值，即可方便地求出各支路电流。

【例 9.3】　在图 9.5 所示电路中，已知：$U_{s1}=140\ \text{V}$，$U_{s2}=90\ \text{V}$，$R_1=20\ \Omega$，$R_2=5\ \Omega$，$R_3=6\ \Omega$，试用节点电压法求解各支路电流。

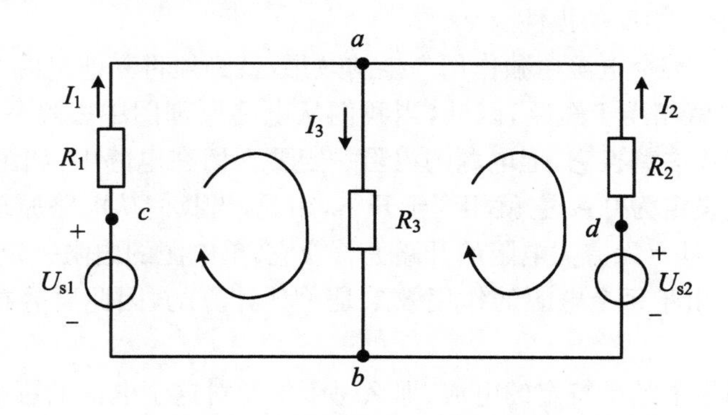

图 9.5　例 9.3 图

解　设 b 点为参考电压点，则只要对 a 点列出 KCL 方程即可：

$$I_1 + I_2 - I_3 = 0$$

上式用节点间电压表示为

$$\frac{U_{s1} - U_{ab}}{R_1} + \frac{U_{s2} - U_{ab}}{R_2} - \frac{U_{ab}}{R_3} = 0$$

求得节点间电压

$$U_{ab} = 60\ \text{V}$$

由此可计算出各支路的电流为

$$I_1 = \frac{U_{s1} - U_{ab}}{R_1} = \frac{140\ \text{V} - 60\ \text{V}}{20\ \Omega} = 4\ \text{A}$$

$$I_2 = \frac{U_{s2} - U_{ab}}{R_2} = \frac{90\ \text{V} - 60\ \text{V}}{5\ \Omega} = 6\ \text{A}$$

$$I_3 = \frac{U_{ab}}{R_3} = \frac{60\ \text{V}}{6\ \Omega} = 10\ \text{A}$$

9.3 叠加定理

叠加定理是应用广泛的定理之一，一般来说，这个定理可以用于以下情况：

(1) 分析含有两个或多个电源的电路，并且这些电路电源既不是串联也不是并联。

(2) 分析每个电源对特定量的影响。

(3) 对于不同类型的电源（例如直流电源和交流电源，它们以不同的规律影响着电路），可以单独分析它们的作用，最后计算各电源作用结果的代数和，就能得到最终结果。

叠加定理：电路中任意元件上流过的电流或其两端的电压等于每个电源单独作用时产生的电流或电压的代数和。

换句话说，这个定理允许每次仅有一个电源起作用，并计算出某个电流或电压的解，一旦计算出在每个电源作用时的电流或电压，就可以合并各个结果并求出总的电流或电压。定理的陈述中出现了“代数”这个词，这是因为电路中某个电源作用时得到的电流可能有不同的方向，电压可能有相反的极性。

如果我们要考虑某个电源单独作用产生的效果，就必须将其他电源去除。将电压源的端电压设定为 0，它就相当于短路，因此，当我们从电路原理图中去除一个电压源时，可以用一个无电阻的短线去替换它，但电源的内阻一定要保留在电路中，如图 9.6(a)所示。将电流源的输出电流设定为 0 A，它就相当于开路，因此，当我们从电路原理图中去除一个电流源时，可以用一个具有无穷大电阻的开路去替换它，单电源的内阻一定要保留在电路中，如图 9.6(b)所示。由于每个电源的作用效果是单独计算的，因此要分析的电路个数等于电源的总数。

如果要计算网络中某个特定的电流，那么每个电源对这个电流的影响都要计算。当计算出每个电源产生的电流后，那些具有相同方向的电流相加，再减去那些与之相反的电流，这样就得到了所有电流的代数和。同理，如果要计算网络中某个特定的电压，那么每个电源对这个电压的影响都要计算。当计算出每个电源产生的电压后，那些具有相同极性的电

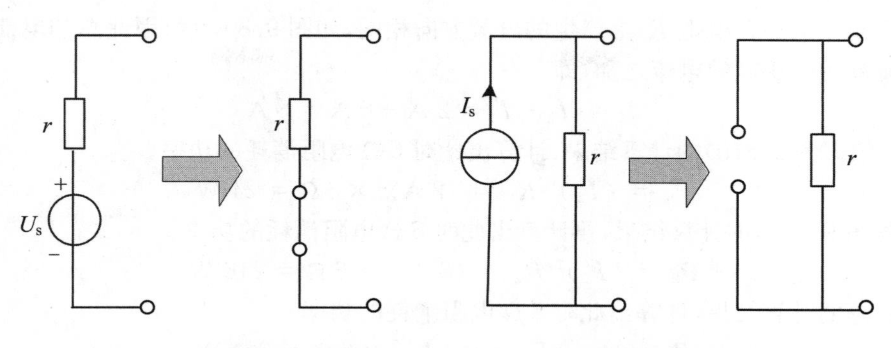

(a) 去除电压源等效电路　　(b) 去除电流源等效电路

图 9.6　去除电压源和电流源

压相加，再减去那些与之相反的电压，这样就得到了所有电压的代数和。

叠加定理不能用于功率的计算，这是因为功率与电阻的电压或电流的平方有关。平方项会使功率和待求的电流或电压之间存在非线性关系（即功率与电压之间是曲线关系，不是线性关系）。例如，流过电阻的电流变为原来的两倍，并不意味着电阻消耗的功率变为原来的两倍（如果是线性关系，就应该是两倍），而事实上功率增加到原来的 4 倍（由于存在电流的平方项）。电流变为原来的 3 倍，则功率值变为原来的 9 倍。

【例 9.4】（1）使用叠加定理计算电路中流过电阻 R_2的电流。

（2）证明叠加定理不能用于功率的计算（图 9.7）。

解　（1）为了计算 36 V 电压源对电路的影响，必须用开路替代 9 A 电流源，如图 9.8(a)所示，结果得到一个串联电路，其中流过电阻 R_2的电流为

$$I'_2=\frac{U_s}{R_1+R_2}=\frac{36\ \text{V}}{12\ \Omega+6\ \Omega}=2\ \text{A}$$

图 9.7　叠加定理分析

为了计算 9 A 电流源对电路的影响，必须用短路替换 36 V 电压源，如图 9.8(b)所示，结果得到 R_1与 R_2的并联结构，其中流过电阻 R_2的电流为

$$I''_2=\frac{R_1I_s}{R_1+R_2}=\frac{12\ \Omega\times 9\ \text{A}}{12\ \Omega+6\ \Omega}=6\ \text{A}$$

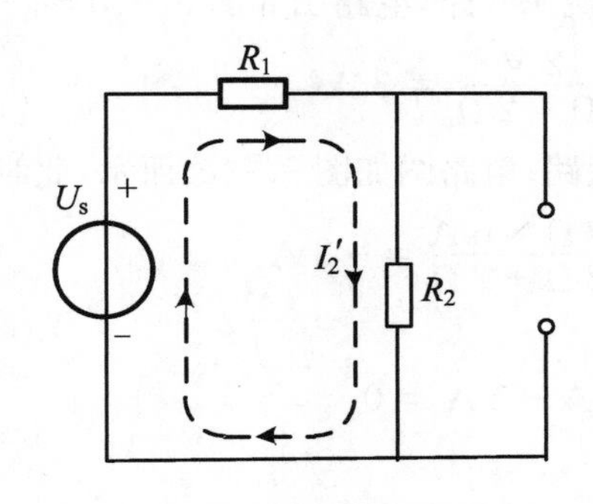

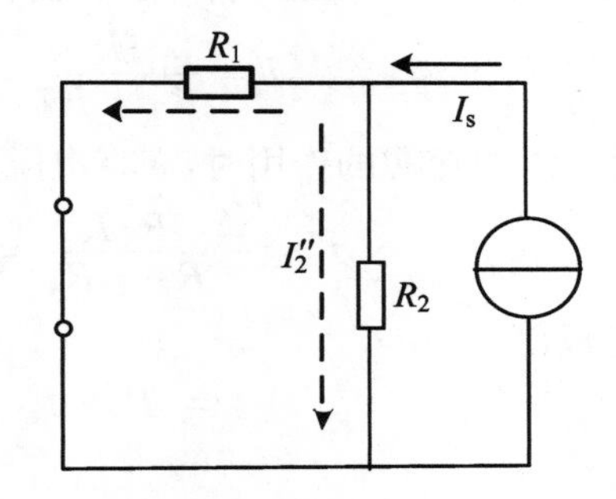

(a) 开路替换电流源电路　　(b) 短路替换电压源电路

图 9.8　电压源与电流源去除后的等效电路

由于每个电源在电阻 R_2 上产生的电流方向相同，如图 9.8 所示，因此总的电流等于这两个电源单独作用时的电流之和，即

$$I_2 = I'_2 + I''_2 = 2\ \text{A} + 6\ \text{A} = 8\ \text{A}$$

(2) 根据图 9.8(a)的计算结果，计算出此时 6 Ω 电阻消耗的功率

$$P_1 = (I'_2)^2 R_2 = (2\ \text{A})^2 \times 6\ \Omega = 24\ \text{W}$$

根据图 9.8(b)的计算结果，再计算出此时 6 Ω 电阻消耗的功率

$$P_2 = (I''_2)^2 R_2 = (6\ \text{A})^2 \times 6\ \Omega = 216\ \text{W}$$

根据总的计算结果，计算出此时 6 Ω 电阻消耗的功率

$$P = (I_2)^2 R_2 = (8\ \text{A})^2 \times 6\ \Omega = 384\ \text{W}$$

显然，使用 8 A 总电流计算得到 6 Ω 电阻消耗的总功率不等于每个电源单独作用的功率之和，也就是说，

$$P_1 + P_2 = 24\ \text{W} + 216\ \text{W} \neq P = 384\ \text{W}$$

综上所述，使用叠加定理时，应注意以下几点：

(1) 只能用来计算线性电路的电流和电压，对非线性电路，叠加定理不适用。

(2) 叠加时要注意电流和电压的参考方向，若分电流(或分电压)与原电路待求的电流(或电压)的参考方向一致时取正号，相反时取负号。

(3) 当一个独立电源单独作用时，其他的独立电源不作用。即电压源不作用时，就是在该电压源处用短路代替；电流源不作用时，就是在该电流源处开路。

【例 9.5】 电路如图 9.9(a)所示，已知 $R_1 = 3\ \Omega, R_2 = 5\ \Omega, R_3 = 2\ \Omega, R_4 = 2\ \Omega, U_s = 12\ \text{V}$，$I_s = 6\ \text{A}$，用叠加定理求电流 I 的值。

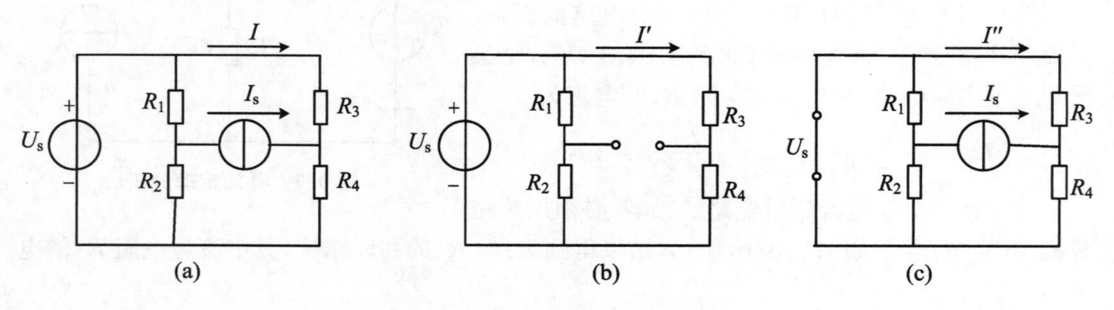

图 9.9　例 9.5 图

解　仅考虑 12 V 电压源的作用时，需将电流源开路，电路图如图 9.9(b)所示，此时

$$I' = \frac{U_s}{R_3 + R_4} = \frac{12\ \text{V}}{2\ \Omega + 2\ \Omega} = 3\ \text{A}$$

仅考虑 6 A 电流源的作用时，需将电压源短路，电路图如图 9.9(c)所示，此时

$$I'' = -\frac{R_4 I_s}{R_3 + R_4} = -\frac{2\ \Omega \times 6\ \text{A}}{2\ \Omega + 2\ \Omega} = -3\ \text{A}$$

根据叠加定理得

$$I = I' + I'' = 3\ \text{A} - 3\ \text{A} = 0$$

9.4　戴维南定理

下面要介绍的戴维南定理可以将复杂网络化简为非常简单的形式，一般来说，这个定理可以用于以下情况：

(1) 分析含有非串联或非并联电源的网络。

(2) 用最少数量的元件实现复杂网络的端口特性。

(3) 研究特定元件的变化对网络行为的影响，不需要在每次变化后分析整个网络。

戴维南定理：任意二端直流网络都可以被一个等效电路替换，这个等效电路只包含一个电压源和一个串联电阻。

为了说明该定理的强大作用，考虑图 9.10(a)所示的复杂网络，定理表明整个虚线框内的网络可以由一个电压源和一个电阻来替代，如图 9.10(b)所示。如果进行正确替换，那么这两个网络中的电阻 R_L两端的电压及流过 R_L的电流将会是一样的，并且 R_L的值可以任意改变。如何正确地计算出戴维南等效电路中的电压和电阻呢？一般来说，可以通过以下步骤计算：

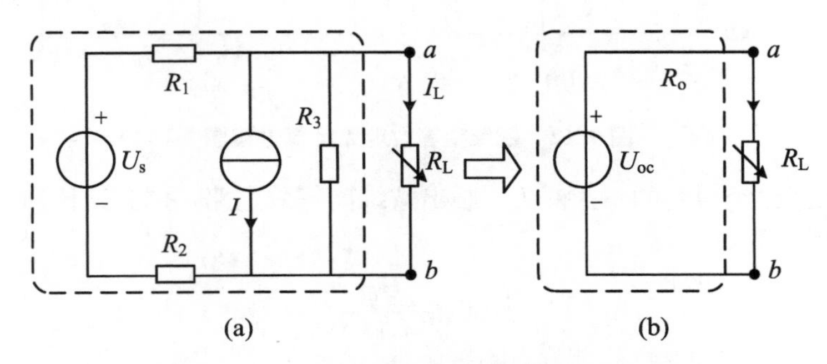

图 9.10　用戴维南等效电路替换复杂网络

(1) 划分出需要计算戴维南等效电路的那部分网络，将其余部分移去。在图 9.10(a)中，需要将负载电阻 R_L暂时从网络中移去。

(2) 给移去后剩下的二端网络的端子做上标记。当我们处理复杂网络时，这个步骤非常必要。

(3) 计算 R_o。计算R_o时先将所有电源置零(电压源用短路替换，电流源用开路替换)，然后计算两个带标记的端子之间的总电阻，如果电压源或者电流源的内阻包含在原来的网络中，那么当电源置零时要保留电源内阻。

(4) 计算U_{oc}。计算U_{oc}时先把所有电源都恢复到原样，并计算出两个带标记端子之间的开路电压，这个步骤总是引起困惑或错误，在任何情况下，记住它是步骤(2)中带标记的两个端子之间的开路电压。

(5) 画出戴维南等效电路，将被移去的电路放回到等效电路两个端子之间。例如，在图 9.10(b)中将R_o放回到戴维南等效电路的 a，b 两个端子之间。

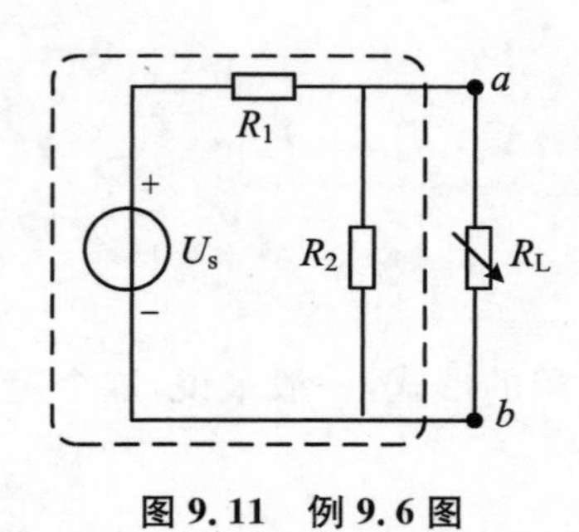

图 9.11 例 9.6 图

【例 9.6】 如图 9.11 所示，图中 $U_s = 9\ \text{V}$，$R_1 = 3\ \Omega$，$R_2 = 6\ \Omega$，计算图中虚线框内的戴维南等效电路，然后分别计算 R_L 为 2 Ω，10 Ω，100 Ω 时流过电阻 R_L 的电流。

解 根据上述的步骤(1)和步骤(2)移去负载电阻 R_L，余下的两个端子定义为 a，b，如图 9.12(a)所示。

步骤(3)用短路替换电压源 U_s，得到图 9.12(b)，由此得

$$R_o = R_1 \parallel R_2 = \frac{3\ \Omega \times 6\ \Omega}{3\ \Omega + 6\ \Omega} = 2\ \Omega$$

步骤(4)将电源恢复原样，如图 9.12(c)所示，开路电压 U_T 与电阻 R_2 上的电压相同

$$U_{oc} = \frac{R_2 U_s}{R_1 + R_2} = \frac{6\ \Omega \times 9\ \text{V}}{3\ \Omega + 6\ \Omega} = 6\ \text{V}$$

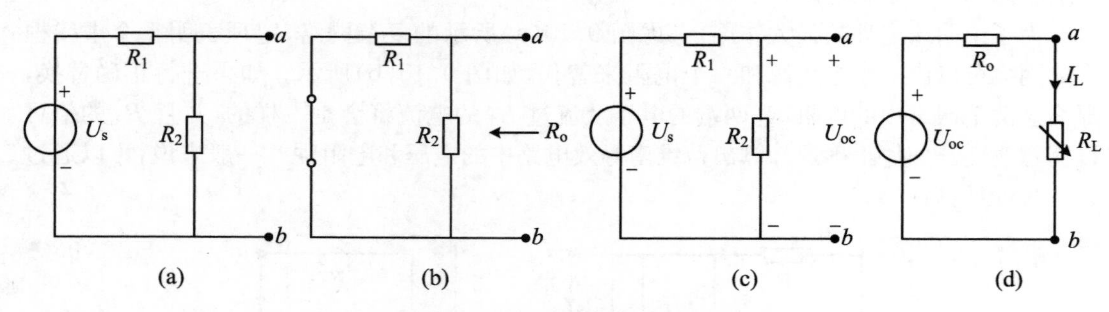

图 9.12 戴维南等效电路计算过程图

步骤(5)根据已经得到的 R_o 和 U_{oc}，画出戴维南等效电路，并将 R_L 移回，如图 9.12(d)所示，由此图计算得

$$I_L = \frac{U_{oc}}{R_o + R_L}$$

$R_L = 2\ \Omega$：

$$I_T = \frac{6\ \text{V}}{2\ \Omega + 2\ \Omega} = 1.5\ \text{A}$$

$R_L = 10\ \Omega$：

$$I_T = \frac{6\ \text{V}}{2\ \Omega + 10\ \Omega} = 0.5\ \text{A}$$

$R_L = 100\ \Omega$：

$$I_T = \frac{6\ \text{V}}{2\ \Omega + 100\ \Omega} \approx 0.06\ \text{A}$$

如果不用戴维南定理，那么每次变换 R_L，都需要对图 9.11 中的整个网络重新进行计算，从而得到新的 R_L 对应的电流。

【例 9.7】 电路如图 9.13(a)所示，根据戴维南定理求电流 I 的值。

解 根据戴维南定理，将待求支路移开，形成有源二端网络，如图 9.13(b)所示，可求开路电压 U_{oc}，此时 $I = 0$，电流源电流 2 A 全部流过 2 Ω 电阻，

$$U_{oc} = 2\ \Omega \times 2\ \text{A} + 12\ \text{V} = 16\ \text{V}$$

画出相应的无源二端网络图，如图 9.13(c)所示，其等效电阻为

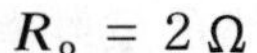

$$R_o = 2\ \Omega$$

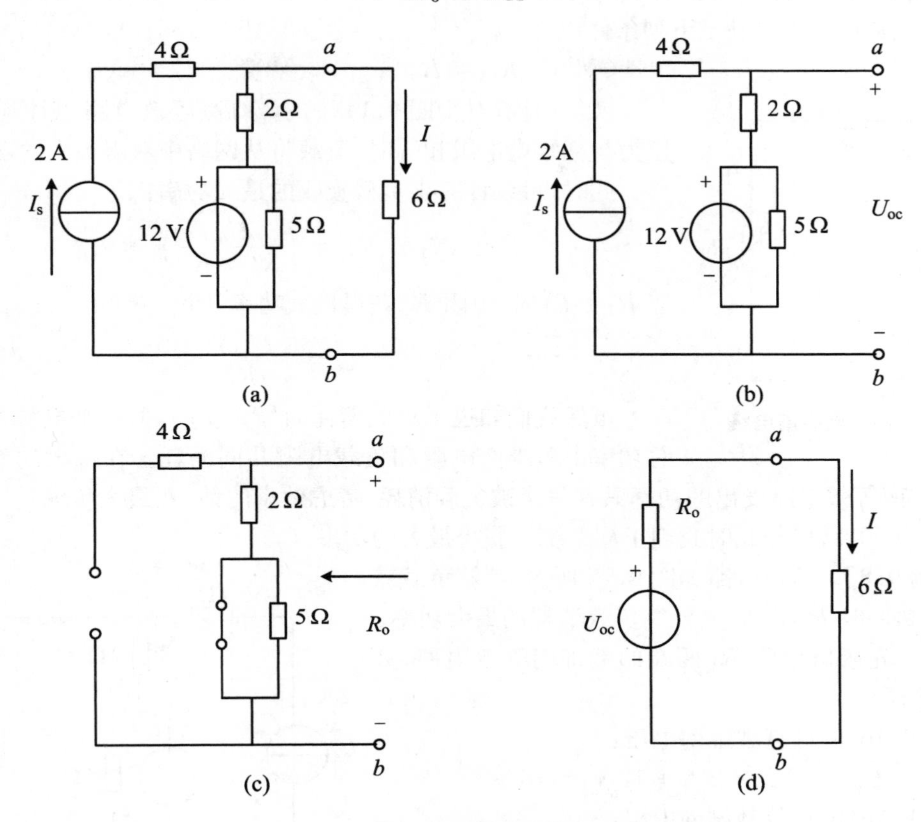

图 9.13　例 9.7 图

画出戴维南等效电路，并与待求支路相连，如图 9.13(d)所示，可求得

$$I = \frac{U_{oc}}{R_o + 6\ \Omega} = \frac{16\ \text{V}}{8\ \Omega} = 2\ \text{A}$$

9.5　最大功率传输定理

设计电路时能够回答下面的问题是很重要的：什么样的负载加入到系统时才能使负载从系统中获得最大功率？相反的问题是：对于一个特定的负载，应该对电源有什么样的要求，才能保证它向负载提供最大功率？

在实际电路中，即使不能够将负载设定为某个值使其获得最大功率，但通常情况下，可以将最大功率的负载值与手边的负载进行比较。例如，如果一个设计者需要一个 100 Ω 的负载，从而使其获得最大功率，那么如果使用的是 1 Ω 或者 1 kΩ 的电阻，得到的功率会远远小于可能获得的最大功率。然而，如果使用的是 80 Ω 或者 120 Ω，那么就可能获得相当不错的传输功率。

有了最大功率传输定理，寻找获得最大功率的复杂过程变得相当简单。该定理陈述如下：当负载电阻等于加在该负载上的网络的戴维南电阻时，该负载将从网络中获得最大功率。也就是负载需要满足下列条件：

$$R_L = R_o \tag{9.1}$$

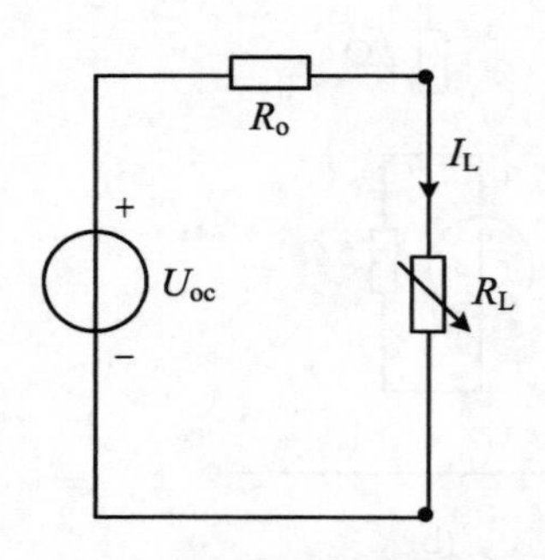

换句话说，对于图9.14中的戴维南等效电路，当将负载设定为与戴维南电阻相等时，负载将从网络中获得最大的功率。

此时，可以计算出负载吸收的最大功率：

$$P = (I_L)^2 R_L = \left(\frac{U_{oc}}{R_o + R_L}\right)^2 \times R_L$$

当 $R_L = R_o$时，电阻 R_L获得最大功率，即

$$P_{Lmax} = \frac{(U_{oc})^2}{4R_o} \tag{9.2}$$

R_o
I_L
+
U_{oc}
−
R_L

图9.14　戴维南电路

虽然我们知道了负载消耗的最大功率，但一个电源发出的总功率由戴维南电阻和负载电阻共同消耗。在最大功率条件下，戴维南等效电路发出的功率只有一半被负载消耗，考虑效率的话，在最大传输功率时的效率仅为50%，但是此时我们正从系统中获得最大的功率。

【例9.8】　给定电路如图9.15所示，计算负载获得最大功率时 R_L的值，并计算负载消耗的最大功率。

4Ω
2Ω
I
2 A
I_s
+
12 V
5Ω
−
R_L

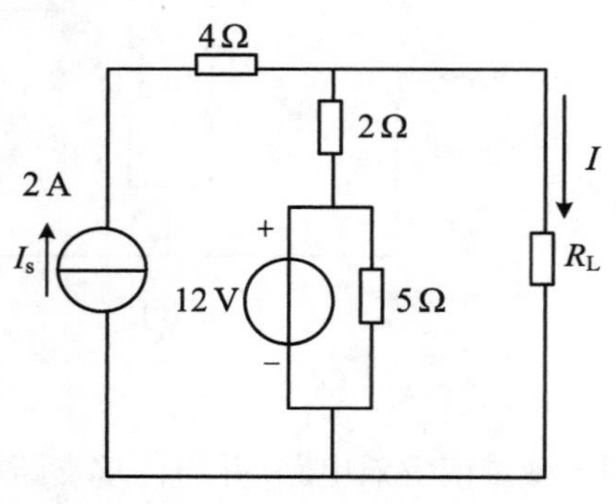

图9.15　例9.8图

解　先求解电阻 R_L两端的戴维南等效电路，如图9.16所示。

根据图9.16(a)计算戴维南电压：

$$U_{oc} = 2\ \Omega \times 2\ \text{A} + 12\ \text{V} = 16\ \text{V}$$

根据图9.16(b)计算戴维南电阻：

$$R_o = 2\ \Omega$$

根据最大功率传输定理：

$$R_L = R_o = 2\ \Omega$$

最大功率为

$$P_{Lmax} = \frac{(U_{oc})^2}{4R_o} = \frac{(16\ \text{V})^2}{4 \times 2\ \Omega} = 32\ \text{W}$$

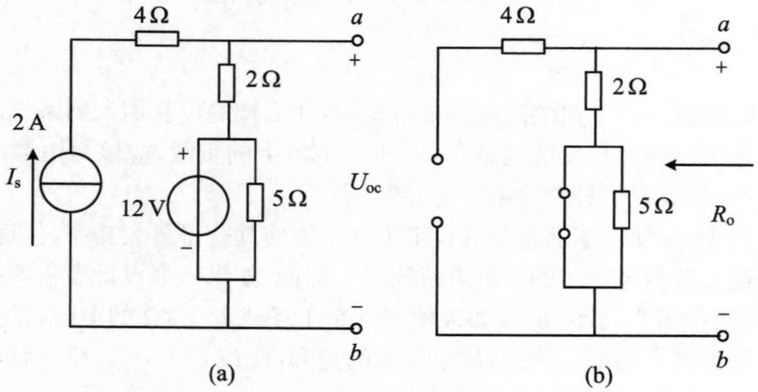

4Ω
a
+
2Ω
2 A
I_s
+
12 V
−
5Ω
U_{oc}
−
b
(a)
4Ω
a
+
2Ω
5Ω
R_o
−
b
(b)

图9.16　戴维南等效替代电路

习 题

1. 在图9.17中,有源二端网络的等效入端电阻 R_{ab} 为(　　)。

A. 9 kΩ　　B. 3 kΩ　　C. 1 kΩ　　D. 0

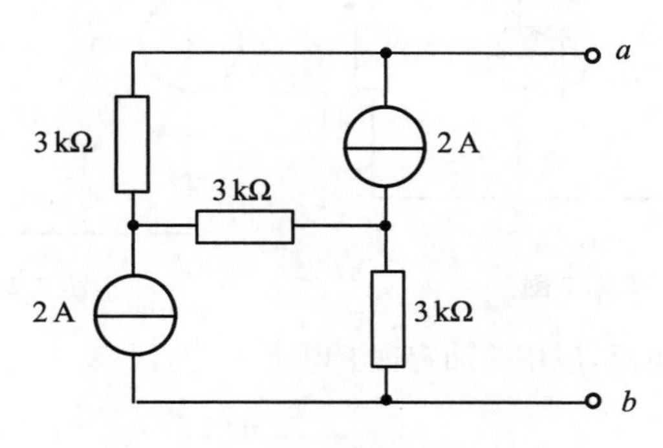

图9.17 习题1图

2. 某电路中负载获得最大的功率为60 W,此时电源内阻消耗的功率为(　　)W。

A. 30　　B. 60　　C. 120　　D. 240

3. 图9.18为某元件的电压与电流的关系曲线,则该元件为(　　)。

A. 理想电压源　　B. 理想电流源

C. 电阻　　D. 无法判断

4. 如图9.19所示,电路对负载可等效为(　　)。

A. 实际电压源　　B. 实际电流源

C. 理想电压源　　D. 理想电流源

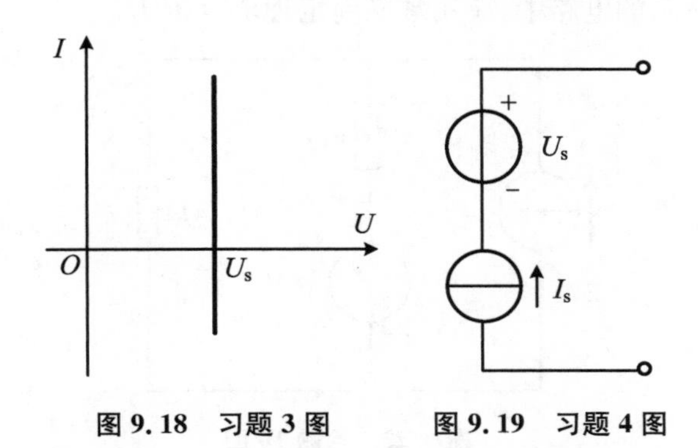

图9.18 习题3图　　图9.19 习题4图

5. 在使用叠加定理时应注意:叠加定理仅适用于________电路;在各分电路中,要把不作用的电源置零。不作用的电压源用________代替,不作用的电流源用________代替。________不能单独作用;原电路中的________不能使用叠加定理来计算。

6. 戴维南定理指出:一个含有独立源、受控源和线性电阻的一端口,对外电路来说,可以用一个电压源和一个电阻的串联组合进行等效变换,电压源的电压等于一端口的________电压，串联电阻等于该一端口全部________置零后的输入电阻。

7. 试用支路电流法计算图 9.20 所示电路中各支路的电流。

8. 试用支路电流法计算图 9.21 所示电路中各支路的电流。

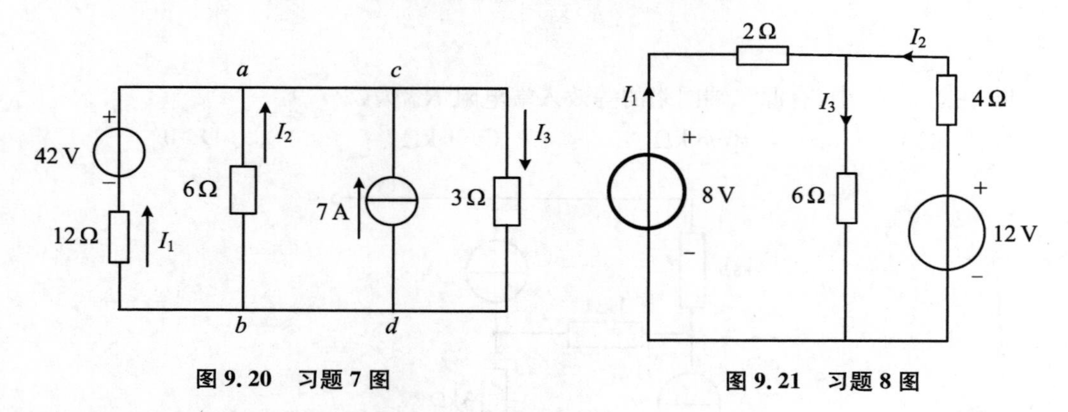

图 9.20　习题 7 图　　图 9.21　习题 8 图

9. 如图 9.22 所示电路，应用叠加定理求电流 I_1, I_2, I_3。

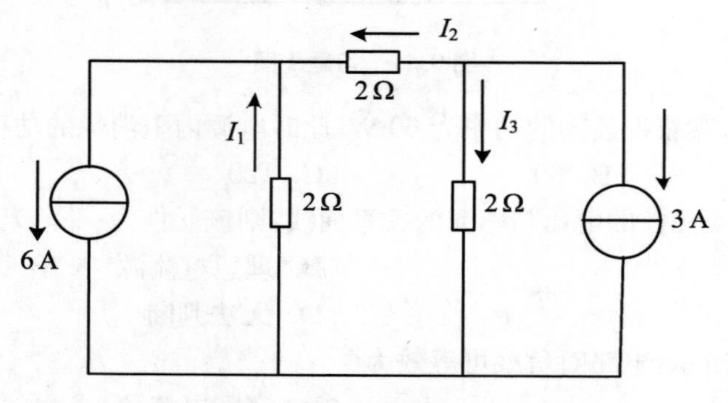

图 9.22　习题 9 图

10. 在图 9.23 所示的电路中，应用戴维南定理求电压 U。

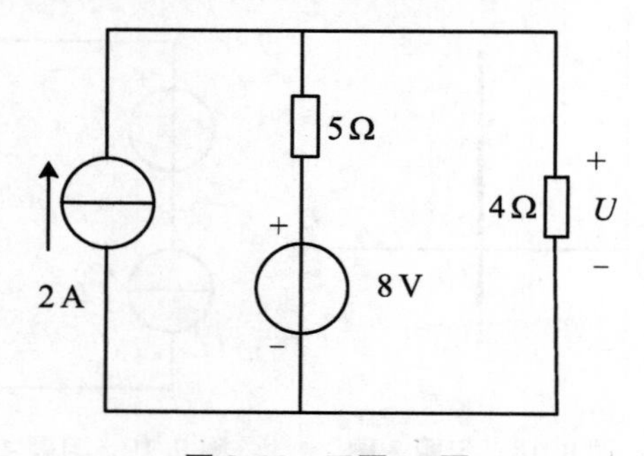

图 9.23　习题 10 图

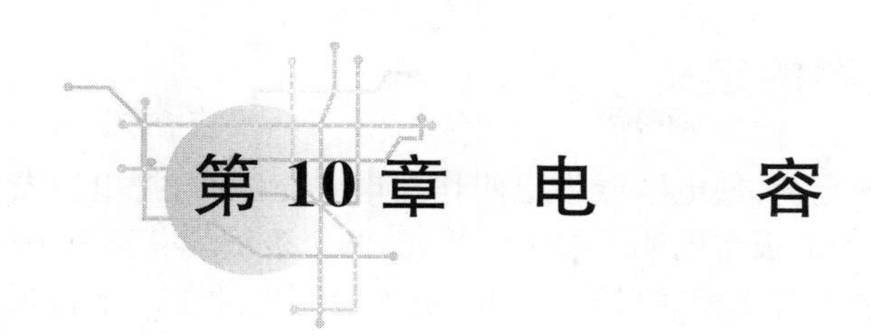

第10章　电　　容

在这一章中，我们将介绍无源元件——电容，它在电路分析和设计中十分重要。电容是二端元件，这点与电阻相同，但是其特性和电阻完全不同。实际上只有当电路中的电压和电流发生变化时，电容的特性才能真正地显现出来。所有传递给电阻的能量都以热能的形式被消耗掉，一个理想的电容则会把系统传给它的能量以某种形式存储起来，而且还可以将存储的能量再返还给系统。

10.1　电容的功能、定义与分类

10.1.1　电容的功能

电容器，顾名思义，是"装电的容器"，是一种容纳电荷存储电能的器件。电容器由两个相互靠近的金属电极板，中间夹一层绝缘介质构成，如图10.1所示。

电容器是一种储能元件，是电子设备中最基础，也是最重要的元件之一，基本上所有的电子设备都会用到。作为一种最基本的电子元器件，电容器在电路中主要用于调谐、滤波、耦合、旁路、能量转换和延时等。图10.2所示为电路中常见的电容器。

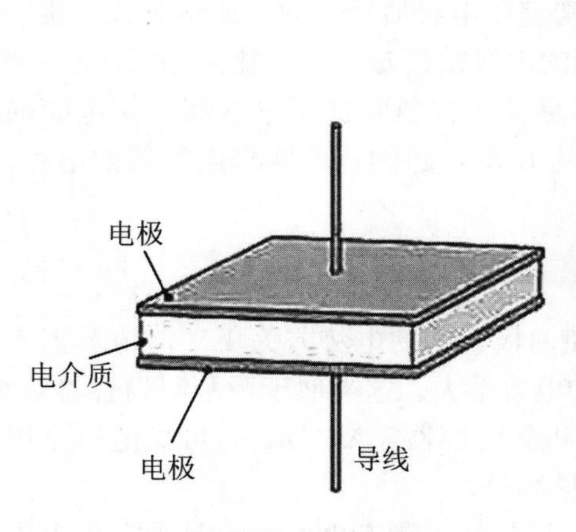

图10.1　电容器的结构

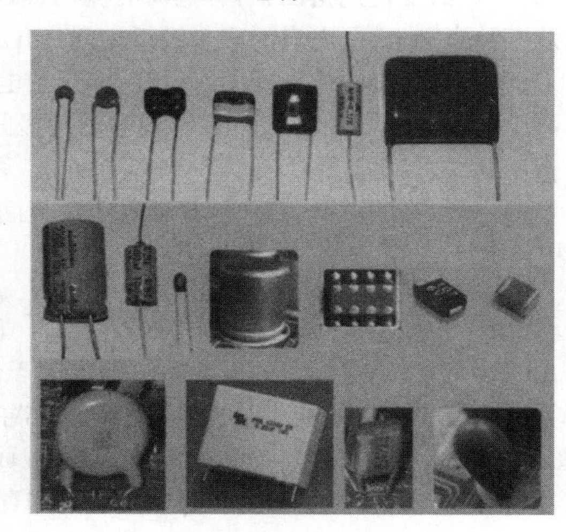

图10.2　电路中常见的电容器

10.1.2 电容的定义

电容器可以容纳电荷,使电容器带电叫作充电。充电时,把电容器的一个极板与电池组的正极相连,另一个极板与电池组的负极相连,两个极板就分别带上了等量的异种电荷。如图10.3所示,两个平行铝板通过开关和电阻连接到电池上。平行板开始时不带电而且电路中的开关是断开的,此时平行板上不存在任何静电荷。然后闭合开关,开关闭合的瞬间,电子从铝板的上极板通过电阻被吸引到电池的正极端,这种电荷的运动导致了上极板聚集了正电荷。而在电池的负极,电子被排斥,通过下面的导线到达铝板的下极板。这种电子的转移,一直持续到平行板之间的电压接近于电池的电压,最后是上极板聚集了净正电荷,下极板聚集了净负电荷。这个由被空气分开的两个平行导体构成的简单元件叫作电容器,简称电容。

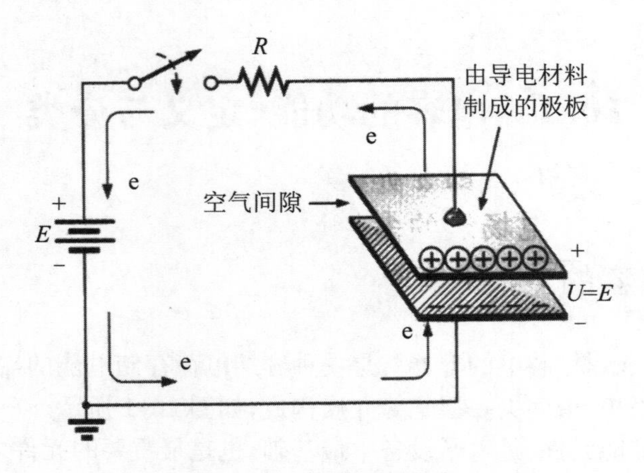

图10.3　基本充电电路

有一点需要特别指出:所有电荷的流动都通过了电池和电阻,而不通过极板之间的区域,从某种意义上说,电容的两个极板之间是开路的。

充电后电容器的两极板间有电势差,这个电势差跟电容器所带的电荷量有关。实验表明,一个电容器所带的电荷量 Q 与电容器两极间的电势差 U 成正比。比值 Q/U 是一个常量,但不同的电容器,这个比值一般是不同的,可见这个比值表征了电容器存储电荷的特性。电容器所带的电荷量 Q 与电容器两极板间的电势差 U 的比值叫作电容器的电容,用 C 表示电容。

$$C = \frac{Q}{U} \tag{10.1}$$

式(10.1)表示电容器的电容在数值上等于使两极板间的电势差为1 V时电容器需要带的电荷量,需要带的电荷量越多,表示电容器的电容越大。这类似于用不同的容器装水,如图10.4所示,要是容器中的水深为 h,横截面积大的容器需要的水多,可见电容是衡量电容器存储电能能力的物理量,也就是电容的存储容量。

平行板电容器是最简单的,也是最基本的电容器,几乎所有电容器都是平行板电容器的变形。平行板电容器的基本构成为:极板、间隙和电介质。然而关键的是,这些因素对电容器的电容值有什么影响?极板的面积越大,就意味着有更大的面积来存储电荷。极板间

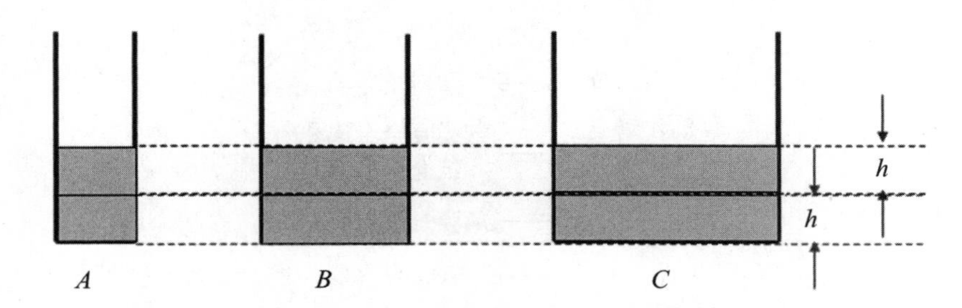

图 10.4　不同容器使其中的水位升高 h 所需的水量是不同的

的距离越小，电容就越大。除此之外，还与两极板之间的介质类型有关。

理论分析表明，当平行板电容器的两极板间是真空时，电容 C 与极板的正对面积 S、极板间距离 d 的关系为

$$C=\frac{S}{4\pi kd} \tag{10.2}$$

式中，k 为静电力常量。

两极板间充满同一种介质时，电容变大为真空时的 ε_r 倍，即

$$C=\frac{\varepsilon_r S}{4\pi kd} \tag{10.3}$$

式中，ε_r 是一个常数，与电介质的性质有关，称为电介质的相对介电常数。相对介电常数为 ε_r 的电容器的电容值是以真空作电介质的电容值的 ε_r 倍。

从表 10.1 可以看出，空气的相对介电常数与 1 十分相近，所以在一般性研究中，空气对电容的影响可以忽略。

表 10.1　几种常用电介质的相对介电常数

电介质	空气	煤油	石蜡	碳	玻璃	云母	水
ε_r	1.0005	2	2.0～2.1	6～8	4.1	7～9	81.5

10.1.3　电容器的分类

1. 电容器的分类

电容器的种类有很多，按其是否有极性，可分为无极性电容器和有极性电容器两大类，它们在电路中的符号稍有差别，具体分类情况如图 10.5 所示。

2. 常见电容器介绍

(1) 铝电解电容器

铝电解电容器用铝圆筒做负极，里面装有液体电解质，插入一片弯曲的铝带做正极。还需经直流电压处理，在正极的片上形成一层氧化膜用做介质。铝电解电容器的特点是容量大、漏电大、稳定性差、有正负极性，适于电源滤波或低频电路，使用时正负极不可接反，如图 10.6 所示。

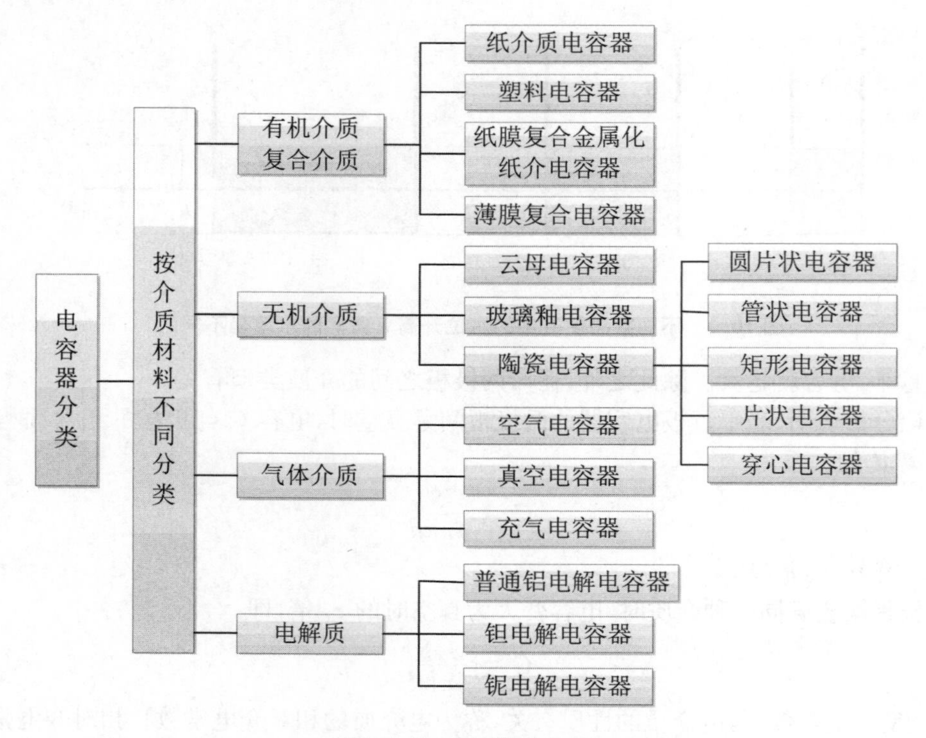

图 10.5　电容器的分类

图 10.6　电路中的铝电解电容器

(2) 钽铌电解电容器

图 10.7　钽铌电解电容器

钽铌电解电容器用金属钽或者铌做正极，用稀硫酸等配液做负极，用钽或铌表面生成的氧化膜做介质。其特点是体积小、容量大、性能稳定、寿命长、绝缘电阻大、温度性能好，多用在要求较高的设备中。目前很多钽电解电容器都用贴片式安装，其外壳一般由树脂封装(采用相同封装的也可能是铝电解电容)，如图 10.7 所示。

(3) 陶瓷电容器

陶瓷电容器用陶瓷做介质，在陶瓷基体两面喷涂银层，然后烧成银质薄膜做极板。陶瓷电容器的特点是体积小、耐热性好、损耗小、绝缘电阻高，但容量小，适用于高频电路。贴片陶瓷电容器容量较大，但损耗和温度系数较大，适用于低频电路，如图 10.8 所示。

(a) 陶瓷电容器　(b) 贴片陶瓷电容器　(c) 陶瓷高压电容器

图 10.8　陶瓷电容器

(4) 云母电容器

云母电容器用金属箔或喷涂银层的云母片做极板，极板和云母一层一层叠合后，再压铸在胶木粉中或封固在环氧树脂中。云母电容器的特点是介质损耗小、绝缘电阻大、温度系数小，适用于高频电路，如图 10.9 所示。

图 10.9　云母电容器

10.2　电容的参数与标识

10.2.1　电容的命名

在国产电容器中，电容器的型号主要由 4 部分组成，如图 10.10 所示。

第 1 部分为主称部分，用字母表示电容器的名字，如 C 表示电容器。

第 2 部分为电容器的介质材料部分，用字母表示电容由什么材料组成。

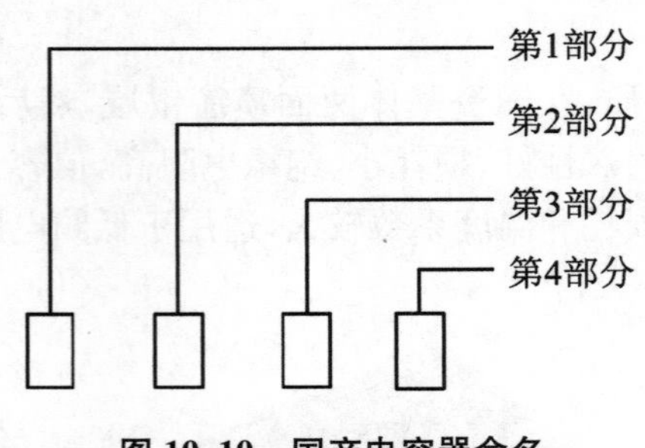

图 10.10　国产电容器命名

第 3 部分用数字或字母表示电容器的类别，一般用数字表示，个别类别用字母表示。

第 4 部分为电容器的序号，用数字表示同类产品中的不同品种以区分产品的外形尺寸和性能指标等。

电容器的类别和符号见表 10.2。

表 10.2　电容器的类别和符号

<table>
<tr><th>顺序</th><th>类别</th><th>名称</th><th>简称</th><th>符号</th></tr>
<tr><td>第一个字母</td><td>主称</td><td>电容器</td><td>容</td><td>C</td></tr>
<tr><td rowspan="9">第二个字母</td><td rowspan="9">介质材料</td><td>纸介</td><td>纸</td><td>Z</td></tr>
<tr><td>电解</td><td>电</td><td>D</td></tr>
<tr><td>云母</td><td>云</td><td>Y</td></tr>
<tr><td>高频瓷介</td><td>瓷</td><td>C</td></tr>
<tr><td>低频瓷介</td><td>—</td><td>T</td></tr>
<tr><td>金属化纸介</td><td>—</td><td>J</td></tr>
<tr><td>聚苯乙烯有机薄膜</td><td>—</td><td>B</td></tr>
<tr><td>涤纶等有机薄膜</td><td>—</td><td>L</td></tr>
<tr><td colspan="3"></td></tr>
<tr><td rowspan="6">第三个字母以后</td><td rowspan="4">形状</td><td>筒形</td><td>筒</td><td>T</td></tr>
<tr><td>管状</td><td>管</td><td>G</td></tr>
<tr><td>立式矩形</td><td>立</td><td>L</td></tr>
<tr><td>圆片型</td><td>圆</td><td>Y</td></tr>
<tr><td>结构</td><td>密封</td><td>密</td><td>M</td></tr>
<tr><td>大小</td><td>小型</td><td>小</td><td>X</td></tr>
</table>

10.2.2　电容的参数

1. 标称容量

标称容量是指标注在电容器上的电容量。电容量的基本单位是法拉（简称法），用字母 F 表示。除了法拉，还有毫法（mF）、微法（μF）、纳法（nF）、皮法（pF）等单位。它们之间的换算关系为：1 F = 10^3 mF = 10^6 μF = 10^9 nF = 10^{12} pF。其中，微法（μF）和皮法（pF）两个单位最常用。

在实际应用时，如果电容量在 0.01 μF 以上，通常用微法作单位，如 0.047 μF，0.1 μF，2.2 μF，47 μF，330 μF，4700 μF 等。如果电容量在 0.01 μF 以下，通常用皮法作单位，如 2 pF，68 pF，100 pF，680 pF，5600 pF 等。

2. 允许偏差

允许偏差是指电容器的标称容量与实际容量之间允许的最大偏差范围。电容器的容量偏差与电容器的介质材料及容量大小有关。电解电容器的容量较大，误差范围大于±10%；而云母电容器、玻璃釉电容器、瓷介电容器及各种无极性高频有机薄膜介质电容器（如涤纶电容器、聚苯乙烯电容器、聚丙烯电容器等）的容量相对较小，误差范围小于±20%。

3. 额定电压

额定电压，也称为电容器的耐压值，是指电容器在规定的温度范围内能够连续正常工作时所能承受的最高电压。该额定电压值通常标注在电容器上，如图 10.11 所示。实际使用电容时电容器的工作电压应低于电容器上标注的额定电压值，否则会造成电容器因过压而击穿损坏。

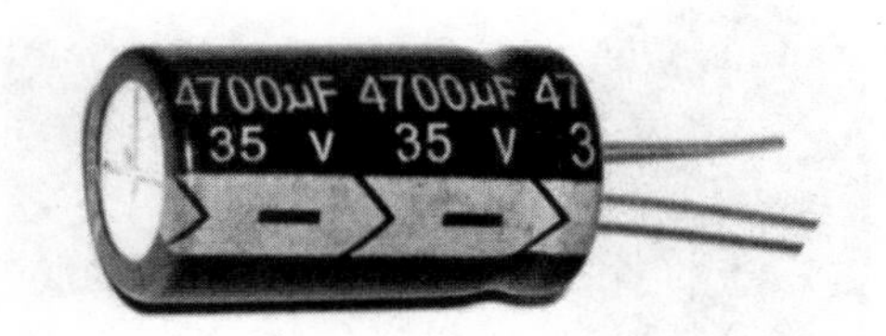

图 10.11 额定电压

4. 漏电流

当电容器加上直流电压时，虽然电容器的介质材料是绝缘体，但在一定的工作温度及电压条件下，总有一定的电流会通过电容器，我们称此电流为漏电流。一般情况下，电解电容器的漏电流略大一些，而云母电容器、陶瓷电容器等的漏电流较小。

5. 绝缘电阻

电容器两极间的电阻值称为绝缘电阻，绝缘电阻也称漏电阻，它与电容器的漏电流成反比。漏电流越大，绝缘电阻越小。绝缘电阻越大，表明电容器的漏电流越小，质量也越好。一般情况下，电解电容器的绝缘电阻较小，而云母电容器、陶瓷电容器等的绝缘电阻较大。

6. 高频特性

高频特性是指电容器对各种不同高低的频率所表现出的性能（即电容量等电参数随着电路工作频率的变化而变化的特性）。不同介质材料的电容器，其最高工作频率也不同，例如，容量较大的电容器（如电解电容器）只能在低频电路中正常工作，高频电路中只能使用容量较小的高频瓷介电容器或云母电容器等。

10.2.3　电容的标识方法

电容器的主要参数一般标注在电容器上。电容器的标注方法与电阻器基本相同,主要有直标法、数标法、字母标注法和色环标注法。

1. 直标法

直标法是将主要参数和技术指标直接标注在电容器表面上。主要用在体积较大的电容器上,标注的内容有多有少。一般情况下,标称容量、额定电压及允许偏差这3项参数大都要标出。如图10.12(a)所示,电容器上标有"CD292 400 V 560 μF",这表示该电容器为电解电容器,额定电压为400 V,电容量为560 μF。

2. 数标法

数标法通常由3位数字表示,前两位表示有效数字,第3位上的数字表示倍率,单位为皮法(pF)。如图10.12(b)所示,电容器上标有"684 J 250 V",这表示该电容器的电容量为68×10^4 pF,误差为5%,额定电压为250 V。

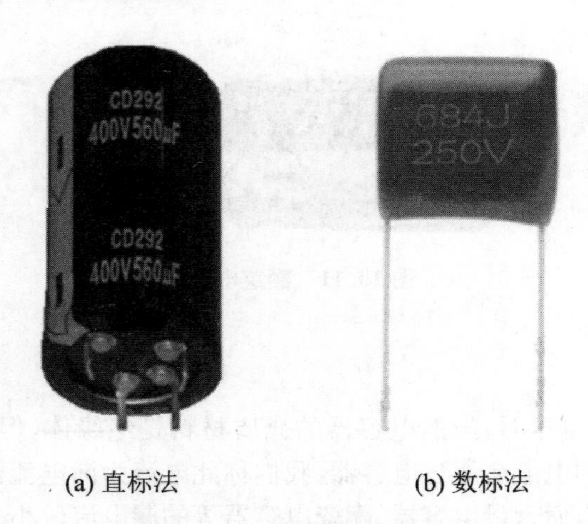

(a) 直标法　　(b) 数标法

图10.12　电容器的标注

容量大的电容器,其容量值在电容器上直接标明;容量小的电容器,其容量值在电容器上用字母和数字表示。允许偏差值数码见表10.3。

表10.3　允许偏差值数码表

符号	B	C	D	F	G	J	K	M	N
允许误差	0.1%	0.25%	0.5%	1%	2%	5%	10%	20%	30%

3. 字母标注法

字母标注法使用的标注字母有4个,即p,n,μ,m,分别表示pF,nF,μF,mF。用2~4

个数字和1个字母表示电容量,字母既表示小数点,又表示后缀单位,字母前为容量的整数,字母后为容量的小数。如p10表示0.1 pF,1p0表示1.0 pF,6p8表示6.8 pF,2μ2表示2.2 μF,2n2表示2.2 nF。

4. 色环标注法

色环标注法可用三环或四环标注法标注出电容器的电容量与误差值。一般使用三环标注,第一、二道色环表示电容量的有效数字,第三道色环表示有效数字进行十倍乘的次数。色环有效数字颜色与色环电阻一致,但误差值的色环有所不同,具体见表10.4。例如,电容器色环为黄紫橙,表示电容量为47×10^3 pF。

表10.4 色环误差值

颜色	白	黑	棕	红	橙	绿
误差值	10%	20%	1%	2%	3%	5%

10.3 电容的特性

10.3.1 电容的充电与放电过程

电容器极板上的电荷分布不是瞬间完成的,这需要一段时间,而这段时间取决于电路的组成元件。如图10.13所示电路,把开关拨动到1位置时,电荷就通过开关K和电阻R聚集到电容器的极板上,电荷在电容器极板上聚集的过程叫作充电过程。

在整个充电过程中,电容器两个极板间的电压与极板上的电量的关系为$U=Q/C$,因此,电容器两个极板间的电压随时间变化的曲线将会与极板上的电量随时间变化的曲线形状相似,图10.14所示为电容器极板间的电压随时间变化的曲线。从图中可以看出,当开关闭合时,电容器两端的电压为0,一开始电荷聚集的速度很快,导致电压急剧增加。随着时间的推移,电荷聚集速度减慢导致电压变化的速率也减缓,即电压继续增加,但速率变慢。最终,由于极板间电压接近于电源电压,充电速率极低,直到极板间电压等于电源电压。

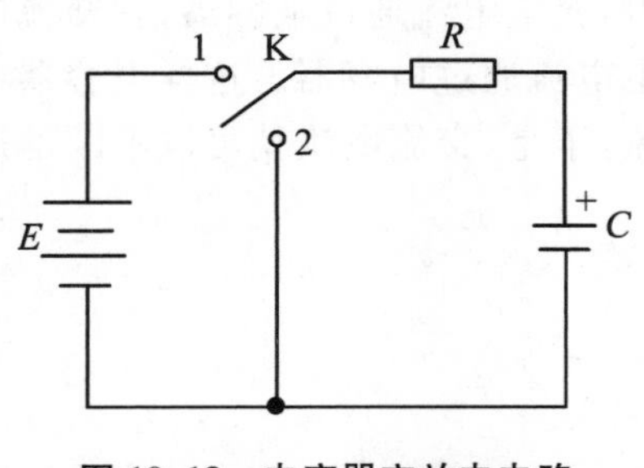

图10.13 电容器充放电电路

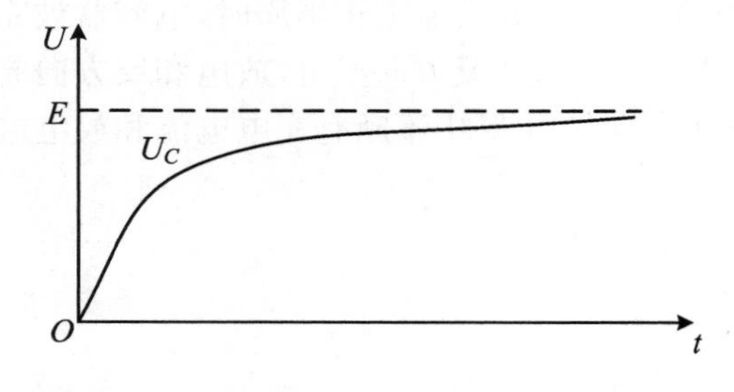

图10.14 充电过程电压随时间的变化

充电过程结束后，把开关K拨动到2位置，电容就开始放电，电容两端的电压直接加在电阻两端，产生放电电流，电流随时间的变化如图10.15所示。从图中可以看出，一开始电流跳变到一个相对高的值，然后随时间而降低，这是因为电荷逐渐离开电容的极板所致。随着极板电荷的减少，电容两端的电压逐渐降低，电阻两端的电压也降低了，电路电流也随之减小。

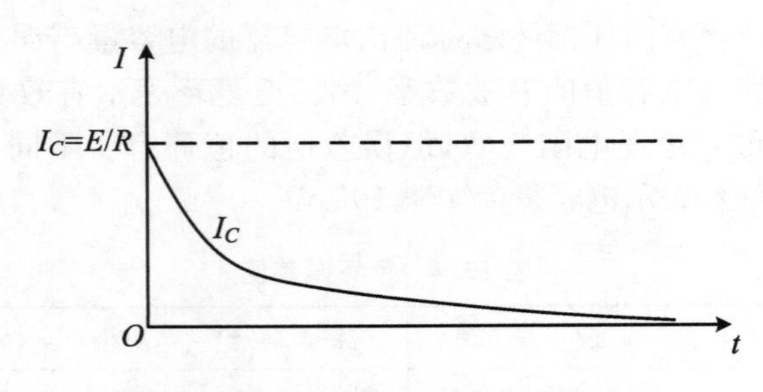

图10.15 放电过程电流随时间的变化

我们知道普通的电池与电容一样都能够存储电能，那么电容和电池在存储电能方面有哪些不同呢？

(1) 电容是电荷的储存器件，电荷存储到一定的量也就具有了一定的能量，它储存的电量来源于外来的电源，电容的作用非常类似于水池储水的作用。而电池是电能的转换器件，它通过将化学能转换为电能的过程对外输出电能，它输出的电能来源于化学能。即使是蓄电池，在充电的过程中它也是将电能转换为化学能存储其中，它存储的也是化学能而不是电能。

(2) 电容器一般用在一些电器中，具有通过交流电、阻碍直流电，或者通过高频交流电、阻碍低频交流电的用途，发射、接收电磁波时也要用到它。蓄电池就是用来存储电能的，比如手机、笔记本电脑等都要用到蓄电池。

(3) 电容器存储的电能少，充放电时间很短，瞬间就可以完成，可以瞬间给大功率电器提供大电流，例如相机的闪光灯。而电池的容量大，充放电也慢，不能实现大电流瞬间充电，也不能实现大电流瞬间放电，在电路中一般作电源用。

10.3.2 通交流、隔直流

电容器具有“通交流、隔直流”的特性。隔直流是因为电容器两极板间的介质是绝缘物质，直流电被绝缘体所阻断，所以直流电流通不过电容器。而交流电是电压极性和大小都做周期性变化的，在交流电正半周时，电容器被充电，充电电流通过电容器；在交流电负半周时，电容器放电并反方向充电，放电和反方向充电电流通过电容器。这样电容器不断地进行充电、放电，电路中不断有充电电流和放电电流，于是，交流电流就可以不断地通过电容器。

习 题

1. 在图10.16中,改变电容的某个参数,使左侧的空气电容变成右侧对应的电容时,求出变化后的电容值。某种参数改变时其他参数均保持不变。

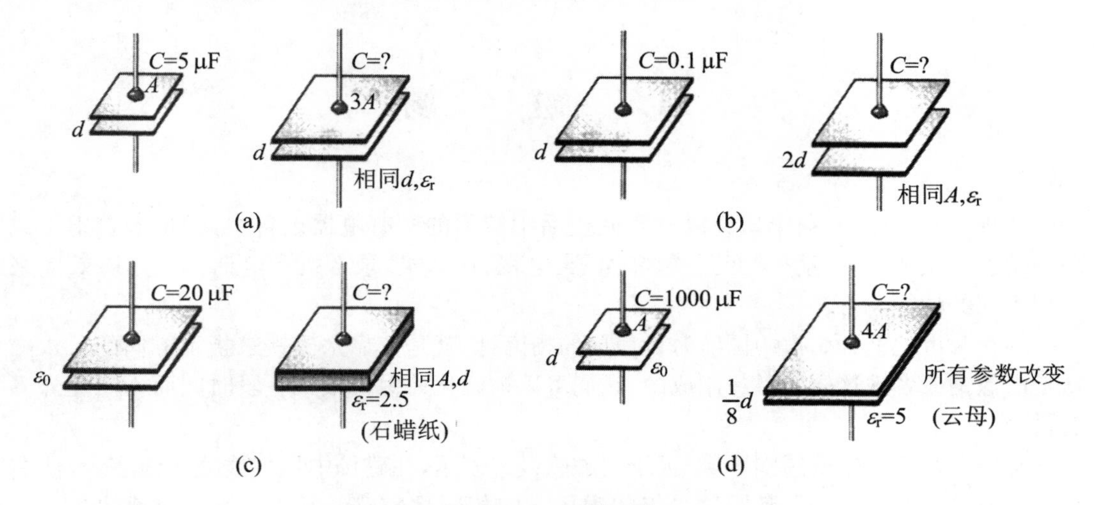

图10.16 习题1图

2. 当给一个平行板电容器在极板间施加24 V电压时,有1200 μC电荷存储在极板上,求电容值。

3. 当给一个0.15 μF的电容器施加45 V电压时,有多少电荷存储在极板上?

4. 一个平行板空气电容器的电容值是4.7 μF。若为下列情况求新电容值:

(1) 极板间距离加倍(其余条件仍然相同)。

(2) 极板面积加倍(其他所有条件仍与4.7 μF电容相同)。

(3) 一个相对介电常数为20的电介质插入极板间(其他所有条件仍与4.7 μF电容相同)。

(4) 一个相对介电常数为4的电介质插入极板间,极板面积减小为原来的1/3,距离减小为原来的1/4。

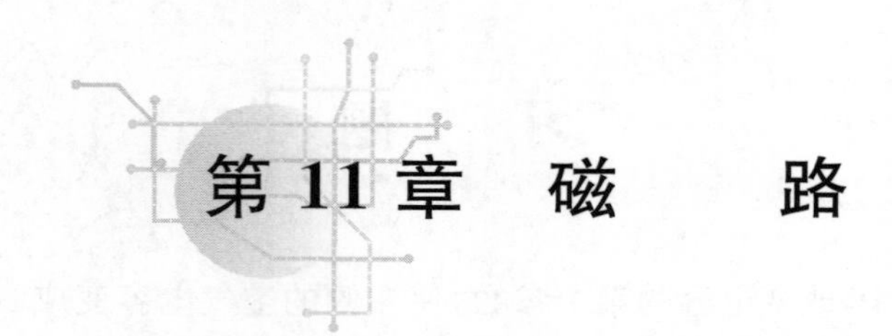

第 11 章　磁　　路

11.1　磁　　场

在现代工业生产、科学研究以及家庭生活中使用的所有电器设备中，磁扮演着不可或缺的角色。发电机、电动机、变压器、断路器、电视、计算机、录音机和电话都利用磁效应来实现不同的功能。

早在 2 世纪就开始被中国航海者使用的指南针，就是依靠永磁铁来指示方向的。永磁铁是由像钢或者铁这样的材料制成的，它们可以被磁化并保持很长一段时间而不需要外界能量。

磁场存在于永磁铁周围区域，可以用磁感线来表示，在磁场中用虚线或实线表示，使曲线上任何一点的切线方向都跟这一点的磁场方向相同且磁感线互不交叉。磁感线是一个连续闭合曲线，如图 11.1 所示，磁铁周围的磁感线都从 N 极出发指向 S 极，在磁铁内部磁感线从 S 极返回 N 极。注意：磁感线在磁铁内部是均匀分布的，在磁性材料外部是对称分布的。

某一区域内的磁感应强度与该区域内磁感线的密度有直接关系，例如，在图 11.1 中，a 点的磁感应强度是 b 点的两倍，因为通过 a 点垂直面的磁感线数目是通过 b 点垂直面的磁感线数目的两倍，越靠近永磁铁的两极，磁场力就越强。

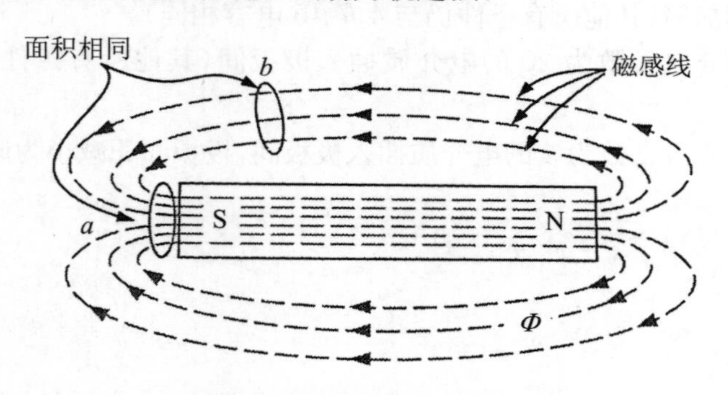

图 11.1　永磁铁的磁感线分布

连续的磁感线具有力求路径最短的特性，这导致了邻近的异性磁极间形成的磁感线最短，如图 11.2 所示。如果两个永磁铁的异性磁极相互靠近，磁铁会相互吸引，其磁感线分布如图 11.2 所示。如果同性磁极靠近，磁铁会相互排斥，其磁感线分布如图 11.3 所示。

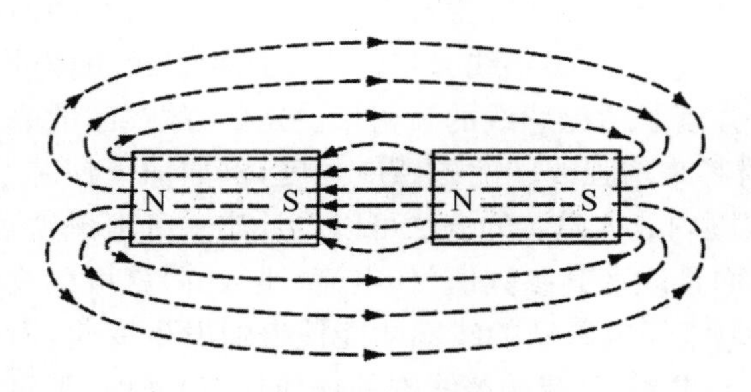

图 11.2 邻近异性磁极间的磁感线分布

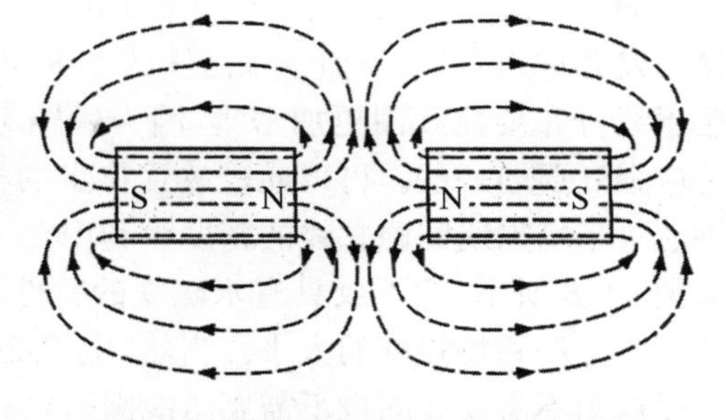

图 11.3 邻近同性磁极间的磁感线分布

如果把一块非磁性材料，例如玻璃或铜放置在永磁铁周围的磁感线路径上，磁感线的分布几乎没有什么显著变化，如图 11.4 所示。不过，当把一块磁性材料，例如软铁放置在磁通路径上时，磁感线将会设法通过软铁而不是周围空气，因为磁感线通过磁性材料比通过空气更加容易。利用这个原理可以通过屏蔽来保护敏感电子元件和仪器免受游离磁场的影响，如图 11.5 所示。

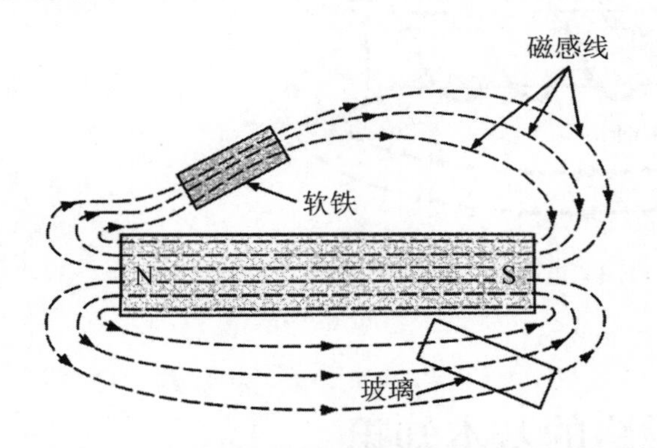

图 11.4 磁性材料对永磁铁磁感线分布的影响

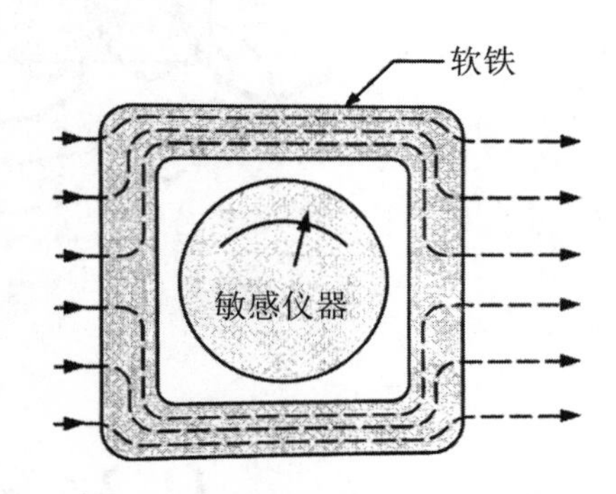

图 11.5 磁场屏蔽对磁感线分布的影响

磁场也存在于每根通电导线周围。如图 11.6 所示，单根通电导线产生的磁场，磁感线的方向可以这样确定：将右手拇指指向电流流动的方向，其余手指的方向即为磁感线的方向，这种方法通常称为右手定则。如果将导体弯曲形成线圈，会导致磁感线以相同的方向通过线圈，其磁感线穿过线圈内部并从外部绕回，形成一个连续闭合的路径，如图 11.7 所示。

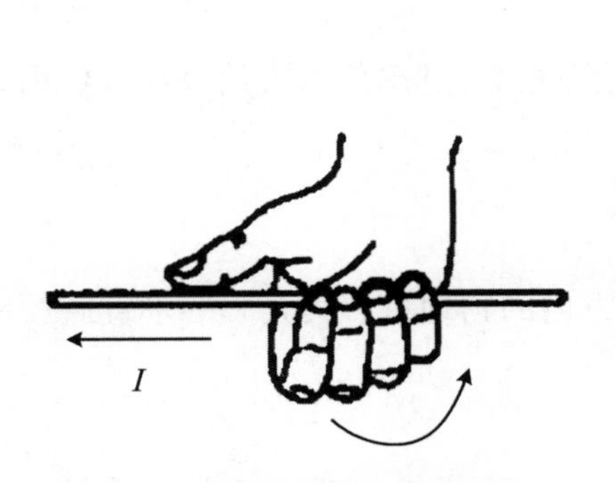

图 11.6 通电导体产生的磁场

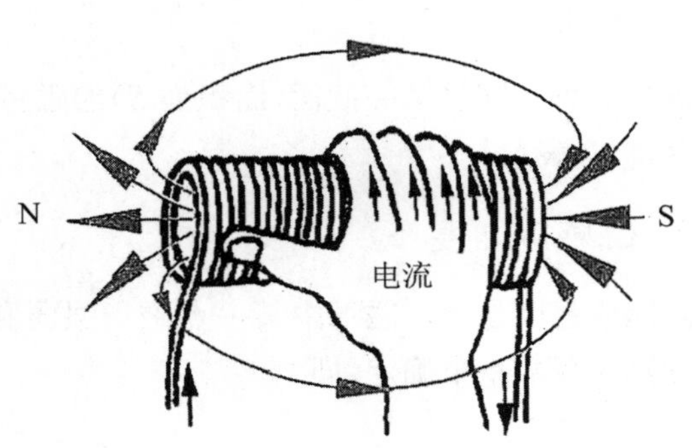

图 11.7 通电线圈的磁感线分布

通电线圈的磁感线分布与永磁体的磁感线分布很相似，在图 11.7 中磁感线从线圈左端出发并进入右端，类似于永磁铁的 N 极和 S 极，两者磁感线分布的主要区别是永磁体的磁感线分布要比线圈更加密集，因为磁感应强度是由磁感线的疏密来决定的，故线圈的磁感应强度要弱一些。可以通过放置特定的材料来增强线圈的磁感应强度，例如加入铁芯、钢芯等来增加线圈磁感线的密度。利用在线圈内放入磁芯的方法可以设计出一种电磁铁，如图 11.8 所示，它不仅具有永磁铁的特性，而且改变其参数值（如电流、匝数等）就可以改变其产生的磁场强度的大小。当然，电流必须流经电磁铁的线圈才能使磁通发生变化，而永磁铁则不需要线圈也不需要给线圈通电。对电磁铁（或缠绕线圈的任何铁芯）来说，其磁感线方向可以用右手来确定，让 4 根手指指向绕在磁芯上线圈的电流方向，此时大拇指的方向就是磁感线的方向。

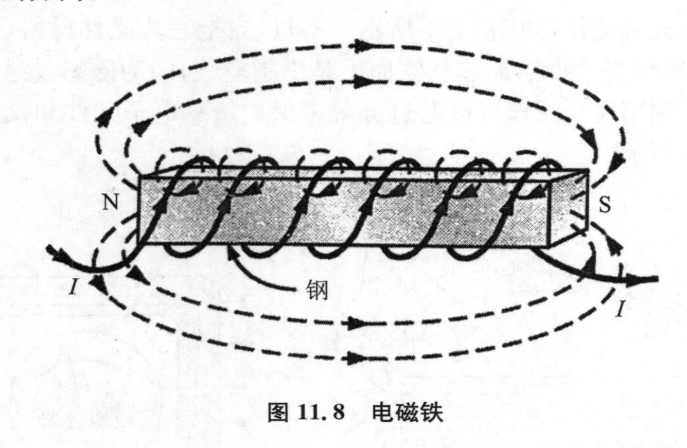

图 11.8　电磁铁

11.2　磁路的基本知识

11.2.1　磁路的基本物理量

1. 磁通

磁通为垂直穿过某一截面（面积为 S）的磁感线总根数，其单位为韦伯（Wb），使用大写希腊字母 Φ 表示。

2. 磁感应强度

磁感应强度是表示磁场中某一点磁场强弱和方向的物理量。其大小由垂直通过单位面积的磁感线数量来确定，即

$$B = \frac{\Phi}{S} \tag{11.1}$$

磁感应强度的单位为韦伯/米^2（Wb/m^2），称为特斯拉，或用 T 表示。

Φ 在数值上是穿过面积 S 的磁感线数目，在图 11.1 中，a 点的磁感应强度是 b 点的 2 倍，因为穿过 a 点所在区域的磁感线数目是 b 点所在区域的 2 倍，且二者面积相同。

电磁线圈的磁感应强度与线圈匝数、流经线圈的电流有关，两者共同作用所产生的结果称为磁动势，单位是安(A)。定义如下：

$$F = NI \tag{11.2}$$

式中，F 是磁动势，单位为 A；N 是匝数；I 是电流，单位为 A。

式(11.2)表明：如果增加线圈的匝数或增加线圈中的电流，或者两者同时增加，磁感应强度便会增加。某种程度上，磁路的磁动势与电路的电动势相似。增加磁动势或电动势都会得到我们希望的结果，即增加磁路中的磁通或电路中的电流。

另一个影响磁感应强度的因素是采用磁性材料。能够很容易在其内部产生磁感线的材料被称为磁性材料，磁性材料具有很高的磁导率。从实际应用来说，所有非磁性材料，例如铜、铝、木头、玻璃以及空气，它们的磁导率都与真空的磁导率几乎相同。磁导率略低于真空磁导率的材料被称为反磁性材料，而磁导率高于真空磁导率的材料被称为顺磁性材料。磁性材料，例如铁、镍、钢、钴以及这些材料的合金，其磁导率是真空的成百上千甚至成千上万倍，像这样具有高磁导率的材料被称为铁磁材料。

3. 磁导率

磁导率 μ 是衡量物质导磁能力的物理量，其单位为亨/米(H/m)。真空的磁导率用 μ_0 表示，它是一常数，$\mu_0 = 4\pi \times 10^{-7}$ H/m。

为了比较各种物质的导磁能力，通常把某种导磁物质的磁导率 μ 和真空的磁导率 μ_0 之比称为该物质的相对磁导率，用 μ_r 表示，即 $\mu_r = \dfrac{\mu}{\mu_0}$。

总的来说，对于铁磁材料有 $\mu_r \geqslant 100$，而对于非铁磁材料则可认为 $\mu_r = 1$。

4. 磁阻

在电路中，材料的电阻即材料对电流的阻碍作用由下式确定：

$$R = \rho \frac{l}{S}$$

在磁路中，材料的磁阻即材料对磁通产生的阻碍作用由下式确定：

$$R_m = \frac{l}{\mu S} \tag{11.3}$$

式中，R_m 是磁阻，单位为 A/Wb；l 是磁路的长度；S 是截面积。

上面两个公式表明电阻和磁阻都和截面积成反比，这就意味着增加材料的截面积，电阻和磁阻都会减小，从而增加电路中的电流和磁路中的磁通。而如果长度增加，则会得到相反的结果，从而减小电路中的电流和磁路中的磁通。不过磁阻和磁导率成反比，电阻和电阻率成正比，μ 越大，磁阻越小；而 ρ 越小，电阻越小。显然，具有高磁导率的材料，例如磁性材料，由于其磁阻非常小，从而增加了铁芯中的磁通。

11.2.2 磁路的欧姆定律

在电路中，电流、电压和电阻存在以下关系(欧姆定律)：

$$I = \frac{U}{R}$$

在磁路中也存在着与电路类似的关系,要在磁路中产生磁通,就必须要有磁动势 F,磁动势是在磁性材料中产生磁通的起因,而阻碍磁通产生的因素则是磁阻 R_m。类比电路的欧姆定律可得磁路的欧姆定律,即

$$\Phi = \frac{F}{R_m} \tag{11.4}$$

由于 $F = NI$,式(11.4)清楚地表明,在图 11.8 中增加线圈的匝数或者增加线圈中的电流都会导致在铁芯中产生磁通的"压力"的增加,即磁动势增加。

单位长度上的磁动势称为磁场强度(用 H 表示,单位为 A/m),即

$$H = \frac{F}{l} \tag{11.5}$$

根据式(11.1)、式(11.3)和式(11.4)可以得到

$$H = \frac{B}{\mu} \tag{11.6}$$

式(11.6)表明磁场中某点的磁场强度是该点的磁感应强度与磁导率的比值,对于一个特定的磁场强度,磁导率越大,磁感应强度就越大。

11.3 铁磁材料的特性

物质按其导磁能力分为铁磁物质和非铁磁物质两类。铁磁材料(如铁、镍、钴及其合金及铁氧体等)的导磁能力很强,其磁导率不仅大,而且常常与所在磁场的强弱以及该材料的磁状态有关,所以铁磁物质的 μ 不是一个常量,如图 11.9 中的曲线①所示。

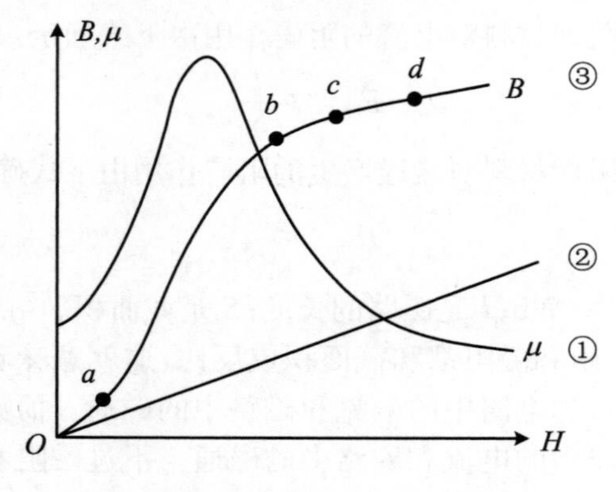

图 11.9　B 和 H,μ 之间的关系

11.3.1 高磁导性

本来不具备磁性的物质,由于受磁场的作用而具有了磁性的现象称为该物质被磁化。

只有铁磁性物质才能被磁化,铁磁材料具有很高的导磁性,这是由它们的内部结构所决定的。它们的相对磁导率 $\mu_r \gg 1$,可高达数百、数千甚至数万。不同的铁磁性物质,磁化后的磁性不同,被广泛地应用于电子和电气设备中,如变压器、继电器、接触器、电机等。

11.3.2 磁饱和性

物质的磁化性质一般由磁化曲线及 B-H 曲线表示。真空空气的 $B=\mu_0 H$,其 B-H 曲线为一直线,如图 11.9 中的②所示。

铁磁材料的 B-H 曲线可通过实验测出。在磁场强度 H 较小的情况下,如图 11.9 中的曲线③中的 oa 段,铁磁材料中的磁感应强度 B 随 H 的增大而增大,其增长率不大。但随着 H 的继续增大,B 急剧增大,如图 11.9 中的曲线③中的 ab 段所示。若 H 继续增大,B 的增长率反而变小,如图 11.9 中的 bc 段所示。在 d 以后,B 增加很少,这种现象称为磁饱和。由图 11.9 中的曲线③可知,铁磁材料的 B 和 H 之间的关系为非线性关系,反映了铁磁材料的磁导率 μ 不是常数。

11.3.3 磁滞性

式(11.6)给出了磁感应强度 B 和磁场强度 H 之间的关系,但铁磁材料的磁导率 μ 不是常数,典型磁性材料的 B-H 曲线,例如钢的 B-H 曲线可以用图 11.10 所示的磁路得到。

刚开始,电流 $I=0$,铁芯没有被磁化。当电流增大到某个数值时,磁场强度 H 也增大到某个数值,该数值由式(11.5)决定。磁通 Φ 和磁感应强度 $B(B=\Phi/S)$ 也随着电流 I(或者 H)的增加而增加。如果材料在通电之前没有剩磁,磁场强度 H 便从 0 增加到某个值 H_a,B-H 曲线将沿着图 11.11 中 O 与 a 之间的路径变化,如果磁场强度 H 继续增加到饱和值 H_s,曲线继续到达点 b。达到饱和是指磁感应强度已经到达它的最大值,此时再继续增加线圈中的电流,磁感应强度 B 的增加量将极为有限。

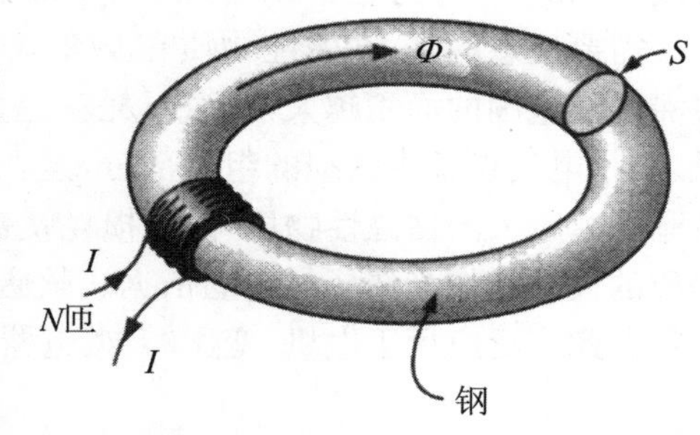

图 11.10　B-H 曲线的串联磁路

如果通过减小电流 I 使磁场强度减小到 0,曲线会沿着路径从 b 到 c 变化。当磁场强度减少到 0 时,磁感应强度并没有减少到 0,此时的磁感应强度值为 B_R,称为剩磁。如果此时将图 11.10 中的线圈从铁芯上移除,铁芯因为有剩磁,所以还会有磁性,永久性磁铁就是利用剩磁很大的铁磁性物质制成的。

如果将电流 I 反向增加,磁场强度也反向增加($-H$ 的方向),磁感应强度 B 会随着电流 I 的反向增加而减小。当磁场强度反向变化至 $-H_d$ 时(曲线 c 到 d 之间的部分),磁感应强度 B 将逐渐减小到 0。当磁场强度为 $-H_d$ 时,“强制”使磁感应强度达到 0,H_d 是为克服剩磁所加的磁场强度,称为矫顽磁力。矫顽磁力的大小反映了铁磁性物质保存剩磁的能力。

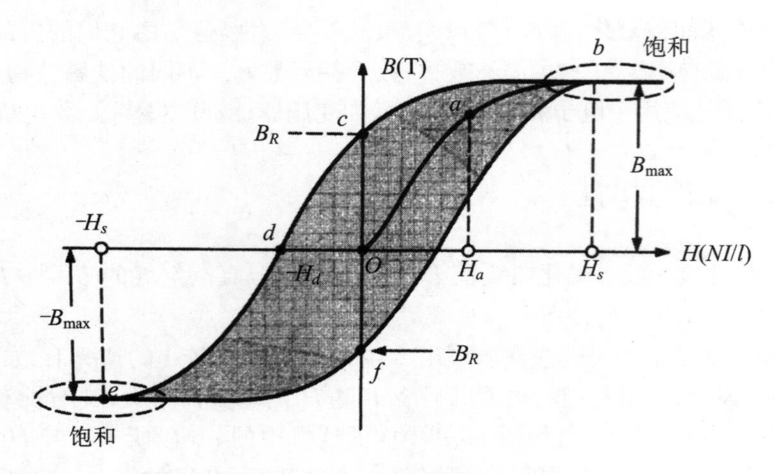

图 11.11 磁滞回线

如果将电流 I 反向继续增加，磁场强度沿着 $-H$ 方向继续增加，磁感应强度将再次达到饱和，然后磁场强度反向减小到 0，见路径 def。此时如果磁场强度沿着 $+H$ 方向继续增加，曲线将会沿着从 f 到 b 的曲线变化。

观察整个曲线可知，磁感应强度 B 的变化总是"滞后"于磁场强度 H 的变化，当 H 在 c 点变为 0，B 还没有变为 0，只是在减小，当 H 超过 0 很多，即等于 $-H_d$ 时，磁感应强度 B 才变为 0，这种现象称为磁滞现象。经过多次循环，可得到一个封闭的对称于原点的闭合曲线（$bcdefb$），称为磁滞回线。磁滞来源于希腊语"hysterein"，意思是"落后"。

需要注意的是，铁磁性物质在交变磁化的过程中会产生能量的损耗，称为磁滞损耗。磁滞回线包围的面积越大，磁滞损耗就越大，这部分能量转化为热能，使设备升温，效率降低，它是电气设备中铁损的组成部分，这在交流电机一类设备中是不希望看到的。剩磁和矫顽磁力越大的铁磁性物质，磁滞损耗就越大，因此，磁滞回线的形状常被用来判断铁磁性物质的性质和作为选择材料的依据。软磁材料的磁滞回线狭窄，其磁滞损耗相对较小，硅钢片因此广泛应用于电机、变压器、继电器等设备中。

11.4 磁路的基本定律

11.4.1 磁路

磁通经过的闭合路径称为磁路。磁通的路径可以是铁磁物质，也可以是非磁体。如图 11.12所示，当线圈中通以电流后，大部分磁感线沿铁芯、衔铁和工作气隙构成回路，这部分磁通称为主磁通；还有一部分磁通，没有经过气隙和衔铁，而是经空气自成回路，这部分磁通称为漏磁通。因为铁芯的导磁性能比空气要好得多，所以绝大部分磁通都从铁芯内通过。

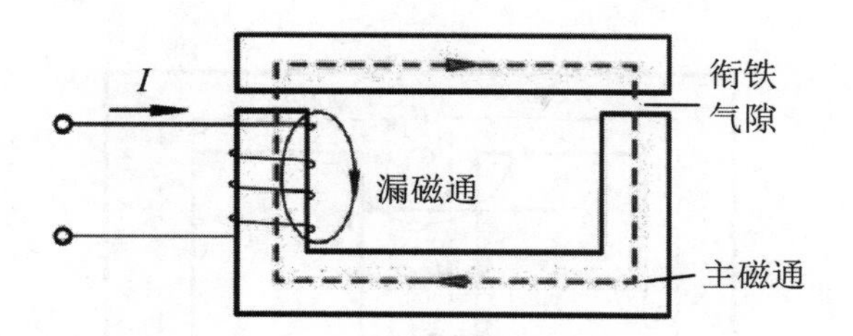

图 11.12 主磁通和漏磁通

磁路和电路一样，分为有分支磁路和无分支磁路两种类型，图 11.12 就是无分支磁路，图 11.13 是有分支磁路。

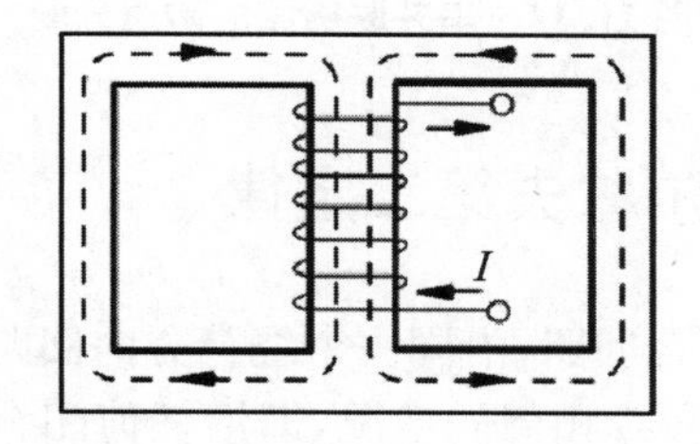

图 11.13 有分支磁路

11.4.2 磁路的基尔霍夫第一定律

电路和磁路分析之间存在着很多的相似性，表 11.1 总结了电路和磁路相关物理量的对应关系。

表 11.1 电路和磁路中对应的物理量及其关系式

电路		磁路	
电流	I	磁通	Φ
电动势	E	磁动势	$F=NI$
电阻	$R=\rho\dfrac{l}{S}$	磁阻	$R_m=\dfrac{l}{\mu S}$
电阻率	ρ	磁导率	μ
电路欧姆定律	$I=\dfrac{E}{R}$	磁路欧姆定律	$\Phi=\dfrac{F}{R_m}$

在电路中对于电流来说，在任意时刻，流入任意节点的电流之和等于流出该节点的电流之和，在磁路中也存在着相似的情况，即穿入任一封闭面的磁通量恒等于穿出该封闭面的磁通量，或进入或穿出任一封闭面的总磁通量的代数和等于 0，即

$$\sum\Phi=0 \tag{11.7}$$

根据磁路的基尔霍夫第一定律，图 11.14 中，磁通 Φ_1，Φ_2 和 Φ_3 有以下关系：

$$\Phi_1=\Phi_2+\Phi_3$$

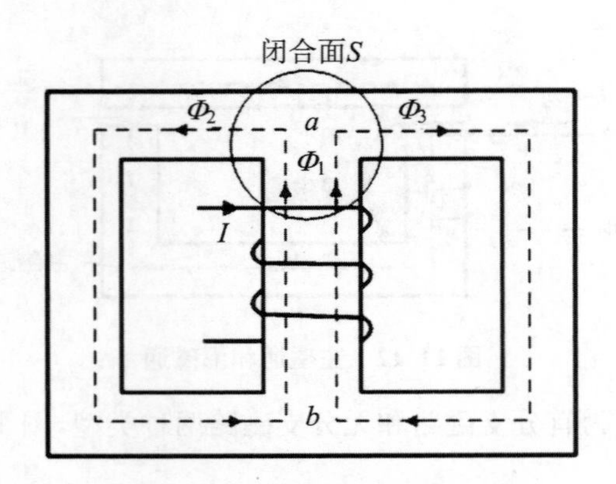

图 11.14 串并联磁路的磁通分配

11.4.3 磁路的基尔霍夫第二定律

在电路中对于任何一个闭合回路，沿同一个绕行方向回路内各元件上的电压升之和等于电压降之和，在磁路中也存在着相似的情况，即沿任何闭合磁路的总磁动势的代数和恒等于各段磁路磁压降的代数和。

$$\sum F = \sum \Phi R_m \tag{11.8}$$

式中，F 为磁动势；ΦR_m 为磁压降。

在磁路分析中很少计算磁阻，磁压降往往根据式(11.5)计算，即

$$F = Hl$$

式中，H 为某段磁路中的磁场强度；l 为这一段磁路的长度。

根据磁路的基尔霍夫第二定律，由图 11.15 所示的 3 种不同磁性材料构成的磁路有以下关系：

$$NI = H_{ab}l_{ab} + H_{bc}l_{bc} + H_{ca}l_{ca}$$

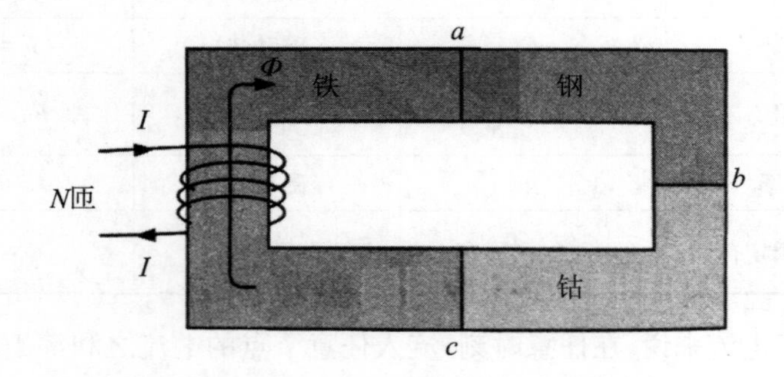

图 11.15 3 种不同磁性材料的串联磁路

习 题

1．对于图 11.16 中的电磁线圈：

(1) 求出铁芯中的磁感应强度；

(2) 画出磁感线并标出方向；

(3) 标出电磁线圈的南北极。

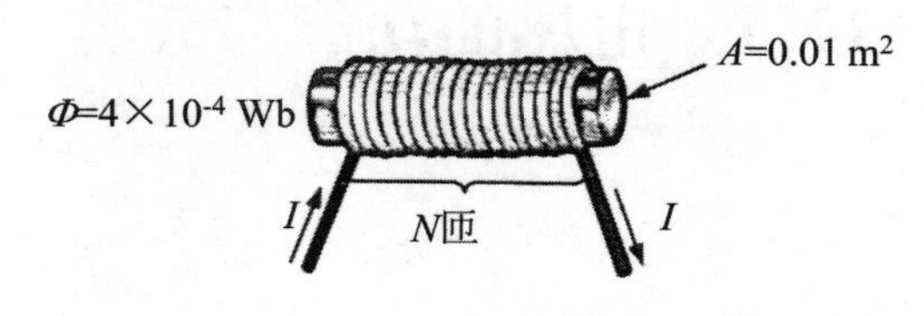

图 11.16 习题 1 图

2．在图 11.17(a)～(c)中，在长度方向上，哪段磁路的磁阻最大？

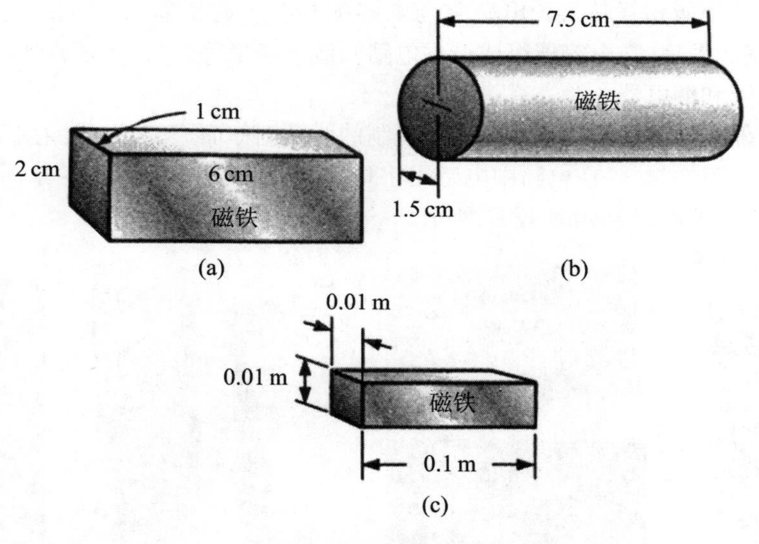

图 11.17 习题 2 图

3．磁动势为 400 A，如果磁通 $\Phi=4.2\times10^{-4}$ Wb，求磁路的磁阻。如果磁路长 1.5 cm，求出磁场强度 H。

4．当磁路上的磁场强度为 600 A/m 时，产生的磁感应强度为 1200×10^{-4} Wb/m²。当磁场强度不变时，而产生的磁感应强度为上面磁感应强度的 2 倍时，求出材料的磁导率。

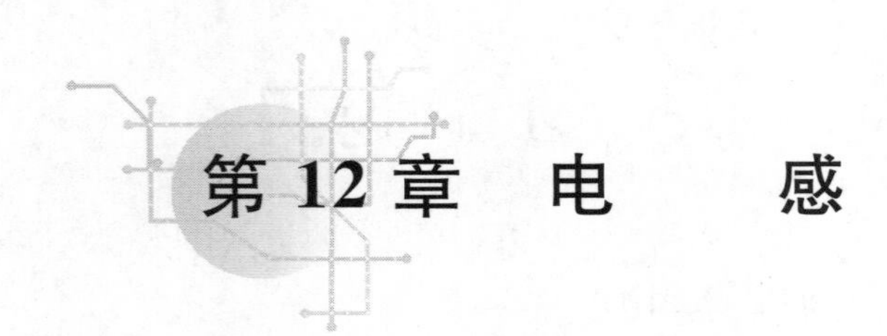

第 12 章 电　　感

12.1　电感的功能与分类

12.1.1　电感的功能

电感又称电感器，在电子电路中也有广泛应用。电感同电容一样，也是一种储能元件，它能使电能与磁场能相互转换。电感常与电容配合在一起工作，在电路中主要用于滤波（阻止交流干扰）、振荡（与电容器组成谐振电路）、波形变换等。另外，还常用电感器的电磁特性制作扼流圈和继电器。

电感是由外皮绝缘的铜质或合金导线绕制的线圈制作而成的，在线圈内可以插入或不插入称为磁芯的磁性材料，在电路中电感用字母 L 表示。电感的形态各异，应用场合也有差别，电路中常见的电感器如图 12.1 所示。

(a) 电源滤波电感　(b) 色环电感　(c) 电源滤波电感　(d) 磁棒电感

(e) 磁环电感　(f) 小型固定电感　(g) 磁芯电感　(h) 封闭式电感　(i) 贴片式电感

图 12.1　电路中常见的电感器

12.1.2 电感的分类

根据结构与性质不同，电感有多种分类方法：

(1) 按线圈中有无磁性材料分类，有空芯电感(线圈内无磁性材料)、磁芯电感(线圈内有铁氧体磁性材料)。

(2) 按工作性质分类，有天线线圈、振荡线圈、扼流线圈、陷波线圈、偏转线圈等。

(3) 按绕线结构分类，有单层线圈、多层线圈、蜂房式线圈。

(4) 按工作频率分类，有高频线圈、低频线圈。

(5) 按结构特点分类，有磁芯线圈、可变(可调)电感线圈、色环电感线圈、无磁芯线圈等。

(6) 按有无引线分类，有引线电感、无引线电感(又称为贴片式电感，主要用在如计算机等高档精密电子设备中)。

下面介绍几种常用的电感。

1. 小型固定电感

小型固定电感的结构特点是：用漆包线或丝包线直接绕在棒形、工字形、王字形或圆形磁芯上，外表裹覆环氧树脂或封装在塑料外壳中，具有体积小、重量轻、结构牢固、安装方便等特点，一般用在滤波、延迟等电路中。图 12.2 所示为小型固定电感。

图 12.2 小型固定电感

2. 贴片式电感

贴片式电感，又称为功率电感、大电流电感、表面贴装高功率电感，主要应用在计算机显示板卡、笔记本电脑、脉冲记忆程序设计中。贴片式电感是在陶瓷或微晶玻璃基片上沉淀金属导线而制成的，可提供卷轴包装，适用于表面自动贴装。贴片式电感有较好的稳定性、精度及可靠性，常应用在几十到几百兆赫兹的电路中，如图 12.3 所示。

图 12.3 贴片式电感

3. 中周线圈

中周线圈由磁芯、磁罩、塑料骨架和金属屏蔽壳组成，线圈绕制在塑料骨架上或直接绕制在磁芯上，骨架插脚可以焊接在印制电路板上。中周线圈是超外差式无线电设备中的主要元件，广泛用在调幅、调频接收机、电视接收机、通信接收机等电子设备的回路中，如图12.4所示。

图 12.4　中周线圈

4. 色环电感

色环电感(色码电感)是指在电感表面涂上不同的色环来代表电感量(与电阻器类似)的电感，如图12.5所示。

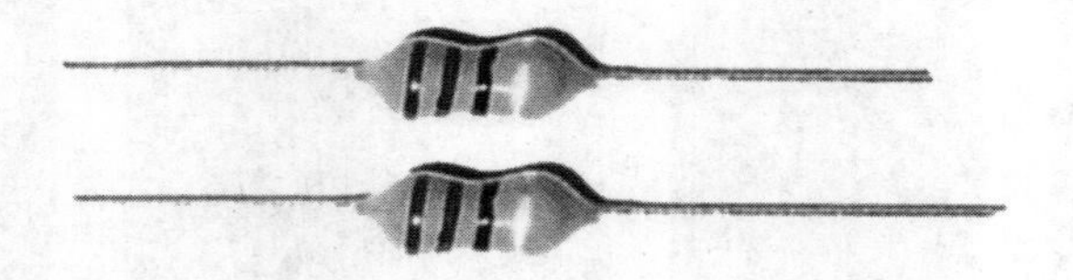

图 12.5　色环电感

色环电感一般用于电路的匹配和信号质量的控制，也是一种蓄能元件，用在LC振荡电路、中低频的滤波电路等上。色环电感属于固定电感量的小电感，主要在手机、音响、收音机、电话机、数字机顶盒、蓝牙耳机、液晶电视、汽车电子、工业控制等领域广泛应用。

12.2　电感的参数与标识

12.2.1　电感的命名

国产电感器的型号主要由3部分组成，如图12.6所示。

第1部分为主称部分，用字母L或PL表示电感器的名字。

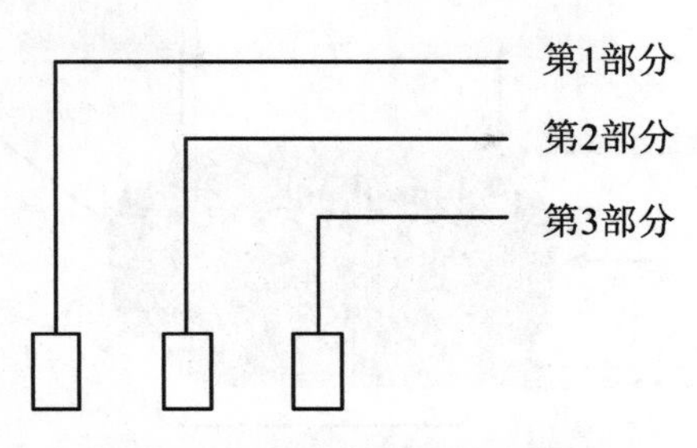

图 12.6　国产电感器的命名方式

第 2 部分为电感器的电感量部分，用字母与数字混合或纯数字表示电感的电感量。表示电感器电感量的符号和意义见表 12.1。

表 12.1　电感器电感量的符号和意义

数字与字母符号	2R2	100	101	102	103
数字符号	2.2	10	100	1000	10000
含义	2.2 μH	10 μH	100 μH	1 mH	10 mH

第 3 部分表示电感器的允许偏差(误差范围)，一般用字母表示。表示电感器误差范围的字母和意义见表 12.2。

表 12.2　电感器误差范围的字母和意义

字母	J	K	M
意义	±5%	±10%	±2%

12.2.2　电感的参数

电感的参数主要包括电感量、感抗、线圈的品质因数、直流电阻、额定电流等。

1. 电感量

电感量 L 也称自感系数，是表示电感元件自感应能力的一种物理量。当通过一个线圈的磁通(即通过某一面积的磁感线数)发生变化时，线圈中便会产生电势，这就是电磁感应现象。所产生的电势称为感应电势，电势大小正比于磁通变化的速度和线圈匝数。当线圈中通过变化的电流时，线圈产生的磁通也要变化，磁通掠过线圈，线圈两端便产生感应电势，这便是自感应现象。自感电势的方向总是阻止电流变化的，犹如线圈具有惯性，这种电磁惯性的大小就用电感量 L 来表示。电感量 L 的大小与电感的结构参数有关，它取决于线圈中磁芯的横截面积、线圈的长度以及磁性材料的磁导率，还与线圈上的导线匝数有关。电感的大小可以用下面的式子表示：

$$L = \frac{\mu N^2 S}{l} \tag{12.1}$$

式中，μ 是磁导率；N 是线圈匝数；S 是磁芯的横截面积；l 是线圈长度；L 是电感值。相关参数如图 12.7 所示，这是最常见的电感。

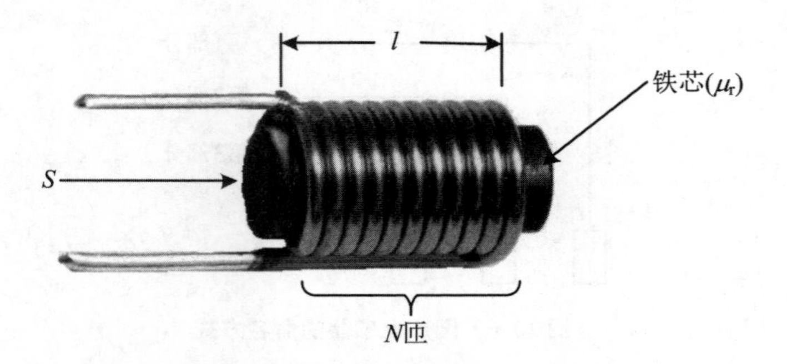

图 12.7　式(12.1)中参数的定义

电感量 L 表示线圈本身的固有特性，国际单位是亨利，简称亨，用字母 H 表示。常用的单位还有毫亨(mH)和微亨(μH)，三者之间的关系是

$$1\ \text{H} = 10^3\ \text{mH} = 10^6\ \text{mH}$$

2. 感抗

由于电感线圈的自感电势总是阻止线圈中电流的变化，故线圈对交流电有阻力作用，阻力大小就用感抗 X_L 来表示。X_L 与线圈电感量 L 和交流电频率 f 成正比，计算公式为

$$X_L = 2\pi fL$$

不难看出，线圈通过低频电流时 X_L 小，通过直流电时 X_L 为 0，对线圈的直流电起阻力作用，因为感抗一般很小，所以近似短路；通过高频电流时 X_L 大，若 L 也大，则近似开路。线圈的这种特性正好与电容相反，所以利用电感元件和电容器就可以组成各种高频、中频和低频滤波器，以及调谐回路、选频回路和阻流圈电路等。

3. 品质因数

品质因数 Q 是表示电感线圈品质的参数。线圈在一定频率的交流电压下工作时，其感抗 X_L 和等效损耗电阻之比即为 Q 值，表达式如下：

$$Q = \frac{\omega L}{R} = \frac{2\pi fL}{R}$$

由此可见，线圈的感抗越大，损耗电阻越小，其 Q 值就越高。高频线圈的 Q 值通常为 50～300，实际应用中对调谐回路线圈的 Q 值要求高，用高 Q 值的线圈与电容器组成的谐振电路有更好的谐振特性；对耦合线圈，要求可以低一些；对高频扼流线圈和低频扼流线圈则无要求。Q 值的大小影响回路的选择性、效率、滤波特性以及频率的稳定性，一般均希望 Q 值大。但提高线圈的 Q 值并不是一件容易的事，因此根据实际使用场合可对线圈 Q 值提出适当的要求。

4. 直流电阻

直流电阻是电感线圈自身的电阻，可用万用表或欧姆表直接测得。

5. 额定电流

额定电流是指电感正常工作时允许通过的最大电流。若工作电流大于额定电流，电感器会因发热而导致参数改变,严重时会被烧毁。额定电流也是一个重要的参数,特别是对高频扼流圈和大功率的谐振线圈来说。

12.2.3 电感的标识方法

1. 直标法

直标法是指在小型固定电感器的外壳上直接用文字标出电感器的主要参数,如电感量、误差值、最大直流工作的对应电流等。其中,最大工作电流常用字母 A,B,C,D,E 等标注,字母和电流的对应关系见表 12.3。

表 12.3 电感最大工作电流

字母	A	B	C	D	E
最大工作电流(mA)	50	150	300	700	1600

例如,电感器外壳上标有 3.9 mH,A,K 等字样,则表示其电感量为 3.9 mH,误差为 ±10%,最大工作电流为 A 挡(50 mA)。

2. 色标法

电感器的色标法与电阻器类似,第一、二环表示有效数字,第三环表示乘数,第四环表示误差,表 12.4 为色环标称法中色环的基本色码对照表。

表 12.4 基本色码表

颜色	黑色	棕色	红色	橙色	黄色	绿色	蓝色	紫色	灰色	白色	金色	银色	无色
有效数字	0	1	2	3	4	5	6	7	8	9	-1	-2	—
乘数	10^0	10^1	10^2	10^3	10^4	10^5	10^6	10^7	10^8	10^9	10^{-1}	10^{-2}	—
阻值偏差	—	±1%	±2%	—	—	±0.5%	±0.25%	±0.1%	—	—	±5%	±10%	±20%

例如,电感器的色标分别为"棕黑金金",对照色码表,其电感为 10×10^{-1} μH,误差为 ±5%。

3. 数码表示法

通常采用 3 位数码表示,前两位表示有效数字,第三位表示有效数字后 0 的个数,小数点用 *R* 表示,最后一位英文字母表示误差范围,单位为 μH,如 220 K 表示为 22 μH,8R2J 表示 8.2 μH。

12.3　电感的特性、作用与检测

12.3.1　电感的电磁特性

1. 通电线圈的磁场

当线圈中有直流电流流过时，线圈周围就产生磁场，磁场的方向符合右手螺旋定则；用右手握住螺线管，让弯曲的四指所指的方向与电流的方向一致，伸直的大拇指所指的方向就是螺线管内部磁感线的方向，如图 12.8 所示。当线圈中流过交变电流时线圈周围就会产生交变磁场。利用线圈通电产生磁场这个特性可制作继电器、电磁阀等电器元件。

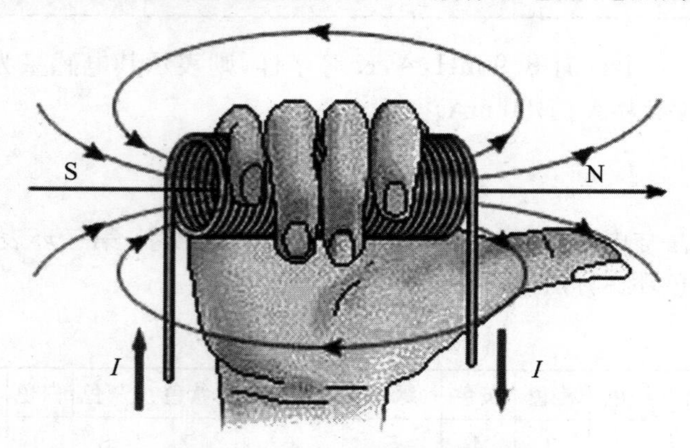

图 12.8　通电线圈的磁场

2. 电感线圈对交变电流的阻碍作用

电感线圈由于匝数很少，其直流电阻很小，对直流电的阻碍作用可忽略不计。但是电感线圈对交变电流却有较大的阻碍作用，其大小称为感抗 X_L，单位是欧姆，它与电感量 L 和交变电流的频率 f 的关系为$X_L = 2\pi fL$，电感 L 越大，频率 f 越高，感抗就越大。

电感线圈对交变电流的阻碍作用可以用下面的实验电路来说明，如图 12.9 所示，图中 D 表示小灯泡，L 为电感，E 为电源的电动势。

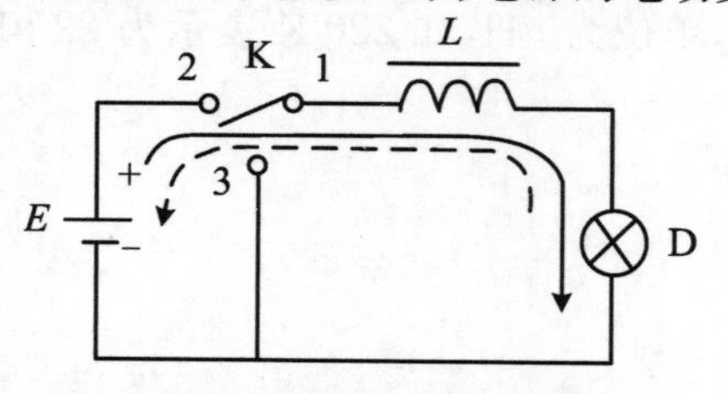

(a) 开关接通1,2瞬间感应电流的方向

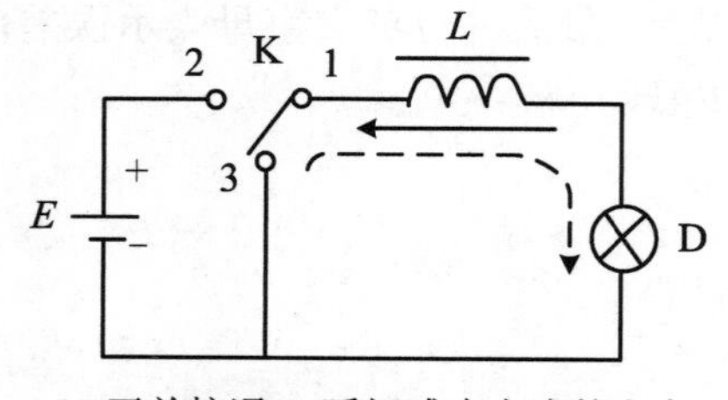

(b) 开关接通1,3瞬间感应电流的方向

图 12.9　电感器对交变电流的阻碍作用

在图 12.9(a)中,当开关 K 将 1,2 未接通时,灯泡不亮;当开关 K 将 1,2 接通后,可以看到小灯泡逐渐变亮,而不是立即达到最大亮度。这说明通过电感 L 的电流有一个缓慢增大的过程。然后将开关 K 立即由 2 处转到 3 处,可以看到小灯泡变得更亮一下,然后才慢慢熄灭,而不是立即熄灭。

这一现象可以用楞次定律来解释:当线圈中电流突变时,电感线圈就产生感应电流阻碍原来电流的变化,这就是楞次定律。通俗地说,就是当线圈中电流有突变增加时,线圈自身就产生感应电动势,当线圈有闭合回路时就形成电流,这个电流称为感应电流,感应电流的方向总是与突变增加的电流方向相反,两者互相抵消,这样使线圈中的电流不能突变增大;当线圈中电流有突变减小时,线圈自身也产生感应电动势,当线圈有闭合回路时,也形成电流,这时感应电流的方向与突变减小的电流方向相反(与原电流方向相同),结果电感线圈中的电流不能突然减小。当电感线圈中的电流不变化时(电流为 0 或为恒定值),电感线圈不产生感应电动势,无感应电流。这就是电感线圈在电路中被广泛应用的原因,尤其是在开关电源电路中应用最为普遍。

电感器 L 中原本没有电流流过,在开关 K 刚接通 1,2 时,L 中的电流突变增大(电源引起),电流方向为:电源→开关 K 1,2→电感→灯泡电源→负极,如图 12.9(a)中实线所示。在这支电流作用下,电感器自身就产生一个感应电流,其方向与外电流的方向相反,如图 12.9(a)中虚线所示,这两支电流方向相反,互相抵消,使外电源引起的电流不能立即增大,所以小灯泡的亮度低。此后,电源产生的电流增长率逐渐变小(但电流还是在不断增大),L 中的感应电流逐渐减小,直到最后,电流不再增大(变化率为 0),L 中不再产生感应电流,电流达到最大,所以小灯泡达到最亮。

当小灯泡最亮时,将开关 K 从 1,2 接通换到 1,3 接通时,电源引起的电流又一次突变(由大电流减小为 0),其方向如图 12.9(b)中实线所示。L 自身又产生感应电流,这个感应电流甚至比原电流更大一点,其方向与减小的方向相反,如图 12.9(b)中虚线所示,感应电流通过小灯泡,使小灯泡更亮一下,然后亮度慢慢下降,小灯泡慢慢暗下来。

12.3.2 电感上电流与电压的关系

一般来说,电感线圈的匝数少,直流电阻很小,可忽略不计。当在电感线圈中加直流电压时,电感线圈两端的电压很低,而电流却很大;当在电感线圈中加交变电压时,因电感线圈的自感现象,电感线圈两端的电压总比电流超前 90°(π/2),电压升高时电流不能立即增大,电压降低时电流也不能立即减小,这点对于理解电感滤波非常重要,电感上电压与电流的关系如图 12.10 所示。

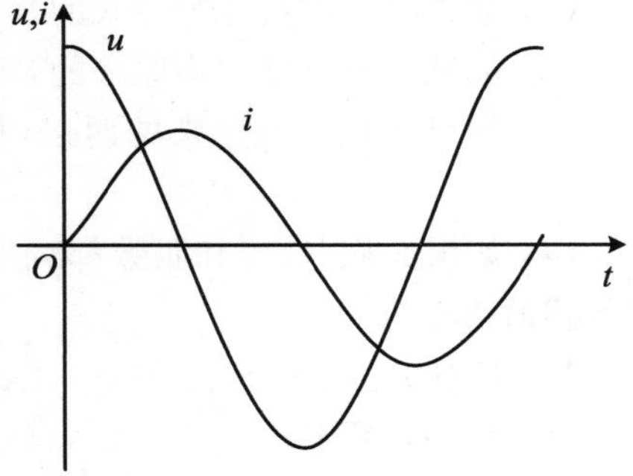

图 12.10 电感中电压与电流的关系

12.3.3 电感的检测

对电感器好坏的检查常用电阻法进行。一般来说,电感器的线圈匝数不多,直流电阻很低,因此，用万用表电阻挡进行检查很实用。

用指针万用表检测电感器的方法如下：

(1) 将万用表的挡位旋至 $R\times10$ 挡，然后对万用表进行调零校正。

(2) 将万用表的红、黑表笔分别搭在电感器两端的引脚上，此时，即会测得当前电感的阻值。在正常情况下，应能够测得一个固定的阻值。

如果电感器的阻值趋于0，则表明电感内部存在短路的故障；如果被测电感的阻值趋于无穷大，则须选择最高阻值量程继续检测；若阻值仍趋于无穷大，则表明被测电感已损坏。

习　题

1. 在电子电路中，电感具有哪些功能？

2. 在图12.11中，如果改变左侧一列电感某些参数，使其变成右侧一列对应的电感，计算新的电感值。某一参数改变时其他参数均保持不变。

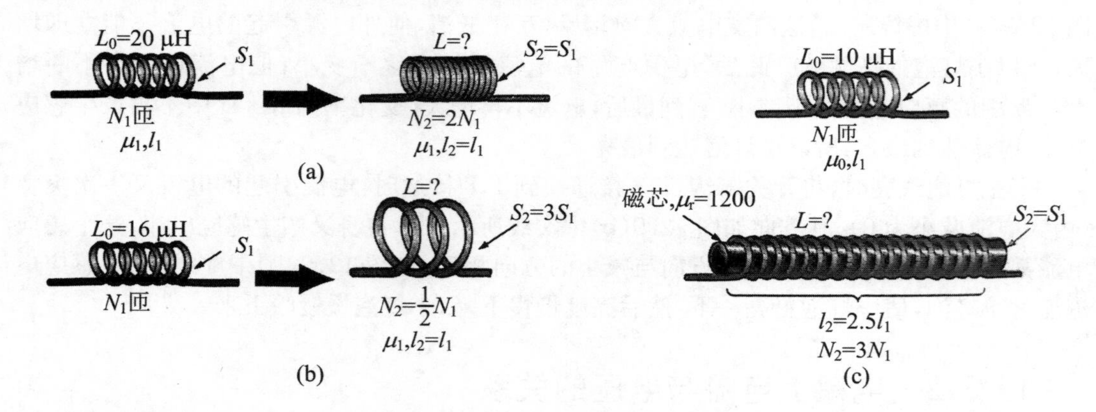

图12.11　习题2图

3. 有一总电感值为4.7 mH的空心线圈。

(1) 如果只有匝数变为原来的3倍，则电感值为多少？

(2) 如果只有长度变为原来的3倍，则电感值为多少？

(3) 如果面积变为原来的两倍，长度减少为一半，匝数变为原来的两倍，则电感值为多少？

(4) 如果面积、长度和匝数都减少为原来的一半，电感中插入一个 μ_r 为1500的铁芯，则电感值为多少？

4. 电感的标识如下：

(1) 392 K、47 K；

(2) 蓝灰黑 J、棕绿红 K。

其电感值和取值范围是多少？

第 13 章　正弦交流电路

正弦交流电路在日常生活和生产中有着广泛的应用，世界上各发电厂发出的多为正弦交流电，电气、电子、通信、工业系统中均使用正弦交流电。

13.1　正弦交流电的基本概念

大小和方向随时间按一定规律周期性变化的电压和电流称为交变电压和交变电流。交流电的变化形式是多样的，其中按正弦规律变化的交流电称为正弦交流电。因为正弦交流电方便生产和传输，所以在实际生产生活中得以广泛应用，一般所说的交流电均指正弦交流电。

正弦交流电是由交流发电机产生的，当线圈在均匀的磁场中旋转时，导线切割磁感线，线圈中就产生了感应电动势。以电流为例，一般数学表达式为

$$i = I_m \sin(\omega t + \varphi) \qquad (13.1)$$

图 13.1 为正弦交流电流波形图，它表示电流的大小和方向随时间按正弦规律变化的情况。

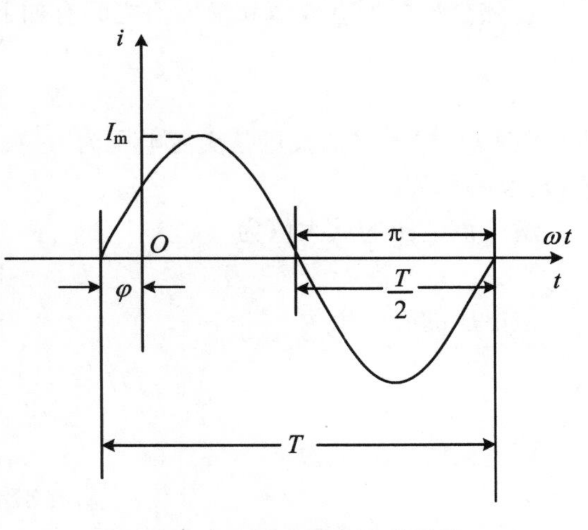

图 13.1　正弦交流电流波形图

13.1.1　正弦量的三要素

正弦量具有 3 个基本特征，它们分别代表正弦量变化的快慢、大小和初始值，通常将这 3 个量称为正弦量的三要素。

1. 频率、周期、角频率

这些要素反映正弦量变化的快慢。正弦交流电循环一次所需要的时间称为周期 T（单位为 s），每秒内正弦量变化的次数称为频率 f（单位为 Hz）。频率是周期的倒数，即

$$f = \frac{1}{T} \qquad (13.2)$$

正弦交流电在单位时间内变化的弧度称为角频率 ω（单位为 rad/s），角频率与频率和

周期之间的关系为

$$\omega = 2\pi f = \frac{2\pi}{T} \tag{13.3}$$

我国和大多数国家都采用50 Hz作为电力标准频率，习惯上称为工频。

2. 瞬时值、最大值和有效值

这些要素反映了正弦量的大小。把任意时刻正弦交流电的数值称为瞬时值，用小写字母表示，如 i，u 表示电流、电压的瞬时值。瞬时值中绝对值最大的值称为最大值，也称为振幅，用带下标的大写字母表示，如 I_m，U_m 分别表示电流、电压的最大值。在一个完整周期内，瞬时值两次达到最大值，大小相等，方向相反。

正弦量的有效值是指交流电流过一个电阻在一个周期内所产生的热效应和某直流电在同一时间内通过该电阻所产生的热效应相等，则该直流电的数值就为该交流电的有效值，用大写字母表示，如 I，U 表示电流、电压的有效值。在日常的生产和生活中，我们通常所说的交流电压和电流的大小指的就是有效值，交流电气设备上标出的额定电压、额定电流的数值，电压表、电流表所测出的交流电的数值均为有效值。

正弦交流电的有效值和最大值之间有如下关系：

$$I = \frac{I_m}{\sqrt{2}}, \quad U = \frac{U_m}{\sqrt{2}} \tag{13.4}$$

【例13.1】 已知某正弦交流电压为 $u = 311\sin 314t$ V，求该电压的最大值、有效值、频率、角频率和周期。

解 该电压的最大值为

$$U_m = 311\ \text{V}$$

该电压的有效值为

$$U = \frac{U_m}{\sqrt{2}} = 220\ \text{V}$$

该电压的角频率为

$$\omega = 314\ \text{rad/s}$$

该电压的频率为

$$f = \frac{\omega}{2\pi} = \frac{314}{2 \times 3.14}\ \text{Hz} = 50\ \text{Hz}$$

该电压的周期为

$$T = \frac{1}{f} = \frac{1}{50}\ \text{s} = 0.02\ \text{s}$$

3. 初相位

正弦量表达式中 $\omega t + \varphi$ 为正弦量的相位角，简称相位。正弦量在不同的瞬间 t，有着不同的相位，$t = 0$ 时的相位为正弦量的初相位，一般规定初相位绝对值不能超过 π。

【例13.2】 已知某正弦电压在 $t = 0$ 时的值为 $110\sqrt{2}$ V，初相角为30°，写出正弦电压的表达式，并求其有效值。

解 此正弦电压的表达式为

$$u = U_m\sin(\omega t + 30°)$$

当 $t=0$ 时，$u(0)=U_m\sin 30°$，故

$$U_m = \frac{u(0)}{\sin 30°} = \frac{110\sqrt{2}}{0.5}\ \text{V} = 220\sqrt{2}\ \text{V}$$

$$u = 220\sqrt{2}\sin(\omega t + 30°)$$

该正弦电压的有效值为

$$U = \frac{U_m}{\sqrt{2}} = \frac{220\sqrt{2}}{\sqrt{2}}\text{V} = 220\ \text{V}$$

13.1.2　相位差

两个同频率的正弦量，虽然随时间按正弦规律变化一样，但它们随时间变化的进程可能不一样，电路中常引用相位差的概念描述两个同频率正弦量之间的进程关系。假设有两个同频率的电压和电流，表达式分别为

$$u = U_m\sin(\omega t + \varphi_u) \tag{13.5}$$

$$i = I_m\sin(\omega t + \varphi_i) \tag{13.6}$$

它们的相位差为 φ，即

$$\varphi = (\omega t + \varphi_u) - (\omega t + \varphi_i) = \varphi_u - \varphi_i$$

当 $\varphi=0$ 时，两个正弦量的相位关系为同相，如图 13.2(a)所示。

当 $\varphi>0$ 时，两个正弦量的相位关系为电压 u 比电流 i 超前 φ 角度(或 i 滞后 u)，如图 13.2(b)所示。

当 $\varphi<0$ 时，两个正弦量的相位关系为电压 u 比电流 i 滞后 φ 角度(或 i 超前 u)。

当 $\varphi=180°$时，两个正弦量的相位关系为反相，如图 13.2(c)所示。

当 $\varphi=90°$时，两个正弦量的相位关系为正交，如图 13.2(d)所示。

注意：比较两个正弦量之间的相位关系时必须是同频率、同函数、同符号。

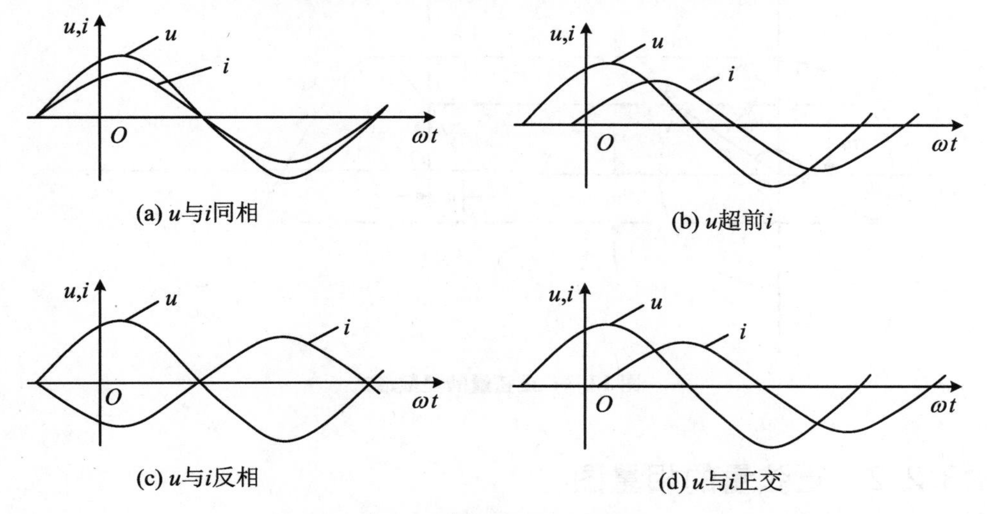

图 13.2　同频率正弦量的相位关系

【例 13.3】 正弦电压和正弦电流分别为 $u=220\sqrt{2}\sin(\omega t+150^\circ)$，$i=50\sqrt{2}\sin(\omega t-90^\circ)$，求两者的相位差，并指出它们的相位关系。

解 u 的初相位为 150°，i 的初相位为 -90°，相位差 $\varphi=150^\circ-(-90^\circ)=240^\circ$。因为相位差的绝对值小于 π，所以 $\varphi=-120^\circ$。故两者之间的相位关系为 u 比 i 滞后 120°。

13.2 正弦交流电的相量表示法

一个正弦量可以使用解析式表示，也可以用波形图表示。当遇到正弦量的加、减等各种运算时，用这两种方法比较麻烦和费时，为此，我们常用复数表示正弦量，从而使正弦量的分析计算过程大大简化，这种方法称为相量表示法。

13.2.1 正弦量的相量形式

如果电路中的激励源是某一频率的正弦量，那么电路中各电压和电流都是同频率的正弦量，它们的角频率相同，这样一来，它们的区别仅在于幅值和相位（或初相位）这两个要素。将正弦交流电的运算与复数的运算结合起来，即用复数的模值来表示正弦量的有效值（或最大值），用复数的幅角来表示正弦量的初相位，这样的复数就叫作正弦量的相量形式（图 13.3）。常用大写字母的上端加一圆点"·"来表示，如

$$\dot{U}=U\angle\varphi_u \tag{13.7}$$

$$\dot{I}=I\angle\varphi_i \tag{13.8}$$

只有同频率的正弦量才能互相运算，运算的方法按复数的运算规则进行。

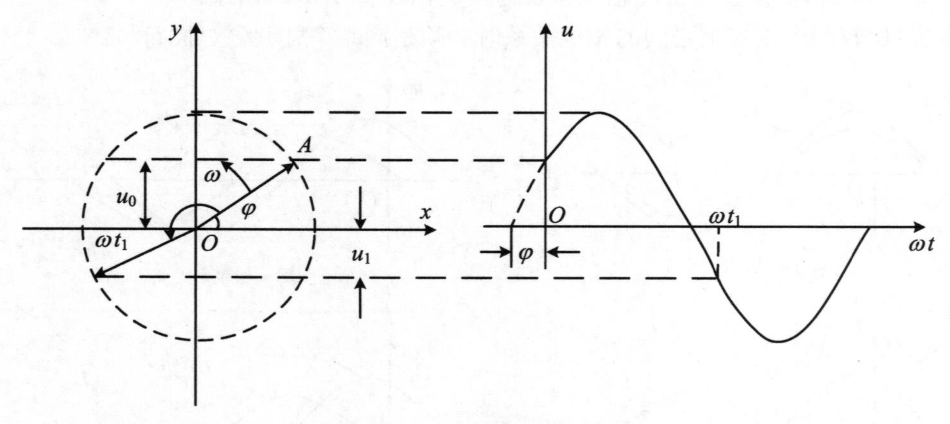

图 13.3 正弦量的复数形式

13.2.2 正弦量的相量图

复数可以在复平面上用一根带箭头的线段来表示，那么用复数表示的正弦交流电也可

以按此表示。按照正弦量的大小和相位关系用初始位置的有向线段画出的若干个相量的图形，称为相量图。多个同频率的正弦量可以画在同一相量图上，如图 13.4 所示。

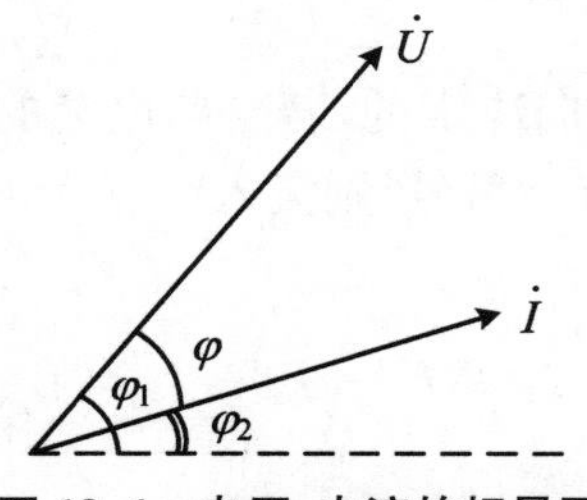

图 13.4　电压、电流的相量图

【例 13.4】　已知 $U_A = 220\sqrt{2}\sin\omega t$ V，$U_B = 220\sqrt{2}\sin(\omega t - 120^\circ)$ V，$U_C = 220\sqrt{2} \cdot \sin(\omega t + 120^\circ)$ V，写出它们的相量形式，并绘出相量图。

解

$$\dot{U}_A = 220\angle 0^\circ\ \text{V} = 220\ \text{V}$$

$$\dot{U}_B = 220\angle -120^\circ\ \text{V}$$

$$\dot{U}_C = 220\angle 120^\circ\ \text{V}$$

相量图如图 13.5 所示。

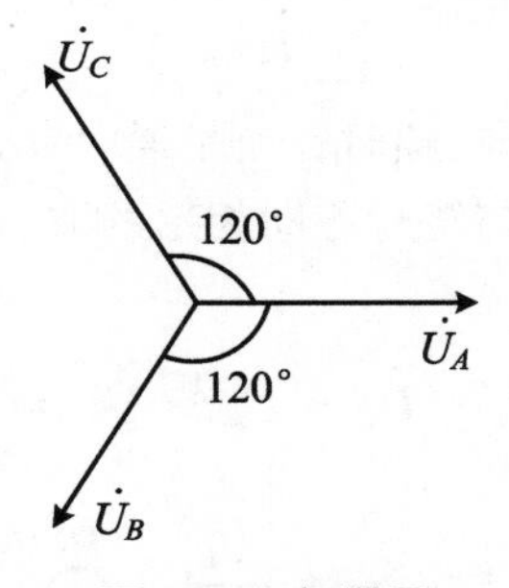

图 13.5　相量图

【例 13.5】　已知 $\dot{I} = 10\angle 60^\circ$ A，$\dot{U} = 5\angle -50^\circ$ V，正弦交流量的频率均为 50 Hz，写出两个正弦量的表达式。

解

$$\omega = 2\pi f = 2\pi \times 50\ \text{Hz} = 314\ \text{rad/s}$$

$$I_{\text{m}} = \sqrt{2}I = 10\sqrt{2}\ \text{A},\quad U_{\text{m}} = \sqrt{2}U = 5\sqrt{2}\ \text{V}$$

由此可得

$$i = 10\sqrt{2}\sin(314t + 60^\circ)\ \text{A}$$

$$u = 5\sqrt{2}\sin(314t - 50^\circ)\ \text{V}$$

13.2.3　基尔霍夫定律的相量形式

在直流电路中，我们学习了基尔霍夫电流定律和基尔霍夫电压定律，在交流电路中，基尔霍夫定律也同样适用。

正弦交流电路中，连接在电路任一节点的各支路电流的相量的代数和为0。

$$\sum \dot{I} = 0 \tag{13.9}$$

电流前的正负号是由参考方向决定的，若支路电流的参考方向是流出节点为正号，那么流入节点则为负号；若流出节点为负号，则流入节点为正号，如图13.6所示。节点O的KCL相量表达式即为

$$\dot{I}_1 + \dot{I}_2 - \dot{I}_3 - \dot{I}_4 = 0$$

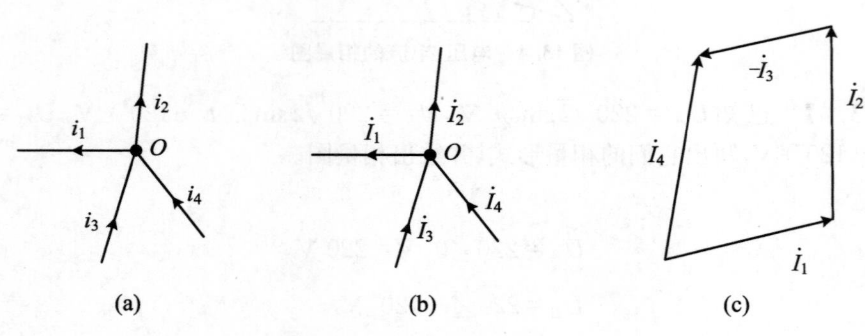

图13.6 KCL的相量形式

正弦交流电路中，任一瞬间，电路的任一回路中各段电压瞬时值的相量的代数和等于0。

$$\sum \dot{U} = 0 \tag{13.10}$$

写回路方程时，先确定绕行方向：顺时针或是逆时针，各支路电压或元器件上的电压参考方向与绕行方向一致的取正号，与绕行方向相反的取负号，如图13.7所示。回路的电压方程为

$$\dot{U}_1 + \dot{U}_2 + \dot{U}_3 - \dot{U}_4 = 0$$

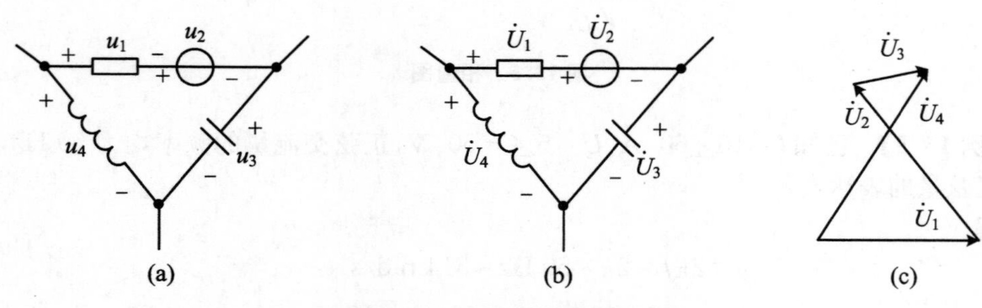

图13.7 KVL的相量形式

【例13.6】 已知 $i_1 = 220\sqrt{2}\sin\omega t$ A，$i_2 = 220\sqrt{2}\sin(\omega t - 120^\circ)$ A，若 $i = i_1 + i_2$，求电流 $\dot{I}$，i。

解

$$\dot{I}_1 = 220\angle 0^\circ \text{A}$$

$$\dot{I}_2 = 220\angle -120^\circ \text{A}$$

所以

$$\dot{I} = \dot{I}_1 + \dot{I}_2 = 220\angle 0^\circ\ \text{A} + 220\angle -120^\circ\ \text{A} = 220\angle -60^\circ\ \text{A}$$

$$i = 220\sqrt{2}\sin(\omega t - 60^\circ)\ \text{A}$$

13.3　单一参数的正弦交流电路

电阻元件、电感元件、电容元件是交流电路中的基本元器件，在正弦交流电路中由电阻、电感、电容中任一元件组成的电路，称为单一参数的正弦交流电路。

13.3.1　纯电阻电路

纯电阻电路是最简单的交流电路，如图 13.8 所示。在日常生活和工作中接触到的白炽灯、电炉、电烙铁等，都属于电阻性负载，它们与交流电源连接组成纯电阻电路，如图 13.8 所示。

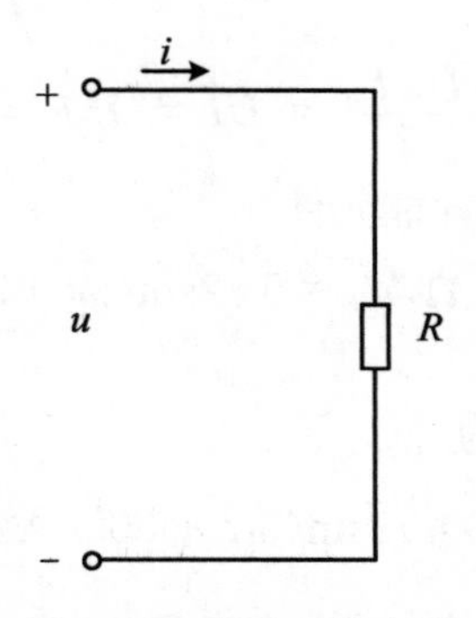

图 13.8　电阻元件电路

1. 电阻元件上电压与电流的关系

在交流电路中，通过电阻元件的电流与其两端的电压在任一时刻都遵循欧姆定律，即

$$i(t) = \frac{u(t)}{R}$$

设电阻两端的电压为

$$u = U_m \sin(\omega t + \varphi)$$

则

$$i = \frac{u}{R} = \frac{U_m}{R}\sin(\omega t + \varphi) = I_m \sin(\omega t + \varphi)$$

可得

$$I_m = \frac{U_m}{R}$$

$$I = \frac{U}{R}$$

用相量表示，则为

$$\dot{I} = \frac{\dot{U}}{R} \tag{13.11}$$

由此可见，电阻元件上的电流和电压的瞬时值、最大值、有效值、相量形式都符合欧姆定律，且电流与电压同相。

2. 纯电阻电路的功率

(1) 瞬时功率

电阻元件的瞬时功率为电压瞬时值 u 与电流瞬时值 i 的乘积，用小写字母 p 表示，即

$$\begin{aligned} p = p_R &= ui = U_m I_m \sin^2 \omega t \\ &= UI \cdot 2\sin^2 \omega t \\ &= UI(1 - \cos 2\omega t) \end{aligned} \tag{13.12}$$

(2) 平均功率

为了可以计量，将瞬时功率一个周期内的平均值称为平均功率，用大写字母 P 表示，即

$$P = \frac{U_m I_m}{2} = UI = I^2 R = \frac{U^2}{R} \tag{13.13}$$

电阻元件总是从电源取用能量，是耗能元件。

【例 13.7】 图 13.8 中，$R = 5\ \Omega$，$u_R = 5\sqrt{2}\sin(\omega t + 30^\circ)$ V，求电流 i 的瞬时值表达式、相量表达式和平均功率 P。

解 电流 i 的瞬时值表达式为

$$i = \frac{u}{R} = \sqrt{2}\sin(\omega t + 30^\circ)\ \text{A}$$

$$\dot{U} = 5\angle 30^\circ\ \text{V},\quad \dot{I} = \frac{\dot{U}}{R} = 1\angle 30^\circ\ \text{A}$$

电流 i 的平均功率为

$$P = UI = 5\ \text{V} \times 1\ \text{A} = 5\ \text{W}$$

13.3.2 纯电感电路

用导线绕制的空心线圈或具有铁芯的线圈在实际电路中有着广泛的应用，当通入电流时，线圈及周围都会产生磁场，并存储磁场能量，电感元件就是反映这种基本性能的理想二端元件，纯电感元件电路如图 13.9 所示。

1. 电感元件上电压与电流的关系

设通过电感的电流为 $i = I_m \sin \omega t$（其初相位为 0），则其两端的电压为

$$u = L\frac{di}{dt} = L\frac{d(I_m \sin \omega t)}{dt} = \omega L I_m \cos \omega t = U_m \sin(\omega t + 90^\circ)$$

电感元件两端的电压与其通过的电流是同频率的正弦量，但是，电压在相位上超前电流 90°。波形图如图 13.10 所示。

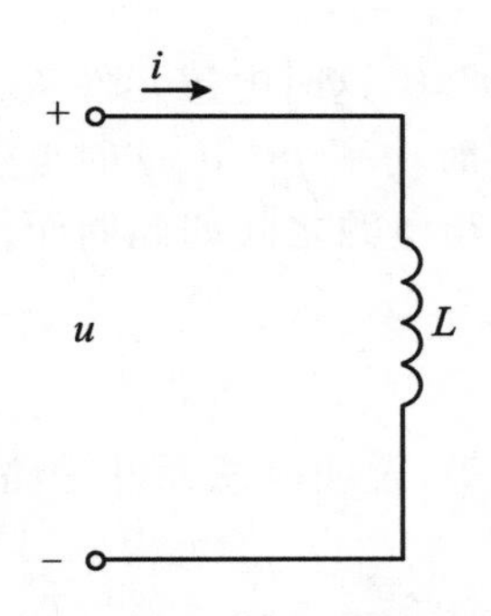

图 13.9　纯电感元件电路

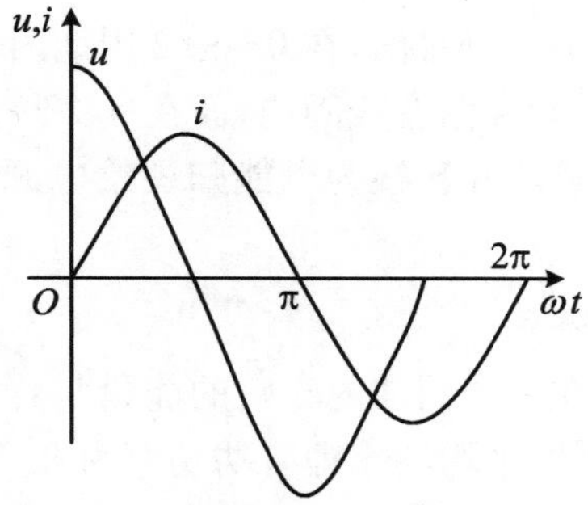

图 13.10　电感元件电压与电流的波形图

电感元件上电压与电流之间的关系为

$$\dot{U} = \mathrm{j}X_L\dot{I} = \mathrm{j}\omega L\dot{I} \tag{13.14}$$

$$U_\mathrm{m} = \omega LI_\mathrm{m} \tag{13.15}$$

$$U = \omega LI \tag{13.16}$$

其中

$$X_L = \omega L = 2\pi fL \tag{13.17}$$

式中，X_L 称为感抗，单位为 Ω，它表明线圈对交流电流阻碍作用的大小。频率越高，感抗越大，对于直流电而言，因为频率为 0，所以感抗为 0，可将电感视为短路。所以，电感具有"通直流，阻交流"和"通低频，阻高频"的作用。

2. 纯电感电路的功率

(1) 瞬时功率

电感元件的瞬时功率为电压瞬时值 u 与电流瞬时值 i 的乘积，用小写字母 p 表示，波形图如图 13.11 所示。

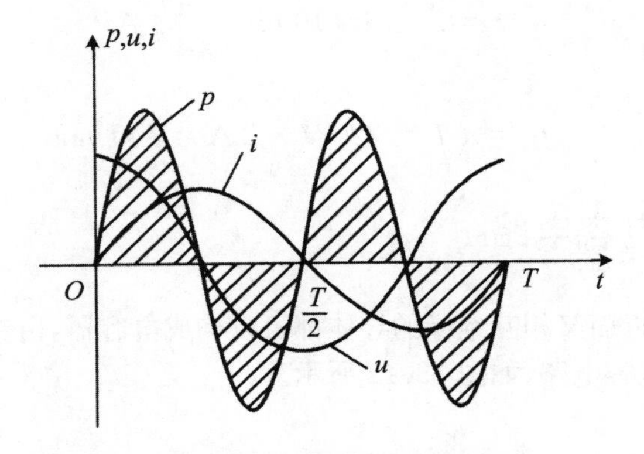

图 13.11　电感元件的功率曲线

即

$$p = p_L = ui = U_m\sin(\omega t + 90^\circ) I_m \sin\omega t$$

$$= \frac{1}{2}U_m I_m \sin 2\omega t = UI\sin 2\omega t \tag{13.18}$$

从波形图中可以看出，在0～π/2周期内，瞬时功率 $p\geqslant 0$，这时电感元件从电源取用电能，并转换为磁能存储在线圈内；而在π/2～π周期内，瞬时功率 $p\leqslant 0$，这时电感元件释放出原先存储的磁能并转换为电能归还给电源。电感元件与电源之间如此周而复始地进行着能量交换。

(2) 平均功率

电感元件在一个周期内吸收的能量与释放的能量相等，说明电感元件是储能元件，并不消耗功率，所以平均功率即有功功率为0。

$$P = \frac{1}{T}\int_0^T p\mathrm{d}t = \frac{1}{T}\int_0^T UI\sin 2\omega t\mathrm{d}t = 0 \tag{13.19}$$

(3) 无功功率

为了反映电感元件与外界交换能量的规模，引入了无功功率，用 Q_L 表示，单位为乏(var)。

$$Q_L = UI = I^2 X_L = \frac{U^2}{X_L} \tag{13.20}$$

【例13.8】 把一个电感量为0.35 H的线圈，接到 $u = 220\sqrt{2}\sin(100\pi t + 60^\circ)$ V的电源上，求线圈中电流瞬时值表达式和电感上的无功功率。

解 由电源电压的解析式可得

$$U = 220\ \text{V},\quad \omega = 100\pi\ \text{rad/s},\quad \varphi = 60^\circ,\quad \dot{U} = 220\angle 60^\circ\ \text{V}$$

可得

$$X_L = \omega L = 100\times 3.14\times 0.35\ \Omega \approx 110\ \Omega$$

$$\dot{I}_L = \frac{\dot{U}_L}{\mathrm{j}X_L} = 2\angle(-30^\circ)\ \text{A}$$

因此通过线圈的电流瞬时值表达式为

$$i = 2\sqrt{2}\sin\left(100\pi t - \frac{\pi}{6}\right)\ \text{A}$$

无功功率为

$$Q_L = UI = 220\ \text{V}\times 2\ \text{A} = 440\ \text{var}$$

13.3.3 纯电容电路

任何两个彼此靠近而又相互绝缘的导体都可以构成电容器，由交流电源和纯电容元件组成的电路，称为纯电容电路，如图13.12所示。

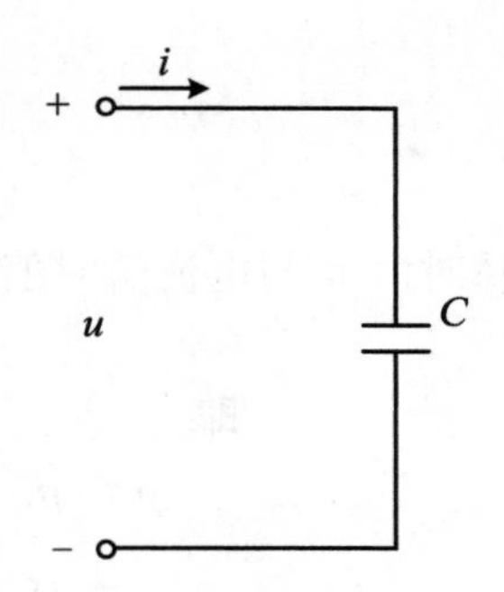

图 13.12　纯电容元件电路

1. 电容元件上电压与电流的关系

设电容两端的电压为

$$u = U_{\mathrm{m}} \sin \omega t \tag{13.21}$$

则流过电容元件的电流为

$$i = C \frac{\mathrm{d}u}{\mathrm{d}t} = \omega C U_{\mathrm{m}} \cos \omega t = I_{\mathrm{m}} \sin(\omega t + 90^{\circ}) \tag{13.22}$$

由式(13.22)分析可得，在正弦交流电中，电容两端加一个正弦交流电压，则产生同频率正弦交流电流，电流的相位超前电压 90°。波形图如图 13.13 所示。

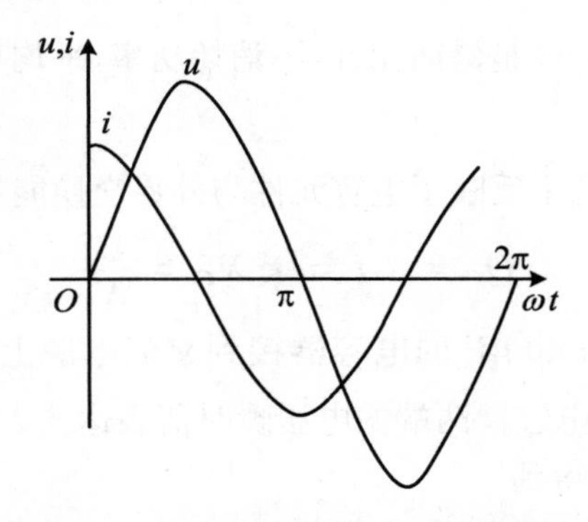

图 13.13　电容元件电压与电流的波形图

电容元件上电压与电流之间的关系为

$$\frac{U_{\mathrm{m}}}{I_{\mathrm{m}}} = \frac{U}{I} = \frac{1}{\omega C} \tag{13.23}$$

$$\dot{U} = -\mathrm{j} X_C \dot{I} \tag{13.24}$$

其中

$$X_C = \frac{1}{\omega C} = \frac{1}{2\pi f C}$$

式中，X_C 称为感抗，单位为 Ω，它表示电容对交流电流阻碍作用的大小。频率越高，容抗越小，所以电容器在电路中有“通交流，隔直流”和“通高频，阻低频”的作用。

2. 纯电容电路的功率

(1) 瞬时功率

电容元件的瞬时功率为电压瞬时值 u 与电流瞬时值 i 的乘积，用小写字母 p 表示，波形图如图 13.14 所示。

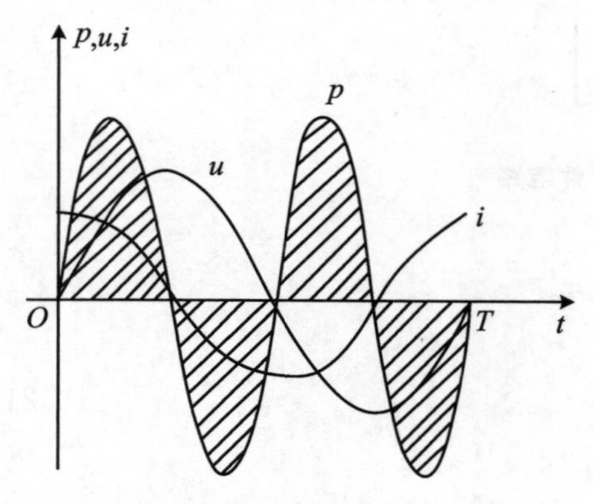

图 13.14　电容元件的功率曲线

即

$$\begin{aligned} p = p_C &= ui \\ &= U_m \sin \omega t \cdot I_m \sin\left(\omega t + \frac{\pi}{2}\right) \\ &= U_m I_m \sin \omega t \cos \omega t \\ &= \frac{U_m I_m}{2} \sin 2\omega t = UI \sin 2\omega t \end{aligned} \quad (13.25)$$

从波形图中可以看出，在 $0 \sim \pi/2$ 周期内，瞬时功率 $p \geqslant 0$，这时电容元件从电源取用电能，并转换为电场能储存在电容器内；而在 $\pi/2 \sim \pi$ 周期内，瞬时功率 $p \leqslant 0$，这时电容元件释放出原先储存的电场能并转换为电能归还给电源。电容元件与电源之间如此周而复始地进行着能量交换。因此，电容元件也称为储能元件。

(2) 平均功率

与电感元件一样，电容元件是储能元件，不消耗功率，平均功率即有功功率 $P = 0$。

(3) 无功功率

与电感元件一样，无功功率反映了电容元件与外界交换能量的规模，即

$$Q_C = UI = I^2 X_C = \frac{U^2}{X_C} \quad (13.26)$$

【例 13.9】 把电容量为 40 μF 的电容器接到交流电源上，通过电容器的电流为 $i = 2\sqrt{2}\sin(314t + 60^\circ)$ A，试求电容器两端的电压瞬时值表达式。

解　由电流解析式可以得到

$$I = 2\ \text{A}, \quad \omega = 314\ \text{rad/s}, \quad \varphi = 60^\circ$$

则

$$\dot{I} = 2\angle 60^\circ \text{A}$$

电容器的容抗为

$$X_C = \frac{1}{\omega C} = \frac{1}{314 \times 40 \times 10^{-6}}\ \Omega \approx 80\ \Omega$$

$$\dot{U} = -\text{j}X_C \dot{I} = 1\angle(-90^\circ) \times 80 \times 2\angle 60^\circ\ \text{V} = 160\angle(-30^\circ)\ \text{V}$$

电容器两端电压的瞬时表达式为

$$u = 160\sqrt{2}\sin(314t - 30^\circ)\ \text{V}$$

总结电阻、电感、电容 3 种元器件在正弦交流电路中的基本特性，见表 13.1。

表 13.1　R,L,C 3 种元件在交流电路中的伏安关系和功率关系

电路元件		R	L	C
伏安关系	瞬时值关系	$u=Ri$	$u=L\frac{\mathrm{d}i}{\mathrm{d}t}$	$i=C\frac{\mathrm{d}u}{\mathrm{d}t}$
	有效值关系	$I=\frac{U}{R}$	$I=\frac{U}{X_L}$	$I=\frac{U}{X_C}$
	相位关系	$\varphi_i=\varphi_u$	$\varphi_i=\varphi_u-90^\circ$	$\varphi_i=\varphi_u+90^\circ$
	相量图	$\dot{I}$ $\dot{U}$	$\dot{U}$ $\dot{I}$	$\dot{I}$ $\dot{U}$
	相量关系	$\dot{I}=\frac{\dot{U}}{R}$	$\dot{I}=\frac{\dot{U}}{\mathrm{j}X_L}$	$\dot{I}=\frac{\dot{U}}{-\mathrm{j}X_C}$
功率关系	平均功率	$P=UI=RI^2=\frac{U^2}{R}$	0	0
	无功功率	–	$Q=UI=X_LI^2=\frac{U^2}{X_L}$	$Q=UI=X_CI^2=\frac{U^2}{X_C}$
	元件性质	耗能元件	储能元件	储能元件

13.4　串联正弦交流电路

在实际的工程应用电路中往往都是几种理想元件的组合。将电阻、电感、电容串联后接入交流电源,就构成了 RLC 串联电路,如图 13.15(a)所示。

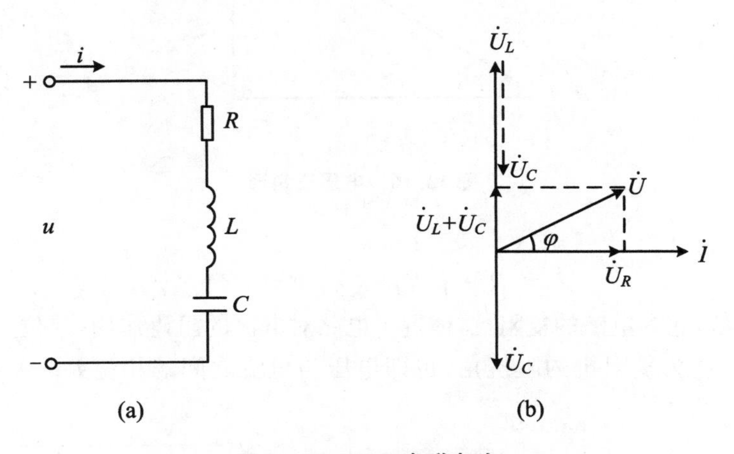

图 13.15　RLC 串联电路

13.4.1 RLC串联电路电压与电流的关系

在RLC串联电路中，各元件所流过的电流 i 相同，若设电流 $i=I_m\sin\omega t$，则其相量为 $\dot{I}=I\angle 0^\circ$，根据电阻、电感、电容各元件在交流电中的伏安关系可知

$$u_R = RI_m\sin\omega t = U_{Rm}\sin\omega t$$

$$u_L = \omega LI_m\sin(\omega t+90^\circ) = U_{Lm}\sin(\omega t+90^\circ)$$

$$u_C = \frac{I_m}{\omega C}\sin(\omega t-90^\circ) = U_{Cm}\sin(\omega t-90^\circ)$$

根据基尔霍夫电压定律，总电压值为

$$u = u_R + u_L + u_C$$

相量图如图13.15(b)所示，对应的相量形式为

$$\dot{U}_R = R\dot{I},\quad \dot{U}_L = \mathrm{j}X_L\dot{I},\quad \dot{U}_C = -\mathrm{j}X_C\dot{I}$$

总电压的相量形式为

$$\begin{aligned}\dot{U} &= \dot{U}_R + \dot{U}_L + \dot{U}_C\\ &= R\dot{I} + \mathrm{j}X_L\dot{I} - \mathrm{j}X_C\dot{I}\\ &= \dot{I}[R+\mathrm{j}(X_L-X_C)] = \dot{I}Z\end{aligned}$$

由电压相量组成的直角三角形，称为电压三角形，如图13.16所示。利用这个电压三角形，可求得电源电压的有效值，即

$$U = \sqrt{U_R^2+(U_L-U_C)^2} = \sqrt{(RI)^2+(X_LI-X_CI)^2} = I\sqrt{R^2+(X_L-X_C)^2}$$

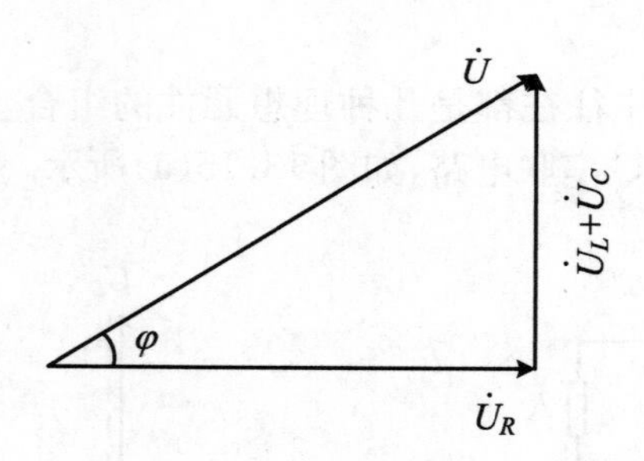

图13.16　电压三角形

其中

$$Z = R + \mathrm{j}(X_L - X_C) = |Z|\angle\varphi$$

Z 是个复数，它为电路的复阻抗，体现了电路对电流的阻碍作用，单位为欧姆。$|Z|$ 称为复阻抗的模，φ 为复阻抗的阻抗角，也即电压与电流之间的相位差。$X=X_L-X_C$ 为电抗。

$$|Z| = \frac{U}{I} = \sqrt{R^2+(X_L-X_C)^2} = \sqrt{R^2+\left(\omega L-\frac{1}{\omega C}\right)^2}$$

$$\varphi = \arctan\frac{X_L-X_C}{R}$$

R,X 和$|Z|$之间符合阻抗三角形关系,如图 13.17 所示。阻抗三角形由电路的参数决定。

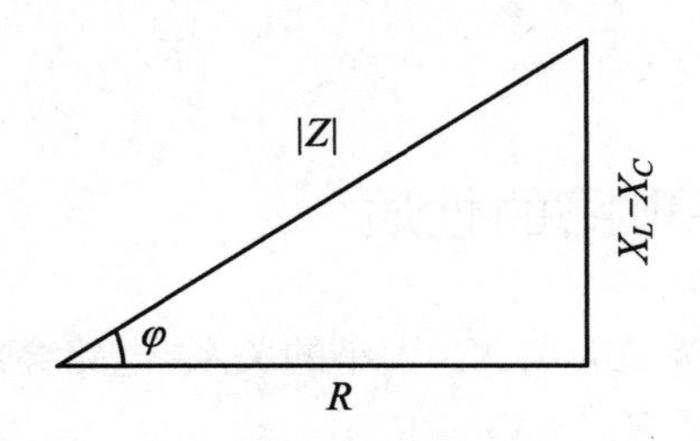

图 13.17　阻抗三角形

【例 13.10】 已知某电路的电压为 $u = 311\sin(\omega t - 30^\circ)$ V,通过电路中的电流 $\dot{I} = 10\angle 30^\circ$ A,求电路复阻抗的模以及阻抗角。

解　电压的相量为

$$\dot{U} = \frac{311}{\sqrt{2}}\angle -30^\circ = 220\angle -30^\circ \text{ (V)}$$

复阻抗的模为

$$|Z| = \frac{U}{I} = \frac{220}{10} = 22\ (\Omega)$$

阻抗角为

$$\varphi = \varphi_u - \varphi_i = -30^\circ - 30^\circ = -60^\circ$$

【例 13.11】 在 RLC 串联电路中,$R = 30\ \Omega$,$X_L = 40\ \Omega$,$X_C = 80\ \Omega$,若电源电压 $u = 220\sqrt{2}\sin\omega t$ V,求电路的电流、电阻电压、电感电压和电容电压的相量。

解　根据电源电压的解析式可得其相量形式:

$$\dot{U} = 220\angle 0^\circ \text{ V}$$

$$\dot{I} = \frac{\dot{U}}{Z} = \frac{\dot{U}}{R + \mathrm{j}(X_L - X_C)} = \frac{220\angle 0^\circ}{30 + \mathrm{j}(40 - 80)} \text{ A} = \frac{220\angle 0^\circ}{50\angle -53^\circ} \text{ A} = 4.4\angle 53^\circ \text{ A}$$

$$\dot{U}_R = \dot{I}R = 30 \times 4.4\angle 53^\circ \text{ V} = 142\angle 53^\circ \text{ V}$$

$$\dot{U}_L = \mathrm{j}\dot{I}X_\mathrm{L} = 4.4\angle 53^\circ \times 40\angle 90^\circ \text{ V} = 176\angle 143^\circ \text{ V}$$

$$\dot{U}_C = -\mathrm{j}\dot{I}X_C = 4.4\angle 53^\circ \times 80\angle -90^\circ \text{ V} = 352\angle -37^\circ \text{ V}$$

【例 13.12】 电路如图 13.18 所示,电压表 V_1、V_2 的读数都是 10 V,求电路中电压表 V 的读数。

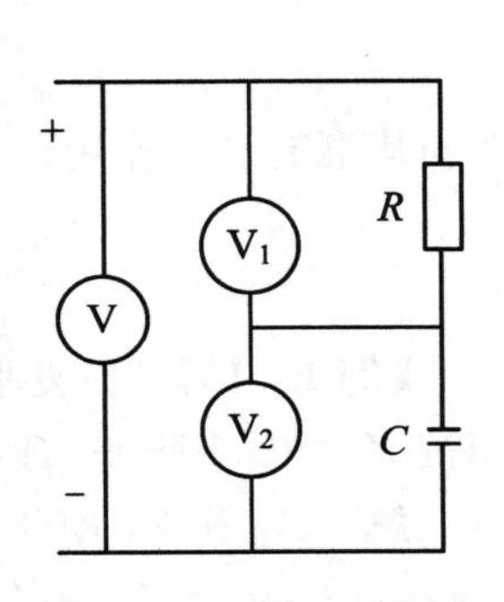

图 13.18　例 13.12 图

解　电路中电阻 R 和电容 C 串联,所以电流相等,假设 $\dot{I} = I\angle 0^\circ$。电流表测量的均为交流电的有效值 $U_R = 10$ V,$U_C = 10$ V。电阻元件上的电压与电流同相,则

$$\dot{U}_R = 10\angle 0^\circ$$

电容元件上电压的相位滞后电流 90°,则

$$\dot{U}_C = 10\angle -90^\circ$$

根据基尔霍夫电压定律的相量形式可得

$$\dot{U} = \dot{U}_R + \dot{U}_C = 10\angle 0^\circ \text{ V} + 10\angle -90^\circ \text{ V} = 10\sqrt{2}\angle -45^\circ \text{ V}$$

所以电压表 V 的读数为 $10\sqrt{2}$ V。

13.4.2　RLC 串联电路的性质

在 RLC 串联电路中，因为 X_L 与 X_C 大小的关系，电路会出现以下 3 种情况：

(1) $X_L > X_C$，$\varphi = \arctan \dfrac{X_L - X_C}{R} > 0$，电压超前电流，电路呈电感性。

(2) $X_L = X_C$，$\varphi = \arctan \dfrac{X_L - X_C}{R} = 0$，电压和电流同相，电路呈电阻性。

(3) $X_L < X_C$，$\varphi = \arctan \dfrac{X_L - X_C}{R} < 0$，电压滞后电流，电路呈电容性。

13.4.3　多个复阻抗串联电路

在正弦交流电路中，电路中的元件连接往往是比较复杂的，将复阻抗 Z 作为交流电路的基本元件，每个复阻抗由 R，L，C 单个组成或者组合而成，这样分析电路，就会简单快捷许多。

多个复阻抗串联可用一个等效复阻抗来代替，即串联电路的等效复阻抗等于串联的各复阻抗之和，如图 13.19 所示。

$$Z = Z_1 + Z_2 + \cdots + Z_n$$

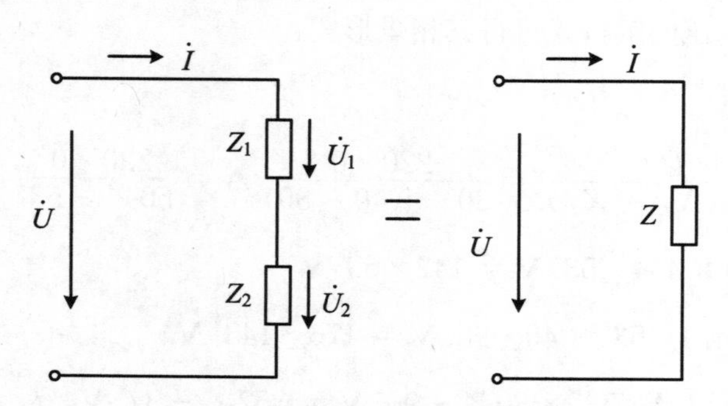

图 13.19　复阻抗串联电路

阻抗串联有分压作用：

$$\dot{U}_1 = \frac{Z_1}{Z_1 + Z_2}\dot{U},\quad \dot{U}_2 = \frac{Z_2}{Z_1 + Z_2}\dot{U}$$

【例 13.13】　在复阻抗串联电路中，如图 13.19 所示，电源电压为 $\dot{U} = 220\angle 30^\circ$ V，复阻抗 $Z_1 = (6.16 + \text{j}9)\ \Omega$ 和 $Z_2 = (2.5 - \text{j}4)\ \Omega$，试计算电路中的电流和各个复阻抗上的电压。

解　Z_1 和 Z_2 串联，等效总阻抗为

$$\begin{aligned} Z &= Z_1 + Z_2 = (6.16 + \text{j}9)\ \Omega + (2.5 - \text{j}4)\ \Omega \\ &= (8.66 + \text{j}5)\ \Omega = 10\angle 30^\circ\ \Omega \end{aligned}$$

由此可得

$$\dot{I} = \frac{\dot{U}}{Z} = \frac{220\angle 30^\circ}{10\angle 30^\circ}\ \text{A} = 22\angle 0^\circ\ \text{A}$$

$$\dot{U}_1 = Z_1\dot{I} = (6.16 + \text{j}9) \times 22\angle 0^\circ\ \text{V} = 239.8\angle 55.6^\circ\ \text{V}$$

$$\dot{U}_2 = Z_2\dot{I} = (2.5 + \text{j}4) \times 22\angle 0^\circ\ \text{V} = 103.6\angle -58^\circ\ \text{V}$$

13.5　并联正弦交流电路

多个复阻抗并联可用一个等效复阻抗来代替，即并联电路的等效复阻抗的倒数等于并联的各复阻抗倒数之和，如图13.20所示。

$$\frac{1}{Z} = \frac{1}{Z_1} + \frac{1}{Z_2} + \cdots + \frac{1}{Z_n}$$

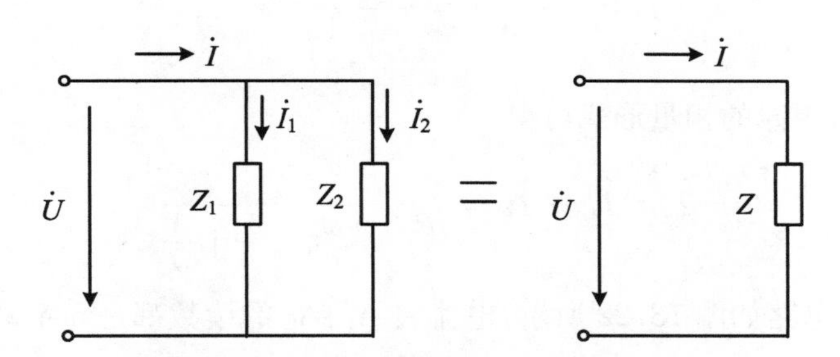

图13.20　复阻抗并联电路

阻抗并联有分流作用：

$$\dot{I}_1 = \frac{Z_2}{Z_1 + Z_2}\dot{I},\quad \dot{I}_2 = \frac{Z_1}{Z_1 + Z_2}\dot{I}$$

【例13.14】　在复阻抗并联电路中，如图13.20所示，电源电压为 $\dot{U} = 220\angle 0^\circ$ V，复阻抗 $Z_1 = (3 + \text{j}4)\ \Omega$ 和 $Z_2 = (8 - \text{j}6)\ \Omega$，试计算电路中各支路电流和总电流。

解

$$Z_1 = (3 + \text{j}4)\ \Omega = 5\angle 53^\circ\ \Omega,\quad Z_2 = (8 - \text{j}6)\ \Omega = 10\angle -37^\circ\ \Omega$$

$$\dot{I}_1 = \frac{\dot{U}}{Z_1} = \frac{220\angle 0^\circ}{5\angle 53^\circ}\ \text{A} = 44\angle -53^\circ\ \text{A}$$

$$\dot{I}_2 = \frac{\dot{U}}{Z_2} = \frac{220\angle 0^\circ}{10\angle -37^\circ}\ \text{A} = 22\angle 37^\circ\ \text{A}$$

根据基尔霍夫电流定律的相量形式可得

$$\dot{I} = \dot{I}_1 + \dot{I}_2 = 44\angle -53^\circ\ \text{A} + 22\angle 37^\circ\ \text{A} = 49.2\angle -26.5^\circ\ \text{A}$$

【例13.15】　如图13.21所示并联电路中，写出总电流的相量形式。

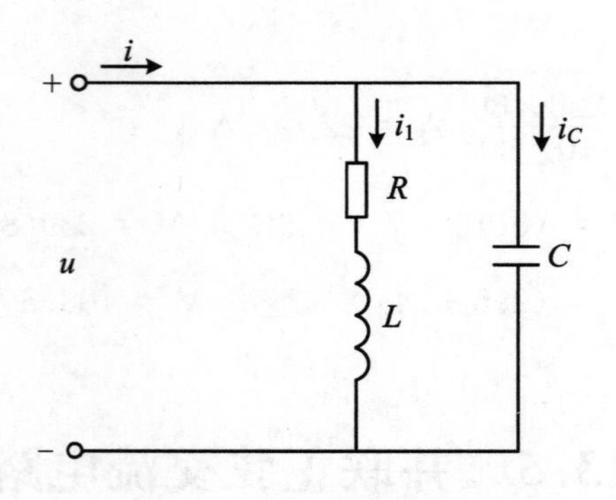

图 13.21　例 13.15 图

解　该电路可以看成两个复阻抗并联而成,其中 Z_1 由 R 和 L 组成,Z_2 由 C 组成:

$$Z_1 = R + \mathrm{j}X_L,\quad Z_2 = -\mathrm{j}X_C$$

$$\dot{I}_L = \frac{U}{R + \mathrm{j}X_L} = \frac{U}{R + \mathrm{j}\omega L}$$

$$\dot{I}_C = \frac{U}{-\mathrm{j}X_C} = \frac{U}{-\mathrm{j}\dfrac{1}{\omega C}}$$

根据基尔霍夫电流定律的相量形式可得

$$\dot{I} = \dot{I}_L + \dot{I}_C = \frac{\dot{U}}{R + \mathrm{j}\omega L} + \frac{\dot{U}}{-\mathrm{j}\dfrac{1}{\omega C}}$$

【例 13.16】　电路如图 13.22 所示,电流表 A_1、A_2 的读数都是 5 A,求电路中电流表 A 的读数。

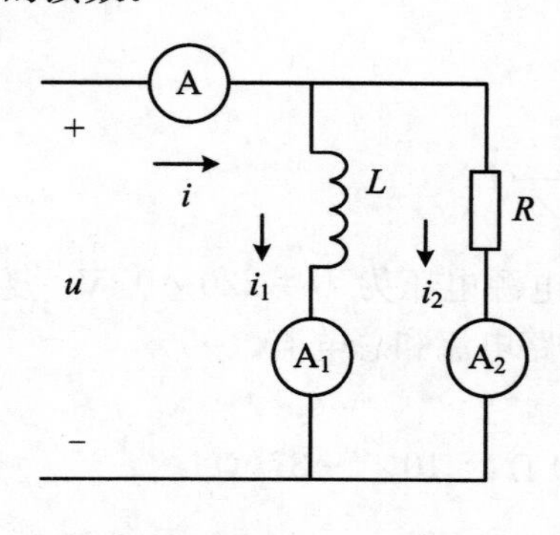

图 13.22　例 13.16 图

解　电路中电阻 R 和电感并联,所以电压相等,假设 $\dot{U} = U\angle 0^\circ$。

电流表测量的均为交流电的有效值 $I_R = 5$ A,$I_L = 5$ A。电阻元件上电压与电流同相,则

$$\dot{I}_R = 5\angle 0^\circ\ \mathrm{A}$$

电感元件上电压的相位超前电流 90°,则

$$\dot{I}_L = 5\angle -90^\circ\ \mathrm{A}$$

根据基尔霍夫电流定律的相量形式可得

$$\dot{I} = \dot{I}_R + \dot{I}_L = 5\angle 0^\circ\ \mathrm{A} + 5\angle -90^\circ\ \mathrm{A} = 5\sqrt{2}\angle -45^\circ\ \mathrm{A}$$

所以电流表 A 的读数为 $5\sqrt{2}$ A。

13.6　正弦交流电路的功率

13.6.1　瞬时功率

在任一线性无源二端网络中，如图 13.23 所示，电压和电流为关联参考方向，若通过负载的电流为 $i = I_m \sin \omega t$，则负载两端的电压表示为 $u = U_m \sin(\omega t + \varphi)$，此时电路的瞬时功率为

$$\begin{aligned} p = ui &= U_m \sin(\omega t + \varphi) I_m \sin \omega t \\ &= UI\cos\varphi - UI\cos(2\omega t + \varphi) \end{aligned}$$

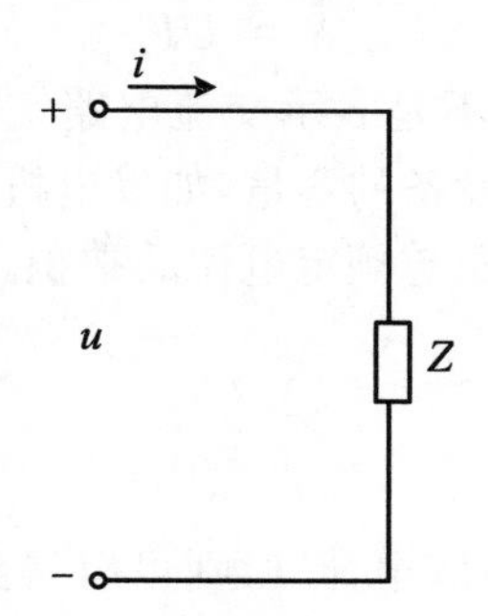

图 13.23　线性无源二端网络

可以看出，瞬时功率是一个随时间变化的量，它的测量和计算都不方便。

13.6.2　有功功率

将一个周期内瞬时功率的平均值称为平均功率，或称为有功功率，用大写字母 P 表示，即

$$P = \frac{1}{T}\int_0^T p\mathrm{d}t = \frac{1}{T}\int_0^T UI[\cos\varphi - \cos(2\omega t + \varphi)]\mathrm{d}t = UI\cos\varphi = UI\lambda$$

式中，$\lambda = \cos\varphi$ 为电路的功率因数，即有功功率为网络端口电压、电流的有效值和功率因数的乘积。因为电感、电容上的平均功率为 0，所以对于含有 R，L，C 元件的电路，有功功率等于各电阻消耗的平均功率之和，即

$$P = UI\cos\varphi = P_R$$

13.6.3　无功功率

在正弦电路中，电感元件的瞬时功率为 $p_L = u_L i$，电容元件的瞬时功率为 $p_C = u_C i$，电感元件与电容元件要与电源之间进行能量交换，由于电压 u_L 和 u_C 反向，故 p_L 和 p_C 也反

向，这就说明了电感元件吸收能量时，电容元件正在释放能量，反之亦然。因此，电路与电源之间能量交换的瞬时功率最大值，即无功功率，单位为乏(var)。在既有电感又有电容的电路中，总的无功功率为 Q_L 与 Q_C 的代数和，即

$$Q = Q_L - Q_C = U_L I - U_C I = (U_L - U_C)I$$

由电压三角形可知

$$U_L - U_C = U\sin\varphi$$

可得无功功率为

$$Q = UI\sin\varphi$$

13.6.4　视在功率

在正弦交流电路中，把电压有效值与电流有效值的乘积定义为视在功率，用 S 表示，单位为伏安(VA)。

$$S = UI \tag{13.27}$$

视在功率也称为功率容量，它不是表示交流电路实际消耗的功率，而是表示电源可能提供的最大功率，常用来表示电器设备的容量，如发电机、变压器等电源设备的容量就是用视在功率来描述的，它等于额定电压与额定电流的乘积。

13.6.5　功率三角形

将电压三角形的三条边同时乘以电流 I，则可以得到一个与其相似的三角形，该三角形即为功率三角形，它表示了有功功率、无功功率和视在功率三者之间的关系，如图 13.24 所示。

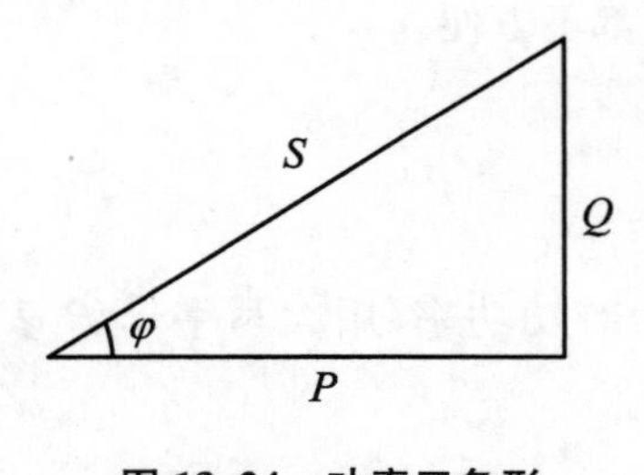

图 13.24　功率三角形

由功率三角形可知，有功功率、无功功率、视在功率和功率因数的关系为

$$P = UI\cos\varphi,\quad Q = UI\sin\varphi$$

$$S = UI = \sqrt{P^2 + Q^2}$$

$$\varphi = \arctan\frac{Q}{P}$$

$$\lambda = \cos\varphi = \frac{P}{S}$$

【例 13.17】　已知某电路中的阻抗 Z 上的电压和电流的参考方向一致，$\dot{U} = 100\angle -30^\circ$ V，$\dot{I} = 5\angle 30^\circ$ A，求复阻抗 Z、功率因数、有功功率、无功功率及视在功率。

解　复阻抗为

$$Z = \frac{\dot{U}}{\dot{I}} = \frac{100\angle -30^\circ}{5\angle 30^\circ} = 20\angle -60^\circ\ (\Omega)$$

功率因数为

$$\lambda = \cos\varphi = \cos(-60^\circ) = \frac{1}{2}$$

有功功率为

$$P = UI\cos\varphi = 100\times 5\times \frac{1}{2} = 250\ (\mathrm{W})$$

无功功率为

$$Q = UI\sin\varphi = 100\times 5\times \left(-\frac{\sqrt{3}}{2}\right) = -250\sqrt{3}\ (\mathrm{var})$$

视在功率为

$$S = UI = 100\times 5 = 500\ (\mathrm{VA})$$

【例 13.18】 已知 RLC 串联电路，其中电阻 $R = 30\ \Omega$，电感 $L = 328\ \mathrm{mH}$，电容 $C = 40\ \mu\mathrm{F}$，电源电压为 $u = 220\sqrt{2}\sin(314t + 30^\circ)\ \mathrm{V}$，求电路的有功功率 P、无功功率 Q 和视在功率 S 并判断电路性质。

解 电路的阻抗为

$$Z = R + \mathrm{j}(X_L - X_C) = \left[30 + \mathrm{j}\left(314\times 382\times 10^{-3} - \frac{1}{314\times 40\times 10^{-6}}\right)\right]\Omega$$

$$= [30 + \mathrm{j}(120 - 80)]\ \Omega = (30 + \mathrm{j}40)\ \Omega = 50\angle 53.1^\circ\ \Omega$$

电压的相量为

$$\dot{U} = 220\angle 30^\circ\ \mathrm{V}$$

可得电流相量

$$\dot{I} = \frac{\dot{U}}{Z} = \frac{220\angle 30^\circ}{50\angle 53.1^\circ}\ \mathrm{A} = 4.4\angle -23.1^\circ\ \mathrm{A}$$

因此有功功率的计算公式为

$$P = UI\cos\varphi = 220\times 4.4\angle 53.1^\circ\ \mathrm{W} = 58\ \mathrm{W}$$

无功功率的计算公式为

$$Q = UI\sin\varphi = 220\times 4.4\sin 53.1^\circ\ \mathrm{var} = 774\ \mathrm{var}$$

视在功率的计算公式为

$$S = UI = 220\times 4.4\ \mathrm{VA} = 968\ \mathrm{VA}$$

因为 $X_L - X_C > 0$，阻抗角 $\varphi > 0$，所以电路为感性电路。

【例 13.19】 如图 13.25 所示电路，已知电源电压为 $\dot{U} = 100\angle 0^\circ\ \mathrm{V}$，求电流 $\dot{I}$，$\dot{I}_1$，$\dot{I}_2$ 以及有功功率、无功功率、视在功率的值。

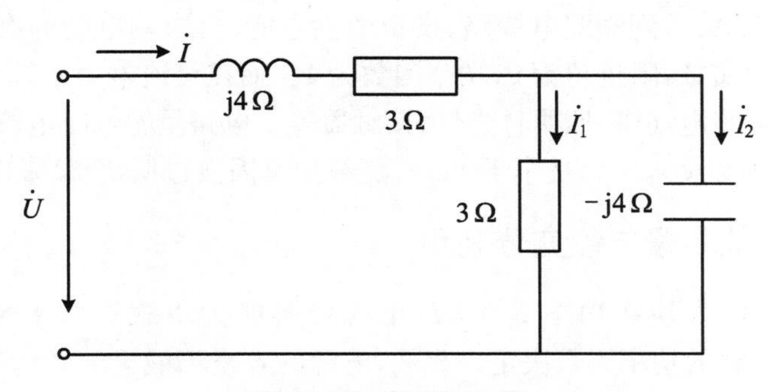

图 13.25 例 13.19 图

解　可将电路看成由3个复阻抗连接而成，其中电感和3 Ω电阻组成一个阻抗 $Z_1 = (3+\mathrm{j}4)\ \Omega$，3 Ω电阻的阻抗为 $Z_2 = 3\ \Omega$，电容的阻抗为 $Z_3 = -\mathrm{j}4\ \Omega$，由此电路总阻抗为

$$Z = Z_1 + \frac{Z_2 Z_3}{Z_2 + Z_3} = 3 + \mathrm{j}4 + \frac{3 \times (-\mathrm{j}4)}{3 - \mathrm{j}4} = 4.92 + \mathrm{j}2.56 = 5.55\angle 27.49\ (\Omega)$$

$$\dot{I} = \frac{\dot{U}}{Z} = \frac{100\angle 0^\circ}{5.55\angle 27.49^\circ} = 18.02\angle -27.49^\circ\ (\mathrm{A})$$

根据并联阻抗分流公式可得

$$\dot{I}_1 = \frac{Z_3}{Z_2 + Z_3} \cdot \dot{I} = \frac{-\mathrm{j}4}{3 - \mathrm{j}4} \times 18.02\angle -27.49 = 14.42\angle -64.39^\circ\ (\mathrm{A})$$

$$\dot{I}_2 = \frac{Z_2}{Z_2 + Z_3} \cdot \dot{I} = \frac{3}{3 - \mathrm{j}4} \times 18.02\angle -27.49 = 10.81\angle 25.61^\circ\ (\mathrm{A})$$

有功功率的计算公式为

$$P = UI\cos\varphi = 100 \times 18.02 \times \cos(-27.49) = 1598.3\ (\mathrm{W})$$

无功功率的计算公式为

$$Q = UI\sin\varphi = 100 \times 18.02 \times \sin(-27.49) = 831.78\ (\mathrm{var})$$

视在功率的计算公式为

$$S = UI = 100 \times 18.02 = 1802\ (\mathrm{VA})$$

13.7　功率因数的提高

功率因数是电力系统中很重要的经济性能指标，我们常用有功功率和视在功率的比值来表示电源的利用率。$\cos\varphi$ 为功率因数，介于0和1之间，其中 φ 是电压与电流的相位差或负载的阻抗角。

$$\lambda = \cos\varphi = \frac{P}{S} \tag{13.28}$$

13.7.1　功率因数提高的意义

功率因数的高低关系到输配电线路、设备的供电能力，影响电能的有效利用。在纯电阻电路中，复阻抗为实数，阻抗角为0，功率因数为1。而在交流电力系统中，绝大部分是感性负载，例如三相异步电动机、照明日光灯、接触器等。电路呈感性时电流滞后于电压 φ 角度，φ 总不会为0，所以 $\cos\varphi$ 总是小于1。若负载功率因数过低，会带来以下问题。

1. 电源设备的容量未能充分利用

电源的额定容量为视在功率 $S = UI$，电源设备能为负载提供多少有功功率（$P = UI\cos\varphi$），还要由负载的功率因数决定。显然，电源的容量不能全部转为有功功率输出，负载 $\cos\varphi$ 越低，有功功率 P 就越小，这样电源设备的容量得不到充分利用，从而电源的经济性能下降。例如，一容量为100 kV · A的电源，当带功率因数为0.5的日光灯负载时，电

源输出的有功功率为 50 kW,可带 40 W 的日光灯 1250 盏;若功率因数为 0.9 时,则可带 40 W的日光灯 2250 盏。

2. 输电线路的功率损耗增大

对于负载而言,所需的输电电压和有功功率是一定的,$\cos\varphi$ 越低,其电流值就越大,$I=\dfrac{P}{U\cos\varphi}$,电流增大,线路上的功率损耗就越大,从而降低了电源的供电效率,影响负载的正常工作。

因此,提高供电系统的功率因数就是要减少负载与电源之间的无功功率交换,降低线路能量损耗,从而提高供电效率,以达到节约电能的目的。国家供用电管理规程规定:高压供电的工业企业用户的平均功率因数不得低于 0.95,低压供电的用户不得低于 0.9。

13.7.2　功率因数提高的方法

由于工业生产中,用电负载多为感性负载,如图 13.26 所示,对于感性电路,提高功率因数的常用方法就是在负载两端并联容量合适的电容器。感性负载并联电容后,感性负载所需要的无功功率,大部分或全部由电容器供给,此时,它们之间相互补偿,进行了能量交换,减少了电源与负载之间的能量交换,从而提高了功率因数。

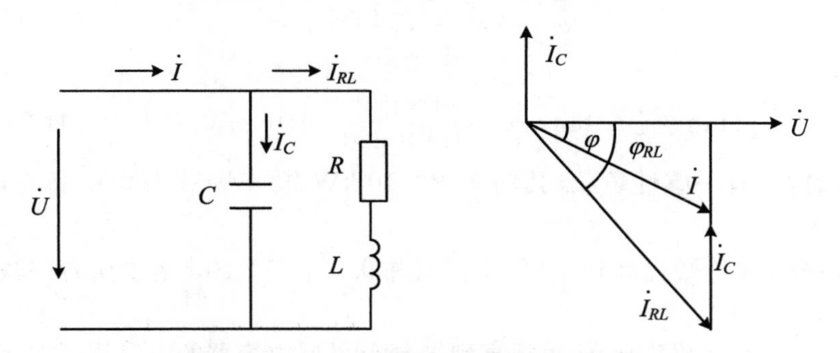

图 13.26　感性负载并联电容电路及相量图

由图 13.26 中的相量图可看出,未并联电容之前,感性负载的电流 $\dot{I}_{RL}$ 滞后于电压 φ_{RL} 角度,总电流 $\dot{I}$ 就等于负载电流 $\dot{I}_{RL}$。并联电容后,由于电压 $\dot{U}$ 未改变,所以负载电流 $\dot{I}_{RL}$ 也未改变,但是总电流 $\dot{I}$ 却发生了变化,其值为 $\dot{I}=\dot{I}_{RL}+\dot{I}_C$,总电流滞后电压 φ 角度,这说明总电流 $\dot{I}$ 与电压 $\dot{U}$ 的相位差从原来的 φ_{RL} 减少到 φ,$\cos\varphi>\cos\varphi_{RL}$,功率因数得到了提高。

应当注意的是,所谓提高功率因数,并不是改变感性负载本身的功率因数,负载在并联电容过后,由于加在负载上的电压并未改变,所以其工作状态也不受影响,感性负载本身的电流、有功功率和功率因数都无变化。提高功率因数是指提高总电路的功率因数。

13.7.3　并联电容器容量的计算

由图 13.26 中的相量图可得

$$I_C = I_{RL}\sin\varphi_{RL} - I\sin\varphi$$

$$= \frac{P}{U\cos\varphi_{RL}}\sin\varphi_{RL} - \frac{P}{U\cos\varphi}\sin\varphi$$

$$= \frac{P}{U}(\tan\varphi_{RL} - \tan\varphi)$$

$$I_C = \frac{U}{X_C} = U\omega C$$

$$U\omega C = \frac{P}{U}(\tan\varphi_{RL} - \tan\varphi)$$

据此,可导出所需并联电容 C 的计算公式为

$$C = \frac{P}{\omega U^2}(\tan\varphi_{RL} - \tan\varphi)$$

【例 13.20】 一个感性负载连接在 220 V,50 Hz 的电源上,其功率因数为 0.7,消耗功率为 4 kW,若要把功率因数提高到 0.9,试计算与负载并联的电容 C 的大小。

解 由题可知

$$\cos\varphi_{RL} = 0.7,\quad \cos\varphi = 0.9$$

得

$$\tan\varphi_{RL} = 1.02,\quad \tan\varphi = 0.484$$

交流电的角频率为

$$\omega = 2\pi f = 314\ (\text{rad/s})$$

由补充电容公式可得

$$C = \frac{P}{\omega U^2}(\tan\varphi_{RL} - \tan\varphi) = \frac{4\times 10^3}{314\times 220^2}(1.02 - 0.484) = 141\ (\mu\text{F})$$

【例 13.21】 有一感性负载,其功率 $P = 10$ kW,功率因数为 0.6,接在电压 220 V,50 Hz的电源上。

(1) 如要将功率因数提高到 0.95,求需要并联一个多大的电容及电容并联前后电路的总电流分别为多少?

(2) 如要将功率因数从 0.95 再提高到 1,试问并联电容器的电容值还需增加多少?

解 (1) 由题可知

$$\cos\varphi_{RL} = 0.6,\quad \cos\varphi = 0.95$$

得

$$\varphi_{RL} = 53^\circ,\quad \varphi = 18^\circ$$

因此需要并联电容器的电容值为

$$C = \frac{P}{\omega U^2}(\tan\varphi_{RL} - \tan\varphi) = \frac{10\times 10^3}{2\pi\times 50\times 220^2}(\tan 53^\circ - \tan 18^\circ)\ \mu\text{F} = 656\ \mu\text{F}$$

电容并联前的电路总电流(负载电流)为

$$I_{RL} = \frac{P}{U\cos\varphi_{RL}} = \frac{10\times 10^3}{220\times 0.6}\ \text{A} = 75.6\ \text{A}$$

并联电容后的电路总电流为

$$I = \frac{P}{U\cos\varphi} = \frac{10\times 10^3}{220\times 0.95}\ \text{A} = 47.8\ \text{A}$$

(2) 如要将功率因数由 0.95 再提高到 1,则需要增加的电容值为

$$C = \frac{P}{\omega U^2}(\tan\varphi - \tan\varphi_1) = \frac{10\times10^3}{2\pi\times50\times220^2}(\tan18^\circ - \tan0^\circ)\,\mu\text{F} = 213.6\,\mu\text{F}$$

【例 13.22】 某变压器的额定容量为 60 kVA,额定电压为 230 V,额定电流为 261 A。

(1) 变压器正常运行时,功率因数为 0.5,求变压器正常工作时的有功功率和无功功率。

(2) 若有功功率不变,功率因数提高到 0.8,求输出的实际电流,并说明其意义。

解 (1) 有功功率的计算公式为

$$P = S\cos\varphi_{RL} = 60\ \text{kVA}\times0.5 = 30\ \text{kW}$$

根据功率三角形,可得无功功率

$$Q = \sqrt{S^2 - P^2} = \sqrt{60^2 - 30^2} = 52\ (\text{kvar})$$

(2) 当功率因数提高到 0.8,有功功率不变,此时的实际电流值为

$$I = \frac{P}{U\cos\varphi} = \frac{30\times10^3}{230\times0.8} = 163\ (\text{A})$$

此时变压器的有功功率没有改变,而视在功率

$$S = UI = 230\times163 = 37.49\ (\text{kVA})$$

其值小于变压器的额定容量,说明变压器没有满载,可以给更多的负载供电使用,从而体现了功率因数提高的意义。

习　题

1. 频率为 50 Hz,100 Hz 时,求周期和角频率。

2. 已知某正弦交流电压在 $t=0$ 时的值为 220 V,其初相位为 45°,求该电压的有效值。

3. 用电压表测得一正弦交流电路中的电流为 5 V,则其最大值为多少?

4. 一正弦交流电压的初相位为 60°,在 $t=\frac{T}{2}$ 时的值为 −465.4 V,试求它的有效值和电压解析式。

5. 已知正弦交流电流 $i=10\sin(314t+30^\circ)$ A,试求该正弦量的振幅、角频率、频率、周期和初相位。

6. 已知正弦电流 $i_1=100\sin(\omega t+45^\circ)$ A,$i_2=60\sin(\omega t-30^\circ)$ A,求 $i=i_1+i_2$ 的有效值,并写出 i 的瞬时表达式。

7. 已知 $u_1=100\sin(\omega t+30^\circ)$ V,$u_2=100\sin(\omega t+60^\circ)$ V,求它们的相位差,并说明它们的相位关系。

8. 已知电流 $i=10\sin\omega t$ A,电压与电流同频率,电压的振幅是 100 V,相位超前电流 90°,写出电压 u 的解析式。

9. 有一个线圈,其电阻可忽略不计,把它接在 220 V,50 Hz 的交流电上,测得通过线圈的电流为 2 A,求线圈的感抗和自感系数。

10. 在 RLC 串联电路中,已知电阻 R 为 8 Ω,感抗为 10 Ω,容抗为 4 Ω,电路的端电压为 220 V。试求:(1) 电路中的总阻抗、电流;(2) 各元件两端的电压 U。

11. 在 RLC 串联电路中，已知电流为 5 A，电阻为 30 Ω，感抗为 40 Ω，容抗为 80 Ω。

(1) 求电阻上的平均功率、无功功率。

(2) 求电感上的平均功率、无功功率。

(3) 求电容上的平均功率、无功功率。

(4) 求电路的平均功率、无功功率和视在功率。

(5) 该电路是什么性质的电路？

12. 设有一电感线圈，其电感 $L=0.5$ H，电阻可略去不计，接于 50 Hz，220 V 的电源上。

(1) 试求该电感的感抗 X_L。

(2) 试求电路中的电流 I 及其与电压的相位差。

(3) 试求电感的无功功率 Q_L。

(4) 若外加电压的数值不变，频率变为 5000 Hz，求以上各项。

13. 设有一电容器，其电容 $C=38.5\ \mu$F，电阻可略去不计，接于 50 Hz，220 V 的电源上。

(1) 试求该电容的容抗 X_C。

(2) 试求电路中的电流 I 及其与电压的相位差。

(3) 试求电容的无功功率 Q_C。

(4) 若外加电压的数值不变，频率变为 5000 Hz，求以上各项。

14. 如图 13.27 所示电路中，当交流电压 u 的有效值不变，频率增大时，电阻元件、电感元件、电容元件上的电流将如何变化？

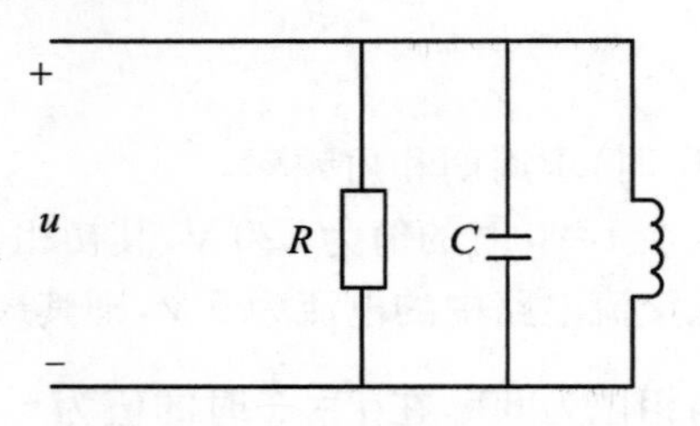

图 13.27 习题 14 图

15. 日光灯电路可以看成是一个 RL 串联电路。若日光灯接在 $u=220\sin 314t$ V 交流电源上，正常发光时测得灯管两端的电压为 110 V，镇流器两端的电压为 190 V，镇流器参数 $L=1.65$ H（线圈内阻忽略不计），试求：

(1) 电路中的电流；

(2) 电路的阻抗；

(3) 灯管的电阻；

(4) 电路的有功功率；

(5) 电路的功率因数。

16. 如图 13.28 所示电路中，已知电流表 A_1，A_2 的读数均为 20 A，求电流表 A 的读数。

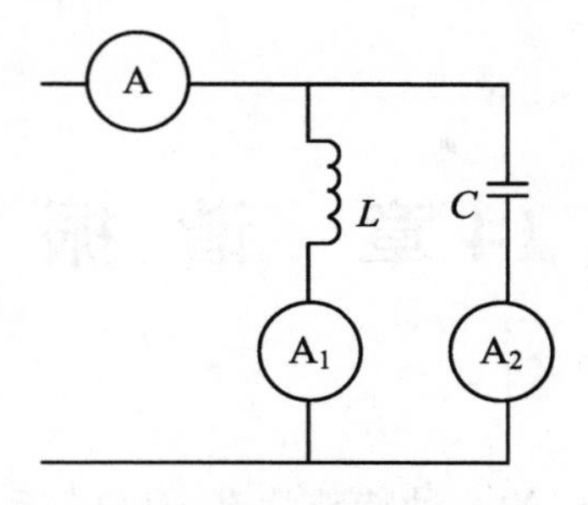

图 13.28　习题 16 图

17. $X_C = 10\ \Omega$ 的电容接在 $u = 220\sqrt{2}\sin(1000t - 60^\circ)$ V 的电源上，求电流 $\dot{I}$，i 并绘出电压、电流的相量图。

18. 已知电容的端电压 $u = 220\sqrt{2}\sin(314t + 30^\circ)$ V，电流 $i = 10\sqrt{2}\sin(314t + 120^\circ)$ A，求该电容的容抗 X_C、电容量 C。

19. 如图 13.29 所示电路中，已知电压表 V_1 的读数为 15 V，V 的读数为 8 V，求电压表 V_2 的读数。

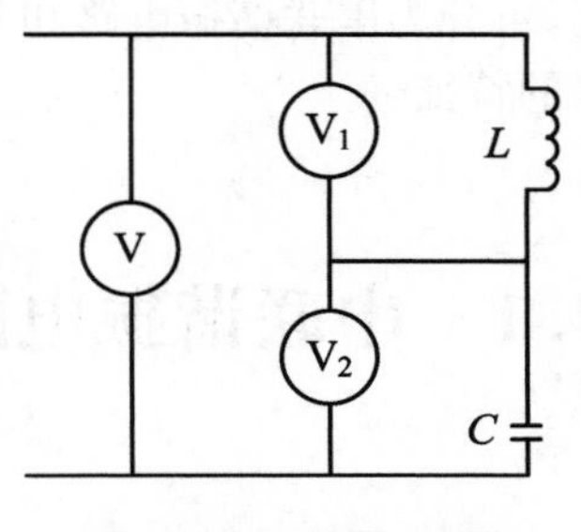

图 13.29　习题 19 图

20. 如图 13.30 所示电路中，$R = 3\ \Omega$，$X_L = 4\ \Omega$，$U = 220\angle 60^\circ$ V，求各支路电流 $\dot{I}_1$，$\dot{I}_2$ 及总电流 $\dot{I}$。

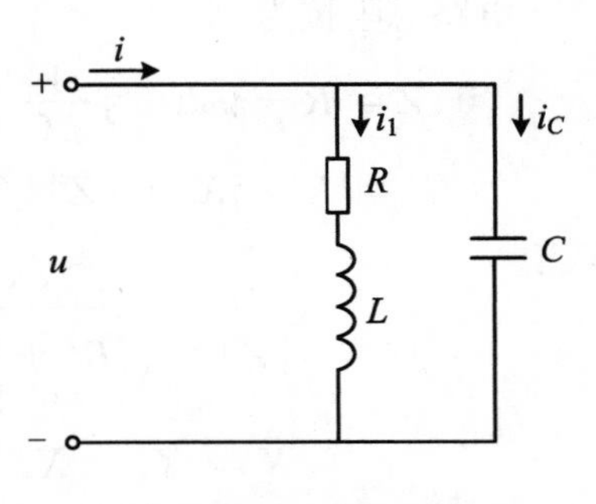

图 13.30　习题 20 图

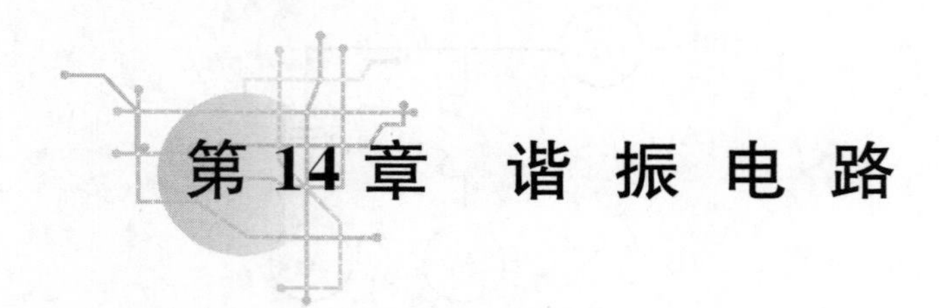

第 14 章　谐 振 电 路

谐振是正弦电路中可能发生的一种特殊状态，是电气和电子系统的基础，电路产生谐振时所呈现的特征在无线电和电子技术中有着广泛的应用。谐振现象出现在同时具有电感和电容元件的交流电路中，由于电器元件不够理想化，或处于控制谐振曲线形状的需要，通常在电路中还存在电阻。一般状态下，电路的总电压与总电流之间是不同相的，一旦调节电源的频率或电路的参数使它们同相，这时电路中就发生了谐振现象。在电力系统中，谐振既有有用的一面，又有危害的一面。出现谐振会引起过电压，有可能破坏系统的正常工作，因此研究谐振现象，一方面为实际生产服务，另一方面对其产生的危害必须加以预防。

按谐振电路的连接方式不同，可分为串联谐振电路和并联谐振电路。下面将分别讨论这两种谐振发生时的条件和电路的特征。

14.1　串联谐振电路

14.1.1　串联谐振的条件

串联谐振电路如图 14.1 所示。

图 14.1　串联谐振电路

电路总阻抗为

$$Z = R + \mathrm{j}\omega L - \mathrm{j}\frac{1}{\omega C} = R + \mathrm{j}(X_L - X_C)$$

$$= R + \mathrm{j}X = |Z|\angle\varphi$$

式中

$$|Z| = \sqrt{R^2 + \left(\omega L - \frac{1}{\omega C}\right)^2}$$

$$X = X_L - X_C = \omega L - \frac{1}{\omega C}$$

当 $X_L = X_C$，即 $\omega L = \frac{1}{\omega C}$时，$X = 0$，此时电路中的电压和电流同相，总阻抗值等于电阻，即 $Z = R$，此时电路相当于“纯电阻”电路，电路的这种状态称为谐振。由于是在 RLC 串联电路中发生的谐振，故又称为串联谐振。

由上述分析可知，谐振的发生与3个参数 L,C,ω 有关，与 R 无关。根据实际生产应用的需要，如果要防止谐振产生，应设法使得 $X_L \neq X_C$，若需要谐振现象发生，则可调整参数 L,C,ω 来实现。

这种通过调节电路参数 L,C 或电源频率 f 使电路产生谐振的方法称为调谐。有以下3种调谐方法。

(1) 当 L,C 固定时，通过改变角频率 ω 使电路产生谐振的方法为调频谐振。此时角频率

$$\omega = \frac{1}{\sqrt{LC}}$$

即谐振频率

$$f = \frac{1}{2\pi\sqrt{LC}}$$

可见调频谐振的产生是由 L,C 参数决定的。因为 L,C 是元器件的固有值，所以该频率为固有频率，要使串联电路产生谐振，必须使外加电压的频率与电路的固有频率相等。

(2) 当 L,ω 固定时，通过改变电容 C 使电路产生谐振的方法为调容谐振。此时电容

$$C = \frac{1}{\omega^2 L} = \frac{1}{(2\pi f)^2 L}$$

日常生活中收音机的输入回路就是通过改变电容 C 的大小来选择不同电台频率的串联谐振电路。

(3) 当 C,ω 固定时，通过改变电感 L 使电路产生谐振的方法为调感谐振。

此时电感

$$L = \frac{1}{\omega^2 C}$$

14.1.2 串联谐振电路的基本特征

(1) 串联谐振产生时，电路阻抗最小且为纯阻性。

因为谐振的条件为

$$X = X_L - X_C = 0$$

所以

$$Z = R + \mathrm{j}X = R$$

(2) 串联谐振产生时，电路中的电流最大，且电流和电压同相。

因为

$$I = \frac{U}{|Z|} = \frac{U}{R}$$

$|Z| = R$ 最小，所以电流 I 最大。

(3) 串联谐振产生时，电阻两端电压等于总电压，电感电压与电容电压大小相等，相位相反。

$$U_L = \omega LI = \omega L\frac{U}{R} = \frac{\omega L}{R}U$$

$$U_C = \frac{1}{\omega C}I = \frac{1}{\omega RC}U$$

由于谐振时电路的等效电抗 $X = X_L - X_C = 0$，但是感抗和容抗都不为 0，此时电路的感抗或容抗都叫作谐振电路的特性阻抗，是衡量电路特性的重要参数，用字母 ρ 表示：

$$\rho = X_L = \omega L = \frac{1}{\sqrt{LC}}L = \sqrt{\frac{L}{C}}$$

$$\rho = X_C = \frac{1}{\omega C} = \sqrt{\frac{L}{C}}$$

如果发生谐振时，$X_L = X_C \gg R$，则 $U_L = U_C \gg U$，即电感和电容元件的端电压有效值大于外加电源电压的有效值，这种现象称为过电压，所以把串联谐振又称为电压谐振。为了定量描述过电压现象，引入了品质因数 Q。

品质因数 Q 为谐振时电感或电容上的无功功率与电阻上的有功功率的比值，即特性阻抗与电路中电阻的比值。因为谐振时，电阻上的电压等于电源电压，所以品质因数也为电感或电容元件端电压的有效值与电源电压有效值之比：

$$Q = \frac{I^2 X_L}{I^2 R} = \frac{X_L}{R} = \frac{I^2 X_C}{I^2 R} = \frac{X_C}{R} = \frac{\rho}{R}$$

$$Q = \frac{U_L}{U} = \frac{U_C}{U}$$

Q 值一般为 10～500，说明电感或电容两端的电压都远大于电源电压，在广播、通信技术中，利用过电压现象来选择所需要的电信号，而在电力系统中，电感线圈和电容元件两端出现高电压则会造成设备或人身事故，所以要设法避免。

14.1.3 串联谐振电路的应用

【例 14.1】 图 14.2 所示为收音机输入电路，已知 $R = 15\ \Omega$，$L = 300\ \mu\text{H}$，欲接收 $f = 828\ \text{kHz}$ 的广播信号，试求可调电容器的电容量 C 及品质因数。如果此频率信号的电压有效值 $U = 15\ \mu\text{V}$，计算电路中的电流 I 及电容器两端的电压。

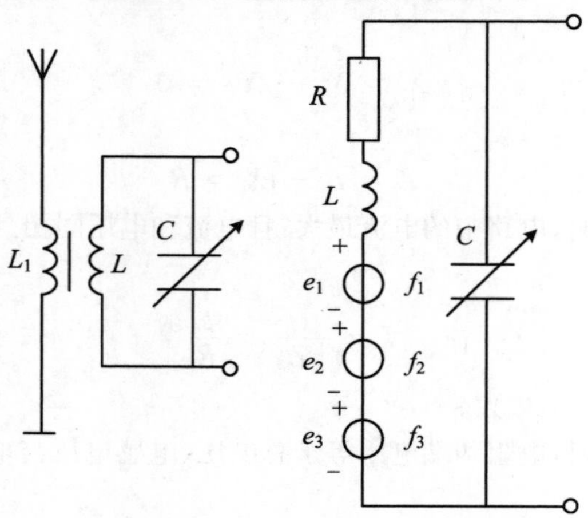

图 14.2 收音机输入电路

解 收音机输入电路是由天线线圈 L_1、互感线圈 L 和可变电容器 C 组成的串联谐振电路，天线接收到的不同频率信号都会在 LC 电路中产生不同的感应电动势。调节可变电容 C，当某一信号的频率与 LC 电路的谐振频率相等时，就能使电路对所广播的信号产生串联谐振，此时在电容两端感应出的电压就最高，而其他频率的信号虽然也被天线接收到，但感应出的电压很小，这样就起到了选择信号和抑制信号的作用。

当谐振产生时，电容

$$C = \frac{1}{(2\pi f)^2 L} = \frac{1}{(2\pi \times 828 \times 10^3)^2 \times 300 \times 10^{-6}} = 123\ (\text{pF})$$

品质因数为

$$Q = \frac{\omega L}{R} = \frac{2\pi \times 828 \times 10^{-3} \times 300 \times 10^{-6}}{15} = 104$$

当 $U = 15\ \mu\text{V}$ 时，谐振电流为

$$I = \frac{U}{R} = \frac{15 \times 10^{-6}}{15} = 1\ (\mu\text{A})$$

电容器两端的电压为

$$U_C = QU = 104 \times 15 \times 10^{-6} = 1.56\ (\text{mV})$$

14.2 并联谐振电路

并联谐振电路常常由电感线圈与电容器并联而成，典型的应用电路如图 14.3 所示。为了使谐振电路有更多的选择性，我们常需要提高品质因数 Q 值，当信号源的内阻较小时，可采用串联谐振；当信号源的内阻很大时，采用串联谐振会使 Q 值大大降低，使谐振电路的选择性明显变差，这种情况下，常采用并联谐振电路。

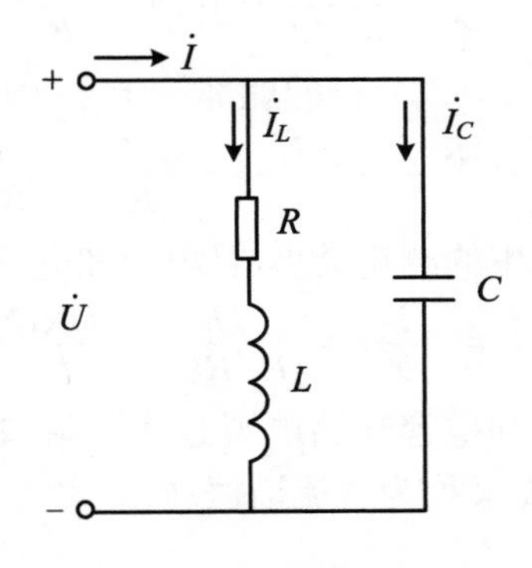

图 14.3 并联谐振电路

14.2.1 并联谐振的条件

和串联谐振一样，当电路的电压和电流同相时，电路中就产生了并联谐振。

在外加电压 $\dot{U}$ 的作用下,电路的总电流为

$$\dot{I} = \dot{I}_{RL} + \dot{I}_C = \frac{\dot{U}}{R + j\omega L} + \frac{\dot{U}}{-j\dfrac{1}{\omega C}} = \left[\frac{R}{R^2 + \omega^2 L^2} + j\left(\omega C - \frac{\omega L}{R^2 + \omega^2 L^2}\right)\right]\dot{U}$$

因为谐振产生时,电压 $\dot{U}$ 和电流 $\dot{I}$ 同相,电路呈纯阻性,所以并联谐振的条件为

$$\omega C - \frac{\omega L}{R^2 + \omega^2 L^2} = 0$$

根据上式的谐振条件,可得出谐振产生时的角频率和频率分别为

$$\omega = \frac{1}{\sqrt{LC}}\sqrt{1 - \frac{R^2 C}{L}}$$

$$f = \frac{1}{2\pi\sqrt{LC}}\sqrt{1 - \frac{CR^2}{L}}$$

实际应用的并联谐振电路中,线圈本身的电阻很小,在高频电路中,一般都能满足 $R \ll \omega L$,所以角频率和频率可分别写为

$$\omega \approx \frac{1}{\sqrt{LC}}$$

$$f \approx \frac{1}{2\pi\sqrt{LC}}$$

14.2.2 并联谐振电路的基本特征

(1) 并联谐振产生时,电路阻抗最大,且为纯阻性。

由并联谐振的条件公式可得并联电路的总阻抗为

$$Z = \frac{\dot{U}}{\dot{I}} = \frac{1}{\dfrac{R}{R^2 + \omega^2 L^2} + j\left(\omega C - \dfrac{\omega L}{R^2 + \omega^2 L^2}\right)}$$

发生谐振时,电路为纯阻性,上式分母的虚部等于零,则

$$Z = \frac{R^2 + \omega^2 L^2}{R} \approx \frac{\omega^2 L^2}{R} = \frac{L}{RC}$$

(2) 并联谐振产生时,电路中的电流最小,且电流和电压同相:

$$I = \frac{U}{|Z|} = \frac{U}{L/RC} = \frac{URC}{L}$$

(3) 谐振时,电感支路电流和电容支路电流远大于端口电流,大小相等,相位相反,都为总电流的 Q 倍,因此并联谐振又称为电流谐振。

电感支路的电流为

$$\dot{I}_L = \frac{\dot{U}}{R + j\omega L} = -jQ\dot{I}$$

电容支路的电流为

$$\dot{I}_C = \frac{\dot{U}}{-j\dfrac{1}{\omega C}} = jQ\dot{I}$$

即有

$$I_L = I_C = QI$$

14.2.3　并联谐振电路的应用

在并联谐振电路中，当外加电源的频率等于并联电路的固有频率时，可以获得较大的信号电压；当外加电源的频率大于或小于并联电路的固有频率时，可以获得较小的信号电压。另外，并联谐振电路相当于一个高阻值的电阻，利用这些基本特性，可在电子振荡电路中用作选频电路，收音机和电视机电路中的选频电路就为并联谐振电路，也可在电力系统中作为高频阻波器等。

【例 14.2】　图 14.3 所示电路中，已知线圈的电阻 $R=10\ \Omega$，电感 $L=0.127$ mH，电容 $C=200$ pF。试求：(1) 电路的谐振频率 f、谐振阻抗 Z；(2) 当 $I=1\ \mu$A 时，求谐振产生时的 I_C。

解　(1) 根据并联谐振产生时的频率计算公式可得

$$f_0 \approx \frac{1}{2\pi\sqrt{LC}} = \frac{1}{2\pi\sqrt{0.127\times10^{-3}\times200\times10^{-12}}} = 10^6\,(\text{Hz})$$

并联谐振产生时，电路阻抗最大，则

$$Z = \frac{L}{CR} = \frac{0.127\times10^{-3}}{200\times10^{-12}\times10} = 63.5\ (\text{k}\Omega)$$

(2) $X_L = 2\pi fL = 2\pi\times10^6\times0.127\times10^{-3} = 797.56\ (\Omega)$

当 $I=1\ \mu$A 时，

$$I_C = QI = \frac{X_L}{R}I = 1\times\frac{797.56}{10} = 79.756\ (\mu\text{A})$$

习　　题

1. RLC 并联电路在 f_0 时发生谐振，当频率增加到 $2f_0$ 时，说明电路性质。

2. 处于谐振状态的 RLC 串联电路，当电源频率增大时，说明电路性质。

3. 在图 14.4 所示电路中，已知电源电压为 220 V，频率 $f=50$ Hz 时，电路发生谐振。现将电源的频率增加，电压有效值不变，这时灯泡的亮度会发生什么改变？

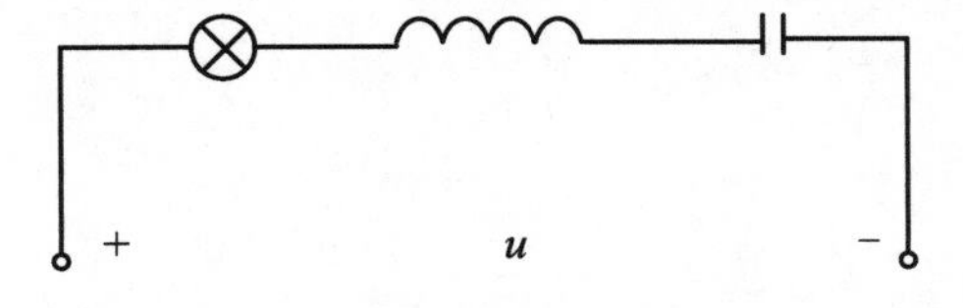

图 14.4　习题 3 图

4. 在 RLC 串联电路中，已知 $L=100$ mH，$R=3.4\ \Omega$，电路在输入信号频率为 400 Hz 时发生谐振，求电容 C 的电容量和回路的品质因数。

5．一个串联谐振电路的特性阻抗为 100 Ω，品质因数为 100，谐振时的角频率为 1000 rad/s，试求 R，L 和 C 的值。

6．一个线圈与电容串联后加 1 V 的正弦交流电压，当电容为 100 pF 时，电容两端的电压为 100 V 且最大，此时信号源的频率为 100 kHz，求线圈的品质因数和电感量。

7．已知一串联谐振电路的参数 $R=10\ \Omega$，$L=13.0\ \mathrm{mH}$，$C=558\ \mathrm{pF}$，外加电压 $U=5\ \mathrm{mV}$。试求电路在谐振时的电流、品质因数及电感和电容上的电压。

8．已知在 R，L 串联再与 C 并联的电路中，$\omega=5\times10^6\ \mathrm{rad/s}$，$R=0.2\ \Omega$，谐振阻抗 $Z=2000\ \Omega$，求品质因数 Q 和元件参数 L，C。

9．RLC 串联谐振电路的特性阻抗 $\rho=100\ \Omega$，谐振时 $\omega=1500\ \mathrm{rad/s}$，求元件参数 L 和 C。

10．在 RLC 串联电路中，$R=500\ \Omega$，$L=60\ \mathrm{mH}$，$C=0.06\ \mu\mathrm{F}$，当发生电路谐振时，谐振频率和谐振阻抗各为多少？

第 15 章　变　压　器

15.1　变压器概述

15.1.1　变压器简介

变压器是一种常用的电气设备，无论是在电力设备中还是在各种电子设备中都有极其广泛的应用。在不同的应用环境下，变压器有不同的作用：在电力系统中，变压器用于电力输送及变换；在电路中，变压器主要用来提升或降低交流电压，或是变换阻抗等。电源变压器在电子设备中应用非常广泛，可将 220 V 交流市电转换为电子设备所需的电压，是为电子设备提供电能的一种特殊元件。图 15.1 所示为常用的变压器。

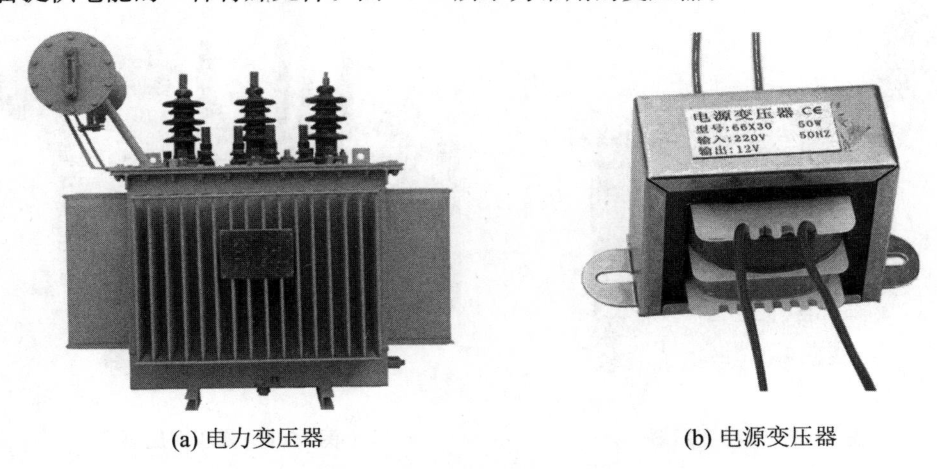

(a) 电力变压器　　　　(b) 电源变压器

图 15.1　常用的变压器

变压器主要由铁芯和两组线圈组成，当交流电流经过其中之一组线圈时，在另一组线圈中会感应出具有相同频率的交流电压，从而实现提升或降低电压的作用。在电子电路中，变压器是利用互耦线圈实现升压或降压功能的，如果对变压器一侧线圈（初级线圈）施加变化的电压（如交流电压），利用互感原理就会在另一侧线圈（次级线圈）中得到一个电压。

变压器在电路中常用字母 T 表示，其图形符号如图 15.2 所示。

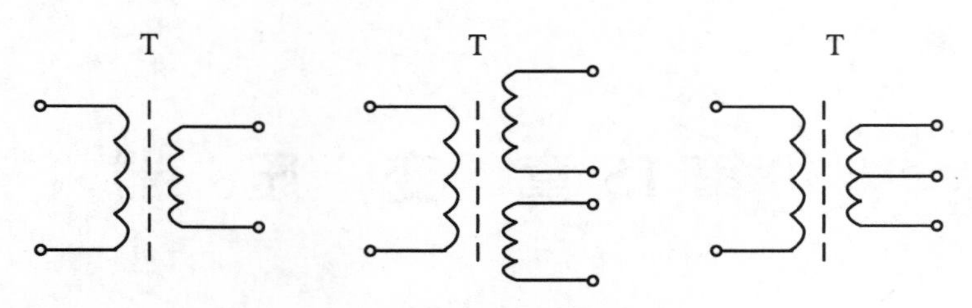

图 15.2　变压器的图形符号

15.1.2　变压器的分类

1. 根据用途的不同分类

根据用途不同，变压器可分为电力变压器和特殊变压器两类。

电力变压器是应用于电力系统中进行变配电的变压器，常用的有升压变压器、降压变压器、配电变压器等。

发电厂发出的电压一般为 6～10 kV，而在电能输送过程中，为了减少线路损耗，通常要将电压升高到 110～500 kV，此时需要通过升压变压器来升压，如图 15.3 所示；而我们日常使用的交流电的电压为 220 V，三相电动机的线电压则为 380 V，这又需要降压变压器将电网的高压交流电降低到 380 V/220 V，如图 15.4 所示。

图 15.3　升压变压器

图 15.4　降压变压器

在输电和用电的过程中都需要经变压器升高或降低电压，因此，变压器是电力系统中的关键设备，其容量远大于发电机的容量。图 15.5 为电力系统的流程示意图，其中 G 为发电机，T_1 为升压变压器，T_2～T_4 为降压变压器。

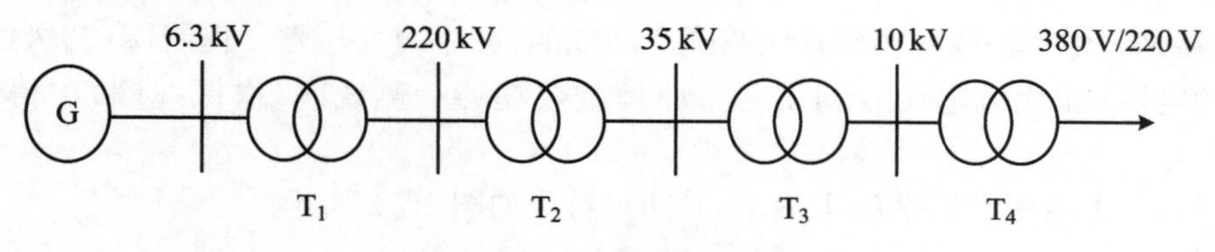

图 15.5　电力系统示意图

特种变压器是针对特殊需要而制造的变压器。它包括电源变压器、调压变压器、音频变压器、整流变压器、电焊变压器、仪用互感器(又可分为电压互感器和电流互感器)、高压试验变压器和控制变压器等。调压变压器、音频变压器和整流变压器的外形图分别如图15.6、图15.7和图15.8所示。

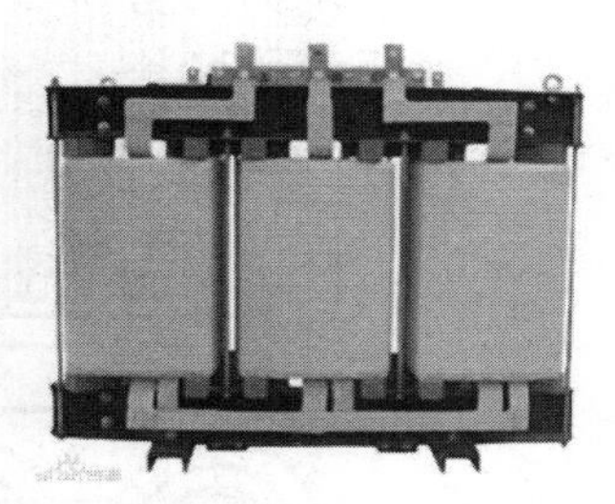

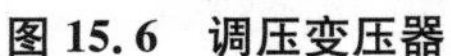

图15.6 调压变压器 **图15.7 音频变压器** **图15.8 整流变压器**

2. 根据绕组数目的不同分类

根据绕组数目的不同,变压器可分为自耦变压器(只有一个绕组)、双绕组变压器、三绕组变压器和多绕组变压器。

3. 根据冷却方式和冷却介质的不同分类

根据冷却方式和冷却介质的不同,变压器可分为干式变压器、油浸式变压器和充气式变压器。

4. 根据相数的不同分类

根据相数的不同,变压器可分为单相变压器、三相变压器和多相变压器。

5. 根据铁芯结构的不同分类

根据铁芯结构的不同,变压器可分为芯式变压器和壳式变压器。

15.2 变压器的结构与原理

15.2.1 变压器的基本结构

尽管各类变压器的外观和结构差异很大,但铁芯和绕组是所有变压器的主要部件。

1. 铁芯

铁芯是变压器基本的组成部件之一,是变压器的磁路部分,变压器的一、二次绕组都在铁芯上,为提高磁路导磁系数和降低磁滞损耗及涡流损耗,铁芯通常由厚度为0.35 mm或0.5 mm、表面绝缘的硅钢片叠装而成。铁芯由铁芯柱和铁轭两部分组成,铁芯柱上装有绕组，铁轭用于连接铁芯柱使之形成闭合的磁路。图 15.9 所示为变压器的基本结构。

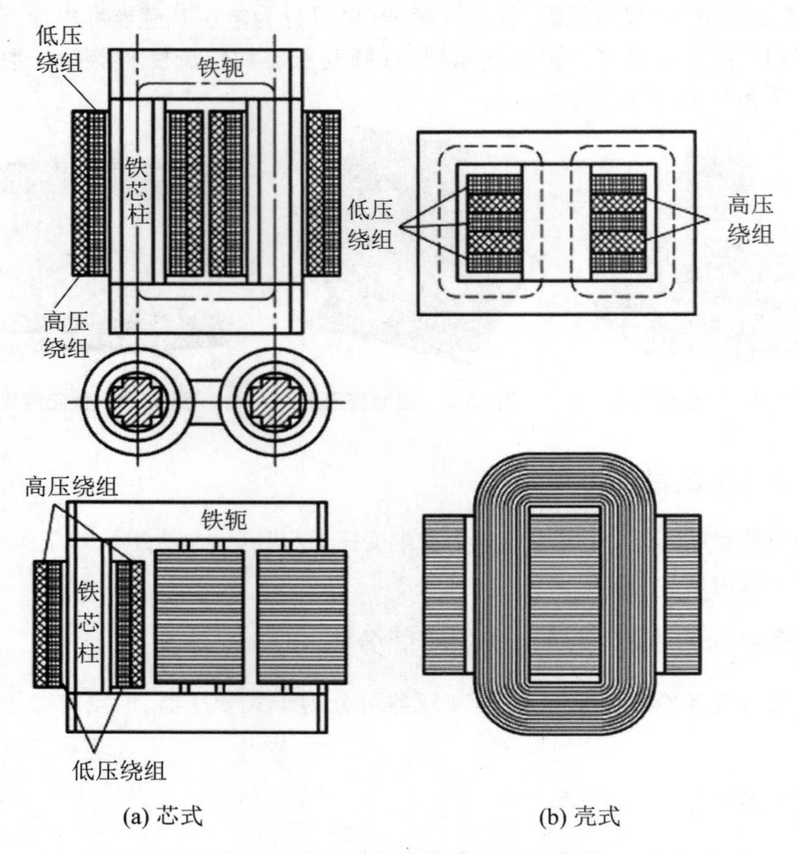

(a) 芯式　　(b) 壳式

图 15.9　变压器的基本结构

2. 绕组

绕组也是变压器基本的组成部件之一，它是变压器的电路部分，一般用绝缘纸包裹的铜线或者铝线绕成，绕的圈数称为匝，用 N 表示。工作时，与电源连接的绕组称为一次绕组(或初级绕组、原边绕组)，初级绕组的匝数用 N_1 表示；与负载相连的绕组称为二次绕组(或次级绕组、副边绕组)，次级绕组的匝数用 N_2 表示。通常，一、二次绕组的匝数并不相等，匝数较多的绕组电压较高，称为高压绕组；匝数较少的绕组电压较低，称为低压绕组。为了有利于处理线圈和铁芯之间的绝缘，通常将低压绕组安放在靠近铁芯的内层，将高压绕组套在低压绕组外面。

根据铁芯和绕组的组合结构不同，通常又将变压器分为芯式和壳式两种。芯式变压器的绕组套在铁芯柱上，结构较简单，绕组的装配和绝缘都较方便，因此多用于容量较大的变压器，如图 15.9(a)所示。壳式变压器的绕组被铁芯包围，其制造工艺复杂，仅用于小容量的变压器，如图 15.9(b)所示。

3. 其他附件

为了改善散热条件，解决密封、安全等问题，变压器还设有油箱、储油柜、安全气道、气体继电器、绝缘套管、分接开关等其他附件。图15.10所示为常见的油浸式电力变压器的结构示意图。

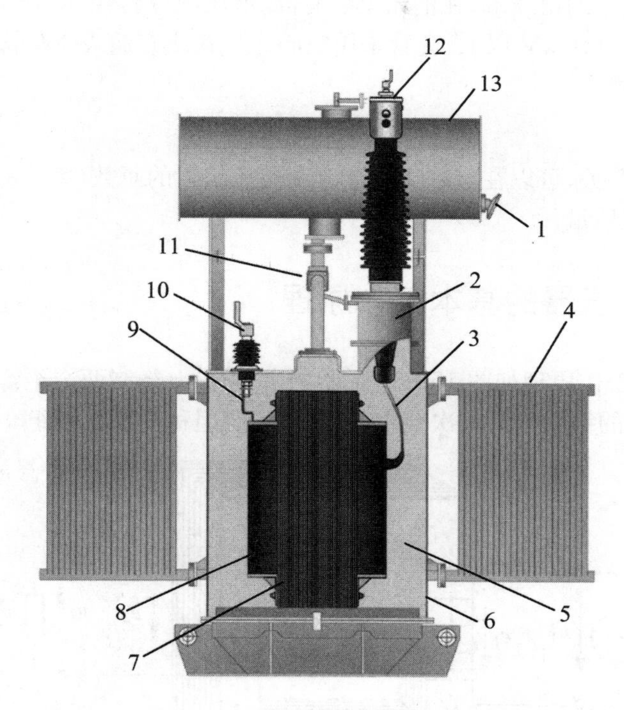

图15.10 油浸式电力变压器

1. 油位计;2. 升高座;3. 高压引线;4. 散热器;5. 变压器油;6. 油箱;7. 铁芯;8. 绕组;9. 低压引线;10. 低压套管;11. 气体继电器;12. 高压套管;13. 储油柜

(1) 油箱

变压器油是经提炼的绝缘油,绝缘性能比空气好。它是一种冷却介质,通过热对流方法,及时将绕组和铁芯产生的热量传到油箱和散热油管壁,向四周散热,使变压器的温升不致超过额定值。变压器油按要求应具有低的黏度、高的发火点和低的凝固点,不含杂质和水分。

(2) 储油柜

储油柜又称油枕,一般装在变压器油箱上面,其底部有油管与油箱相通。当变压器油热胀时,将油收进储油柜内;冷缩时,将油灌回油箱,始终保持器身浸在油内。油枕上还装有吸湿器,内含氧化钙或硅胶等干燥剂。

(3) 安全气道

较大容量的变压器油箱盖上装有安全气道,它的下端通向油箱,上端用防爆膜封闭。当变压器发生严重故障或气体继电器保护失败时,箱内产生很大压力,可以冲破防爆膜,使油和气体从安全气道喷出,释放压力以避免造成重大事故。

(4) 气体继电器

气体继电器安装在油箱与油枕之间的三连通管中。当变压器发生故障时,内部绝缘材料及变压器油受热分解,产生的气体沿连通管进入气体继电器,使之动作,接通继电器保护电路发出信号,以便工作人员进行处理,或引起变压器前方断路器跳闸保护。

(5) 绝缘套管

作为高、低压绕组的出线端,在油箱上装有高、低压绝缘套管,使变压器进、出线与油箱(地)之间绝缘。高压(10 kV 以上)套管采用空心充气式或充油式瓷套管,低压(1 kV 以下)套管采用实心瓷套管。

(6) 分接开关

箱盖上的分接开关,可以在空载情况下改变高压绕组的匝数(±5%),以调节变压器的输出电压,改善电压质量。

15.2.2　变压器的基本工作原理

变压器的基本工作原理如图 15.11 所示,在铁芯柱上绕制两个绝缘线圈,其匝数分别为 N_1,N_2。电源侧的绕组称为一次绕组,负载侧的绕组称为二次绕组。

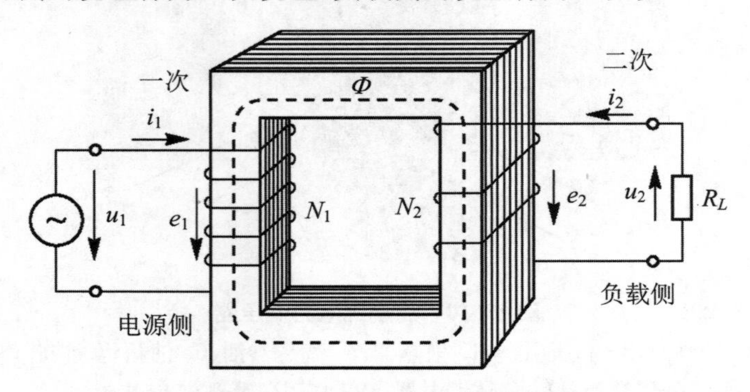

图 15.11　变压器的基本工作原理图

当一次绕组接通交流电源时,绕组中有电流 i_1通过,铁圈中将产生交变磁通 Φ,根据电磁感应原理,其一、二次绕组将分别产生感应电动势 e_1,e_2。若二次绕组与负载连接,则负载回路中将产生电流 i_2,如此便完成电能的传递。此时,

$$e_1 = - N_1 \frac{\mathrm{d}\Phi}{\mathrm{d}t} \tag{15.1}$$

$$e_2 = - N_2 \frac{\mathrm{d}\Phi}{\mathrm{d}t} \tag{15.2}$$

因为$e_1 \approx u_1$,$e_2 \approx u_2$,所以

$$\frac{u_1}{u_2} \approx \frac{e_1}{e_2} = \frac{N_1}{N_2} = K \tag{15.3}$$

式中,K 为变压比,简称变比,则一、二次绕组的电压之比等于其线圈匝数之比。由此可见,只要改变变压器的匝数比,就能达到改变电压的目的。若$N_1 > N_2$,变压器起降压作用;若$N_1 < N_2$,变压器起升压作用。像这样不考虑绕组电阻和各种电磁能损耗的变压器称为理想变压器。在理想变压器中,初、次级绕组的端电压之比等于它们的匝数之比。

从能量守恒方面来讲,理想变压器次级消耗的总功率($p_2 = u_2 i_2$)与初级输入的功率($p_1 = u_1 i_1$)是相等的,即$u_1 i_1 = u_2 i_2$,或写成

$$\frac{i_1}{i_2} = \frac{u_2}{u_1} \tag{15.4}$$

由式(15.4)可知,变压器工作时初、次级绕组中的电流与它们的电压成反比。一般电源变压器初级电压高、电流小,可用较细的导线绕制;次级电压低、电流大,应用较粗的导线绕制。

变压器只能传递交流电能,而不能产生电能;它只能改变交流电压或电流的大小,而不能改变频率;铁芯中产生的磁通为电压变换的主要桥梁,传递过程中电压与电流的乘积(即功率 P)基本不变。

15.2.3 变压器的功能

1. 变换电压的功能

一次绕组和二次绕组电压之间的关系为

$$\frac{U_1}{U_2} \approx \frac{N_1}{N_2} = K_u$$

$$U_1 = K_u U_2$$

2. 变换电流的功能

一次绕组和二次绕组电流之间的关系为

$$\frac{I_1}{I_2} \approx \frac{N_2}{N_1} = \frac{1}{K_u}$$

$$I_1 = I_2 / K_u$$

3. 变换阻抗的功能

如图 15.12 所示,从变压器原边看进去的等效复阻抗为

$$|Z_1| = \frac{U_1}{I_1} = \frac{\frac{N_1}{N_2} U_2}{\frac{N_2}{N_1} I_2} = \left(\frac{N_1}{N_2}\right)^2 \frac{U_2}{I_2} = K_u^2 |Z_L|$$

即

$$|Z_1| = K_u^2 |Z_L| \tag{15.5}$$

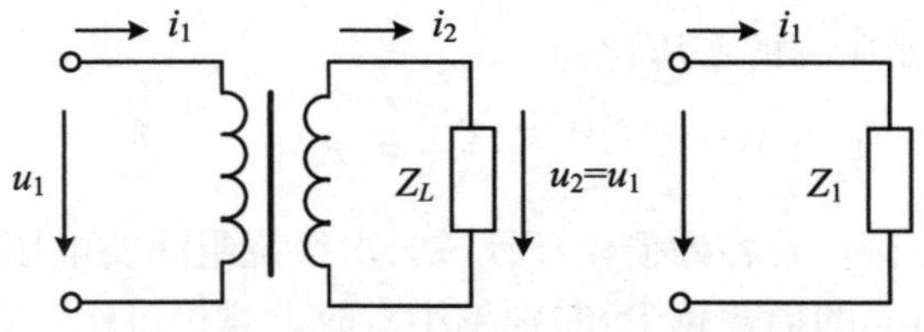

(a) 变压器耦合电路 (b) 等效电路

图 15.12 阻抗变换电路

这就是变压器变换阻抗的功能,常用在电子技术中起阻抗匹配作用,以获得最大输出功率。

综上所述,变压器具有变换电压、变换电流和变换阻抗的功能。

【例 15.1】 一正弦信号源的电压 $U_s = 5\ \mathrm{V}$,内阻 $R_s = 1000\ \Omega$,负载电阻 $R_L = 40\ \Omega$。通过变压器将负载与信号源接通,要使电路达到阻抗匹配,即 $R_1 = R_s$,信号源输出的功率最大。试求:(1) 变压器的匝数比;(2) 变压器原、副边的电流;(3) 负载获得的功率;(4) 如果不用变压器耦合,直接将负载接通电源时负载获得的功率。

(1) 将副边电阻 R_L 换算为从原边看进去的等效电阻 R_1 所需变压器的匝数比 K_u。因为

$$R_1 = K_u^2 R_L = \left(\frac{N_1}{N_2}\right)^2 R_L$$

所以

$$K_u = \frac{N_1}{N_2} = \sqrt{\frac{R_1}{R_2}} = \sqrt{\frac{R_s}{R_L}} = \sqrt{\frac{1000}{40}} = 5$$

(2) 变压器原边的电流为

$$I_1 = \frac{U_s}{R_s + R_1} = \frac{5\ \mathrm{V}}{1000\ \Omega + 1000\ \Omega} = 2.5\ \mathrm{mA}$$

副边绕组的电流为

$$I_2 = K_u I_1 = 5 \times 2.5\ \mathrm{mA} = 12.5\ \mathrm{mA}$$

(3) 负载的功率为

$$P_L = I_2^2 R_L = (12.5\ \mathrm{mA} \times 10^{-3})^2 \times 40\ \Omega = 6.25\ \mathrm{mW}$$

(4) 负载直接接电源时的功率为

$$P_{L1} = \left(\frac{U_s}{R_s + R_L}\right)^2 R_L = \left(\frac{5\ \mathrm{V}}{1000\ \Omega + 40\ \Omega}\right)^2 \times 40\ \Omega = 0.925\ \mathrm{mW}$$

15.2.4 变压器的参数

描述变压器质量的参数比较多,但不同用途的变压器,对各种参数的要求很不一样。变压器的参数是指变压器在规定的使用环境和运行条件下的主要技术数据限定值,它通常标在铭牌上,故又称为铭牌数据。铭牌数据是选择和使用变压器的依据。

1. 变压比

如图 15.11 所示,变压器的变压比为

$$\frac{u_1}{u_2} = \frac{N_1}{N_2} = K$$

实际应用的变压器由于存在着各种损耗,所以初、次级绕组间的电压、电流关系不完全满足上式,但差别不大(变压器的损耗越少,差别越小),故上式仍可作一般估算用。

2. 额定电压

变压器的额定电压是指变压器安全工作时所允许施加的最高工作电压,包括一次额定电压和二次额定电压。一次额定电压是指变压器正常工作时一次绕组上应加的电源电压,用 U_{1N} 表示,一般小型电子设备所用的电源变压器额定电压为 220 V,工厂电器常用 380 V

和 220 V；二次额定电压是指一次绕组加上额定电压时二次绕组的空载电压，用 U_{2N} 表示，变压器次级接上负载后的电压与空载时的电压基本相同。例如，6000 V/400 V，表示一次额定电压 U_{1N} 为 6000 V，二次额定电压 U_{2N} 为 400 V。对三相变压器，额定电压是指线电压。

3. 额定电流

额定电流是指按规定工作方式（长时连续工作或短时工作或间歇工作）运行时，一、二次绕组允许通过的最大电流，包括一次额定电流 I_{1N} 和二次额定电流 I_{2N}。它们是根据绝缘材料允许的温度确定的，对三相变压器，额定电流是指线电流。

4. 额定功率

额定功率是指变压器安全工作所允许的负载功率，次级绕组的额定电压与额定电流的乘积称为变压器的容量，即变压器的额定功率，一般用 P 表示。决定变压器额定功率的因素主要有变压器的铁芯大小、导线的横截面积。铁芯越大，导线的横截面积越大，变压器的功率也就越大，但当变压器制作好后，变压器的额定功率就为一定值，这是我们选配变压器时必须考虑的因素。

从上述关系中可看出，初级电压确定时，当次级不接负载时，$I_2=0$，I_1 也应为 0，称为空载运行。实际上，变压器有漏磁存在，也有电阻存在，I_1 很小；当短路发生后，流过次级的电流急剧增大，会引起初电流增大，因初级绕组导线较细，常会因电流过大而烧毁。

5. 变压器的效率

在额定功率时变压器的输出功率和输入功率的比值叫作变压器的效率，即

$$\eta = \frac{P_1}{P_2} \times 100\%$$

式中，η 为变压器的效率，P_1 为输入功率，P_2 为输出功率。当变压器的输出功率 P_2 等于输入功率 P_1 时，效率 η 等于 100%，变压器将不产生任何损耗。但实际上这种变压器是没有的，变压器传输电能时总要产生损耗。

6. 绝缘电阻

绝缘电阻表示变压器各线圈之间、各线圈与铁芯之间的绝缘性能。绝缘电阻的高低与所使用的绝缘材料的性能、温度高低和潮湿程度有关。

15.3 其他变压器

15.3.1 三相变压器

电力系统中三相电压的变换可采用三相变压器，图 15.13(a)为油浸式三相电力变压

器外形图,图 15.13(b)为三相心式电力变压器原理图,图中三相一次绕组的首末端分别用 U_1,V_1,W_1和 U_2,V_2,W_2表示,二次绕组的首末端分别用 u_1,v_1,w_1和 u_2,v_2,w_2表示。

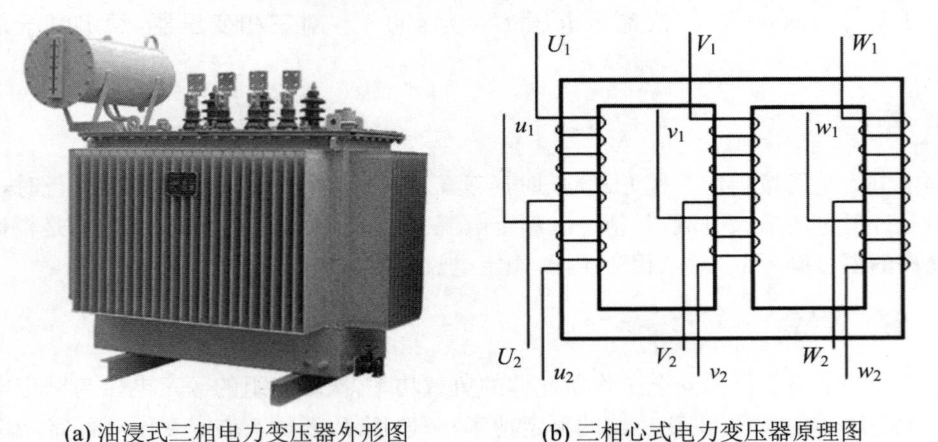

(a) 油浸式三相电力变压器外形图　(b) 三相心式电力变压器原理图

图 15.13　三相电力变压器

三相变压器原副绕组的连接方式有多种,其中常用的有Y/Y_0和Y/△。Y/Y_0 表示一次绕组的接法,Y/△表示二次绕组的接法,这两种接法如图 15.14 所示。Y/Y_0连接的三相变压器是供动力负载和照明负载共用的,低压一般是 400 V,高压不超过 35 kV;Y/△连接的变压器,低压一般是 10 kV,高压不超过 60 kV。

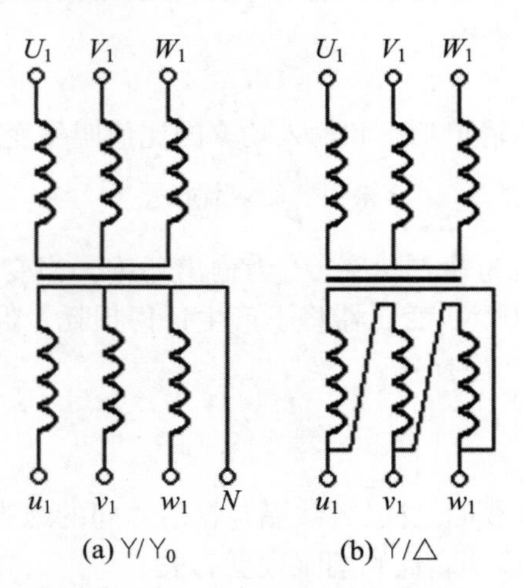

(a) Y/Y_0　(b) Y/△

图 15.14　三相电力变压器连接组别举例

必须要说明的是:三相变压器一次、二次额定电压是指线电压,因此三相变压器一次、二次电压比不仅与一次、二次绕组的匝数比有关,还与绕组的连接方式有关。例如在图 15.14(a)中,一次、二次绕组均为Y连接,此时

$$\frac{U_{L1}}{U_{L2}} = \frac{\sqrt{3}\ U_{P1}}{\sqrt{3}\ U_{P2}} = \frac{N_1}{N_2} = K$$

而在图 15.14(b)中,有

$$\frac{U_{L1}}{U_{L2}}=\frac{\sqrt{3}\,U_{P1}}{U_{P2}}=\frac{\sqrt{3}N_1}{N_2}=\sqrt{3}K$$

15.3.2 自耦变压器

自耦变压器的二次绕组是一次绕组的一部分,其原理图如图 15.15(a)所示。自耦变压器与普通变压器的工作原理相同,其电压、电流也满足以下关系:

$$\frac{U_1}{U_2}=\frac{N_1}{N_2}=K,\quad \frac{I_1}{I_2}=\frac{N_2}{N_1}=\frac{1}{K}$$

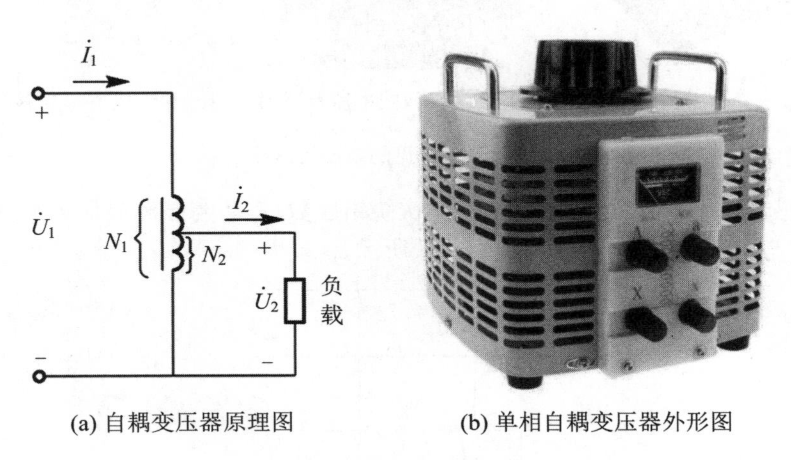

(a) 自耦变压器原理图　　(b) 单相自耦变压器外形图

图 15.15 自耦变压器

自耦变压器的特点有:

(1) 自耦变压器的二次绕组是一次绕组的一部分,因此,一、二次绕组之间不仅有磁的耦合,还有电的联系。

(2) 自耦变压器的结构简单、体积小、重量轻,线圈的铜损较小,具有较高的效率。

(3) 自耦变压器的变压比 K 一般取得较小($K<3$)。这是因为自耦变压器的低压电路和高压电路直接有电的关系,两者需采用同样规格的绝缘,不够安全。因此,一般变压比很大的变压器和输出电压分别为 12 V,36 V 的安全灯变压器都不采用自耦变压器。

使用自耦变压器时应注意,输入端接交流电源,输出端接负载,一定不能接错,否则可能会烧毁变压器;一、二次绕组的共用端应当和电源地线相连,以确保安全。实验室中常用的调压器就是一种通过改变副绕组匝数来改变输出电压的自耦变压器,输出电压在 0～250 V可调,其外形如图 15.15(b)所示。除了单相调压器,还有三相调压器。

15.3.3 仪用互感器

专门用在测量仪器和保护设备上的变压器称为仪用互感器,它可分为电压互感器和电流互感器两种。使用仪用互感器的目的在于扩大仪表的量程,并使仪表与高压隔离,从而保证人身及仪表安全。

1. 电压互感器

电压互感器是用于测量电网高压的一种专用变压器，如图 15.16 所示。

(a) 干式电压互感器

(b) 浇注绝缘式电压互感器

(c) 油浸式电压互感器

图 15.16　常见的电压互感器

电压互感器是一个降压变压器，它的一次绕组匝数较多，与被测高压电路并联；二次绕组匝数较少，与电压表连接，原理如图 15.17 所示。

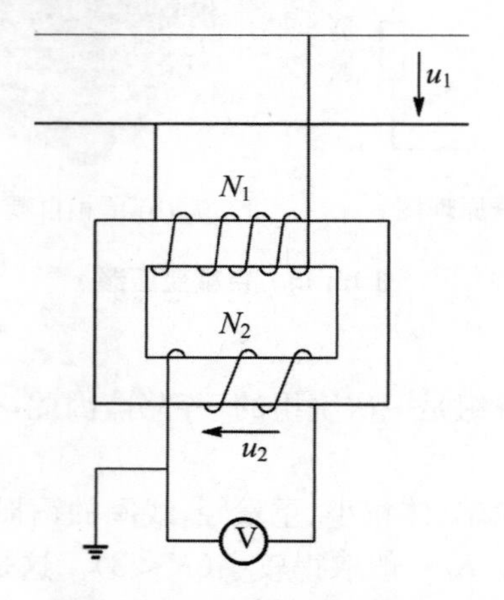

图 15.17　电压互感器原理图

根据变压器的电压变换关系可知

$$\frac{U_1}{U_2} = \frac{N_1}{N_2} = K_u$$

$$U_1 = K_u U_2$$

式中，K_u 为电压互感器的变换系数。

电压互感器的额定电压一般为 100 V。例如，电压互感器上标有 6000 V/100 V，电压表的读数为 50 V 时，则测量的电压为

$$U_1 = K_u U_2 = \frac{6000}{100} \times 50\ \text{V} = 3000\ \text{V}$$

使用电压互感器时应注意，铁芯及二次绕组的一端应可靠接地，以防高压窜入而发生触电事故；二次绕组不能短路，否则会产生很大的短路电流。

2. 电流互感器

电流互感器是用于测量大电流的专用变压器,如图15.18所示。

(a) 干式电流互感器

(b) 浇注绝缘式电流互感器

(c) 油浸式电流互感器

图15.18 常见的电流互感器

电流互感器是一个升压变压器,它的一次绕组匝数较少,与被测电路串联;二次绕组的匝数较多,与电流表连接,原理如图15.19所示。

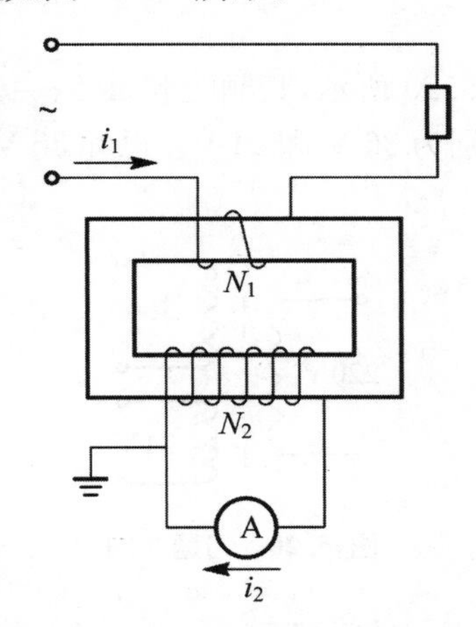

图15.19 电流互感器原理图

根据变压器的电流变换关系可知

$$\frac{I_1}{I_2} = \frac{N_2}{N_1} = K_i$$

$$I_1 = K_i I_2$$

式中,K_i为电流互感器的变换系数。

电流互感器的额定电流一般为5 A。例如,电流互感器上标有100 A/5 A,电流表的读数为3 A,则测量的电流为

$$I_1 = K_i I_2 = \frac{100}{5} \times 3\ \text{A} = 60\ \text{A}$$

使用电流互感器时应注意,二次绕组电路绝对不能开路,否则,二次绕组两端将产生很高的感应电动势,容易击穿绕组,造成危险;铁芯及二次绕组的一端应可靠接地,以保证安全。

习　题

1. 变压器的基本作用是什么？一般变压器由哪几部分组成？

2. 电压互感器运行时，为什么二次绕组不允许短路？电流互感器运行时，为什么二次绕组不允许开路？

3. 收音机中的变压器，一次绕组为1200匝，接在220 V交流电源上后，得到5 V，6.3 V和350 V 3种输出电压，求3个两次绕组的匝数。

4. 一个交流电磁铁，原规定用于220 V，50 Hz的交流电源，现在接到220 V，60 Hz的交流电源上，会不会烧坏？

5. 有一台单相变压器，其一次侧电压 $U_1 = 3000$ V，二次侧电压 $U_2 = 220$ V。如果二次侧接用一台 $P = 25$ kW的电阻炉，试求变压器一次绕组电流 I_1 和二次绕组电流 I_2。

6. 一台容量 $S_N = 20$ kVA的照明变压器，它的电压为6600 V/220 V，问：它能够供应"200 V，40 W"的白炽灯多少盏？能供应 $\cos\varphi = 0.5$、电压为200 V、功率为40 W的日光灯多少盏？

7. 某变压器的绕组如图15.20所示，其额定容量 $S_N = 100$ VA，原边额定电压 $U_{1N} = 220$ V，副边两个绕组的电压分别为36 V和24 V。已知36 V绕组的负载为40 VA，求3个绕组的额定电流。

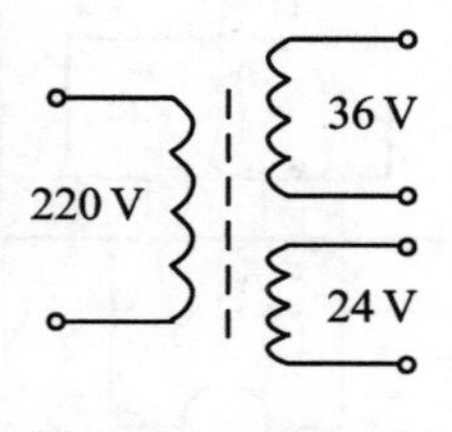

图15.20　习题7图

第 16 章　三相交流电路

现代电力系统绝大多数采用三相正弦交流电路。三相正弦交流电路由三相电源、三相负载和三相输电线按某种方式连接而成。和单项交流电相比，三相交流电具备耗用材料少、维护费用低、制造结构简单、性能良好、电源供应种类较多等特点。

16.1　三相电源的连接

三相正弦交流电源是三相电路中最基本的组成部分，由 3 个频率相同、振幅相等、相位依次互差 120°的正弦交流电所构成。

三相交流发电机利用导线切割磁感线感应出电势的电磁感应原理，将原动机的机械能变为电能输出(图 16.1)。三相交流电是由三相发电机产生的，发电机主要由定子和转子两大部分构成。定子绕组对称嵌放在定子铁芯槽中。

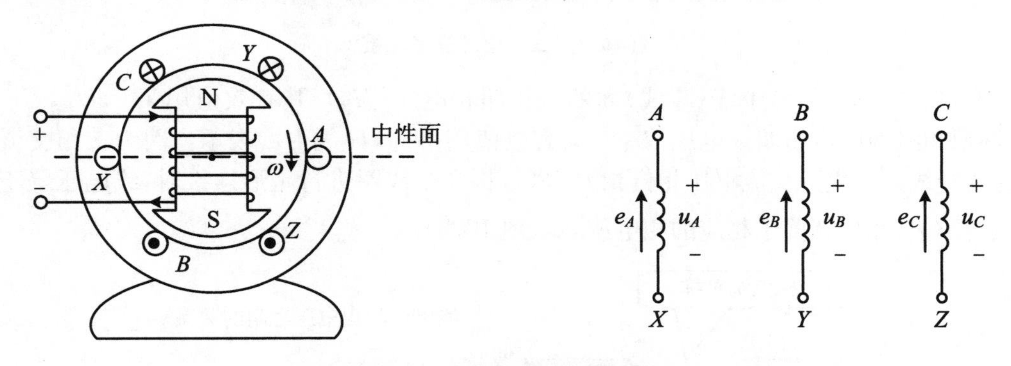

图 16.1　三相发电机原理图

当转子在原动机带动下以 ω 的角频率做逆时针转动时，三相定子绕组依次切割磁感线，产生 3 个对称的正弦交流电动势，其解析式为

$$e_A = E_m \sin \omega t$$

$$e_B = E_m \sin(\omega t - 120^\circ)$$

$$e_C = E_m \sin(\omega t + 120^\circ)$$

因为是正弦量，所以可以用相量表示为

$$\dot{E}_A = E\angle 0^\circ$$

$$\dot{E}_B = E\angle -120^\circ$$

$$\dot{E}_C = E\angle +120^\circ$$

从计时开始，三项交流电依次到达最大值(或零值)的先后顺序称为相序。按 $A—B—C—A$ 的次序循环即为正序，按 $A—C—B—A$ 的次序循环则为反序，电力系统一般采用正序。

三相电源的连接有两种方式：一种是星形连接(Y形)，另一种是三角形连接(△形)。

16.1.1　三相电源的星形连接

将三相线圈的3个末端连接在一起作为公共端，由3个首端引出3根输电线的连接方式称为星形连接(图16.2)。公共端称为中点，从中点引出的线称为中线，也称零线。从首端引出的3根输电线称为相线，也称火线。

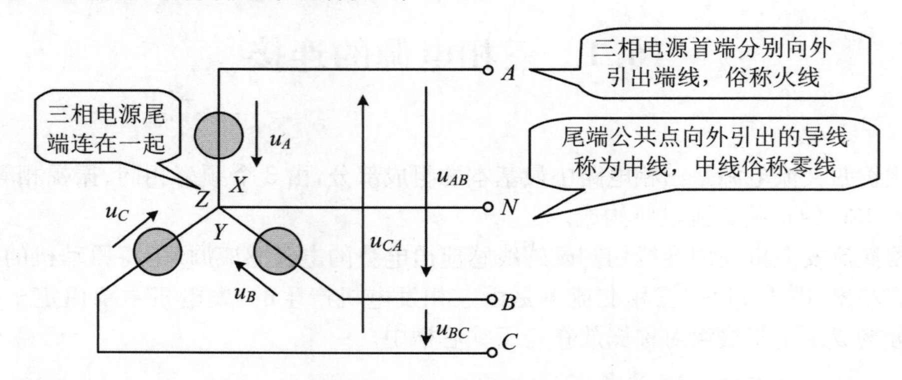

图16.2　三相电源星形连接

每根相线(火线)与中线(零线)间的电压叫相电压(U_P)，其有效值用 U_A，U_B，U_C 表示；两根相线间的电压叫线电压(U_L)，其有效值用 U_{AB}，U_{BC}，U_{CA} 表示。因为三相交流电源的3个线圈产生的交流电压相位相差120°，将3个线圈进行星形连接时，线电压等于相电压的$\sqrt{3}$倍，相位超前于相应的相电压30°(图16.3)。

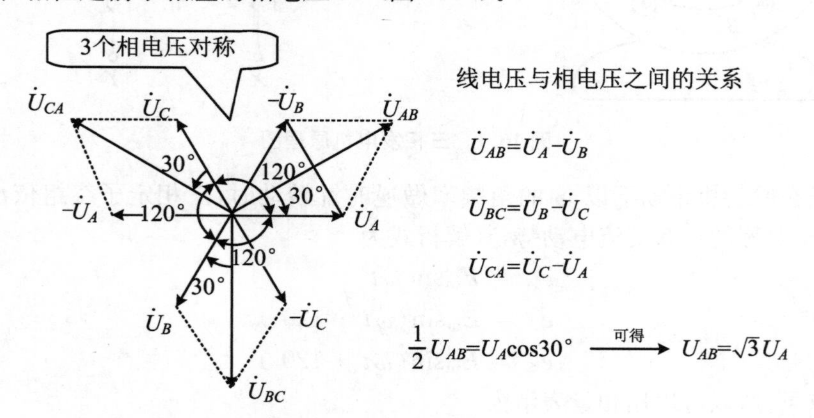

图16.3　相电压和线电压的关系

3根相线和1根中线组成的输电方式称为三相四线制，通常在低压配电系统中采用。3根相线组成的输电方式称为三相三线制，在高压输电工程中采用。在三相四线制供电的线路中,中线起到保证负载相电压对称不变的作用,对于不对称的三相负载,中线不能去掉,不能在中线上安装保险丝或开关,而且要用机械强度较好的钢线作为中线。

我国日常电路低电压供电时,多采用三相四线制,即相电压是 220 V,线电压是 380 V。工程上,讨论三相电源电压大小时,通常指的是电源的线电压。如三相四线制电源电压 380 V,指的是线电压 380 V。

【例 16.1】 星形连接的对称三相负载,线电压是 $u_{AB}=380\sin 314t$ V,试求出其他各线电压和各相电压的解析式。

解 根据对称三相电源的特点,可以求得各线电压分别为

$$u_{BC} = 380\sin(314t - 120^\circ)\ \text{V}$$
$$u_{CA} = 380\sin(314t + 120^\circ)\ \text{V}$$

各相电压分别为

$$u_A = 220\sin(314t - 30^\circ)\ \text{V}$$
$$u_B = 220\sin(314t - 150^\circ)\ \text{V}$$
$$u_C = 220\sin(314t + 90^\circ)\ \text{V}$$

16.1.2 三相电源的三角形连接

三角形连接是将三相电源的首尾依次相连成一个闭合回路,并将每个连接点引出 3 根端线,作为三相电的 3 根相线的连接方式(图 16.4)。三角形连接没有中点,因此只有三相三线制。当电源为三角形连接时,线电压等于相电压,即

$$U_L = U_P$$

三角形连接时,不能将某相接反,否则三相电源回路内的电压达到相电压的两倍,导致电流过大,烧坏电源绕组。

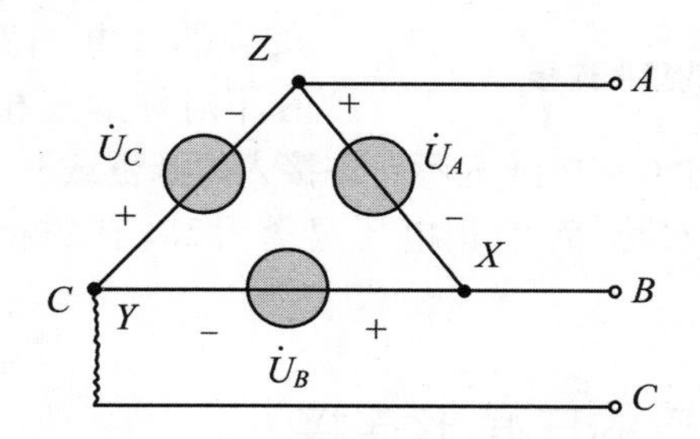

图 16.4　三相电源三角形连接

16.2 三相负载的连接

交流电路中的用电设备,大体可分为两类:一类是需要接在三相电源上才能工作,称为三相负载,如果每项负载的复阻抗完全相等,则为对称负载,如三相电动机;另一类是只需接单相电源的负载,它们可以按照需要接在三相电源的任意一相相电压或线电压上。对于

电源来说,它们也组成三相负载,各相的复阻抗一般不相等,所以不是对称负载,如日常的照明灯、家用电器等。

在三相电路中,三相负载有两种连接方式:星形连接(Y)和三角形连接(△)。

16.2.1　三相负载的星形连接

三相负载的星形连接(图16.5),是把各负载的一端连接到一起作为公共点,负载的另一端分别与电源的3根相线连接。如果电路中有中线连接,则可构成三相四线制电路;如果没有中线连接,则构成三相三线制电路。

电路中每根相线中的电流为线电流(I_L),每相负载上的电流为相电流(I_P)。由图16.5可知,负载星形连接时,每相负载中的电流(相电流)I_P 也就是线电流 I_L。负载上的线电压 U_L 为相电压 U_P 的$\sqrt{3}$倍,即

$$I_P = I_L$$

$$U_L = \sqrt{3}\,U_P$$

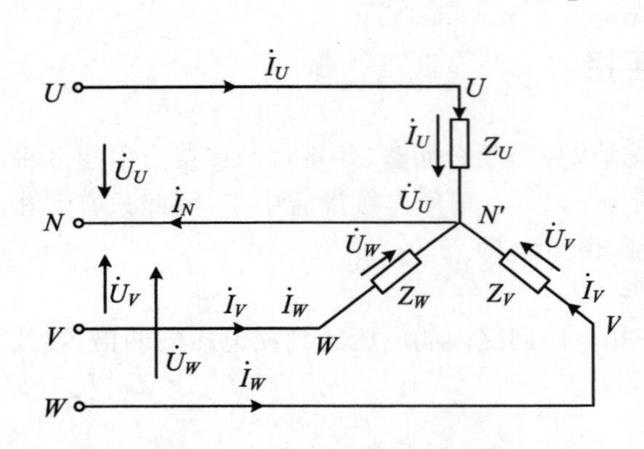

图16.5　三相负载星形连接

当三相负载对称(各相负载大小相等,阻抗角相等)时,在任何瞬间3个线电流的总和为0,也就是通过中线的电流为0,既然中线上没有电流,此时中线毫无作用,可以省去,采用三相三线制供电。在常见的低压配电系统中,都是采用三相四线制,因为此系统中有大量照明、家用电器等单相负载存在,使得三相负载总是不对称,各相电流大小不一样,这就需要用中线作为各相负载的公共回路,所以中线上就有电流。在不对称的三相供电系统中,中线是非常重要的,是不允许中线断开的,在中线上不允许接入熔断器或开关。假如中线断开了,各相负载会造成三相相电压不对称,有的相电压显著升高,有的相电压降低,容易损坏电气设备。

16.2.2　三相负载的三角形连接

负载做三角形(△)连接的三相电路,如图16.6所示,一般用于三相负载对称的情况。在三角形连接的三相电路中,因为没有中线,负载的相电压 U_P 等于线路上的线电压 U_L。

$$U_P = U_L$$

三角形连接的负载对称时,三相负载中的线电流 I_L的有效值等于相电流 I_P 有效值的$\sqrt{3}$倍,相位滞后于相应的相电流30°。

$$I_L = \sqrt{3}\,I_P$$

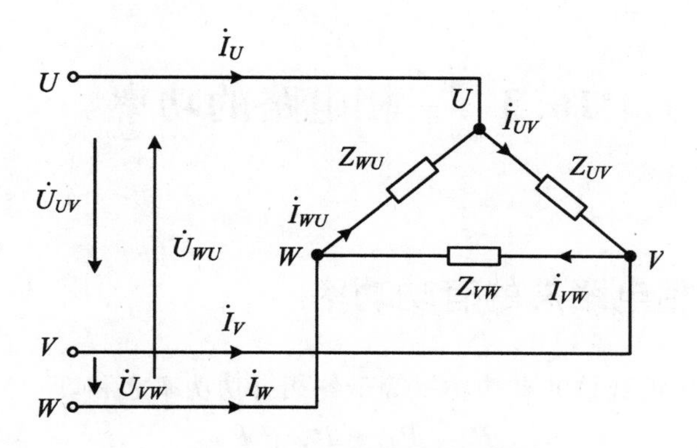

图 16.6　三相负载三角形连接

【例 16.2】 某对称三相负载以三角形连接，接在线电压为 380 V 的电源上，若每相负载阻抗 $Z=10\angle 45^\circ$，求负载各相电流及各线电流。

解　设线电压为 $\dot{U}_{UV}=380\angle 0^\circ$，则负载各相电流为

$$\dot{I}_{UV}=\frac{\dot{U}_{UV}}{Z}=\frac{380\angle 0^\circ}{10\angle 45^\circ}=38\angle -45^\circ\ (\mathrm{A})$$

由对称性可知

$$\dot{I}_{UW}=38\angle -165^\circ\ (\mathrm{A})$$
$$\dot{I}_{WU}=38\angle 75^\circ\ (\mathrm{A})$$

线电流为

$$\dot{I}_U=\sqrt{3}\,\dot{I}_{UV}\angle 30^\circ=65.8\angle -75^\circ\ (\mathrm{A})$$
$$\dot{I}_V=65.8\angle -195^\circ\ (\mathrm{A})$$
$$\dot{I}_W=65.8\angle 45^\circ\ (\mathrm{A})$$

【例 16.3】　一个负载为星形连接的对称三相电路，电源为 380 V，每相负载 $Z=(8+\mathrm{j}6)\ \Omega$，求：(1) 正常情况 3 个负载的相电压及电流；(2) 假设 C 相负载短路，其余两相的相电压及电流；(3) 假设 C 相负载断路，其余两相的相电压及电流。

解　(1) 正常情况下，

$$U_A=U_B=U_C=\frac{380}{\sqrt{3}}=220\ (\mathrm{V})$$

$$I_A=I_B=I_C=220/\sqrt{8^2+6^2}=22\ (\mathrm{A})$$

(2) C 相负载短路时，

$$U_A=U_B=380\ \mathrm{V}$$

$$I_A=I_B=380/\sqrt{8^2+6^2}=38\ (\mathrm{A})$$

(3) C 相负载断路时，

$$U_A=U_B=380\ \mathrm{V}/2=190\ \mathrm{V}$$

$$I_A=I_B=190/\sqrt{8^2+6^2}=19\ (\mathrm{A})$$

16.3 三相电路的功率

16.3.1 三相电路总的有功功率

三相电路中，三相负载总的有功功率等于各相有功功率之和，即

$$P = P_U + P_V + P_W$$

每相负载的有功功率为

$$P_P = U_P I_P \cos\varphi$$

当三相负载对称时，每相有功功率相同，则

$$P = 3P_P = 3U_P I_P \cos\varphi$$

当负载为星形连接时，$I_P = I_L$，$U_L = \sqrt{3}U_P$，所以有

$$P = \sqrt{3}U_L I_L \cos\varphi$$

当负载为三角形连接时，$I_L = \sqrt{3}I_P$，$U_P = U_L$，所以同样有 $P = \sqrt{3}U_L I_L \cos\varphi$，由此可见，对称三相负载无论何种连接，求总功率的公式都是相同的。其中 φ 是负载相电压和相电流之间的相位差，三相电路如果不特别说明，一般所说的功率指的是三相总功率。

16.3.2 三相电路总的无功功率

三相电路总的无功功率等于各相无功功率之和，即

$$Q = Q_U + Q_V + Q_W$$

每相无功功率为

$$Q_P = U_P I_P \sin\varphi$$

对称三相负载总的无功功率为

$$Q = 3U_P I_P \sin\varphi = \sqrt{3}U_L I_L \sin\varphi$$

16.3.3 三相电路总的视在功率

三相电路总的视在功率为

$$S = \sqrt{P^2 + Q^2}$$

对称三相电路

$$S = \sqrt{P^2 + Q^2} = 3U_P I_P = \sqrt{3}U_L I_L$$

【例 16.4】 有一对称三相负载，每相负载 $Z = (8 + j6)\ \Omega$，三相电源的线电压为 380 V，试分别计算负载接成星形和三角形连接时总的三相有功功率。

解 每相负载的阻抗为 $|Z| = \sqrt{8^2 + 6^2} = 10\ (\Omega)$

则每相负载的功率因数为

$$\cos\varphi = \frac{8}{10} = 0.8$$

当负载为星形连接时

$$I_L = I_P = \frac{U_P}{|Z|} = \frac{220}{10} = 22\ (\mathrm{A})$$

三相总有功功率为

$$P = \sqrt{3}U_L I_L \cos\varphi = \sqrt{3}\times 380\times 22\times 0.8 = 11.6\ (\mathrm{kW})$$

当负载为三角形连接时

$$I_P = \frac{U_P}{|Z|} = \frac{380}{10} = 38\ (\mathrm{A})$$

$$I_L = \sqrt{3}I_P = 66\ (\mathrm{A})$$

三相总有功功率为

$$P = \sqrt{3}U_L I_L \cos\varphi = \sqrt{3}\times 380\times 66\times 0.8 = 34.8\ (\mathrm{kW})$$

16.4　安 全 用 电

随着电能的广泛应用，生产与生活用电的普及，人们越来越认识到安全用电的重要性。因用电安全引发的火灾事故相应增多，做好用电安全工作，做好电气火灾的预防与现场灭火工作，提高用电安全技术理论水平，对防止发生电气设备损坏和人身触电事故具有重要意义。

16.4.1　电流对人体的伤害

电流对人体的伤害有两种类型，即电击和电伤。人体对触电电流的反应见表 16.1，电击是指电流通过人体内部，对人体内脏及神经系统造成破坏直至死亡；电伤是指电流通过人体外部表皮造成局部伤害。在触电事故中，电击和电伤常会同时发生。

表 16.1　人体对触电电流的反应

电流(mA)	通电时间	人体的反应情况	
		交流电(工频 50 Hz)	直流电
0～0.5	连续	无感觉	无感觉
0.5～5	连续	有麻刺、疼痛感，无痉挛	无感觉
5～10	数分钟内	痉挛、剧痛，但可摆脱电源	有针刺、压迫及灼热感
10～30	数分钟内	迅速麻痹、呼吸困难、不能自立	压痛、刺痛、灼热强烈，有抽搐
30～50	数秒钟至数分钟	心跳不规则、昏迷、强烈痉挛	感觉强烈，剧痛、痉挛
50～100	超过 3 s	心室颤动、呼吸困难以及麻痹而心脏停跳	剧痛、强烈痉挛、呼吸困难或麻痹

16.4.2 触电的形式

人体触电有以下 7 种不同的情况。

1. 单相触电

在低压电力系统中，若人站在地上接触到一根火线，电流通过人体流入大地，这种触电现象称为单相触电。对于高压带电体，人体虽未直接接触，但由于超过了安全距离，高电压对人体放电，造成单相接地而引起的触电，也属于单相触电。

低压电网通常采用变压器低压侧中性点直接接地和中性点不直接接地（通过保护间隙接地）的接线方式，这两种接线方式发生单相触电的情况如图 16.7 所示。

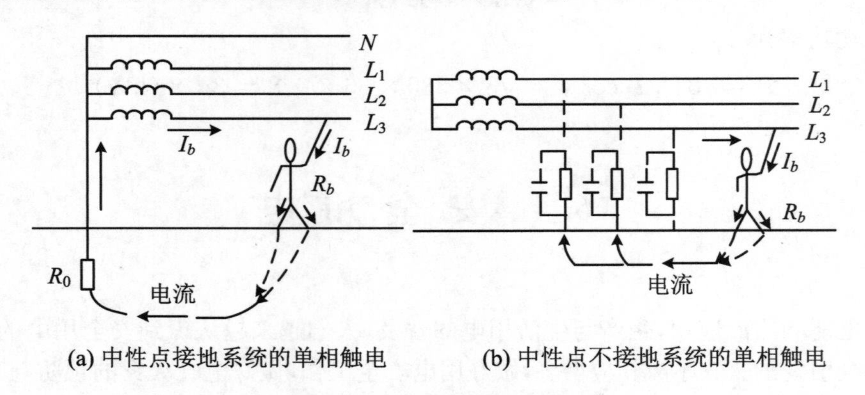

(a) 中性点接地系统的单相触电　　(b) 中性点不接地系统的单相触电

图 16.7　单相触电示意图

2. 两相触电

人体不同部位同时触及两相带电体，而发生电弧放电，电流从一相导体通过人体流入另一相导体，构成一个闭合回路，这种触电方式称为两相触电。发生两相触电时，作用于人体上的电压等于线电压，这种触电是最危险的，如图 16.8 所示。

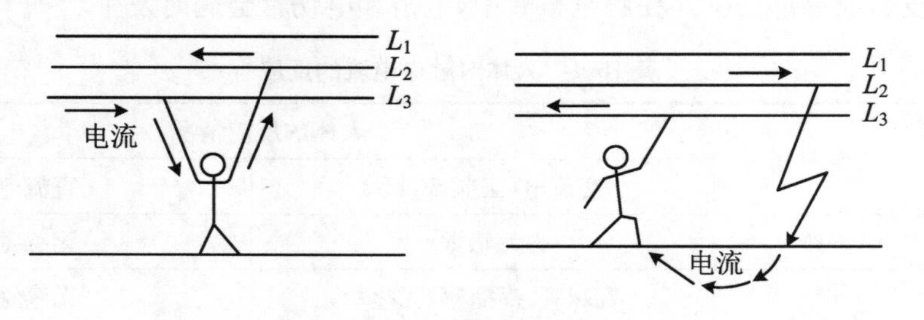

图 16.8　两相触电示意图

3. 跨步电压触电

这是危险性较大的一种触电方式。当外壳接地的电气设备发生接地故障，接地电流通过接地体流入大地，向四周扩散，在导线接地点及周围形成强电场。在地面上形成电位分布时，若人在接地短路点周围行走，其两脚之间的电位差就是跨步电压。由跨步电压引起的人体触电，称为跨步电压触电，如图16.9所示。

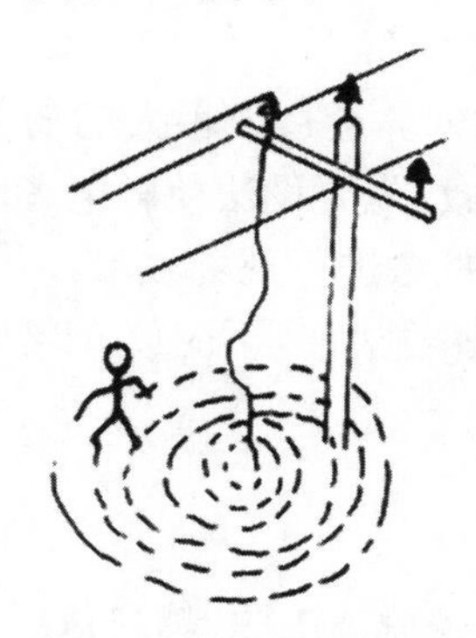

图16.9　跨步电压触电

4. 接触电压触电

人体接触因绝缘损坏而发生接地故障的电气设备的金属外壳或与其连接的导体时，所造成的触电称为接触电压触电。

5. 感应电压触电

临近带电体或雷电(云)使设备带电而触电。

6. 静电电压触电

由于摩擦而产生的静电使人触电。

7. 剩余电荷触电

带有剩余电荷的设备使人体触电。

16.4.3　安全用电注意事项

(1) 电器要按规定接线，不得随便改动和私自修理家用电器设备。

(2) 经常接触和使用的配电箱、配电板、闸刀开关、插座以及导线等，必须保持完好，不得有破损和裸露带电部分。

(3) 在移动电风扇、照明灯、电焊机等电气设备时，必须先切断电源，并保护好导线，以免磨损或拉断。

(4) 雷雨天不要站在高处和大树下面，更不要走近高压电线杆、铁塔、避雷针的接地导线。

(5) 对设备进行维修时，一定要切断电源，并在明显处放置“禁止合闸，有人工作”的警示牌。用电器具出现异常，要先切断电源，再做处理。

(6) 家用配电箱要装有漏电保护器，漏电保护器不能停止工作，如保护器一直跳闸，说明家中电气设备和线路有漏电故障，应及时找电工修理。

16.4.4　触电急救知识

当人体发生触电时，电流流过人体会造成很大的伤害，因此，当发生触电事故时，必须对触电者分秒必争地进行触电急救，先要设法使触电者脱离电源，再根据触电者的身体情况采用胸外心脏挤压法或人工呼吸法进行现场救治，同时及早与医疗部门联系，争取医务人员接替救治。在医务人员未接替救治前，不应放弃现场抢救，更不能只根据没有呼吸或脉搏停止擅自判定伤员死亡。

1. 脱离电源

触电急救，首先要使触电者迅速脱离电源，越快越好。先设法断开电源，再对触电者进行急救。如拉开电源开关或刀闸，拔除电源插头等；或使用绝缘工具及干燥的木棒、木板、绳索等不导电的东西解脱触电者；也可抓住触电者干燥而不贴身的衣服，将其拖开，切记要避免碰到金属物体和触电者的裸露身躯；也可戴绝缘手套或将手用干燥衣物等包起绝缘后解脱触电者；救护人员也可站在绝缘垫上或干木板上，使自己与大地绝缘。在操作时，最好用一只手进行。触电者未脱离电源前，救护人员不能直接用手触及伤员。如触电者处于高处，要采取措施预防解脱后高处坠落。

2. 对伤者的救治

触电伤者如神志清醒，应使其就地躺平，严密观察，暂时不要站立或走动。触电伤者如神志不清，应就地仰面躺平，且确保气道通畅，并用 5 s 时间，呼叫伤员或轻拍其肩部，以判定伤员是否意识丧失。禁止用摇动伤员头部的方式来唤醒伤者。

习　题

1. 若已知对称三相交流电源相电压 $u_U = 220\sqrt{2}\sin(\omega t + 30^\circ)$ V，当电源为星形连接和三角形连接时，分别写出其他两相的相电压和线电压。

2. 有一对称三相负载连成星形，已知电源线电压为 380 V，线电流为 6.1 A，三相功率为 3.3 kW，求每相负载的电阻和感抗。

3. 有一个三相对称负载，线电压为 380 V，每相负载的电阻为 80 Ω，感抗是 60 Ω，在负载连成星形和三角形两种情况下，求负载上通过的电流、相线上的电流和电路消耗的功率。

4. 在负载做星形连接的对称三相电路中，已知每相负载均为 $|Z| = 20$，设线电压 $U_L =$ 380 V，试求各相电流。

5. 三相对称负载做三角形连接，接于线电压为 380 V 的三相电源上，若第一相负载处因故发生断路，则第二相和第三相负载的电压分别为多少？

6. 在三相四线制供电线路中，已知线电压是 380 V，每相负载的阻抗是 22 Ω，求：(1) 负载两端的相电压、相电流和线电流；(2) 当中性线断开时，负载两端的相电压、相电流和线电流；(3) 当中性线断开而且第一相短路时，负载两端的相电压和相电流。

7. 有一台三相电动机，每相绕组的电阻是30 Ω，感抗是40 Ω，绕组星形连接，接于线电压为380 V的三相电源上，求电动机消耗的功率。

8. 某幢大楼均用荧光灯照明，所有负载对称地接在三相电源上，每相负载的电阻是6 Ω，感抗是8 Ω，相电压是220 V，求负载的功率因数和所有负载消耗的有功功率。

9. 一台三相电动机的绕组接成星形，接在线电压为380 V的三相电源上，负载的功率因数是0.8，消耗的功率是10 kW，求相电流和每相的阻抗。

10. 对称三相负载在线电压为220 V的三相电源作用下，通过的线电流为20.8 A，输入负载的功率为5.5 kW，求负载的功率因数。

实　训　篇

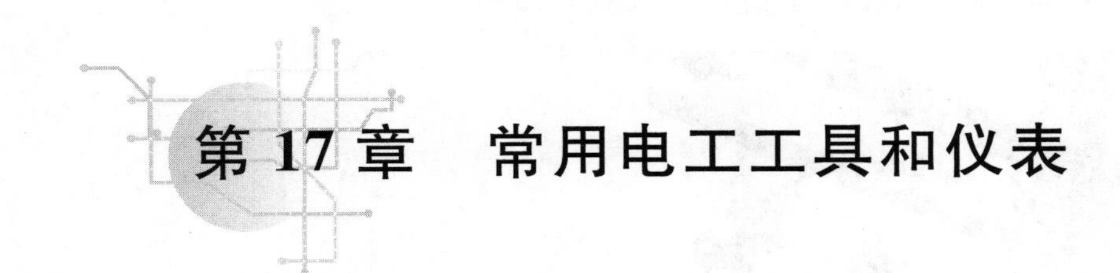

第 17 章　常用电工工具和仪表

17.1　常用电工工具的使用

【技能目标】

1. 掌握电工工具的结构、种类、使用与注意事项。

2. 能正确地操作使用电工工具及维护保养。

3. 在工作过程中，能进行安全文明生产。

4. 掌握电工工具特点、技术参数和应用场合，能根据实际现场情况选用不同类型、不同技术参数的电工工具。

5. 具有团队合作精神，具有一定的组织协调能力。

6. 能进行学习资料的收集、整理与总结，培养良好的工作习惯。

【项目描述】

电能是一种方便的能源，它的广泛应用有力地推动了人类社会的发展，给人类创造了巨大的财富，改善了人类的生活。为了保证电气工作的安全，电气工作人员除了必须掌握常用电工用具的正确使用方法外，还应明确在作业过程中应采取的各种安全技术措施及应严格执行的各种规章制度。

通过本任务的操作训练与学习，可初步了解电气安全知识，杜绝违反电气操作规程，能正确使用电工工具进行电工作业，学会电工工具的基本操作技能，更好地服务于电工行业。

【相关知识】

1. 电工安全工具

电工安全工具有绝缘工具、防护工具、安全标志工具 3 类。

(1) 绝缘工具是指在操作过程中防止人身触电的各类工具，如高低压验电器、绝缘棒(地线操作棒)、绝缘手套、绝缘靴、绝缘夹钳、绝缘胶垫等。

(2) 防护工具是指在操作过程中防止发生人身意外伤害的各类工器具，如护目眼镜、防毒面具、接地线、安全帽、安全带、安全绳、登高脚扣等，如图 17.1 所示。

(3) 安全标志工具是指为规范人在操作过程中的行为，设置在生产现场的各类警告牌、警示牌、提示牌、遮拦网等,如图 17.2、图 17.3 所示。

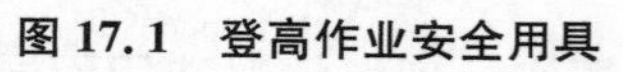
图 17.1　登高作业安全用具

图 17.2　安全防护遮拦

图 17.3　警示牌

2. 正确使用个人防护用品和安全防护工具

(1) 进入施工现场时,必须戴好安全工作帽,穿好工作服和绝缘鞋。在高空悬崖和陡坡处施工,必须系好安全带。

(2) 梯子不得缺档使用,在梯子架设时与地面的夹角以 60°为宜,不得大于 60°或小于 30°。禁止两人同时在梯子上作业。

(3) 电气设备着火时,应立即将有关的电源切断,用干砂或二氧化碳气体,以及干粉灭火器灭火。

3. 常用工具的使用注意事项

(1) 手动工具:合理使用专用工具,禁止超负荷、超范围使用工具。

(2) 电动工具:电动工具的电源线不可以任意延长或拆换,要保证良好的绝缘性;保证电源的完好,在工具活动部分加润滑油。使用移动式电动工具时,单相设备(如手电钻、手砂轮、电刨、冲电钻)应用三孔插座,三相设备应使用四孔插座,电气设备的金属外壳应可靠地接地或接零。

(3) 气动工具:保证气源的完好,工具活动部分要加润滑油。

【任务训练】

1. 工具与材料领取

(1) 由组长带队去工具室,每位领取电工常用工具一套,含有以下工具:电工刀、一字起子、十字起子、钢丝钳、尖嘴钳、验电笔、活络扳手、电工皮带皮插。

(2) 2.5 m 人字梯、导线材料等。

2. 工具检验

(1) 检查起子、钳子握手部位的绝缘部分是否无裂纹与损坏。

(2) 将验电笔插入有电的插座检查验电笔是否能正常发光。

(3) 检查人字梯的梯脚是否有防滑护角,拉绳或铰链应牢固。

3. 填写材料与工具领取单,并签字确认

工具与材料领取单见表17.1。

表17.1　工具与材料领取单

序号	名称	规格	数量	领取人签字	归还人签字	备注
1	电工刀	125 mm	1把			
2	一字起子	50 mm	1把			
3	十字起子	75 mm	1把			
4	钢丝钳	200 mm	1把			
5	尖嘴钳	150 mm	1把			
6	验电笔	低压	1支			
7	活络扳手	150 mm	1把			
8	压线钳	SNA-02C或自定	1把			
9	剥线钳	自定	1把			
10	电工皮带	自定	1根			
11	电工皮插	7孔	1个			
12	人字梯	2.5 m	1把			

4. 穿戴与使用绝缘防护用具

工作负责人认真检查每位工作人员的穿戴情况:

进入实训室或者工作现场,必须穿工作服(长袖),戴好工作帽,长袖工作服不得卷袖。进入现场必须穿合格的工作鞋,任何人不得穿高跟鞋、网眼鞋、钉子鞋、凉鞋、拖鞋等进入现场。

确认工作者穿好工作服;

确认工作者紧扣上衣领口、袖口,如图17.4所示;

确认工作者穿上绝缘鞋;

确认工作者戴好工作帽。

对穿戴不合格的工作者,取消其此次工作资格。

图17.4　电工作业人员

5. 电工刀

电工刀是用来剖削导线绝缘层、切割电工器材、削制木榫的常用电工工具,如图17.5所示。

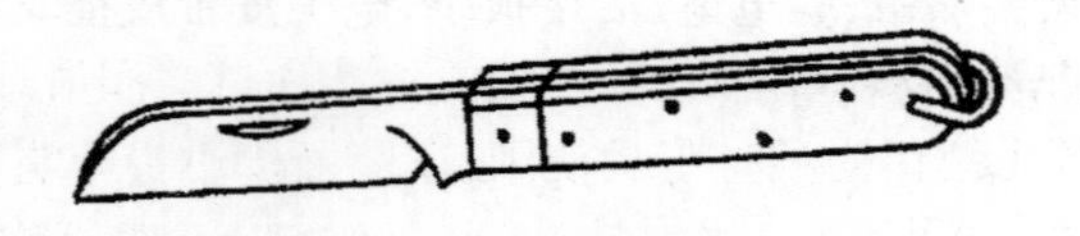

图 17.5　电工刀

电工刀按结构分，有普通式和三用式两种。普通式电工刀有大号和小号两种规格；三用式电工刀除刀片外，还增加了锯片和锥子，锯片可锯割电线槽板、塑料管和小木桩，锥子可钻木螺钉的定位底孔。

使用电工刀时，应将刀口朝外，一般是左手持导线，右手握刀柄，如图 17.6 所示。刀片与导线成较小锐角，否则会割伤导线，如图 17.7 所示。电工刀刀柄是不绝缘的，不能在带电导线上进行操作，以免发生触电事故。电工刀使用完毕，应将刀体折入刀柄内。塑料硬导线与塑料护套线的剖削方法如图 17.8、图 17.9 所示。

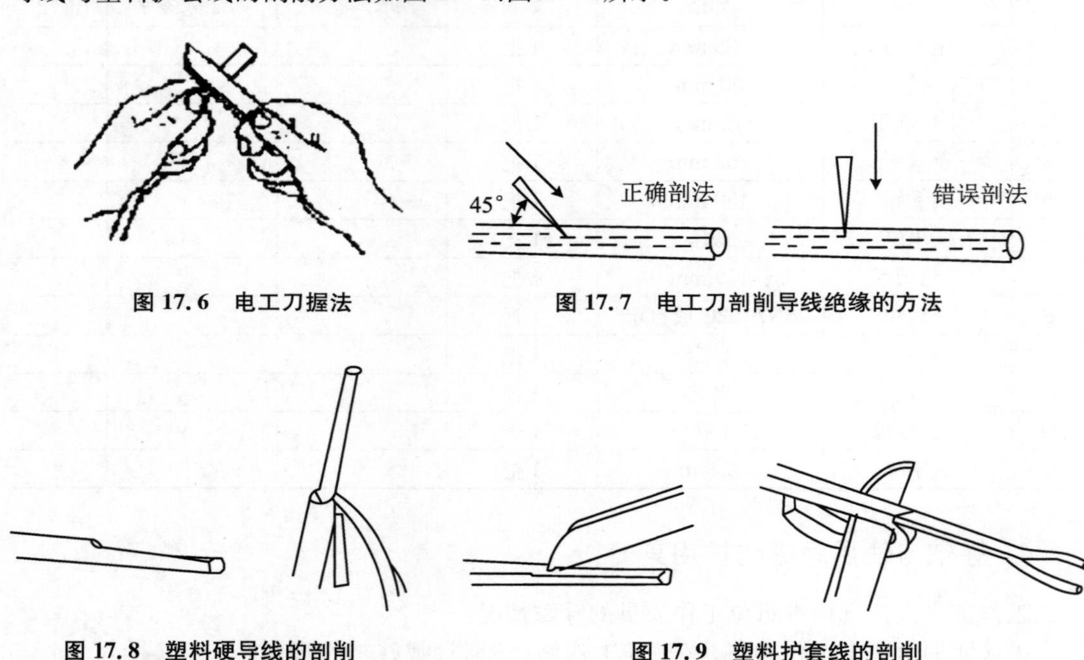

图 17.6　电工刀握法　　**图 17.7　电工刀剖削导线绝缘的方法**

图 17.8　塑料硬导线的剖削　　**图 17.9　塑料护套线的剖削**

6. 电工钳

(1) 钢丝钳

钢丝钳又称克丝钳，是钳夹和剪切工具，由钳头和钳柄两部分组成。电工用的钢丝钳钳柄上套有耐压为 500 V 以上的绝缘套管，如图 17.10 所示。钢丝钳的钳头功能较多，钳口用来弯绞或钳夹导线线头，如图 17.11 所示；齿口用来紧固或起松螺母，如图 17.12 所示；刀口用来剪切导线或剖切导线绝缘层，如图 17.13 所示；铡口用来铡切导线线芯、钢丝或铁丝等较硬金属，如图 17.14 所示。钢丝钳常用的有 150 mm、175 mm 和 200 mm 三种规格。

使用钢丝钳应注意的事项有：

① 使用前应检查绝缘柄是否完好，以防带电作业时触电。

② 当剪切带电导线时，绝不可同时剪切相线和零线或两根相线，以防发生短路事故。

③ 要保持钢丝钳的清洁，钳头应防锈，钳轴要经常加机油润滑，以保证使用灵活。

④ 钢丝钳不可代替手锤作为敲打工具使用，以免损坏钳头影响使用寿命。

⑤ 使用钢丝钳应注意保护钳口的完整和硬度，因此，不要用它来夹持灼热发红的物体，以免“退火”。

⑥ 为了保护刃口，一般不用来剪切钢丝，必要时只能剪切 1 mm 以下的钢丝。

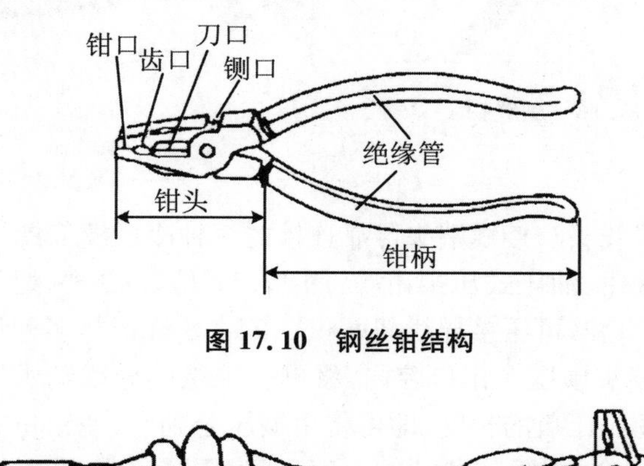

图 17.10　钢丝钳结构

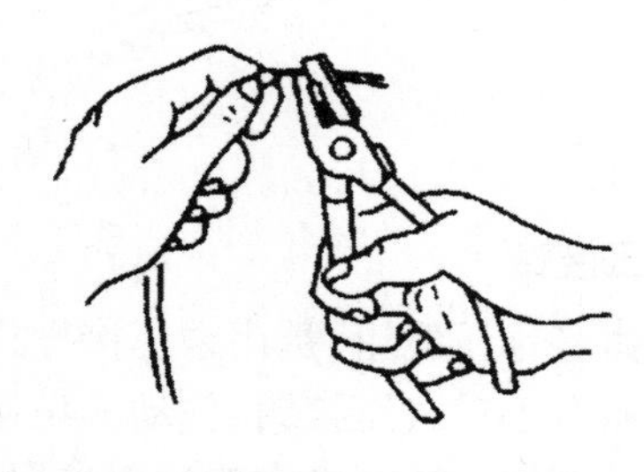

图 17.11　钢丝钳弯铰导线

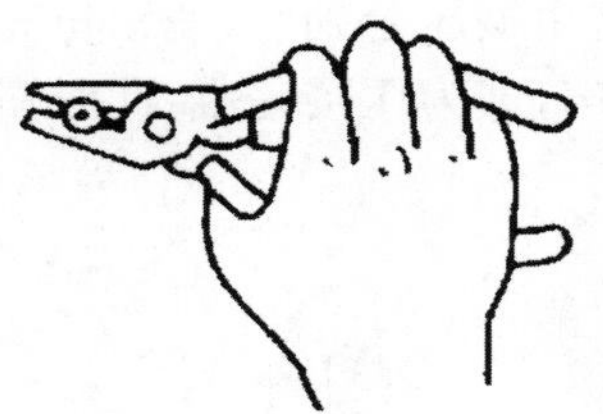

图 17.12　钢丝钳紧固螺母

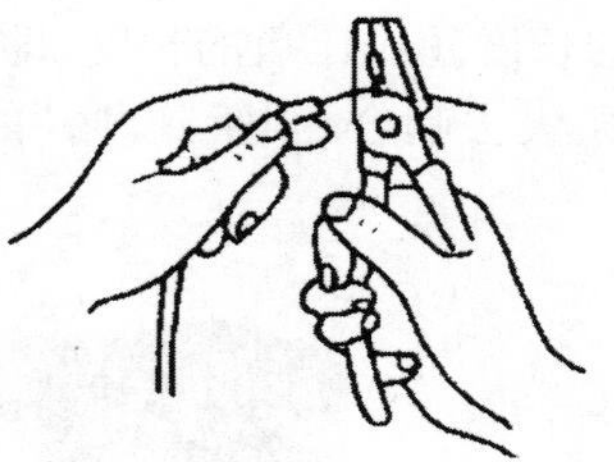

图 17.13　钢丝钳剪切导线

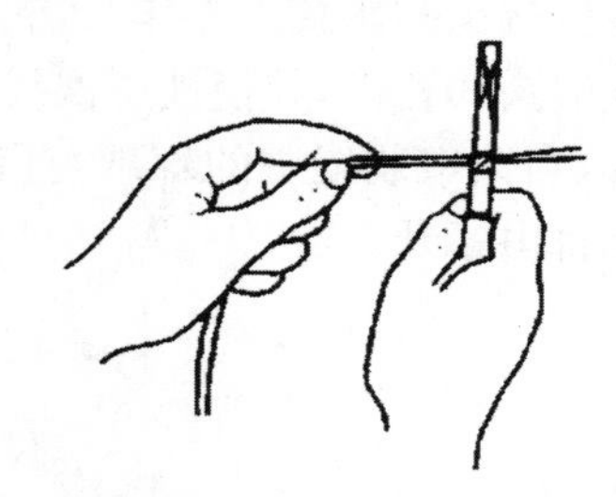

图 17.14　钢丝钳铡切钢丝

(2) 尖嘴钳

尖嘴钳的头部细，又称尖头钳，适用于在狭小的工作空间操作，电工用的尖嘴钳柄上套有耐压为 500 V 以上的绝缘套管，其结构如图 17.15 所示。

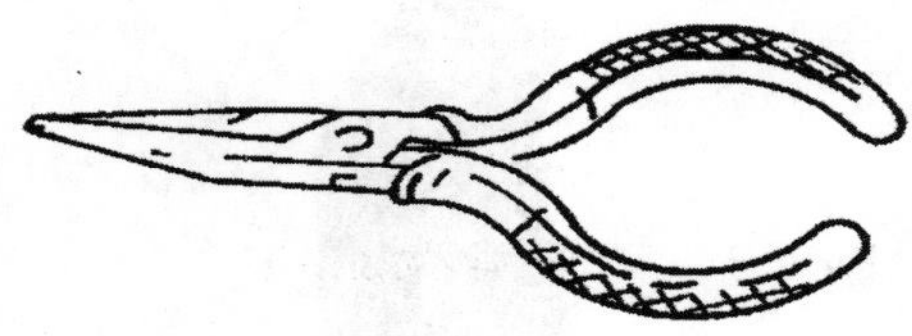

图 17.15　尖嘴钳

尖嘴钳用来夹持较小螺钉、垫圈、导线等元件；刃口能剪断细小导线或金属丝；在装接电气控制线路板时，可将单股导线弯成一定圆弧的接线鼻子。常用的有 130 mm、160 mm、180 mm和 200 mm 4 种规格。使用尖嘴钳应注意的事项与钢丝钳相同。

(3) 剥线钳

剥线钳用来剥削截面积为 6 mm^2 以下的塑料或橡皮电线端部的表面绝缘层。

剥线钳由切口、压线口和钳柄组成，钳柄上套有耐压为 500 V 以上的绝缘管，其结构如图 17.16 所示。剥线钳的切口分为 0.5～3 mm 多个直径切口，用于不同规格的芯线剥削。使用时先选定好被剥除的导线绝缘层的长度，然后将导线放入大于其芯线直径的切口上，用手将钳柄一握，导线的绝缘层即被割断自动弹出。切不可将大直径的导线放入小直径的切口，以免切伤线芯或损坏剥线钳，也不可当作剪丝钳用。用完后要经常在它的机械运动部分滴入适量的润滑油。

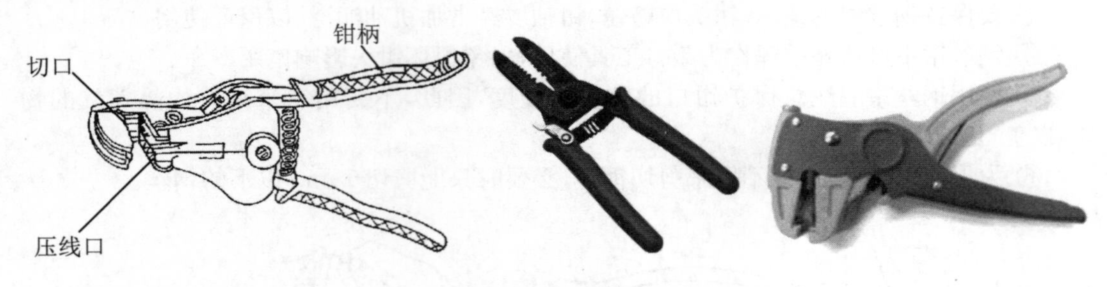

图 17.16 剥线钳

(4) 压接钳

压接钳又称压线钳，是用来压接导线线头与接线端头可靠连接的一种冷压模工具。

压接钳有手动式压接钳、气动式压接钳、油压式压接钳等，图 17.17 是 YJQ-P2 型手动压接钳的外形图。该产品有四种压接钳口腔，可压接导线截面积 0.75～8 mm^2 等多种规格与冷压端头的压接。操作时，先将接线端头预压在钳口腔内，将剥去绝缘的导线端头插入接线端头的孔内，并使被压裸线的长度超过压痕的长度，即可将手柄压合到底，使钳口完全闭合，当锁定装置中的棘爪与齿条失去啮合，则听到“嗒”的一声，即为压接完成，此时钳口便能自由张开。

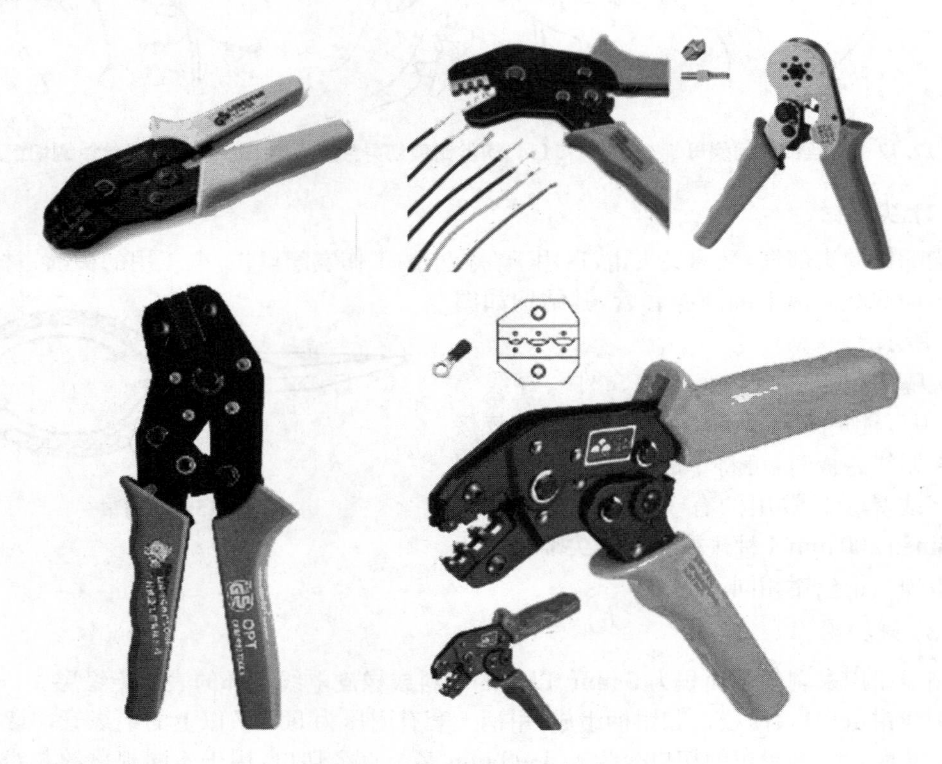

图 17.17 手动压接钳

使用压接钳的注意事项有：

① 压接时钳口、导线和冷压端头的规格必须相配。

② 压接钳的使用必须严格按照其使用说明正确操作。

③ 压接时必须使端头的焊缝对准钳口凹模。

④ 压接时必须在压接钳全部闭合后才能打开钳口。

7. 螺丝刀

螺丝刀又称起子、改锥，是电工最常用的基本工具之一，用来拆卸、坚固螺钉。

螺丝刀的规格按其性质分，有非磁性材料和磁性材料两种；按头部形状分，有一字形和十字形两种；按握柄材料分，有木柄、塑柄和胶柄，其结构如图 17.18 所示。一字形螺丝刀常用的有 50 mm，75 mm，100 mm，150 mm 和 200 mm 等规格。十字形螺丝刀有Ⅰ、Ⅱ、Ⅲ和Ⅳ 4 种规格，Ⅰ号适用于直径为 2～2.5 mm 的螺钉；Ⅱ号适用于直径为 3～5 mm 的螺钉；Ⅲ号适用于直径为 6～8 mm 的螺钉；Ⅳ号适用于直径为 10～12 mm 的螺钉。

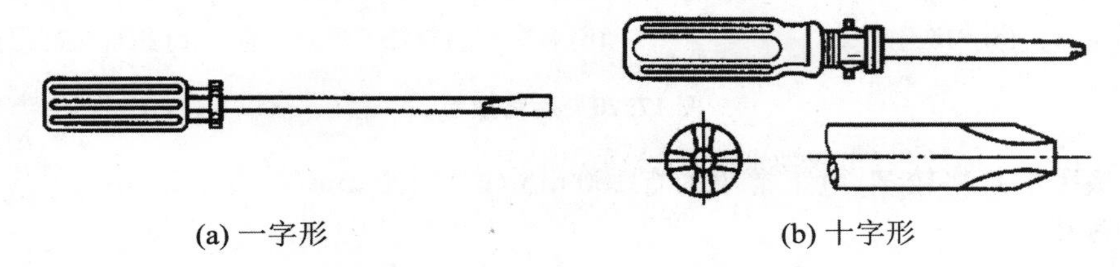

(a) 一字形　(b) 十字形

图 17.18　螺丝刀

使用螺丝刀的注意事项有：

(1) 螺丝刀拆卸和紧固带电的螺钉时，手不得触及螺丝刀的金属杆，以免发生触电事故，螺丝刀的使用方法如图 17.19 所示。

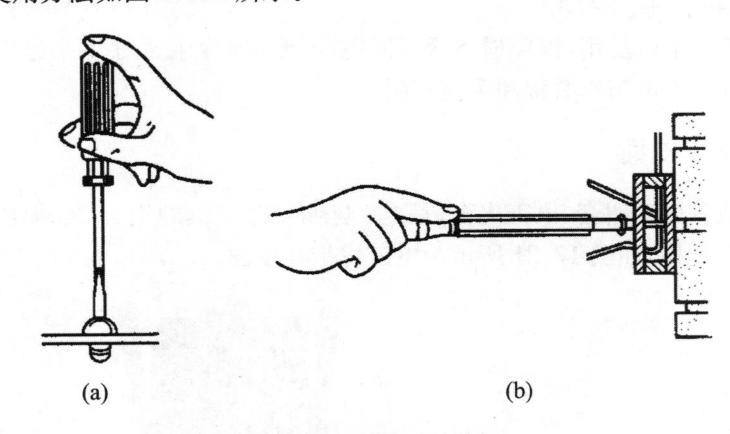

(a)　(b)

图 17.19　螺丝刀的使用

(2) 为了避免金属杆触及手部或触及邻近带电体，应在金属杆上套上绝缘管。

(3) 使用螺丝刀时，应按螺钉的规格选用适合的刃口，以小代大或以大代小均会损坏螺钉或电气元件。

(4) 为了保护其刃口及绝缘柄，不要把它当凿子使用。木柄起子不要受潮，以免带电作业时发生触电事故。

(5) 螺丝刀紧固螺钉时，应根据螺钉的大小、长短采用合理的操作方法。对于短小螺钉可用大拇指和中指夹住握柄，用食指顶住柄的末端拧旋。对于较大螺钉，使用时除大拇指和中指要夹住握柄外,手掌还要顶住柄的末端,这样可防止旋转时滑脱。

(6) 用螺丝刀进行螺丝(钉)的拧紧操作时,力度适当,拧紧即可,不能过度拧紧,以免将螺丝(钉)的头部拧坏。

8. 活络扳手

活络扳手是用来紧固和拆卸螺丝、螺母的一种专用工具。它由头部和柄部组成。头部由活络扳唇、呆扳唇、扳口、蜗轮和轴销等构成。其结构如图 17.20 所示。

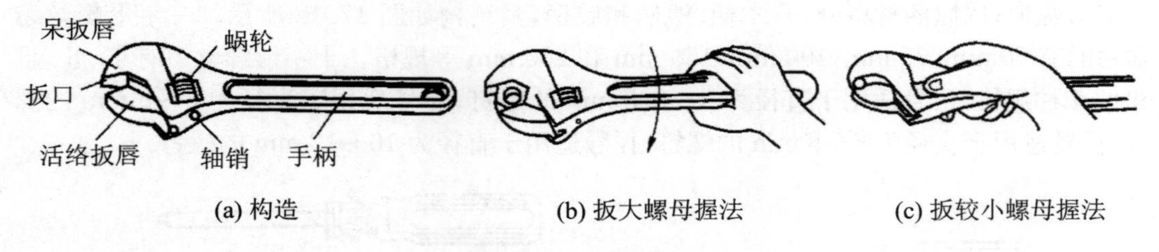

(a) 构造　(b) 扳大螺母握法　(c) 扳较小螺母握法

图 17.20　活络扳手

活络扳手的规格较多,电工常用的有 150 mm(6″)、200 mm(8″)、250 mm(10″)、300 mm(12″)4 种规格。

使用活络扳手的注意事项有:

(1) 应根据螺丝或螺母的规格旋动蜗轮调节好扳口的大小。扳动较大螺丝或螺母时,需用较大力矩,手应握在手柄尾部。

(2) 扳动较小螺丝或螺母时,需用力矩不大,手可握在接近头部的地方,并可随时调节蜗轮,收紧活络扳唇,防止打滑。

(3) 活络扳手不可反用,以免损坏活络扳唇,不准用钢管接长手柄来施加较大力矩。

(4) 活络扳手不可当作撬棍和手锤使用。

9. 电工皮带皮插

电工皮插或称电工钳套、电工皮套,是电工随身携带工具的用具,要求结实耐用。有五孔、七孔、十孔等规格,如图 17.21 所示为电工皮带与皮插。

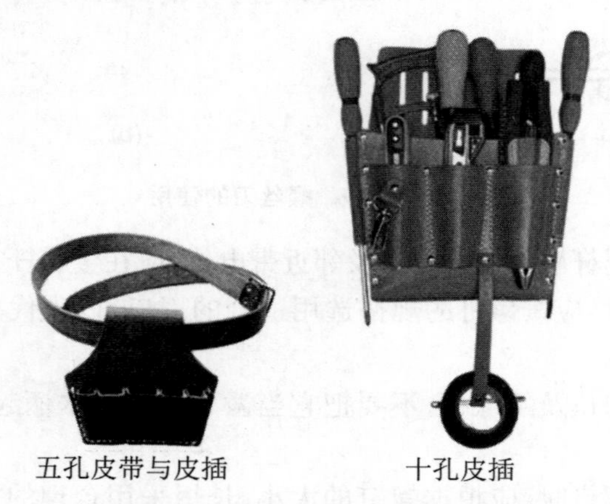

图 17.21　电工皮带与皮插

10. 电工绝缘梯

电工绝缘梯是电工在高处作业的常备工具，分为单梯、人字梯与伸缩梯等形式，如图 17.22所示。电工绝缘梯使用时应注意以下事项：

(1) 检查并确保所有梯脚防滑良好，与地面接触应良好，以防打滑，同时有监护人员扶住梯子进行安全保护，防止梯子侧歪，并用脚踩住梯子的底脚，以防底脚发生移动。

(2) 使用梯子时应选择坚硬、平整的地面，以防止侧歪发生危险。

(3) 在单梯上工作时，梯子与地面的夹角应在 60°左右。人字梯必须有牢固的拉线或铰链，以限制人字梯的张开度。

(4) 在伸缩梯子升降时，严禁手握横撑，以防横撑切伤手指。

(5) 作业人员在梯子上工作时，其脚部必须站在距梯子顶端不小于 1 m 的梯凳上工作。只允许一人攀登梯子或在梯子上工作。

(6) 攀登梯子时必须穿平底鞋，以免打滑发生意外。在梯上工作时，应始终保持身体在梯梆的横撑中间，不能左右伸到外面，防止失去平衡而发生意外。

(7) 工作完成，将梯子擦拭干净，放在干燥的地方保存。

图 17.22 电工绝缘梯

11. 验电器

验电器分为高压验电器与低压验电器。

低压验电器又称验电笔，简称电笔，是用来检验低压导体和电气设备的金属外壳是否带电的基本安全用具，其检测电压范围为 60～500 V，具有体积小、携带方便、检验简单等优点，是电工必备的工具之一。

常用的有笔式、螺丝刀式和数显式。验电笔由氖管、电阻、弹簧、笔身和笔尖等组成，验电笔结构如图 17.23 所示。数显式验电器由数字电路组成，可直接测出电压的数值。

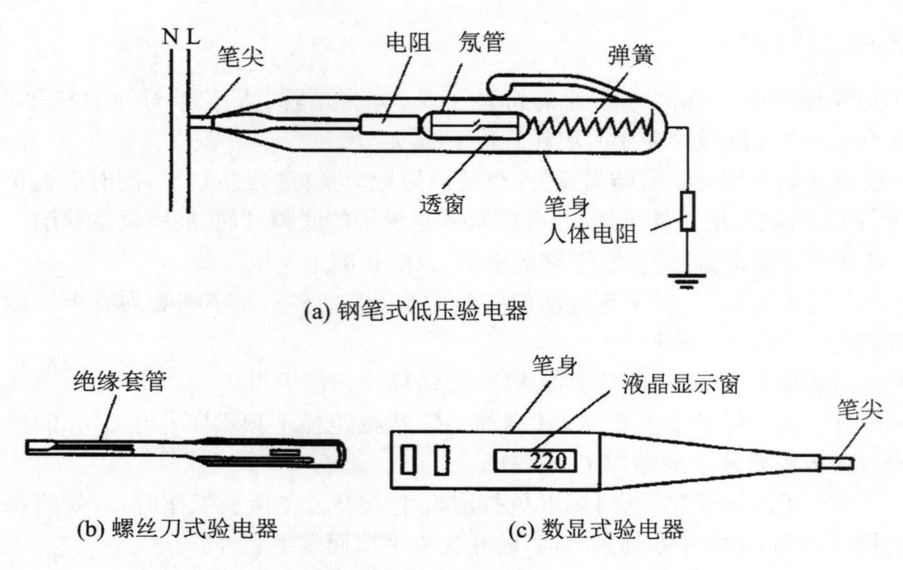

(a) 钢笔式低压验电器

(b) 螺丝刀式验电器　　(c) 数显式验电器

图 17.23　验电笔

验电笔的原理是被测带电体通过电笔、人体与大地之间形成的电位差产生电场，电笔中的氖管在电场的作用下便会发出红光。

验电笔验电时应注意以下事项：

(1) 测试时，手握电笔方法必须正确，手必须触及笔身上的金属笔夹或铜铆钉，不能触及笔尖上的金属部分(防止触电)，并使氖管窗口面向自己，便于观察(图 17.24)。

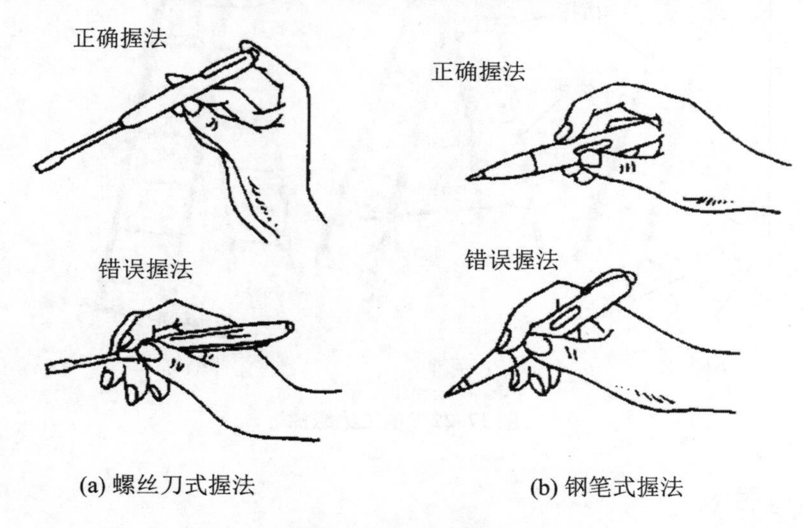

(a) 螺丝刀式握法　　(b) 钢笔式握法

图 17.24　电笔握法

(2) 测试时切忌将笔尖同时搭在两根导线或一根导线与金属外壳上，以防造成短路。

(3) 在使用前应先在确认有电源的部位测试电笔氖管是否能正常发光，确认氖管完好后方能使用，严防发生事故。

(4) 在明亮光线下测试时，不易看清氖管是否发光，使用时应避光检测。

电笔笔尖多制成螺钉旋具形状，它只能承受很小的扭矩，使用时应特别注意，以免损坏。电笔不可受潮，不可随意拆装或受到剧烈振动，以保证测试可靠。

验电笔除用来测量区分相线与零线之外，还可以进行几种一般性的测量：

① 区别交、直流电源：当测试交流电时，氖管两个极会同时发亮；而测直流电时，氖管只有一极发光，把验电笔连接在正负极之间，发亮的一端为电源的负极，不亮的一端为电源的正极。

② 判别电压的高低：有经验的电工可以凭借自己经常使用验电笔氖管发光的强弱来估计电压高低的大约数值，电压越高，氖管越亮。

③ 判断感应电：在同一电源上测量，正常时氖管发光，用手触摸金属外壳会更亮，而感应电发光弱，用手触摸金属外壳时无反应。

④ 检查相线碰壳：用验电笔触及电气设备的金属壳体，若氖管发光则有相线碰壳漏电的现象。

高压验电器是检验高压电气设备的金属外壳是否带电的基本安全用具，一般的高压验电器是"声光双重"验电器，验光灵敏度高，当接近带高压电被检测设备时，会发出闪烁光并发出"有电危险，请勿靠近"的声音进行警示。高压验电器的结构如图17.25所示。

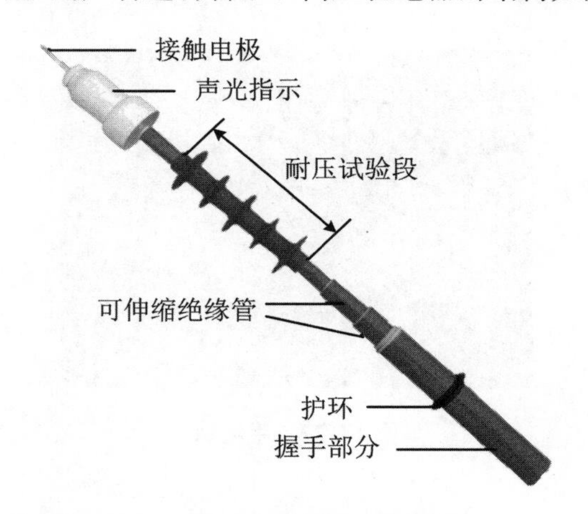

图17.25　高压验电器结构图

高压验电器的使用注意以下事项：

(1) 使用前根据被验电设备的额定电压选用合适电压等级的合格验电器。

(2) 在使用前应先进行自检，用手指按动自检按钮。指示灯应间断闪红光，并有报警声，先在有电设施上进行检验，验证验电器确实性能完好，方能使用。

(3) 在进行10 kV以上验电作业时，工作人员戴绝缘手套、穿绝缘鞋并保持对带电设备的安全距离。操作时应一人操作，另一人监护。

(4) 操作时，必须手握操作手柄并将操作杆全部拉出，将验电器渐渐移向设备，在移近过程中若有发光或发声指示表明被试设备有电，则立即停止验电，如图17.26所示。

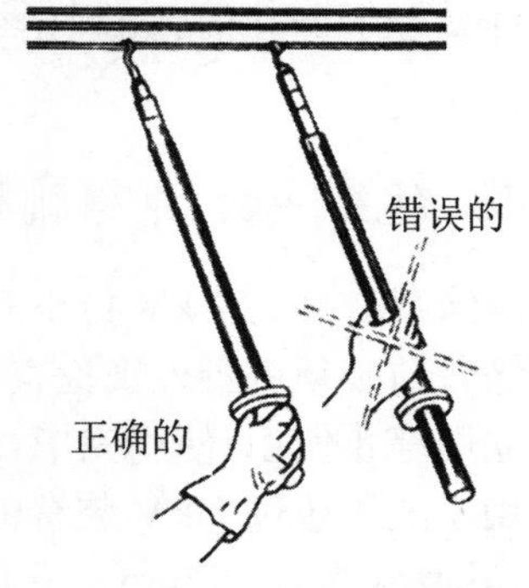

图17.26　高压验电器的使用方法

(5) 验电器应存放在干燥、通风、无腐蚀气体的场所，定期做绝缘耐压试验、启动试验。潮湿地方3个月，干燥地方半年。如发现该产品不可靠应停止使用。

(6) 不能在雨天、雾天使用。

注意：所有的电工工具使用完毕后，不能随意乱扔乱放，应立即归回原处，以便下次使用，养成良好的工作习惯。

12. 手电钻和冲击钻

(1) 手电钻

手电钻是利用钻头加工孔的一种手持式常用电动工具。常用的电钻有手枪式和手提式两种，如图17.27所示。

手电钻采用的电压一般为220 V或36 V的交流电源。在使用220 V的手电钻时，为保证安全应戴绝缘手套，在潮湿的环境中应采用36 V安全电压。手电钻接入电源后，要用电笔测试外壳是否带电，以免发生事故。拆装钻头时应用专用工具，切勿用螺丝刀和手锤敲击钻夹。

图17.27　手电钻

(2) 冲击钻

冲击钻是用来冲打混凝土、砖石等硬质建筑面的木榫孔和导线穿墙孔的一种工具。它具有两种功能：一种是作为冲击钻使用，另一种可作为普通电钻使用，使用时只要把调节开关调到“冲击”或“钻”的位置即可。用冲击钻需配用专用的合金冲击钻头，其规格有6 mm，8 mm，10 mm，12 mm和16 mm等多种。在冲钻墙孔时，应经常拔出钻头，以利于排屑。在钢筋建筑物上冲孔时，碰到坚实物不应施加过大压力，以免钻头退火和冲击钻抛出造成事故。

13. 绝缘手套、绝缘靴和绝缘垫

绝缘手套分为1 kV以下和1 kV以上两种。绝缘靴仅有一种规格。在使用绝缘手套和绝缘靴前必须进行外观检查，看其有无破裂(漏气处)、脱胶或其他损伤，若发现其有缺陷则应立即停止使用；使用完毕，应妥善保管存放。

用于电压超过1 kV装置的绝缘垫，其厚度通常为7～8 mm；用于1 kV以下装置的绝缘垫，其厚度为3～5 mm。不允许使用有破裂或损伤的绝缘垫。

【考核评价】

考核评价表见表17.2。

表17.2　考核评价表

考核项目	考核内容及评分标准	考核方式	比重
态度	1. 工作现场整理、整顿、清理不到位,扣5分 2. 操作期间不能做到安全、整洁等,扣5分 3. 不遵守教学纪律,有迟到、早退、玩手机、打瞌睡等违纪行为,每次扣5分 4. 进入操作现场,未按要求穿戴,每次扣5分	学生互评(小组长)+教师评价	40%
知识技能	1. 不会使用电工刀,扣3分 2. 不会使用电工钳,每种扣5分 3. 不会使用螺丝刀,每种扣3分 4. 不会使用活络扳手,扣3分 5. 不会使用电工皮带皮插,扣3分 6. 不会使用电工绝缘梯,扣3分 7. 不会使用验电器,扣3分 8. 不会使用手电钻和冲击钻,扣3分 9. 不会使用绝缘手套、绝缘靴和绝缘垫,扣3分 10. 进行技能答辩错误,每次扣3分	教师评价	60%

【拓展提高】

1. 扭力矩起子

(1) 扭力矩螺丝刀介绍(以东日牌为例)

① RTD系列(图17.28)。此系列一共有6个型号,分别为15,30,60,120,260,500,长度上15 CN和30 CN都是100 mm,60 CN为105 mm,120 CN为120 mm,260 CN为140 mm,500 CN为150 mm;其分类的依据是根据测量的刻度进行的,所以在选择的时候要提前想好自己使用的范围。

② FTD系列(图17.29)。此产品分为10,20,50,100,200,400几个型号。

③ LTD系列(图17.30)。此产品分为30,60,120,260,500,1000,2000几个型号,具体的刻度请参考参数。

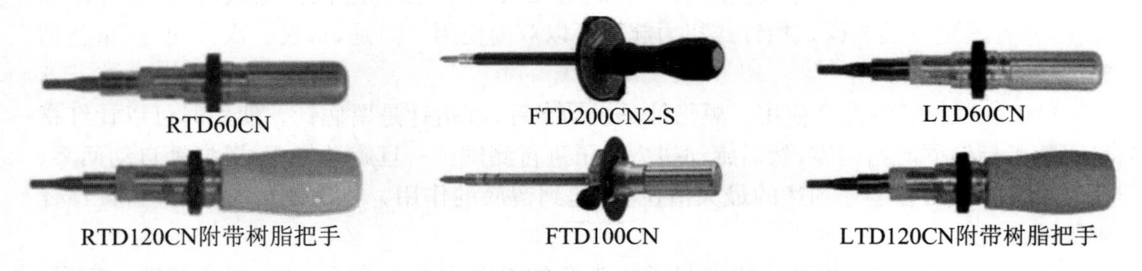

图17.28　RTD系列外形图　　图17.29　FTD系列外形图　　图17.30　LTD系列外形图

④ NQ型扭力矩改锥结构图(图17.31)

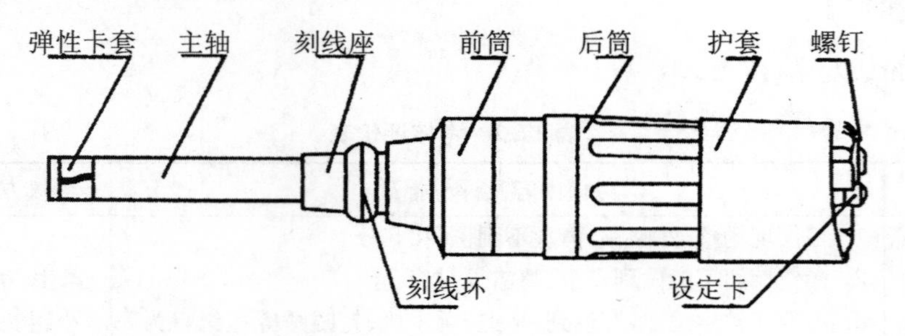

图17.31　扭力矩改锥结构图

(2) 数显扭力螺丝刀适用范围

① 适用于精确紧固和检查。

② 适用于研究和开发电子设备。

③ 适用于扭力螺丝刀的日常检查。

(3) 数显扭力螺丝刀特点

① 附带多功能LED环,操作人员可以通过目测和声音,检查扭矩状态并进行判断。

② 可倒置显示,带按键操作。

③ 可通过USB连接在个人计算机上进行数据管理。

④ 可存储1000条数据,精度为±1%。

⑤ 双向棘轮装置。

⑥ 内置锂离子电池,可反复充电。

⑦ 适用于国际范围,包括欧盟地区,校准程序符合ISO6789I型E类标准。

(4) 扭力螺丝刀的使用方法

① 设定所要求的扭力。所要求的扭力可通过轴筒上的刻度进行设定,将副标圈的零刻度对准圆筒上的中心线,然后顺时针转动轴筒,以便增加读数,到达所要求的扭力值处,停下即可。

② 预置式扭力起子的正确使用。预置式扭力起子经设定后可通过转接器与各种紧固件相连接,顺时针拧动,进行紧固扭力的测量。当到达设定值时,会发出"嗒嗒,嗒……"的声响。预置式扭力起子一经设置便可在同一设定值下反复使用,直到需要设定另一个扭力值时为止。

③ 表盘式扭力螺丝刀使用方法:

(a) 调整指针零位。先按使用的方法试用几次,然后松开定位长螺栓,让黑指针指向零位,并拧紧定位长螺栓。指针式扭力起子可以双向使用。但是,每换一次方向,须重新调整零位。

(b) 红黑指针的配合使用。黑指针是主动指针,红指针是留底针。使用时可以让红指针跟随黑指针同时指向零,然后旋动扭力起子进行测试。一旦旋动停止,黑指针自动回零,而红指针将停留在刚才到达的最大值位置,起到留底的作用。再次使用时,须重新置红针到零的位置。

(c) 刀头的更换。指针式扭力起子的头部是通用的六角孔,可以方便地调换一字形、十字形刀头或其他形状的刀头(刀头须自备)。

2. 扭力矩扳手

(1) 扭力矩扳手的外形图

扭力矩扳手的外形图如图17.32所示。

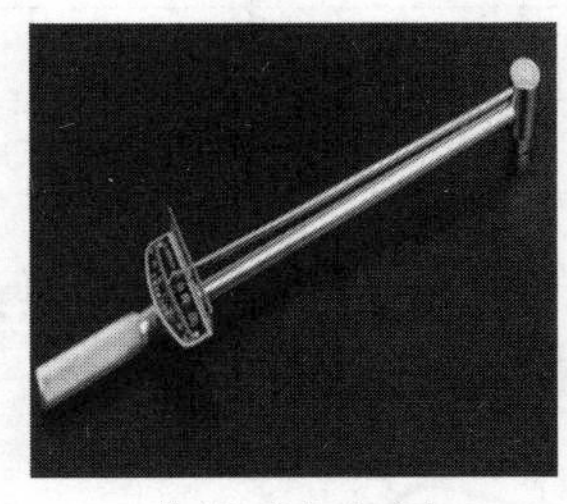

(a) 指针式扭矩扳手

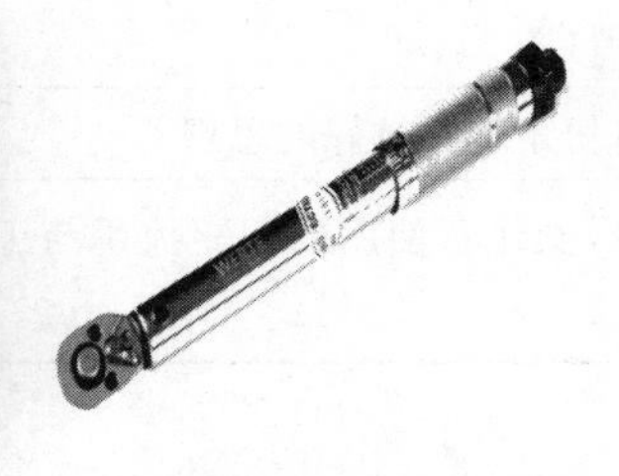

(b) 预制式扭矩扳手

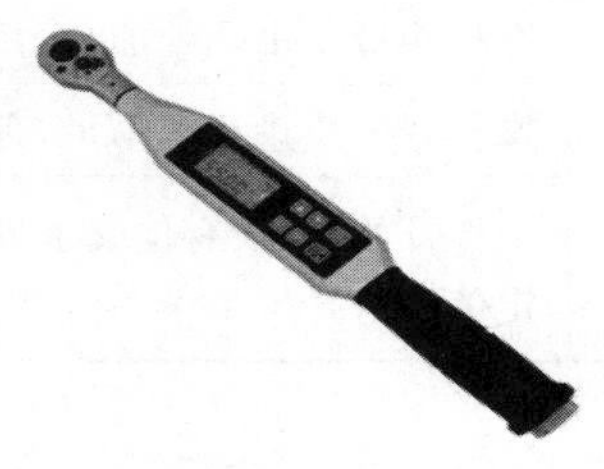

(c) 数显式扭矩扳手

图17.32　扭力矩扳手外形图

(2) 扭矩扳手的施加扭矩的过程以及结构

用扭矩扳手施加扭矩时,通过与扭矩扳手的棘轮头稳固连接的套筒连接需要施加扭矩的螺母/螺栓,手掌握在扭矩扳手手柄上的有效刻度线,顺时针或逆时针加力,这个力带动螺母/螺栓,当螺母/螺栓紧固,所带的扭矩与扭矩扳手设定的扭矩相等时,扭矩扳手的棘轮带动扭矩扳手的头部,把扭矩传递到触发器,触发器向右侧滑动(卸力)。当滚柱碰到管后,会发出"咔嗒"的信号,听到信号后立即停止加力,取下扭矩扳手,即完成施加扭矩过程。

(3) 扭矩扳手设定值调整大致有2种形式

其一,属于预调式扭矩扳手的调整方法。松开尾部锁夹→根据需要的设定值旋转尾部的补助分度轮(顺时针增加扭矩,逆时针减少扭矩)→使分度轮的刻度与扭矩扳手的设定值相符→扭矩扳手校验仪校验。

其二,属于定值式扭矩扳手的调整。松开后盖→相应的六角匙松开锁紧螺钉→调整工具旋转推压环设定一个扭矩值→用扭矩测试仪校验扭矩→固锁紧螺钉→锁紧后盖。

(4) 扭矩扳手的使用方法

施加扭矩时,手握在扭矩扳手手柄的中间刻度线位置。方头与套筒、螺母/螺栓稳固连接(对于开口/梅花系列扭矩扳手,应将开口/梅花头完全插入/沉入螺母中),只能在扭矩扳手标注的方向上施力,同时施力方向应在±15°内(水平方向和垂直方向)。施力时应缓慢和平稳,切忌冲击力。当听到"咔嗒"声后立即停止。不正确的操作方法和不当的主要表现形式见表17.3。

表17.3　不正确的操作方法和不当的主要表现形式

序号	错误的操作扭矩扳手形式	实际扭矩结果
1	施加扭矩速度过快,依靠瞬时的冲击力完成	偏小
2	扭矩扳手信号响后,继续施力	偏大
3	扭矩扳手不与螺母端面保持平行(图17.33),不在-15°～15°范围内	偏小

续表

序号	错误的操作扭矩扳手形式	实际扭矩结果
4	操作者的手没有握在扳手手柄的有效线上(图 17.34)	偏大或偏小
5	用扳手施加扭矩时,扭矩扳手信号响后,螺母没有发生位移时,操作者没有退松重新施加扭矩	偏大
6	在扭矩扳手手柄处加长力臂(图 17.35)	偏大
7	操作者的质量意识不足,有扭矩越大越好的思想	偏大
8	工作开始前,没有检查工具,操作者使用的扭矩扳手与工位不对应(设定值不对)	偏大或偏小

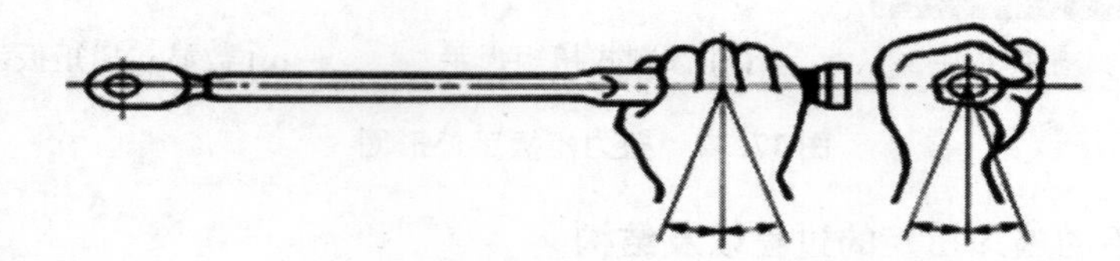

图 17.33　施加扭矩方向

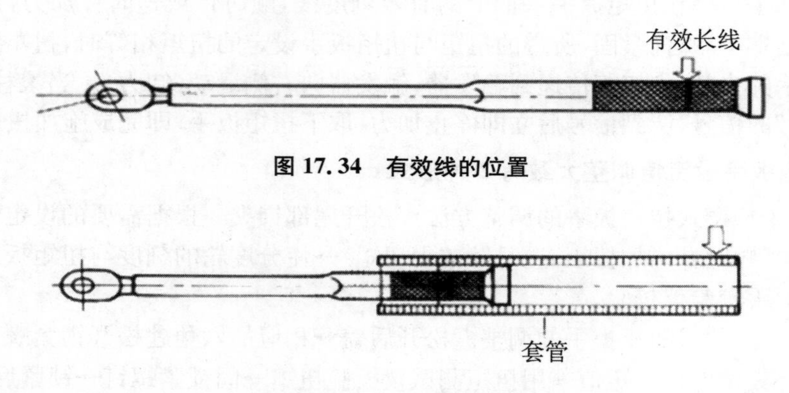

图 17.34　有效线的位置

图 17.35　加长套管(错误)

(5) 选用扭矩扳手要考虑的几点因素

扭矩扳手的选用应根据设定的扭矩值,设定的扭矩值应尽量在扭矩扳手使用范围的 1/2～2/3 处;操作空间要在扭矩扳手的有效长度范围内。满足以上两点的,应选用重量轻的扭矩扳手,降低工作者的劳动强度。

例如:现在有一操作空间充足的工位需要使用设定值为 80 N·m 的定值式棘轮头扭矩扳手,从《东日常用扭矩扳手资料》(表 17.4)中,我们看到可以用的扭矩扳手有 QSP100N,QSP140N,QSP200N 共 3 种,其中 QSP140N 比 QSP100N 长,设定值在使用范围的 1/2～2/3 处,重量比 QSP200N 轻。因此最理想的是 QSP140N。

表 17.4　东日常用扭矩扳手资料

序号	规格	有效长度(mm)	重量(kg)	扭矩调整范围(N·m)
1	QSP25N	215	0.2	5～25
2	QSP50N	250	0.4	10～50
3	QSP100N	330	0.65	20～100
4	QSP140N	385	0.7	40～140
5	QSP200N	470	1.2	40～200
6	SP19N*10	210	0.2	3.5～19
7	SP38N*10	225	0.35	8～38
8	SP38N*13	225	0.35	8～38
9	SP38N*16	225	0.35	8～38
10	SP67N*16	325	0.5	13～67
11	SP67N*17	325	0.5	13～67
12	SP38N*17	255	0.35	8～38
13	SP38N*19	255	0.35	8～38
14	SP67N*19	325	0.5	13～67

(6) 扭矩扳手的维护、保养

扭矩扳手长期使用后，由于工作环境不理想，粉尘、潮湿等原因造成扭矩扳手内部零件淤积有灰尘，扭矩扳手频繁使用使内部零件磨损，引起扭矩扳手示值不稳定。因而，定期保养扭矩扳手，对保证扭矩扳手具有良好的工作状态是有帮助的。

(7) 扭矩扳手使用注意事项

① 扭力扳手报警后，不能继续施力；
② 不要将扭力扳手当铁锤使用；
③ 不得在靠近水的地方使用扳手；
④ 不得在高温、高湿或是太阳直射的地方使用扳手；
⑤ 扭力扳手的内部零件不可自行拆卸；
⑥ 不得重压 LCD 屏幕；
⑦ 请勿将扳手靠近磁性物体；
⑧ 如果长时间不使用扭力扳手，应将电池取出。

17.2　常用电工仪表的使用

【技能目标】

1. 掌握常用电工仪表的使用及测量方法。
2. 会正确选用仪表及设备进行直流电流、直流电压、交流电流及交流电压的测量。
3. 会正确选用仪表及设备进行电阻的测量。
4. 会正确选用仪表及设备进行信号波形的测量。

【任务描述】

在生产、科研、军事及社会生活等各个领域中，经常需要对各种物理量进行测量，一般来说，物理量可分为电量及非电量两大类。对电量(如电压、电流、电能、电功率等)常使用电工仪表进行测量，通常称为电工测量。对非电量(如压力、速度、温度、湿度等)除用专门的测量仪器进行测量外，目前也广泛地采用通过传感器将其变换成电量再进行测量，目前电工测量在各种测量技术中已占有重要的地位。

电工仪表是指将被测电量或非电量变成仪表指针的偏转角或计算机构的数字显示，因此它也称为机电式仪表，即用仪表可动部分的机械运动来反映被测电量的大小。

本任务主要介绍万用表、绝缘电阻表、钳形电流表、单臂电桥、双臂电桥、示波器等的结构与使用方法。

【相关知识】

1. 仪器仪表的分类

电工仪表是指用来测量各种电量、磁量及电路参数的仪器、仪表。电工仪表主要分为指示仪表、比较仪表(仪器)和数字仪表3类。

指示仪表的常用分类方法如下：

(1) 按仪表的工作原理分类

指示仪表是应用较为广泛的电工仪表，其特点是能将被测量转换为仪表可动部分的机械偏转角，并通过指针、指示器直接显示出被测量的大小，故又称为直读式仪表。常用指示仪表的工作原理、结构以及特点等见表17.5。

(2) 按仪表的测量对象分类

按仪表的测量对象分类，可分为电流表、电压表、功率表、相位表、电度表、欧姆表、兆欧表、万用电表等。

(3) 按仪表所使用的电源种类分类

按仪表所使用的电源种类分类，可分为直流表、交流表、交直流两用表。

(4) 按仪表的准确度等级分类

按准确度等级,仪表可分为七级仪表。指示仪表的准确度等级见表17.6。

表17.5　常用指示仪表的工作原理、结构

类型	结构图	工作原理	使用场合	特点
磁电系	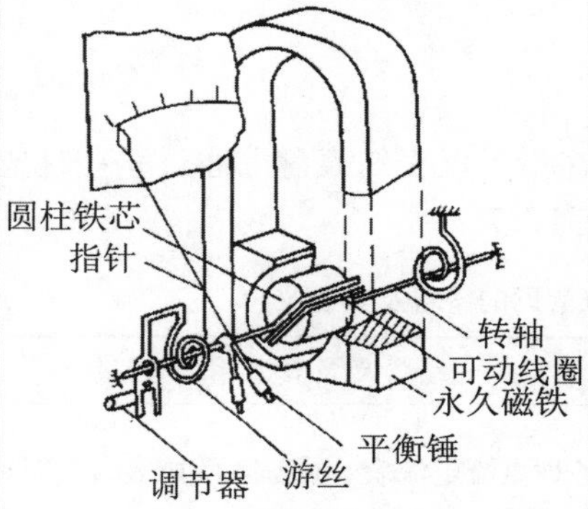 圆柱铁芯 指针 转轴 可动线圈 永久磁铁 平衡锤 调节器 游丝	利用通电的可动线圈在永久磁场中受到电磁力矩的作用而发生偏转	直流电的直接测量;加上整流器才可进行交流电的测量(整流系)	准确度和灵敏度较高,标度均匀,功耗较小,受外界磁场影响小,过载能力差
电磁系(吸引型)	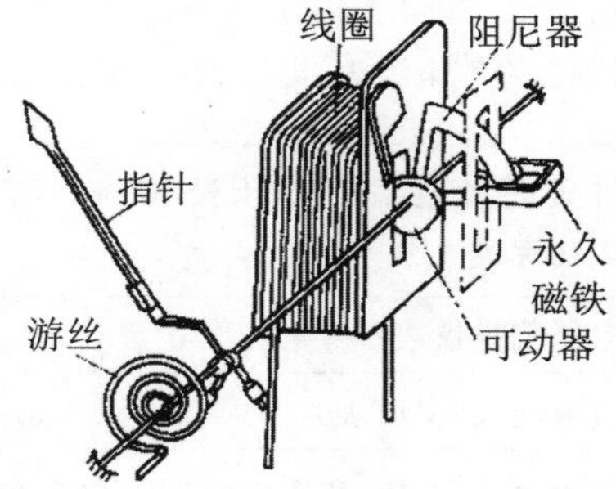 线圈 阻尼器 指针 永久磁铁 游丝 可动器	利用通电的线圈产生磁场将可动器磁化,并对可动器产生吸引力而发生偏转	可进行交流电、直流电的测量	过载能力强,结构简单,标度不均匀,准确度不高,受外界磁场影响大
电磁系(排斥型)	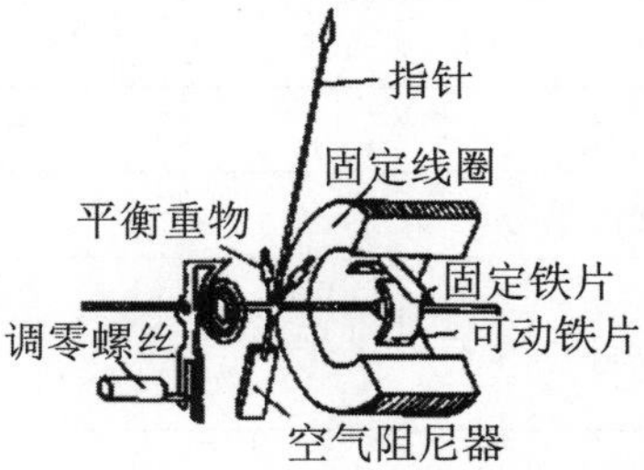 指针 固定线圈 平衡重物 固定铁片 可动铁片 调零螺丝 空气阻尼器	利用通电线圈的磁场对固定铁片和可动铁片磁化,两铁片同极性产生排斥力而发生偏转	可进行交流电、直流电的测量	过载能力强,结构简单,标度不均匀,准确度不高,受外界磁场影响大
电动系	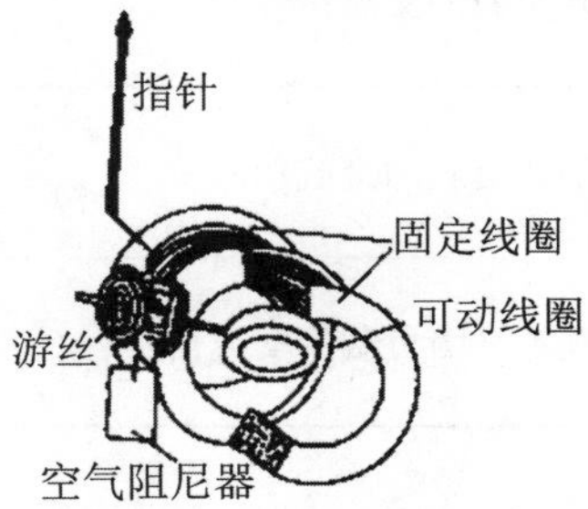 指针 固定线圈 可动线圈 游丝 空气阻尼器	利用通电的固定线圈和可动线圈的磁场之间产生电磁力矩而发生偏转	可进行交流电、直流电的测量	准确度高,功耗较大,受外界磁场影响大,过载能力差

表 17.6　指示仪表的准确度等级

仪表的准确度等级	0.1	0.2	0.5	1.0	1.5	2.5	5.0
基本误差	±0.1%	±0.2%	±0.5%	±1.0%	±1.5%	±2.5%	±5.0%
适用场合	标准仪表		实验室测量仪表		工程测量仪表		

2. 测量仪表的符号及其含义

为了说明测量仪表的各种技术性能，通常在指示仪表的表盘上通过一些标志符号来表示其各种技术性能。常见的符号及其含义见表 17.7。

表 17.7　电工测量仪表常见的符号及其含义

分类	名称	标志符号	含义及其适用场合
结构和工作原理	磁电系仪表		可构成各种直流电流表、电压表、欧姆表、检流计等
	电磁系仪表		可构成各种交、直流电流表，电压表，频率表，相位表等
	电动系仪表		可构成各种交、直流电流表，电压表，频率表，相位表等，特别适应构成功率表
	静电系仪表		可构成高电压测量仪表
	感应系仪表		可构成交流电能表(电度表)
	整流系仪表		带整流器的磁电系仪表，可构成专用或多用仪表(如万用电表)
电源种类	直流表	—	测量直流信号
	交流表	～	测量正弦交流信号
	交、直流两用表		测量交、直流信号
	对称三相交流表		测量三相平衡负载的交流信号
	三相交流表		测量三相不平衡负载的交流信号
			测量三相四线不平衡负载的交流信号

续表

分类	名称	标志符号	含义及其适用场合
准确度	1.5 级表	[1.5]（方框）	以标度尺上量程百分数表示的准确度
		1.5（下加∨）	以标度尺长度百分数表示的准确度
		(1.5)（圆圈）	以指示值的百分数表示的准确度
工作位置	水平使用	⊓	仪表水平放置
	垂直使用	⊥	仪表垂直放置
	倾斜使用	∠30°	仪表倾斜 30°放置
防御性能	防御级别	[I]	仪表防御外界磁场或电场的级别（如 I 级）
使用条件	环境级别	△B	仪表允许的工作环境级别（如 B 级）
绝缘试验	绝缘场度	☆（内有2）	仪表绝缘经 2000 V 耐压试验
		☆	仪表绝缘经 500 V 耐压试验
端钮	端钮	—	负端钮
		+	正端钮
		～	交流端钮
		⋇	公共端钮
		⏚	接地端钮
		⊥（下加斜线）	与外壳或机壳相连接的端钮
		( )（虚线圆）	与屏蔽相连接的端钮

3. 电工仪表的选择

(1) 正确理解准确度：选择仪表时，不能只想着“准确度越高越精确”。事实上，准确度高的仪表，要求的工作条件也越高。在实际测量中，若达不到仪表所要求的测量条件，则仪表带来的误差将更大。

(2) 正确选择表的量限：测量值越接近表的满偏值，误差越小，应尽量使测量的数值在仪表量限的 2/3 以上。

(3) 有合适的灵敏度：要求对变化的被测量有敏锐的反应。

(4) 有良好的阻尼性：要求阻尼时间短，一般为 4～6 s。

(5) 受外界的影响小：温度、电场、磁场等外界因素对仪表影响所产生的误差小。

4. 仪表误差的表示方法

测量值与实际值之间总是不可能绝对相等，总有或多或少的误差存在，其中由仪表引起的误差称为仪表误差，仪表误差又包括基本误差和附加误差。基本误差是在标准条件下使用的误差，是由于仪表结构、材料及制造工艺上的不完善造成的，是仪表本身的固有误差。附加误差是仪表在非标准条件下使用产生的“额外”误差。

仪表误差的表示方法有绝对误差、相对误差、基准误差3种。

(1) 绝对误差

仪表的指示值与实际值之差，称为绝对误差，用ΔA表示，$\Delta A = A_x - A_0$，其值或正或负。用绝对误差表示仪表误差比较直观，但它并不能反映测量的准确程度，为此应用相对误差。

(2) 相对误差

绝对误差与实际值的比值，称为相对误差，用γ表示，即$\gamma = \Delta A / A_0 \times 100\%$。

相对误差表明了误差对测量结果的相对影响。它能正确地反映误差程度。由于相对误差可以对不同测量结果的误差进行比较，所以它是误差计算中常用的一种表示方法。工程上，凡是确定或评价测量结果的误差一般都采用相对误差。

(3) 基准误差

绝对误差ΔA与仪表量程A_m之比，称为基准误差，用γ_n表示，即$\gamma_n = \Delta A / A_m \times 100\%$，其值有大小，符号有正负。仪表在规定的正常工作条件下进行测量时，产生的最大绝对误差ΔA_m与仪表量程A_m之比称为最大基准误差，用γ_{nm}来表示，即$\gamma_{nm} = \Delta A_m / A_m \times 100\%$。

【任务训练】

1. 仪表与材料领取

(1) 由组长带队去工具材料室，领取电工常用仪表，包含以下仪表：指针式与数字式万用表、兆欧表、钳形电流表、单双臂电桥、示波器等。

(2) 相关连接导线及被测材料。

2. 填写工具与材料领取单，并签字确认

工具与材料领取单见表17.8。

表17.8 工具与材料领取单

序号	名称	规格	数量	领取人签字	归还人签字	备注
1	万用表	MF47、UT56或自定	各1块			
2	兆欧表	自定	1块			
3	钳形电流表	自定	1块			
4	单双臂电桥	QJ23、QJ44或自定	各1块			
5	示波器	自定	1块			

3. 指针式万用表的使用

指针式万用表的主要部件是指针式仪表，测量结果为指针式显示，其基本原理是利用一只灵敏的磁电式直流电流表(微安表)作表头，当微小电流通过表头，就会有电流指示。但表头不能通过大电流，所以必须在表头上并联或串联一些电阻进行分流或降压，从而测出电路中的电流、电压和电阻。下面分别介绍使用万用表对不同物理量进行测量时的基本工作原理。

(1) 使用注意事项

万用表是比较精密的仪器，如果使用不当，不仅造成测量不准确且极易损坏。但是，只要我们掌握万用表的使用方法和注意事项，那么万用表就能经久耐用。使用万用表应注意以下事项：

① 使用之前要调零。使用万用表之前应先进行机械调零。在测量电阻之前，还要进行欧姆调零。且每换一次欧姆挡就要进行一次欧姆调零。如图 17.36 所示，红、黑表笔短接，调节欧姆调零旋钮，指针指向欧姆刻度线零位。如将两支表棒短接，调“零欧姆”旋钮至最大，指针仍然达不到零点，这种现象通常是由于表内电池电压不足造成的，应换上新电池方能准确测量。

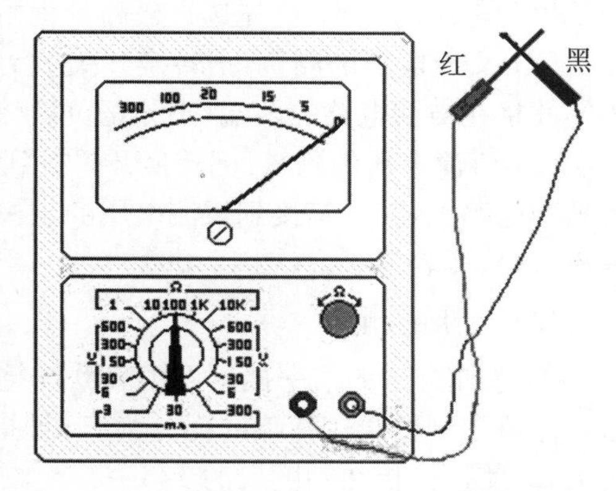

图 17.36　指针式万用表的欧姆调零

② 要正确接线。万用表面板上的插孔和接线柱都有极性标注。使用时将红表笔与“通用测量插孔”(或“＋”插孔)相连，黑表笔与“公共插孔”(或“－”插孔)相连。测直流量时要注意正、负极性，以免指针反转。测电流时，万用表应串联在被测电路中；测电压时，万用表应并联在被测电路两端。

③ 要正确选择测量挡位。测量挡位包括测量对象和量程。测量电量时应将转换开关置于相应的挡位，所选用的挡位愈靠近被测值，测量的数值就愈准确。如误用电流挡测量电压，将造成仪表损坏。选择电压或电流量程时，最好使指针处在标度尺 2/3 以上的位置；选择电阻量程时，最好使指针处在标度尺的中间。测量时，当不能确定被测电压、电流的数值范围时，应先将转换开关转置相应的最大量程。严禁在被测电阻带电的情况下用欧姆挡测量电阻，否则极易造成万用表损坏。

④ 要正确读数。万用表在使用时，必须水平放置，以免造成误差。测量时应在对应的标度尺上读数，同时应注意标度尺上读数与量程的配合，避免出错。

⑤ 要注意操作安全。在进行高电压测量或测量点附近有高电压时，一定要注意人身和仪表的安全。在测量高电压或大电流时，严禁带电切换量程开关，否则有可能损坏转换开关。在使用万用表过程中，不能用手去接触表笔的金属部分，这样既可保证测量的准确，也可保证人身安全。

另外，万用表使用完毕，应将左右两个“功能/量程”开关旋至空挡或电压最大量程挡。不要旋在电阻挡，因为表内有电池，如不小心易使两根表棒相碰短路，不仅耗费电池，严重时甚至会损坏表头。如长期不使用,还应将万用表内部的电池取出来,以免电池腐蚀表内其他器件。

(2) 电压的测量

① 准备工作:

(a) 熟悉转换开关、旋钮、插孔等的作用。

(b) 了解刻度盘上每条刻度线所对应的被测电量。

(c) 将红表笔插入"+"插孔,黑表笔插入"-"插孔。

(d) 机械调零,旋动万用表面板上的机械零位调整螺钉,使指针对准刻度盘左端的"0"位置(图 17.37)。

② 测量电压:

(a) 正确选择量程:量程的选择应尽量使指针偏转到满刻度的 2/3 左右。如果事先不清楚被测电压的大小,应先选择最高量程挡,然后逐渐减小到合适的量程。

(b) 交流电压的测量:把转换开关拨到交流电压挡,选择合适的量程。将万用表两根表笔并接在被测电路的两端,不分正负极(图 17.38),其读数为交流电压的有效值。

(c) 直流电压的测量:把转换开关拨到直流电压挡并选择合适的量程。把万用表并接到被测电路上,红表笔接到被测电压的正极,黑表笔接到被测电压的负极,即让电流从红表笔流入,从黑表笔流出(图 17.39)。

(3) 电阻的测量

① 选择合适的倍率挡。万用表欧姆挡的刻度线是不均匀的,所以倍率挡的选择应使指针停留在刻度线较稀疏的部分为宜,且指针越接近刻度尺的中间,读数越准确。一般情况下,应使指针指在刻度尺的 1/3～2/3。

② 欧姆调零。测量电阻之前,应将 2 个表笔短接,同时调节"欧姆调零旋钮",使指针刚好指在欧姆刻度线右边的零位。并且每换一次倍率挡,都要再次进行欧姆调零,以保证测量准确。

③ 读数。表头的读数乘以倍率,就是所测电阻的电阻值(图 17.40)。

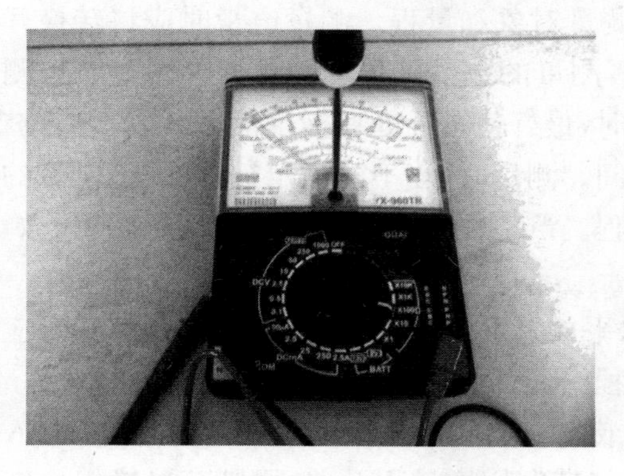

图 17.37　指针式万用表的机械调零

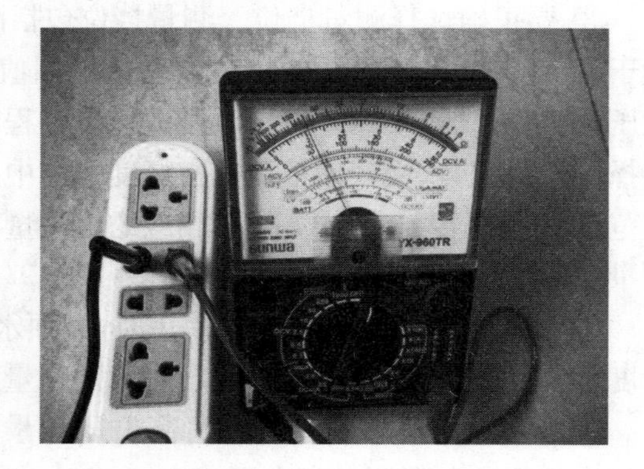

图 17.38　指针式万用表测交流电压

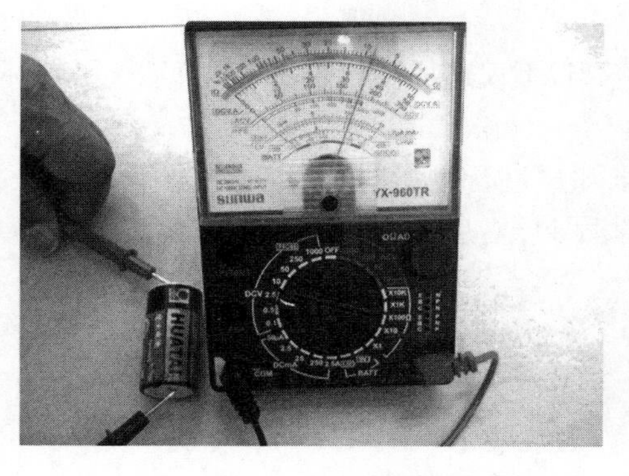

图17.39　指针式万用表测直流电压

图17.40　指针式万用表测电阻

(4) 直流电流的测量

① 测量直流电流时，将万用表的转换开关置于直流电流挡的50 μA到500 mA的合适量程上。

② 测量时必须先断开电路，然后按照电流从"+"到"-"的方向，将万用表串联到被测电路中，即电流从红表笔流入，从黑表笔流出(图17.41)。如果误将万用表与负载并联，则因表头的内阻很小，会造成短路烧毁仪表。其读数方法如下：实际值=指示值×量程/满偏(图17.42)。

图17.41　指针式万用表测直流电流

图17.42　电流的读数

4. 数字式万用表的使用

(1) 使用前的准备

① 电源开关：当开关置于"ON"位置时，电源接通。不用时，应置于"OFF"位置。

② h_{FE}插口：h_{FE}插口用于插放晶体管的管脚。基极、集电极和发射极分别插入"B""C"和"E"。对于难于插入的晶体管可用表中附件探针UP-11进行连接。

③ 量程选择开关：所有量程均由一个旋转开关进行选择。根据被测信号的性质和大小，将量程选择开关置于所需要的挡位。

④ 输入插孔：根据测量范围选定测试表笔插入的插孔。黑表笔始终插入"COM"孔。测量直流电压、交流电压、电阻(Ω)、二极管时，红表笔插入"V·Ω"孔。测量电流时，当被测的交、直流电流小于200 mA时，红表笔插入"mA"孔；当被测的交、直流电流大于200 mA

时，则红表笔应插入“10 A”孔。

数字万用表是比较精密的仪器，如果使用不当，不仅造成测量不准确，而且极易损坏。

数字万用表使用时要注意以下事项：

① 注意正确选择量程及红表笔插孔。对未知量进行测量时，应首先把量程调到最大，然后从大向小调，直到合适为止。若显示“1”，表示过载，应加大量程。

② 不测量时，应随手关断电源。

③ 改变量程时，表笔应与被测点断开。

④ 测量电流时，切忌过载。

⑤ 禁止用电阻挡或电流挡测电压。

(2) 直流(交流)电压的测量

以下以优德利 UT39A 型数字万用表为例讲解电压的测量方法。

① 将红表笔插入“VΩ”插孔，黑表笔插入“COM”插孔。

② 正确选择量程，将功能开关置于直流电压挡(V—)或交流电压量程挡(V～)，如果事先不清楚被测电压的大小，应先选择最高量程挡，根据读数需要逐步调低测量量程挡。

③ 将测试笔并联到待测电源或负载上，从显示器上读取测量结果(图 17.43 和图17.44)。

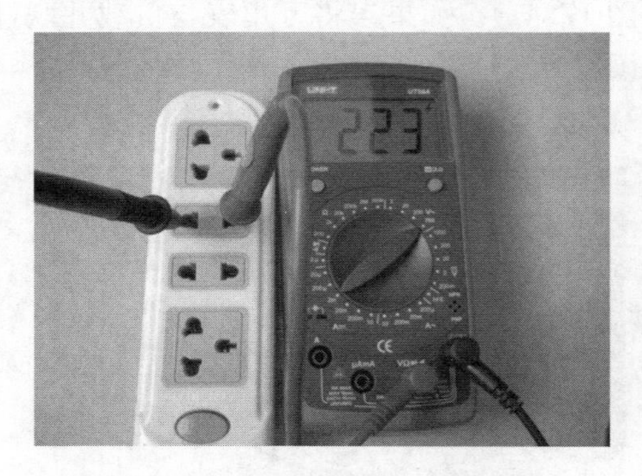

图 17.43　数字万用表测交流电压

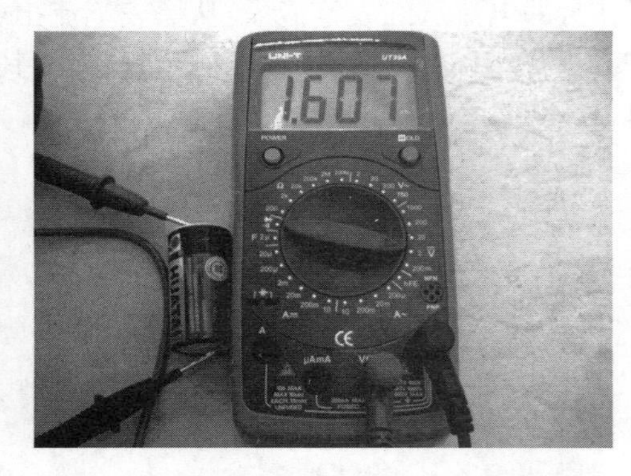

图 17.44　数字万用表测直流电压

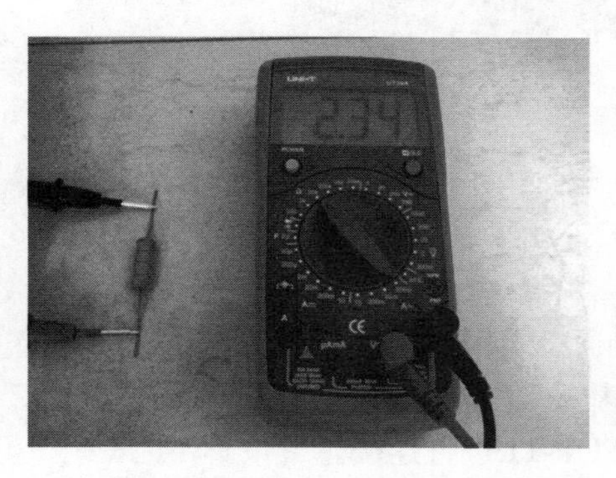

图 17.45　数字万用表测电阻

(3) 电阻的测量

① 将红表笔插入“VΩ”插孔，黑表笔插入 COM 插孔。

② 将功能开关置于 Ω 量程，将测试表笔并接到待测电阻上。

③ 从显示器上读取测量结果，如图 17.45 所示，电阻为 2.34 kΩ。注意数字万用表电阻挡是量程挡，读数时直接读数，不用乘以倍率。

注意测在线电阻时，须确认被测电路已关掉电源，同时电容已放完电，方能进行测量。

(4) 直流(交流)电流测量

① 将红表笔插入“mA”或“10～20 A”插孔(当测量 200 mA 以下的电流时，插入“mA”插孔；当测量 200 mA 及以上的电流时，插入“10～20 A”插孔)，将黑表笔插入“COM”插孔。

② 将功能开关置“A—”或“A～”挡，并将测试表笔串联接入到待测负载回路里（图17.46）。

③ 从显示器上读取测量结果，如图17.47所示，电流为60 mA。

图17.46　数字万用表测直流电流

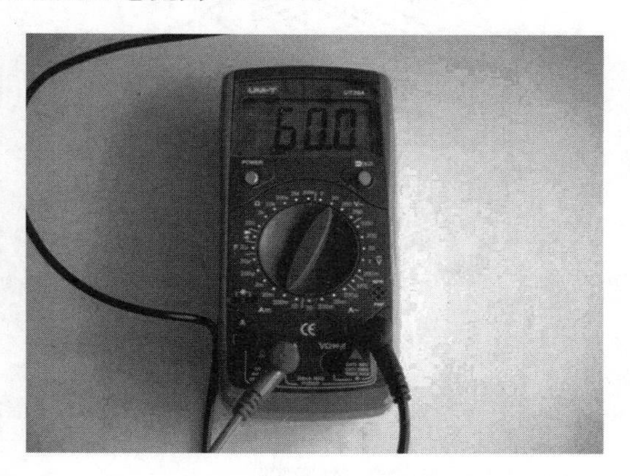

图17.47　电流的读数

5. 兆欧表的使用

现代生活日新月异，人们一刻也离不开电。在用电过程中就存在着用电安全问题。在电器设备中，例如电机、电缆、家用电器等，它们的正常运行的条件之一就是其绝缘材料的绝缘程度即绝缘电阻的数值必须符合要求。当受热和受潮时，绝缘材料便老化，其绝缘电阻便降低，从而造成电器设备漏电或短路事故的发生。为了避免事故发生，就要求经常测量各种电器设备的绝缘电阻，判断其绝缘程度是否满足设备需要。绝缘电阻数值较高（一般为兆欧级），在低电压下的测量值不能真实反映在高电压条件下工作的真正绝缘电阻值。绝缘电阻表（通称兆欧表或摇表）是一种用于测量电机、电气设备、供电线路绝缘电阻的指示仪表，兆欧表在测量绝缘电阻时本身就有高电压电源，这就是它与其他测电阻仪表的不同之处。

（1）兆欧表的结构

兆欧表按兆欧表试验电压来源可以分为两类：晶体兆欧表和手摇发电机兆欧表，后者俗称摇表。摇表是一种简便常用的测量高电阻的直读式仪表，一般用来测量电路、电机绕组、电缆线等电气设备的绝缘电阻，计量单位为兆欧，用MΩ符号表示，本书中的兆欧表都是指手摇发电机兆欧表。

兆欧表规格的选择是根据其内部的手摇发电机所发出的最高等级来确定的，分别有250 V，500 V，2500 V和5000 V等，选用兆欧表时，要根据被测设备的工作电压来进行选择。兆欧表上有3个分别标有接地（E）、线路（L）和保护环（G）的接线柱。一般常用接地和线路两个接线柱接线进行测量。

兆欧表由磁电式比率表（测量机构）及手摇发电机组成，直流电源通过手摇发电机产生。图17.48是手摇发电机兆欧表的结构示意图。

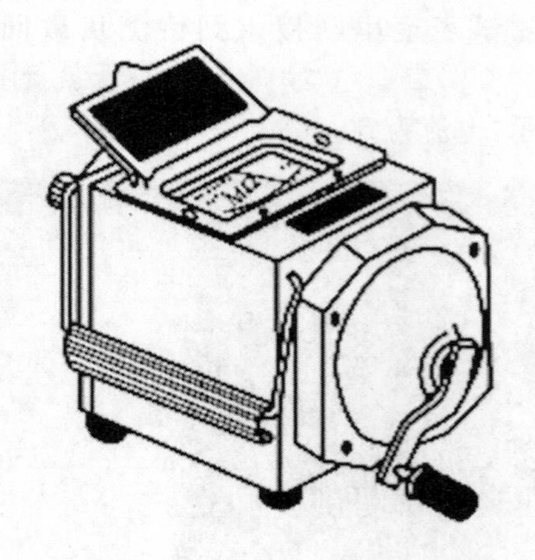

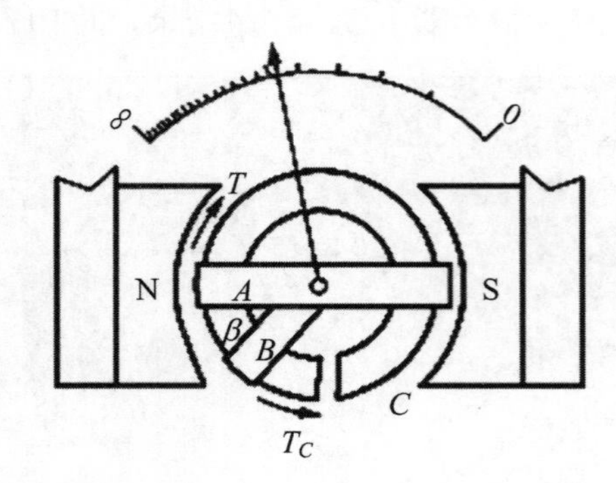

图 17.48　手摇发电机兆欧表

(2) 兆欧表的工作原理

图 17.49 是兆欧表工作原理图。R_x 是待测的绝缘电阻，它接在线路端钮 L 和接地端钮 E 之间。测量时，直流发电机产生的电压 U 加在线圈 A，B 所在的回路。

$$T = K_1 B_A(\alpha) I_A \tag{17.1}$$

$$T_C = K_2 B_B(\alpha) I_B \tag{17.2}$$

$$I_A = \frac{U}{R_x + R_A} \tag{17.3}$$

$$I_B = \frac{U}{R_0 + R_B} \tag{17.4}$$

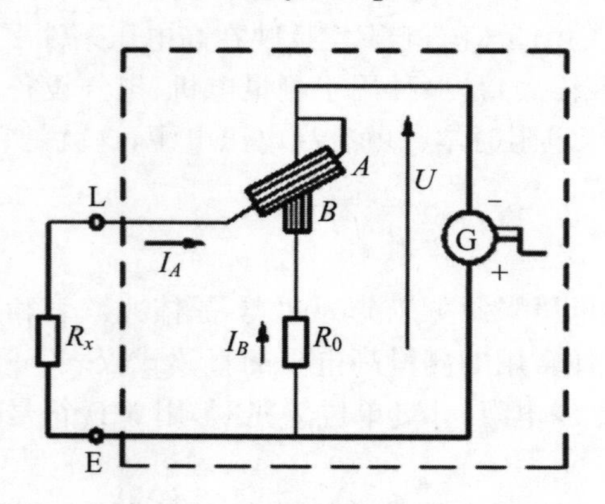

图 17.49　兆欧表工作原理图

式中，R_A，R_B分别为线圈 A，B 的电阻；R_0为摇表内附加电阻。当 $T = T_C$ 时，有

$$K_1 B_A(\alpha) I_A = K_2 B_B(\alpha) I_B \tag{17.5}$$

$$\alpha = F'\left(\frac{R_0 + R_B}{R_x + R_A}\right) = F(R_x) \tag{17.6}$$

可见，兆欧表可动部分的转角 α 取决于被测绝缘电阻R_x 的大小。

(3) 兆欧表的正确使用方法

① 兆欧表的选择。主要根据被测电气设备的工作电压来选择兆欧表的电压及其测量

范围。对于额定电压在 500 V 以下的电气设备，应选用电压等级为 500 V 或 1000 V 的兆欧表；额定电压在 500 V 以上的电气设备，应选用 1000～2500 V 的兆欧表，具体见表 17.9。

表 17.9　兆欧表的选择

被测对象	被测设备的额定电压	兆欧表的额定电压
线圈绝缘电阻	500 V 以下	500 V
	500 V 以上	1000 V
电力变压器绕组、电动机绕组的绝缘电阻	500 V 以上	1000～2500 V
发电机绕组的绝缘电阻	500 V 以下	1000 V
电气设备的绝缘电阻	500 V 以下	500～1000 V
	500 V 以上	2500 V
绝缘子(瓷瓶)的绝缘电阻		2500～5000 V

② 测试前的检查。兆欧表在使用前应平稳放置在远离大电流导体和有外磁场的地方，测量前应先检查兆欧表是否完好。检查的方法是，摇动发电机的手柄，当 L，E 端钮未接测试设备时，也就是两表笔开路时，兆欧表指针应指在“∞”位置，如在此时，瞬间短接一下 L，E 端钮，指针应立即回零，若零位或无穷大达不到，说明兆欧表存在问题，必须进行检修。

③ 接线。一般兆欧表上有 3 个接线柱，L 表示“线”或“火线”接线柱，E 表示“地”接线柱，G 表示屏蔽接线柱。一般情况下，L 和 E 接线柱用有足够绝缘强度的单相绝缘线，其分别接到被测物导体部分和被测物的外壳或其他导体部分(如测相间绝缘)。

在特殊情况下，如测量电缆对地的绝缘电阻或被测设备的漏电流较严重时，或者被测物表面受到污染不能擦干净、空气太潮湿、有外电磁场干扰等，就要使用 G 端，必须将 G 接线柱接到被测物的金属屏蔽保护环上，以消除表面漏流或干扰对测量结果的影响。

④ 测量。测量电动机的绝缘电阻时，E 端接电动机的外壳，L 端接电动机的绕组。摇动发电机使转速达到额定转速(120 rad/min)并保持稳定。一般采用 1 min 以后的读数为准，当被测物电容量较大时，应延长时间，以指针稳定不变时为准。在兆欧表没停止转动和被测物没有放电以前，不能用手触及被测物和进行拆线工作，必须先将被测物对地短路放电，然后再停止兆欧表的转动，防止电容放电损坏兆欧表。

不允许被测试电气设备在带电情况下用兆欧表对其进行绝缘电阻的测量。测量前应切断被测设备电源，并短路接地放电 3～5 min，特别是有些电气设备带有大容量的电容，更应充分放电以消除残余静电荷引起的误差，保证正确的测量结果以及人身和设备的安全；被测物表面应擦干净，绝缘物表面的污染、潮湿对绝缘的影响较大，而测量的目的是了解电气设备内部的绝缘性能，一般都要求测量前用干净的布或棉纱擦净被测物，否则达不到检查的目的。

使用兆欧表有以下注意事项：

(a) 禁止在雷电时或高压设备附近测绝缘电阻，只能在设备不带电，也没有感应电的情况下测量。

(b) 摇测过程中，被测设备上不能有人工作。

(c) 摇表线不能绞在一起，要分开。

(d) 摇表未停止转动之前或被测设备未放电之前，严禁用手触及，拆线时，也不要触及引线的金属部分。

(e) 测量结束时,对于大电容设备要放电。

(f) 要定期校验其准确度。

(4) 三相异步电动机绝缘电阻的测量

(1) 正确进行选型,对于额定电压为380 V的低压电动机,应该选用500 V的兆欧表,对于电压为500～1000 V的电动机应选择1000 V的兆欧表,额定电压超过1000 V的电动机应选用2500 V的兆欧表。

(2) 测量前必须将电机电源切断,并对地短路放电,绝不允许设备带电进行测量,以保证人身和设备的安全。

(3) 测量前要检查兆欧表是否处于正常工作状态,主要检查其0和∞两点。即两表笔开路时摇动手柄,使电机达到额定转速,指在∞位置。兆欧表两表笔短接,轻摇动手柄时应指在0位置。

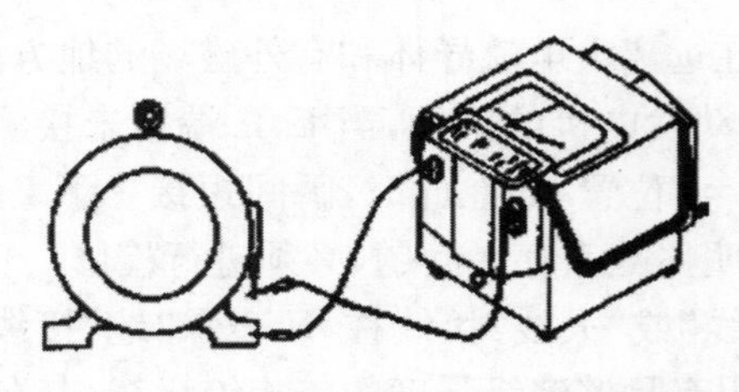

图17.50　测量电机绕组对地电阻接线图

(4) 当用兆欧表摇测电机绕组对地的绝缘电阻时,L和E端正确的接线方法是:线端钮L接电机绕组的引出线;地端钮E接电机的外壳,如图17.50所示。外壳表面要清洁,减少接触电阻,确保测量结果的正确性。一般来说,对于低压电动机,对地绝缘电阻一般应大于0.5 MΩ;对于高压电动机,高压电动机每千伏工作电压定子的绝缘电阻值应不小于1 MΩ。

当用兆欧表摇测电机绕组相互之间的绝缘电阻时,L和E端正确的接线方法是:线端钮L与地端钮E都接电机绕组的引出线。

按图17.50接好线后,用手摇动发电机使转速达到额定转速(120 rad/min)并保持稳定。兆欧表进行测量时,要以转动1 min后的读数为准。兆欧表引线必须绝缘良好,两根线不要绞在一起;在测量时,应使兆欧表转速达到120 rad/min。读取电动机绕组对地及相绕组之间的绝缘电阻值,将数据记录于表17.10中。

(5) 使用兆欧表进行测量时,兆欧表应放在平稳、牢固的地方,且远离大的外电流导体和外磁场。

表17.10　电动机绕组的绝缘电阻值

项目	绝缘电阻(MΩ)	绝缘好坏的判断
*U*相绕组对地		
*V*相绕组对地		
*W*相绕组对地		
*U*相绕组与*V*相绕组		
*U*相绕组与*W*相绕组		
*V*相绕组与*W*相绕组		

(5) 高压电缆的绝缘电阻的测量

通常对电缆的绝缘性能要求较高,所以必须在规定时间内进行检测,以防止因电缆绝缘达不到要求而引发的设备和人身危险。电缆在使用一段时间后，特别是室外电缆会由于常年的日晒雨淋导致表皮老化，使得绝缘性能下降，为此我们需要用兆欧表对电缆的绝缘性能进行测量。对于要求严格的部门，即使是新的电缆，也需要对其进行额定电压的绝缘测量。

电缆形态一般有多股型、双绞型、同轴型等，而我们通常所说的电缆绝缘测量指的是导线与导线之间、导线与接地线之间、同轴芯线与金属外层之间的绝缘电阻。

对于低压电缆的绝缘测量，只需将绝缘表的两个表笔（L 与 E）分别接到电缆上（比如双绞线的两导线），根据所需电压直接测量，只需连接 L 与 E 即可。

对于高压电缆的绝缘测量，测量仪器必须具备 G 保护接地端口，原因是由于测量电压很高，导致电缆的导线之间通过绝缘层会有泄漏电流产生，如果依然采用上述低压电缆的测量方法，会导致测量数据不稳、误差很大，不符合国际上对电缆测量的标准。泄漏电流的大小与测试电压、绝缘层材质、环境温湿度、电缆使用周期等有关。而仪器的 G 连接端口所起的作用就是将泄漏电流通过仪器的内部线路流到接地部分，从而避免了泄漏电流对测量准确度的影响，如图 17.51 所示。

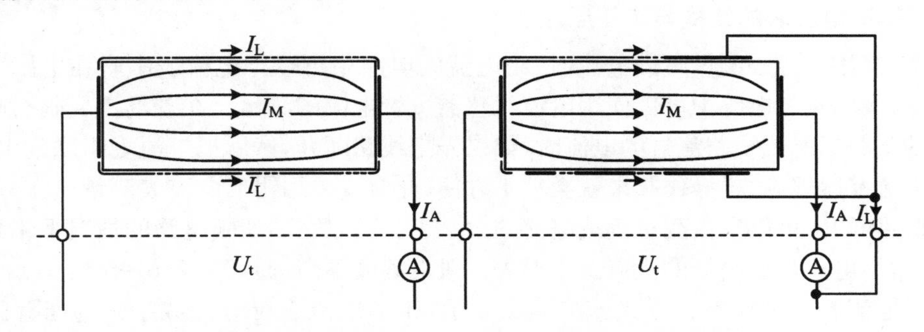

(a) 测量仪表没有G保护接地端口　　(b) 测量仪表有G保护接地端口

图 17.51　高压电缆泄漏电流示意图

图 17.51 中，U_t为测试电压；I_L为电缆表面的水尘土与潮气引起的泄漏电流；I_M为材料的特性引起的电流；I_A为流过仪器内置电流表的电流。如仪表没有 GUARD 保护端子时，R（绝缘电阻）$= U_t/I_A = U_t/(I_L + I_M)$，将会得出这样一个错误的结果。测量仪表有 GUARD 保护端子时，R（绝缘电阻）$= U_t/I_A = U_t/I_M$，这时的测量结果才是正确的。

测量步骤如下：

（1）正确进行选型，对于额定电压 10 kV，应该选用高压绝缘表。

（2）测量前必须确认电缆电源被切断，并对地短路放电，绝不允许设备带电进行测量，以保证人身和设备的安全。

（3）正确进行接线：以同轴类高压电缆测量为例，测试仪的具体连接方法如图 17.52 所示。

注意：这里特别需要强调的是，在测量前必须确定被测电缆是不带电的，且必须将其对地短路彻底放电后方可进行绝缘电阻的测量，以保证人身和设备的安全。

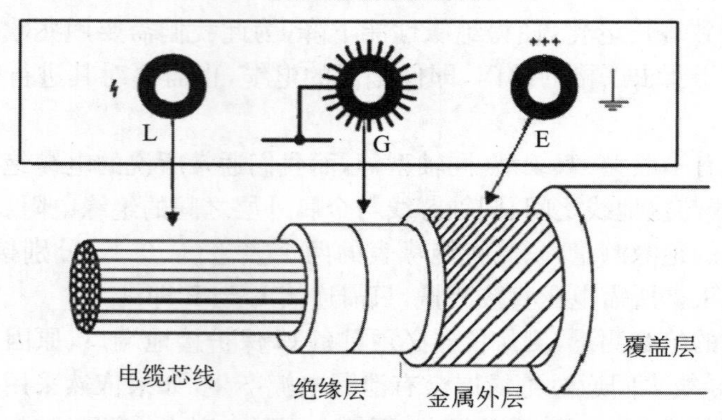

图 17.52　高压电缆测量接线示意图

6. 钳形电流表的使用

(1) 钳形电流表的结构与工作原理

通常,当用电流表测量负载电流时,小电流的电路中可以把电流表串联在电路中直接进行测量,大电流的电路中可以使用电流互感器进行电流的测量。在现场需要临时检查电气设备的负载情况或线路流过的电流时,如果先把线路断开,然后把电流表串联到电路中,或者接电流互感器,这样操作起来就会很不方便,此时应采用钳形电流表测量电流,这样就不必把线路断开,可以直接测量负载电流的大小了。可以在不切断电路的情况下来测量电流,这是钳形电流表最明显的优点。钳形表一般准确度不高,通常为 2.5～5 级。

钳形电流表有多种分类方式。按读数显示,钳形电流表可分为数字式与指针式两大类;按测量电压分,可分为低压与高压钳形电流表;按功能,可分为普通交流钳形表、交直两用钳形表、漏电流钳形表及带万用表的钳形表。图 17.53 是几种不同类型的钳形电流表的外形。

(a) 指针式钳形表　　(b) 数字式钳形表

图 17.53　钳形电流表的外形

图 17.54 是交流钳形电流表指针式结构示意图,其工作原理如下:钳形电流表由电流互感器和电流表组合而成。电流互感器的铁芯在捏紧扳手时可以张开,被测电流所通过的导线可以不必切断就可穿过铁芯张开的缺口,当放开扳手后铁芯闭合。穿过铁芯的被测电路导线就成为电流互感器的一次线圈,当被测电路的导线中通过电流时,便在二次线圈中感应出电流,从而使与二次线圈相连接的电流表有指示,测出被测线路的电流。为了使用方便,表内还有不同量程的转换开关供测不同等级电流以及测量电压的功能。钳形表可以

通过转换开关的拨挡，改换不同的量程，但拨挡时不允许带电进行操作。

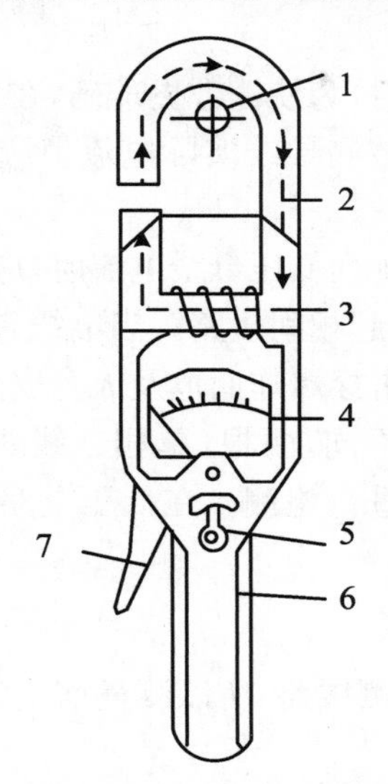

图 17.54　工作原理示意图

1. 被测导线；2. 铁芯；3. 二次绕组；4. 表头；5. 量程调节开关；6. 胶木手柄；7. 铁芯开关

(2) 钳形电流表的正确使用方法

钳形电流表使用方便，无须断开电源和线路即可直接测量运行中的电气设备的工作电流，便于及时了解设备的工作状况。我们在平时工作中使用钳形电流表应注意以下问题。

① 测量前的检查与选型：

首先是根据被测电流的种类电压等级正确选择钳形电流表，被测线路的电压要低于钳形表的额定电压。测量高压线路的电流时，应选用与其电压等级相符的高压钳形电流表。低电压等级的钳形电流表只能测低压系统中的电流，不能测量高压系统中的电流。

其次是在使用前要正确检查钳形电流表的外观情况，一定要检查表的绝缘性能是否良好，外壳应无破损，手柄应清洁干燥。若指针没在零位，应进行机械调零。钳形电流表的钳口应紧密接合，若指针抖晃，可重新开闭一次钳口，如果抖晃仍然存在，应仔细检查，注意清除钳口杂物、污垢，然后进行测量。

② 测量方法：

首先是在使用时应按紧扳手，使钳口张开，将被测导线放入钳口中央，然后松开扳手并使钳口闭合紧密。钳口的结合面如有杂声，应重新开合一次，仍有杂声，应处理结合面，以使读数准确。用钳形电流表检测电流时，只能夹住电路中的一根被测导线(电线)，如果在单相电路中夹住两根(平行线)或者在三相电路中夹住三相导线，则检测不出电流。

在检查家电产品的耗电量时，使用线路分离器比较方便，有的线路分离器可将检测电流放大 10 倍，因此 1 A 以下的电流可放大后再检测。用直流钳形电流表检测直流电流(DCA)时，如果电流的流向相反，则显示出负数，可使用该功能检测汽车的蓄电池是充电状态还是放电状态。

其次要根据被测电流大小来选择合适的钳型电流表的量程。选择的量程应稍大于被测电流数值，若无法估计，为防止损坏钳形电流表，应从最大量程开始测量，逐步变换挡位直至量程合适。严禁在测量进行过程中切换钳形电流表的挡位，换挡时应先将被测导线从钳口退出再更换挡位。

当测量小于5 A以下的电流时，为使读数更准确，在条件允许时，可将被测载流导线绕数圈后放入钳口进行测量。此时被测导线实际电流值应等于仪表读数值除以放入钳口的导线圈数。

测量低压可熔保险器或水平排列低压母线电流时，应在测量前将各相可熔保险或母线用绝缘材料加以保护隔离，以免引起相间短路。当电缆有一相接地时，严禁测量，防止出现因电缆头的绝缘水平低发生对地击穿爆炸而危及人身安全。

漏电检测与通常的电流检测不同，两根（单相二线式）或三根（单相三线式、三相三线式）要全部夹住，也可夹住接地线进行检测。在低压电路上检测漏电电流的绝缘管理方法已成为首要的判断手段。

(3) 使用钳形电流表注意事项

① 由于钳形电流表要接触被测线路，所以测量前一定要检查表的绝缘性能是否良好，即外壳无破损，手柄清洁干燥。

② 测量时，应戴绝缘手套或干净的线手套。

③ 测量时应注意身体各部位与带电体保持安全距离，低压系统安全距离为0.1～0.3 m。测量高压电缆各相电流时，电缆头线间的距离应在300 mm以上，且绝缘良好，待认为测量方便时，方能进行。观测表时，要特别注意保持头部与带电部分的安全距离，人体任何部分与带电体的距离不得小于钳形表的整个长度。

④ 严禁在测量进行过程中切换钳形电流表的挡位；若需要换挡时，应先将被测导线从钳口退出再更换挡位。

⑤ 严格按电压等级选用钳形电流表。低电压等级的钳形电流表只能测低压系统中的电流，不能测量高压系统中的电流。严禁将钳形电流表用于380 V以上电路的电流测量，以免发生触电危险；不能测量裸导体的电流。

⑥ 由于钳形电流表要接触被测线路，所以钳形电流表不能测量裸导体的电流。用高压钳形表测量时，应由两人操作，测量时应戴绝缘手套，站在绝缘垫上，不得触及其他设备，以防止短路或接地。使用时要将被测载流导体或载流导线置于钳形表的钳口中央，才可读数。

⑦ 测量结束后钳形电流表的开关要拨至最大量程挡，以免下次使用时不慎过流，并应保存在干燥的室内。

7. 单、双臂电桥的使用

电桥在工程技术中的应用十分广泛，是电磁测量中的一种常用测量仪表。因为它测量准确，使用方便，所以得到广泛应用。电桥有直流电桥和交流电桥之分。直流电桥主要用于电阻测量，它有单臂电桥和双臂电桥两种，前者称为惠斯通电桥，用于$1\sim10^5\ \Omega$中值电阻测量。双臂电桥称为开尔文电桥，用于$10^{-6}\sim10\ \Omega$低值电阻测量。交流电桥除了测量电阻之外，还可以测量电容、电感等电学量。通过传感器，利用电桥电路还可以测量一些非电学量，例如温度、湿度等，在非电量测量中有着广泛应用。

(1) 直流单臂电桥的结构与工作原理

直流平衡单臂电桥也称为惠斯通电桥，它是电桥中原理结构最为简单的电桥，学习直流平衡单臂电桥是掌握电桥原理和使用的基础。直流平衡单臂电桥的原理电路如图17.55所示，开关B，G分别为电源开关与检流计开关，E为电源，电阻R_x，R，R_1和R_2连成一个四边形，每一边称为电桥的一个桥臂。以四边形对角顶点A，B作为输入端，与电源E相连；另两顶点C，D作为输出端，与检流计相连。检流计用来比较两输出端的电位，检验有无电流输出。支路A—E—B和C—G—D称为电桥的两个桥路。

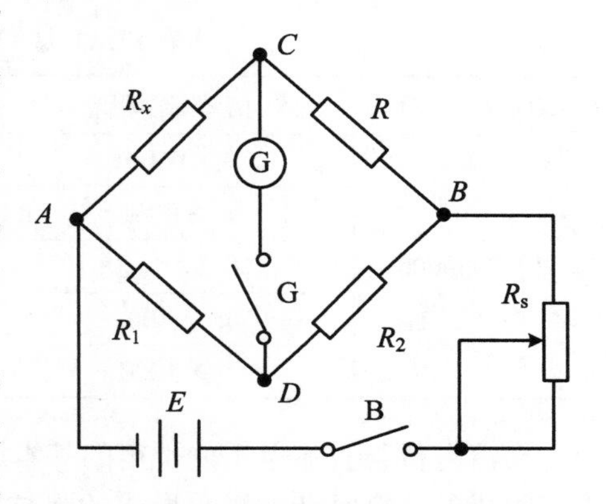

图17.55　单臂电桥原理电路图

电桥的平衡条件：设R_x是待测电阻，其他3个是已知电阻，且其阻值可调。调节电阻R的大小，或调节R_1和R_2的比值，可使C，D两点电位相等，电桥无输出，通过检流计的电流I为零（指针不偏转），这种状态称为电桥平衡。此时，通过R_1和R_2的电流相同，设为I_1，通过R和R_x的电流也相同，设为I_2，4个桥臂上的电压有如下关系：

$$U_{AC} = U_{AD}, \quad U_{CB} = U_{DB}$$

即

$$I_2 \times R_x = I_1 \times R_1, \quad I_2 \times R = I_1 \times R_2 \tag{17.7}$$

两式相除，得平衡条件：

$$\frac{R_1}{R_2} = \frac{R_x}{R} \quad 或 \quad R_2 \times R_x = R \times R_1 \tag{17.8}$$

即任一相对两个桥臂上电阻的乘积等于另外两个相对桥臂上电阻的乘积。

由平衡条件得待测电阻：

$$R_x = \frac{R_1}{R_2} R \tag{17.9}$$

式中，R_1和R_2称为比例臂，R称为比较臂。

图17.56为常用的QJ23型直流平衡单臂电桥。

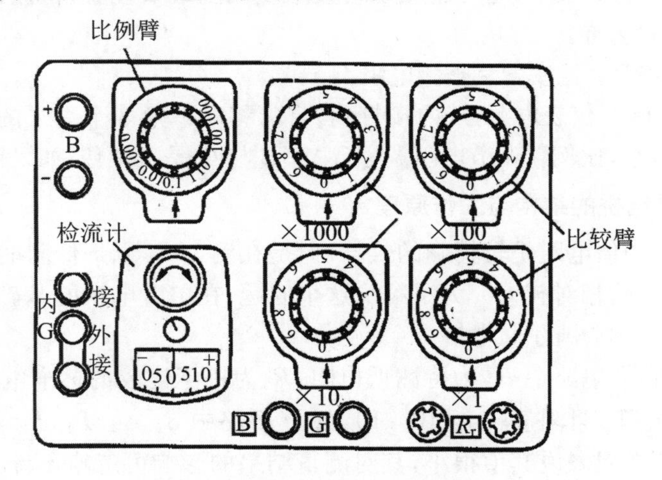

图17.56　直流平衡单臂电桥

QJ23型直流单臂电桥的数据见表17.11。

表17.11　QJ23型直流单臂电桥的数据

测量范围(Ω)	倍率(比例臂)	测量电阻(Ω)	相对误差
1～9999000	×0.001	1～9.999	±1%
	×0.01	10～99.99	±0.5%
	×0.1,×1,×10	100～99990	±0.2%
	×100	1000～999900	±0.5%
	×1000	10000～9999000	±2%

交流电桥与直流电桥的平衡的基本原理相似,只是交流电桥的4个桥臂用电阻、电感、电容组成的一个复杂的复数形式的阻抗代替了直流电桥的4个电阻。由于桥臂的参数是复数,其调节方法与平衡过程变得相对复杂很多,这里不做详细介绍。

(2) 直流单臂电桥的测量步骤与使用方法

① 用万用表测量被测物体的电阻,确定倍率与比较臂的电阻,计算公式为

$$(a \times 1000 + b \times 100 + c \times 10 + d \times 1) \times 倍率 = 被测物体的电阻$$

根据此表达式确定比例臂调节电阻的大小与倍率。注意最大的一组电阻不能为0,即a不能为0。

如果粗测电阻为2.56 Ω,则比例臂电阻应调节为

$$(2 \times 1000 + 5 \times 100 + 6 \times 10 + 0 \times 1) \times 0.001\ \Omega = 2.56\ \Omega$$

② 一般情况下使用内接电源,此时开关打到内接,将左下角3个端子的下面两个连接起来,接通仪表电源。然后接线(如果仪表有灵敏度,则首先应将灵敏度调至较小),检流计调零。

③ 测量时,对于电感性负载,先接通B,后接通G。松开时,先松开G,后松开B。测量过程中不要锁闭B与G两个按钮。

如果正偏,增大比例臂的调节电阻;如果负偏,则减小比例臂的调节电阻。直到按下B与G,指针不再偏转,指针指向零。

④ 如果仪表设有灵敏度,此时还应该将灵敏度调至最大位置,检流计调零,再测量一次,读数以此次测量为准。

⑤ 读数。比较臂×比率臂=被测电阻。

⑥ 仪表复位:断开仪表电源,从内接打到外接(将左下角3个端子的上面两个连接起来),灵敏度调至最小,比例臂调节电阻调零(注意B与G是否锁住,如果锁住,应解锁)。

(3) 直流双臂电桥的结构与工作原理

单臂电桥测量中值电阻是较精确的仪器,但是在测10 Ω以下低阻时,由于导线电阻、接触电阻的影响,误差相对较大。为了解决这个问题,在单臂电桥的基础上发展了双臂电桥,直流双臂电桥又称为凯尔文电桥。

如图17.57所示,电路中R_x为待测低电阻,R_s为用于比较的标准电阻。R_1,R_2,R_3,R_4组成电桥双臂电阻,且阻值较大($10\sim10^3$ Ω)。桥路中S_1,S_2,P_1,P_2处的导线电阻、接触电阻相对于桥臂电阻来说其值很小,其对测量结果的影响可忽略不计。C_1,C_2,D_1,D_2处的导线电阻和接触电阻(总称附加电阻)在电桥的外路上,与电桥平衡无关。设r为D_2

与 C_1间附加电阻的总和，且 C_2和 D_2间用短而粗的导线连接。只要适当调节 R_1，R_2，R_3，R_4 和 R_s 的阻值，就可以消除 r 对测量结果的影响。

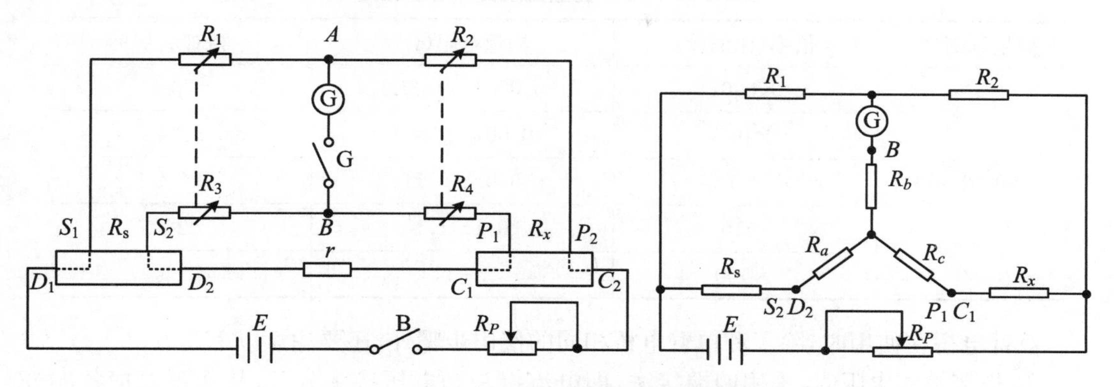

图 17.57　双臂电桥电路原理图及等效电路

双臂电桥中，电阻 R_x和用于比较的标准电阻 R_s都有 4 个接线端，如图 17.58 和图 17.59 所示，即电流接头和电压接头分开，从而可以 C_1，C_2部分的导线电阻和接触电阻引入电源回路，使之与电桥平衡无关，P_1，P_2部分的导线电阻和接触电阻被引入带大电阻的检流计回路中，相对桥臂大电阻，导线电阻和接触电阻可以忽略不计。这样的接线方法大大减小了导线电阻和接触电阻的影响，这类接线方式的电阻称为四端电阻。由于流经 C_1，C_2的电流较大，C_1，C_2常称电流端，流经 P_1，P_2的电流较小，P_1，P_2常称电压端。

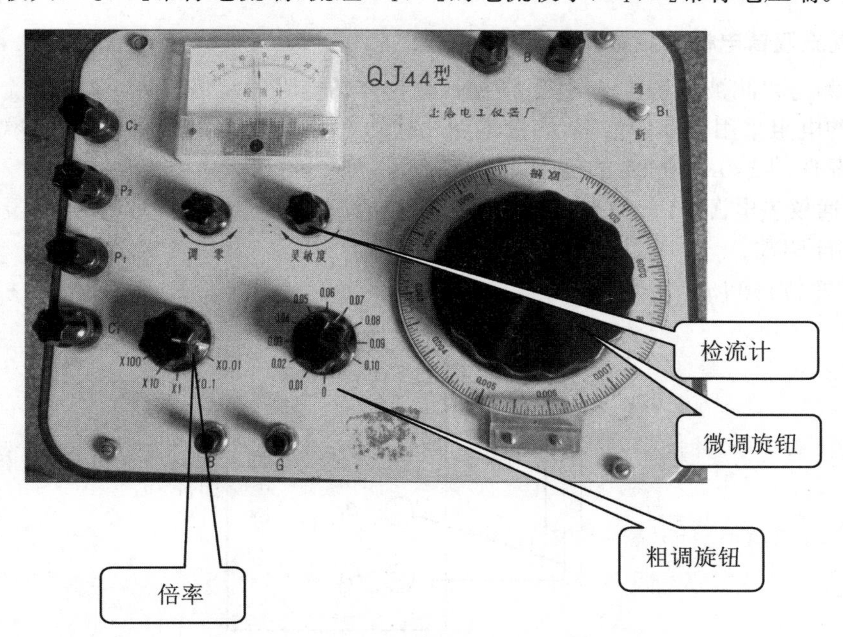

图 17.58　QJ44 直流双臂电桥

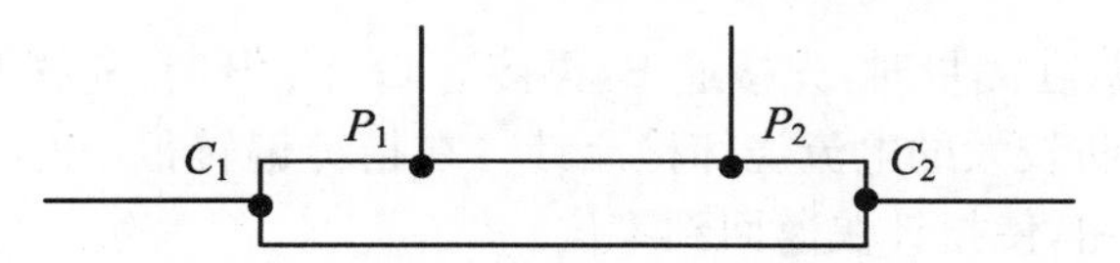

图 17.59　直流双臂电桥电阻器四端接法示意图

图 17.58 是 QJ44 型直流双臂电桥的外形图，它的具体数据见表 17.12。

表 17.12　QJ44 型直流双臂电桥的数据

测量范围(Ω)	倍率(比例臂)	测量电阻(Ω)	相对误差
0.0001～11	×0.01	0.0001～0.0011	±20%
	×0.1	0.001～0.011	±2%
	×1	0.01～0.11	±2%
	×10	0.1～1.1	±2%
	×100	1～11	±2%

双臂电桥在使用时，除了和单臂电桥相同的使用步骤外，还要注意以下几点：

① 连接被测电阻时，采用四端接法，即电流接头和电压接头分开，从而可以把各部分的导线电阻和接触电阻分别引入检流计回路或电源回路中，使它们或者与电桥平衡无关，或者被引入大电阻的支路中，目的是大大减小导线电阻和接触电阻的影响。如果被测电阻没有专门的接线，可从被测电阻两接线头引出四根线，但引线也要按照四端接法接线。

② 连接导线应尽量短而粗；接头要保持良好的导电性能，不能有漆和锈，要尽量拧紧以减少接触电阻。

③ 直流双臂电桥的操作电流较大，操作时要尽量快，以免耗电过多，测量结束要立即关断电源。

(4) 直流双臂电桥的测量步骤与使用方法

① 估测与粗测被测物体的电阻，根据被测物体的电阻确定倍率与粗调电阻。一般来说测量几欧的电阻采用 100 的倍率，测量零点几欧的电阻采用 10 的倍率；零点几欧以下的电阻根据情况选用 1，0.1，0.01 的倍率。

② 接通仪表电源，一般情况下采用仪表内接电源，将电源开关打到内接。灵敏度调到最小，检流计调零。

③ 按图 17.60 所示接线。

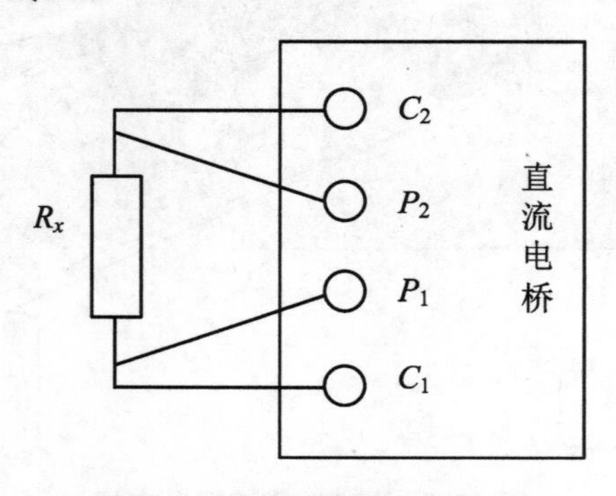

图 17.60　直流双臂电桥的接线方法

④ 对于感性负载，在测量时，先接通 B，再接通 G。松开时，先松开 G，后松开 B。最开始时，不能锁住 G，以防较大的电流烧坏检流计。在指针偏转很小时，可以锁住 B 与 G，调节粗调旋钮或微调旋钮，使指针快速回到零位。

若指针指向“+”，则需减小粗调与微调电阻；若指针指向“-”，则需增加粗调与微调电阻。直到按下B与G，检流计指向零位，指针不再偏转。

⑤ 将灵敏度调至最大位置，检流计调零，重测一次。

⑥ 读数：(粗调电阻+微调电阻)×倍率。

⑦ 断开仪表电源，电源开关打到外接，灵敏度调至最小，粗调旋钮与微调旋钮调到零。

8. 接地测试仪的使用

(1) 接地的基本概念

建筑物、构筑物、配电设备、输电线路等都需要进行安全可靠的接地。接地指防雷装置或电气设备与大地之间的电气连接，可分为以下3种：

① 功能性接地：为保证电力系统和电气设备达到正常工作要求而进行的接地，又称工作接地。

② 保护性接地：为了保证电网出现故障时人身和设备的安全而进行的接地，可分为安全保护接地、过电压保护接地、防静电接地3种方式。

(a) 安全保护接地：为防止人体受到间接电击，而将电气设备的外露可导电部分进行的接地。

(b) 过电压保护接地：为防止过电压对电气设备和人身安全的危害而进行的接地，如防雷接地。

(c) 防静电接地：为了消除静电对电气设备和人身安全的危害而进行的接地。

③ 功能性与保护性合一的接地(如屏蔽接地)。

④ 接地体指埋入土壤中或混凝土基础中做散流用的导体，又称接地极，分为人工接地体和自然接地体。接地线指连接于接地体与电气设备接地部分之间的金属导线，防雷装置的接地线则指从引下线断接点至接地体的连接导体。接地网指由若干接地体在大地中相互用接地线连接起来的整体，如图17.61所示。

接地装置指接地体和接地线的总和，分为接地干线和接地支线。

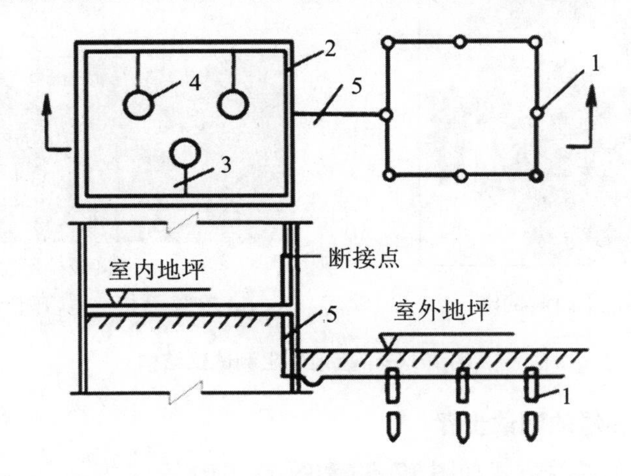

图17.61　接地装置的示意图

1. 接地体；2. 接地干线；3. 接地支线；4. 电气设备；5. 接地引下线

⑤ 接地装置的对地电阻称作接地电阻。

(a) 按通过接地体流入地中的工频电流求得的电阻，称为工频接地电阻(R)，通常简称接地电阻。

(b) 按通过接地体流入地中的冲击电流求得的电阻，称为冲击接地电阻(R_{ch})。

(c) 通常来说 $R \geqslant R_{ch}$。

⑥ 电气设备的接地电阻的要求：

(a) 电压为 1000 V 以上的中性点直接接地系统，接地电阻允许值不应超过 0.5 Ω。

(b) 电压为 1000 V 以下的中性点接地系统中的电气设备，接地电阻规定不超过 4 Ω。

(c) 电压为 1000 V 以下的中性点不接地系统中的电气设备，为保证碰壳时对地电压不超过 50 V，接地电阻规定不超过 4 Ω。

(d) 电缆电视、电话通信等弱电系统的接地电阻值一般不应大于 1 Ω。

(2) ZC29 型接地电阻测试仪的结构

ZC29 型接地电阻测试仪由手摇发电机、电流互感器、滑线电阻及检流计等组成。全部机构装在塑料壳内，外有皮壳便于携带。附件有辅助探棒导线等，装于附件袋内。ZC29 型接地电阻测试仪结构如图 17.62 所示。ZC29 型接地电阻测试仪适用于电力、邮电、铁路、通信、矿山等部门测量各种装置的接地电阻以及测量低电阻的导体电阻值，还可以用来测量土壤电阻率及对地电压。

接地电阻测试仪的工作原理：当发电机摇柄以每分钟 150 转的速度转动时，产生 105～115 周的交流电，测试仪的两个 E 端经过 5 m 导线接到被测物，P 端钮和 C 端钮接到相应的两根辅助探棒上。电流 I_1 由发电机出发经过电流探棒 C' 至大地，被测物和电流互感器的一次绕组回到发电机，由电流互感器二次绕组感应产生通过电位器，借助调节电位器可使检流计到达零位。

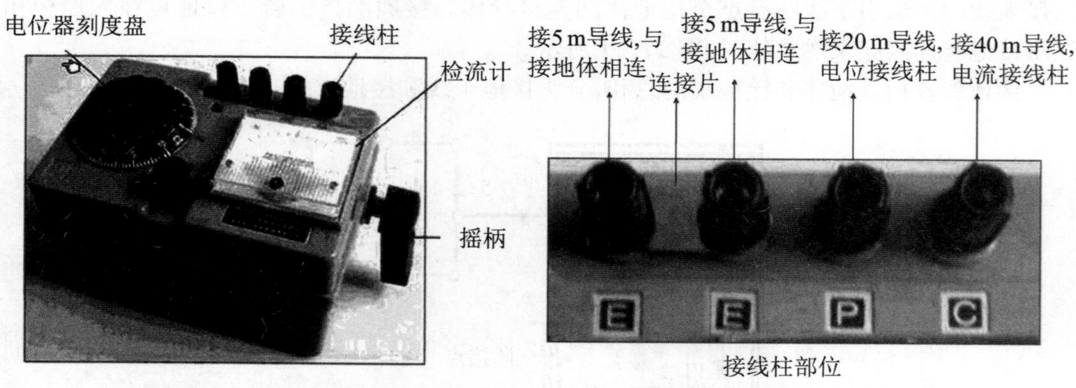

(a) ZC29型接地电阻测试仪

(b) ZC29型接地电阻测试仪接线柱示意图

图 17.62 接地电阻测试仪结构

(3) 接地电阻测量的测试步骤

接地电阻测量的接线方式如图 17.63 和图 17.64 所示。

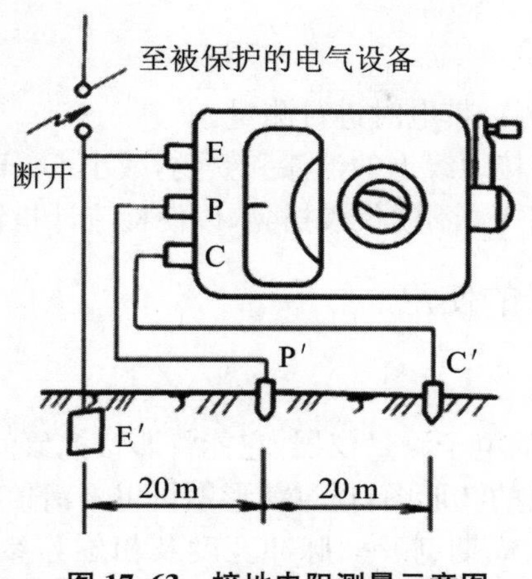

图 17.63　接地电阻测量示意图

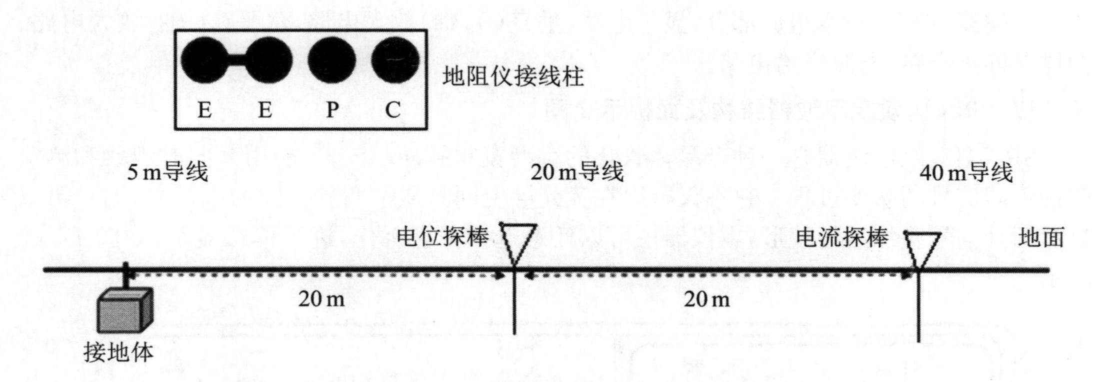

图 17.64　接地电阻测试仪的导线连接示意图

具体操作步骤如下：

① 沿被测接地极(线)E使电位探棒P和电流探棒C依直线彼此相距20 m,且电位探棒P是在E和C之间。

② E端钮接5 m导线,P端钮接20 m导线,C端钮接40 m导线。

③ 将仪表放置水平而后检查检流计是否指向零,否则可将零位调正器调节零位。

④ 将“倍率标度”置于最大倍率,慢慢摇动发电机的摇把,左手同时旋动电位器刻度盘,使检流计指针指向0。

⑤ 当检流计的指针接近平衡(很小摆动)时,加快发电机摇柄转速,使其达到每分钟150转。再转动电位器刻度盘,使检流计平衡(指针指向“0”),此时电位器刻度盘的读数乘以倍率(挡)即为被测接地电阻的数值。

⑥ 当刻度盘读数小于1时,应将倍率开关置于较小倍率,重新调整刻度盘以得到正确读数。

⑦ 当测量小于1 Ω的接地电阻时,应将E端和E′端之间的连接片拆开,分别用2根导线(E端接到被接地物体的接地线上,E′端接到靠近接地体的接地线上),以消除测量时连接导线电阻的附加误差,操作步骤同上。

⑧ 当检流计的灵敏度过高时,可将2根探棒插入土壤浅一些;当检流计的灵敏度过低

时，可沿探棒注水使其湿润。

测量时有如下注意事项：

(a) 禁止在有雷电或被测物带电时进行测量。

(b) 进行测量时，要清除接地线上的油漆和铁锈，减小 E—E′端线上的接触电阻。

(c) 测量时应把仪表放平稳，不使仪表摇晃，以使检流计指针平稳地指向 0。

9. SR8 型双踪示波器的使用

(1) 示波器的结构

示波器是一种用途很广的电子测量仪器，它能将非常抽象的看不见的随着时间变化的电压波形，变成具体的看得见的波形图，通过波形图可以看清信号的特征，并且可以从波形图上计算出被测电压的振幅、周期、频率、脉冲宽度及相位等参数。下面就以 SR8 型双踪示波器为例进行介绍。

示波器有 5 个基本组成部分：显示电路、垂直（Y 轴）放大电路、水平（X 轴）放大电路、扫描与同步电路、电源供给电路。

(2) SR8 型双踪示波器结构及面板示意图

SR8 型双踪示波器是一种全晶体管化的小型宽频脉冲示波器，能用来同时观察和测定两种不同信号的瞬变过程。它不仅可以在荧光屏上同时显示两种不同的电信号，而且可以显示两种信号叠加后的波形，本仪器还可以任意选择独立工作，进行单踪显示，如图 17.65 所示。

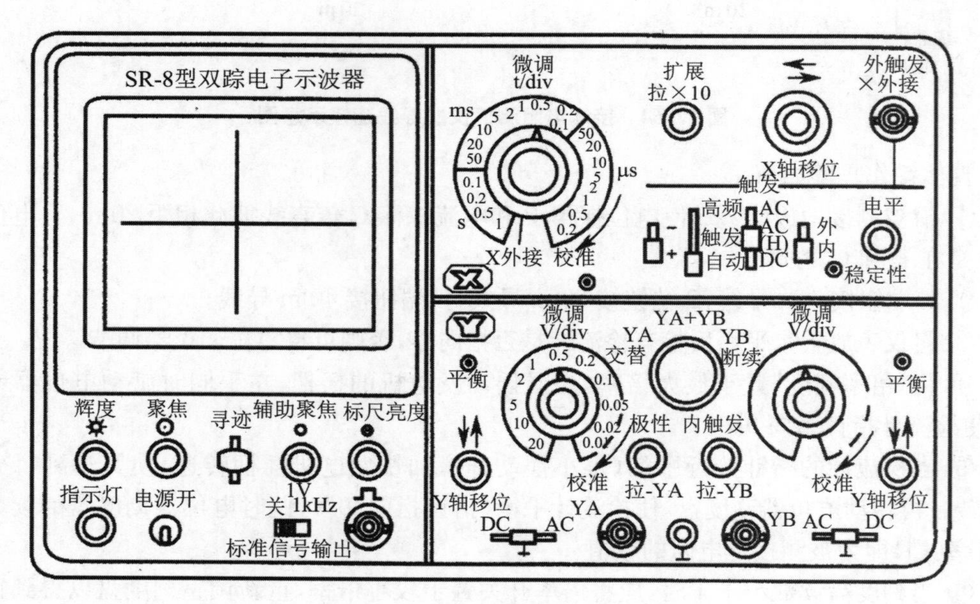

图 17.65　SR8 型双踪示波器面板示意图

(3) 面板各部分功能

SR8 型示波器面板各控制旋钮的作用如下：

① 显示部分：

“＊—辉度”：用于调节波形或光点的亮度。顺时针转动时，亮度增加；逆时针转动时，亮度减弱直至显示亮度消失。

“⊙—聚焦”：用来控制屏幕上光点的大小，以便获得清晰的波形轨迹，主要用于调节波形或光点的清晰度。

“○—辅助聚焦”：它与“聚焦”控制旋钮相互配合调节，提高显示器有效工作面内波形或光点的清晰度。

“⊕—标尺亮度”：用于调节坐标轴上刻度线亮度的控制旋钮。当顺时针旋转时，刻度线亮度将增加；否则减弱。

“寻迹”按键：按下此按键时，偏离荧光屏的光迹便可回到可见显示区域，从而寻到光点的所在位置，实际上它的作用是降低 Y 轴和 X 轴放大器的放大量，同时使时基发生器处于自励状态。

“校准信号输出”：输出振幅为 1 V、频率为 1 kHz 的标准方波信号，用以校准 Y 轴的灵敏度和扫描速度，不使用时，把旁边的开关置于“关”位置。

② Y 轴开关的作用及使用方法：

(a) 显示方式开关有“交替”“YB”和“断续”等 5 种方式，各方式的作用如下：

“交替”：在机内扫描信号的控制下，交替地对 YA 通道和 YB 通道的信号进行显示，即第一次扫描显示 YB 通道的信号，第二次扫描显示 YA 通道的信号，第三次扫描又显示 YB 通道的信号……从而实现双踪显示。这种显示方式一般在输入信号频率较高时使用。

“YA”：YA 通道单踪显示。

“YB”：YB 通道单踪显示。

“YA＋YB”：显示两通道输入信号叠加后的波形。通过“极性、拉－YA”开关选择，可以显示 YA 与两通道信号的和或差。

“断续”：指在一次扫描的第 1 个时间间隔显示 YB 通道信号波形的某一段，第 2 个时间间隔显示 YA 通道信号波形的某一段，以后各间隔轮流地显示两信号波形的其余各段，以实现二踪显示。这种方式通常在信号频率较低时使用。

(b) Y 轴输入耦合方式开关“DC”“⊥”“AC”的作用如下：

置于“DC”时能观察到包括直流分量在内的输入信号。

置于“AC”时能耦合交流分量，隔断输入信号中的直流成分。

置于“⊥”时表示输入端接地，Y 轴放大器的输入端与被测输入信号切断，仪器内放大器的输入端接地，这时很容易检查地电位的显示位置。

(c) 灵敏度选择开关“V/div”及微调：

开关旋钮采用套轴形式，外旋钮为粗调，由 10 mV/div～20 V/div 分 11 个挡级，可按被测信号的幅度选择适当的挡级，以利于观察。当“微调”装置的红色旋钮以顺时针方向转至满度时，即“校准”位置，可按黑色旋钮所指示的面板上标称值读取被测信号的幅度值。

“微调”的红色旋钮是用来连续调节输入信号增益的细调装置，当此旋钮以逆时针转到满度(非校准位置)处时，其变化范围应大于 2.5 倍，因此，可连续调节“微调”装置，以获得各挡级之间的灵敏度覆盖。只有在做定量测试时，此旋钮应处在顺时针满度的“校准”位置上。

(d) YA 极性转换开关“极性、拉－YA”。此开关是按拉式开关。按下为常态，显示正常的 YA 通道输入信号；拉出时，则显示倒相的 YA 信号。

(e) 内触发选择开关“内触发、拉- YB”。此开关也是按拉式开关。按下为常态，该位置常用于单踪显示，若作二踪显示时只做一般波形观察，不能做时间比较。当“拉- YB”开关拉出时，通常适用于“交替”或“断续”的二踪显示状态，以对两种不同信号的时间与相位进行比较。

(f) 平衡电位器。Y 轴放大器输入信号后，所显示的波形如果随灵敏度“微调”转动而出现 X 轴方向的位移，调此平衡电位器，可使位移最小。

③ X 轴控制开关的作用与使用方法：

(a) 扫描时间选择开关“t/div”及微调开关旋钮采用套轴形式，外旋钮为粗调。微调旋钮按顺时针方向转至满度为“校准”位置，此时面板上所指示的标称值就是粗调旋钮所在挡的扫描速度值。当粗调旋钮置“X 轴外接”时，X 轴信号直接由“X 外接”同轴插座输入。

(b) 扫描扩展开关“扩展、拉×10”。此开关是按拉式开关。按下为常态(正常位置)，仪器正常使用；当在拉的位置时，荧光屏上的波形在 X 轴方向扩展 10 倍，此时的扫描速度增大 10 倍。

(c) 触发选择开关“内、外”。此开关置于“内”时，触发信号取自机内 Y 通道的被测信号；置于“外”时，触发信号直接由“外触发、X 外接”同轴插座输入，此时外触发信号与被测信号在频率上应有整数倍关系。

(d) 触发信号耦合方式选择开关“AC、AC(H)、DC”。触发耦合有 3 种方式。在外触发输入方式时，可以同时选择输入信号的耦合方式。

“AC”触发形式属交流耦合方式，由于触发信号的直流分量已被切断，因而其触发性能不受直流分量的影响。

“AC(H)”触发形式属低频抑制状态，通过高通滤波器进行耦合，高通滤波器起抑制低频噪声或低频信号的作用。

“DC”触发形式属直流耦合方式，可用于对变化缓慢的信号进行触发扫描。

(e) 触发方式开关“高频、常态、自动”。当开关置于“高频”时，用时基发生器产生约 200 kHz 频率的自激信号去同步被测信号，使荧光屏上显示波形稳定。这种方式有利于观测频率较高的信号。置于“常态”时，触发信号来自机内 Y 通道或外触发输入，“电平”旋钮对波形的稳定有控制作用。置于“自动”时，用时基触发器产生的低频方波自激振荡信号去同步被测信号，使荧光屏上显示波形稳定。此时电平旋钮对波形的显示不起作用，这种方式有利于观测频率较低的信号。

(f) 触发极性选择开关“+、-”。当开关置于“+”时，用触发信号的上升沿触发；置于“-”时，用触发信号的下降沿触发。

(g) 触发电平调节开关“电平”。用以选择输入信号波形的触发点，使电路在适合的电平上激励扫描。如没有触发信号或触发信号电平不在触发区内，则扫描停止。使用“自动”方式，电平旋钮不起控制作用。

(h) 稳定。此旋钮属半调整器件，有使显示波形同步、稳定的作用。正常使用时无须经常调节。

(4) 使用注意事项

① 在用探头测量时，实际输入示波器的电压只有被测电压的 1/10。因此，在计算时，

应将测量的电压乘以 10。

② 探头的最大允许输入信号振幅为 400 V。在使用探头测量加速变化的电压波形时，其接地点应选择在最靠近被测信号的地方。

③ 测量电压时，应使被测波形稳定地显示在荧光屏中央，振幅一般不宜超过 6 div，以免非线性失真造成测量误差。

(5) 使用方法

① 时基线的调节。将控制开关置于表 17.13 所要求的位置，打开电源，如果找不到光迹，可按下寻迹按键，估计原光点所在位置，然后松开按键，把光迹移至荧光屏中心位置。使荧光屏显示一条水平扫描线。

表 17.13　时基线显示时各控制开关的作用位置

控制开关名称	作用位置	控制开关名称	作用位置
辉度	适当	DC⊥AC	⊥
显示方式	YA	触发方式	自动或高频
极性-拉	常态(按)	扩展拉×10	常态(按)
Y 轴位移	居中	*X* 轴位移	居中

② 电压的测量方法。示波器的电压测量，实际上是对所显示波形的振幅进行测量。SR8 型示波器用直接读数法测量电压。

(a) 直流电压的测量：

A. 把本机的触发方式开关置于“自动”或“高频”位置，使屏幕显示一条水平扫描线。

B. 将 *Y* 轴输入耦合开关“DC⊥AC”置于“⊥”位置。此时显示的水平扫描线为零电平的基准线，其高低位置可用 *Y* 轴“位移”旋钮调节。

C. *Y* 轴输入耦合开关扳至“DC”位置，被测信号由相应 *Y* 输入端输入，此时扫描线在 *Y* 轴方向上产生位移。

D. 将“V/div”开关所指的数值(微调旋钮位于“校准”位置)与扫描线在 *Y* 轴方向上产生的位移格数相乘，即为测得的直流电压值。

例如，示波器的灵敏度开关“V/div”位于 10，微调位于“校准”位置，*Y* 轴输入耦合开关置于“⊥”位置，将扫描线用“*Y* 轴位移”旋钮移至屏幕的中心位置。然后将 *Y* 轴输入耦合开关由“⊥”位置扳至“DC”位置，此时，扫描线由中心位置(基准)向上移动 2 格，那么被测电压即为 10×2＝20 V(不接探头)；如果向下移动，则电压极性为负。注意：微调旋钮应处于“校准”位置，极性“拉－YA”开关应处于常态位置。当被测电压较高时，需外接探头，其读出的电压值应增大 10 倍。

(b) 交流电压测量：

A. 将输入耦合开关置于“AC”位置，但是当输入信号的频率较低时，应将 *Y* 轴输入耦合开关置于“DC”位置。打开电源，应出现时基线，有时还要调节相应的旋钮，才能出现。

B. 将信号从相应的 *Y* 通道输入，此时波形应显示在荧光屏上，然后把被测波形移至荧光屏的中心位置，按方格坐标刻度，读取整个波形所占 *Y* 轴方向的格数。

C. 读取被测波形所占用的格数时，用“V/div”开关将被测波形控制在荧光屏的方格坐标范围内，并将它的“微调”旋钮按顺时针方向转到底，即处于“校准”位置。

例如，一正弦交流电压波形，在荧光屏上 Y 轴垂直方向峰峰值占的格数为 4 div，Y 轴灵敏度选择开关“V/div”所置的挡级为 0.2，微调至“校准”位置。那么这一正弦交流电压的峰峰值为 $U_{p-p}=0.2\times4\times10=8$ V。

【考核评价】

考核评价表见表 17.14。

表 17.14 考核评价表

考核项目	考核内容及评分标准	考核方式	比重
态度	1. 工作现场整理、整顿、清理不到位，扣 5 分 2. 操作期间不能做到安全、整洁等，扣 5 分 3. 不遵守教学纪律，有迟到、早退、玩手机、打瞌睡等违纪行为，每次扣 5 分 4. 进入操作现场，未按要求穿戴，每次扣 5 分	学生互评（小组长）+教师评价	40%
知识技能	1. 不会使用指针式万用表，每错 1 次扣 3 分 2. 不会使用数字式万用表，每错 1 次扣 3 分 3. 不会使用兆欧表，每错 1 次扣 3 分 4. 不会使用钳形电流表，每错 1 次扣 3 分 5. 不会使用单、双臂电桥，每错 1 次扣 3 分 6. 不会使用接地测试仪，每错 1 次扣 3 分 7. 不会使用双踪示波器，每错 1 次扣 3 分 8. 进行技能答辩错误，每次扣 3 分	教师评价	60%

【拓展提高】

数字示波器的使用

数字示波器不仅具有多重波形显示、分析和数学运算功能，波形、设置、CSV 和位图文件存储功能，自动光标跟踪测量功能，波形录制和回放功能等，还支持即插即用 USB 存储设备和打印机，并可通过 USB 存储设备进行软件升级等。

数字示波器前面板各通道标志、旋钮和按键的位置及操作方法与传统示波器类似。现以 DS1000 系列数字示波器为例予以说明。

1. DS1000 系列数字示波器前操作面板简介

DS1000 系列数字示波器前操作面板如图 17.66 所示。按功能前面板可分为 8 大区，分别为液晶显示区、功能菜单操作区、常用菜单区、执行按键区、垂直控制区、水平控制区、触发控制区、信号输入/输出区等。

功能菜单操作区有 5 个按键、1 个多功能旋钮和 1 个按钮。5 个按键用于操作屏幕右侧的功能菜单及子菜单，多功能旋钮用于选择和确认功能菜单中下拉菜单的选项等，按钮用于取消屏幕上显示的功能菜单。

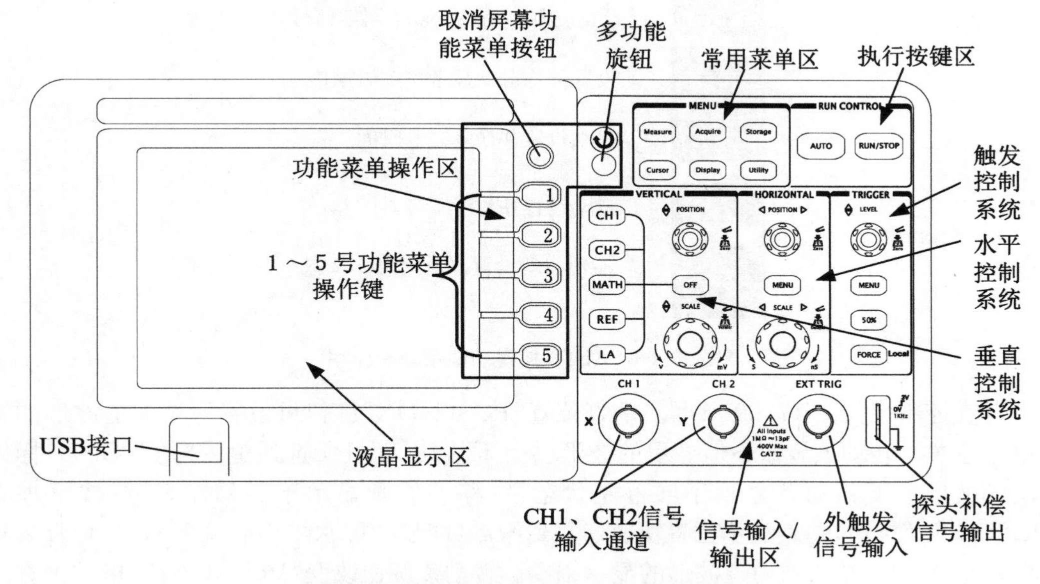

图 17.66　DS1000 系列示波器操作面板

常用菜单区如图 17.67 所示。按下任一按键，屏幕右侧会出现相应的功能菜单。通过功能菜单操作区的 5 个按键可选定功能菜单的选项。功能菜单选项中有"◁"符号的，表明该选项有下拉菜单。下拉菜单打开后，可转动多功能旋钮（○）选择相应的项目并按下予以确认。功能菜单上、下有"⬆""⬇"符号，表明功能菜单一页未显示完，可操作按键上、下翻页。功能菜单中有○，表明该项参数可转动多功能旋钮进行设置调整。按下取消功能菜单按钮，显示屏上的功能菜单立即消失。

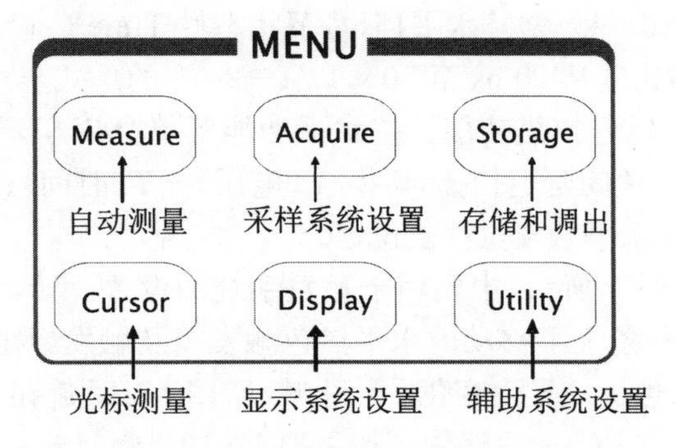

图 17.67　前面板常用菜单区

执行按键区有"AUTO"（自动设置）和"RUN/STOP"（运行/停止）2 个按键。按下"AUTO"按键，示波器将根据输入的信号，自动设置和调整垂直、水平及触发方式等各项控制值，使波形显示达到最佳适宜观察状态，如需要，还可进行手动调整。按"AUTO"后，菜单显示及功能如图 17.68 所示。"RUN/STOP"键为运行/停止波形采样按键。运行（波形采样）状态时，按键为黄色；按一下按键，停止波形采样且按键变为红色，有利于绘制波形并可在一定范围内调整波形的垂直衰减和水平时基，再按一下，恢复波形采样状态。注意：应用自动设置功能时，要求被测信号的频率大于或等于 50 Hz，占空比大于 1%。

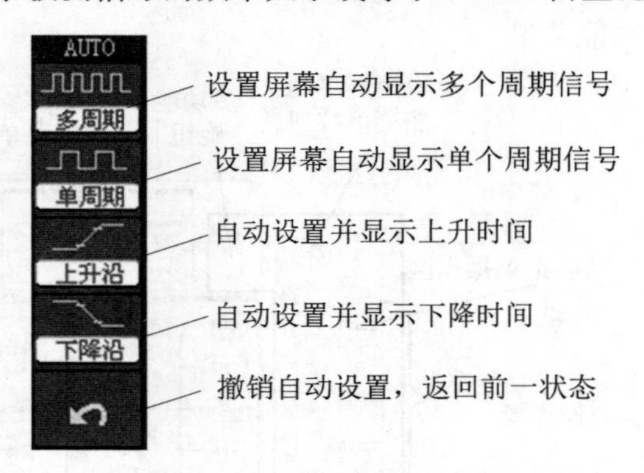

图 17.68　AUTO 按键功能菜单及作用

垂直控制区如图 17.69 所示。垂直位置"POSITION"旋钮可设置所选通道波形的垂直显示位置。转动该旋钮不但显示的波形会上下移动，而且所选通道的"地"(GND)标识也会随波形上下移动并显示于屏幕左状态栏，移动值则显示于屏幕左下方；按下垂直"POSITION"旋钮，垂直显示位置快速恢复到零点(即显示屏水平中心位置)处。垂直衰减"SCALE"旋钮调整所选通道波形的显示幅度。转动该旋钮改变"Volt/div(伏/格)"垂直挡位，同时下状态栏对应通道显示的幅值也会发生变化。"CH1""CH2""MATH""REF"为通道或方式按键，按下某按键屏幕将显示其功能菜单、标志、波形和挡位状态等信息。"OFF"键用于关闭当前选择的通道。

水平控制区如图 17.70 所示，主要用于设置水平时基。水平位置"POSITION"旋钮调整信号波形在显示屏上的水平位置，转动该旋钮不但波形随旋钮水平移动，而且触发位移标志"T"也在显示屏上部随之移动，移动值则显示在屏幕左下角；按下此旋钮触发位移恢复到水平零点(即显示屏垂直中心线置)处。水平衰减"SCALE"旋钮改变水平时基挡位设置，转动该旋钮改变"s/div(秒/格)"水平挡位，下状态栏 Time 后显示的主时基值也会发生相应的变化。水平扫描速度从 20 ns 至 50 s，以 1—2—5 的形式步进。按动水平"SCALE"旋钮可快速打开或关闭延迟扫描功能。按水平功能菜单"MENU"键，显示 TIME 功能菜单，在此菜单下，可开启/关闭延迟扫描，切换 Y(电压) - T(时间)、X(电压) - Y(电压)和 ROLL(滚动)模式，设置水平触发位移复位等。

触发控制区如图 17.71 所示，主要用于触发系统的设置。转动"LEVEL"触发电平设置旋钮，屏幕上会出现一条上下移动的水平黑色触发线及触发标志，且左下角和上状态栏最右端触发电平的数值也随之发生变化。停止转动"LEVEL"旋钮，触发线、触发标志及左下角触发电平的数值会在约 5 s 后消失。按下"LEVEL"旋钮触发电平快速恢复到零点。按"MENU"键可调出触发功能菜单，改变触发设置。"50%"按钮，设定触发电平在触发信号幅值的垂直中点。按"FORCE"键，强制产生一触发信号，主要用于触发方式中的"普通"和"单次"模式。

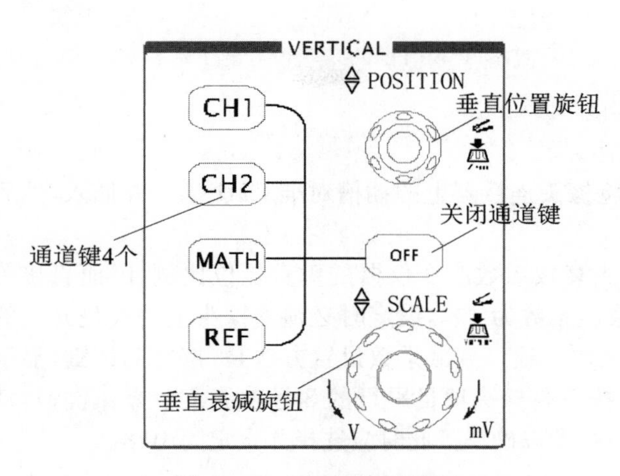

图 17.69　垂直系统操作区

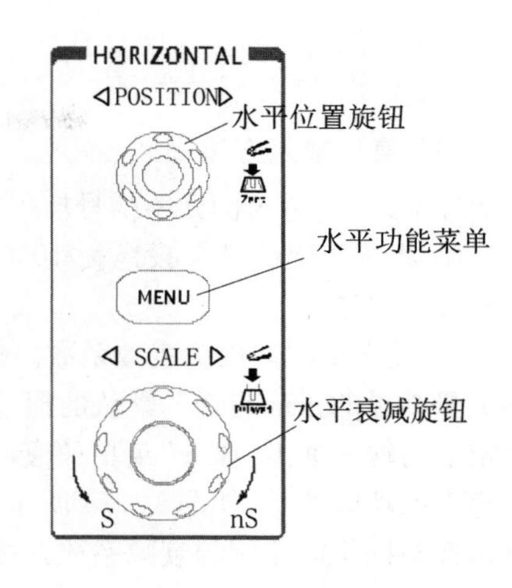

图 17.70　水平系统操作区

信号输入/输出区如图 17.72 所示,“CH1”和“CH2”为信号输入通道,EXT TRIG 为外触发信号输入端,最右侧为示波器校正信号输出端(输出频率为 1 kHz、幅值为 3 V 的方波信号)。

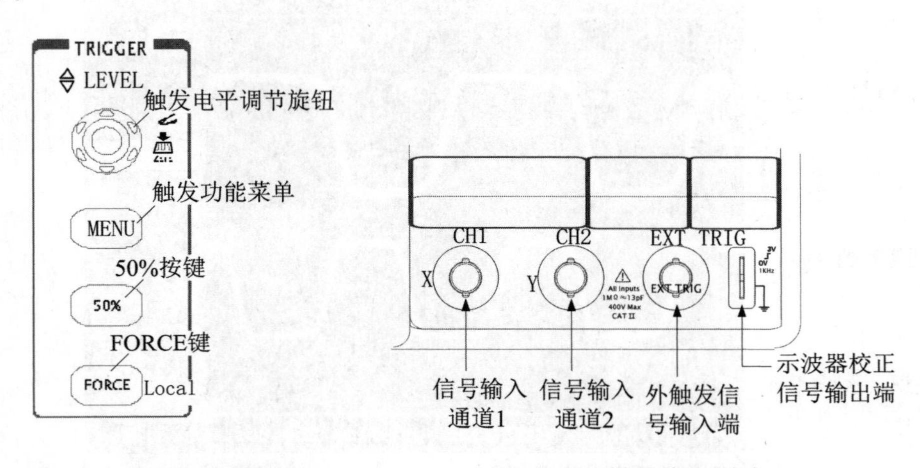

图 17.71　触发系统操作区　　　　图 17.72　信号输入/输出区

2. DS1000 系列数字示波器显示界面说明

DS1000 系列数字示波器显示界面如图 17.73 所示,它主要包括波形显示区和状态显示区。液晶屏边框线以内为波形显示区,用于显示信号波形、测量数据、水平位移、垂直位移和触发电平值等。位移值和触发电平值在转动旋钮时显示,停止转动 5 s 后则消失。显示屏边框线以外为上、下、左 3 个状态显示区(栏)。下状态栏通道标志为黑底的是当前选定通道,操作示波器面板上的按键或旋钮只对当前选定通道有效,按下通道按键则可选定被按通道。状态显示区显示的标志位置及数值随面板相应按键或旋钮的操作而变化。

3. 使用要领和注意事项

(1) 信号接入方法

以CH1通道为例介绍信号接入方法。

① 将探头上的开关设定为10×,将探头连接器上的插槽对准CH1插口并插入,然后向右旋转拧紧。

② 设定示波器探头衰减系数。探头衰减系数改变仪器的垂直挡位比例,因而直接关系测量结果的正确与否。默认的探头衰减系数为1×,设定时必须使探头上的黄色开关的设定值与输入通道"探头"菜单的衰减系数一致。衰减系数设置方法是:按"CH1"键,显示通道1的功能菜单,如图17.74所示。按下与探头项目平行的3号功能菜单操作键,转动↻选择与探头同比例的衰减系数并按下↻予以确认。此时应选择并设定为10×。

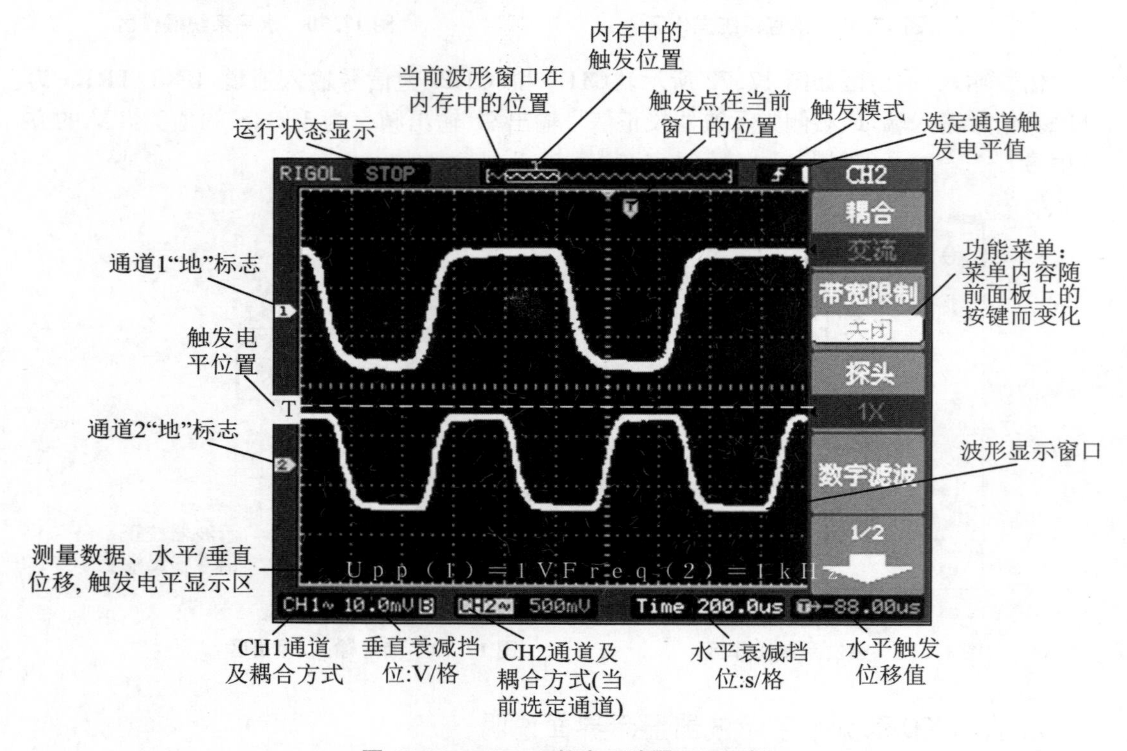

图17.73 DS1000数字示波器显示面板

③ 把探头端部和接地夹接到函数信号发生器或示波器校正信号输出端。按"AUTO"(自动设置)键,几秒钟后,在波形显示区即可看到输入函数信号或示波器校正信号的波形。

用同样的方法检查并向CH2通道接入信号。

① 为了加速调整,便于测量,当被测信号接入通道时,可直接按"AUTO"键以便立即获得合适的波形显示和挡位设置等。

② 示波器的所有操作只对当前选定(打开)通道有效。通道选定(打开)方法是:按"CH1"或"CH2"按钮即可选定(打开)相应通道,并且下状态栏的通道标志变为黑底。关闭通道的方法是:按"OFF"键或再次按下通道按钮,当前选定通道即被关闭。

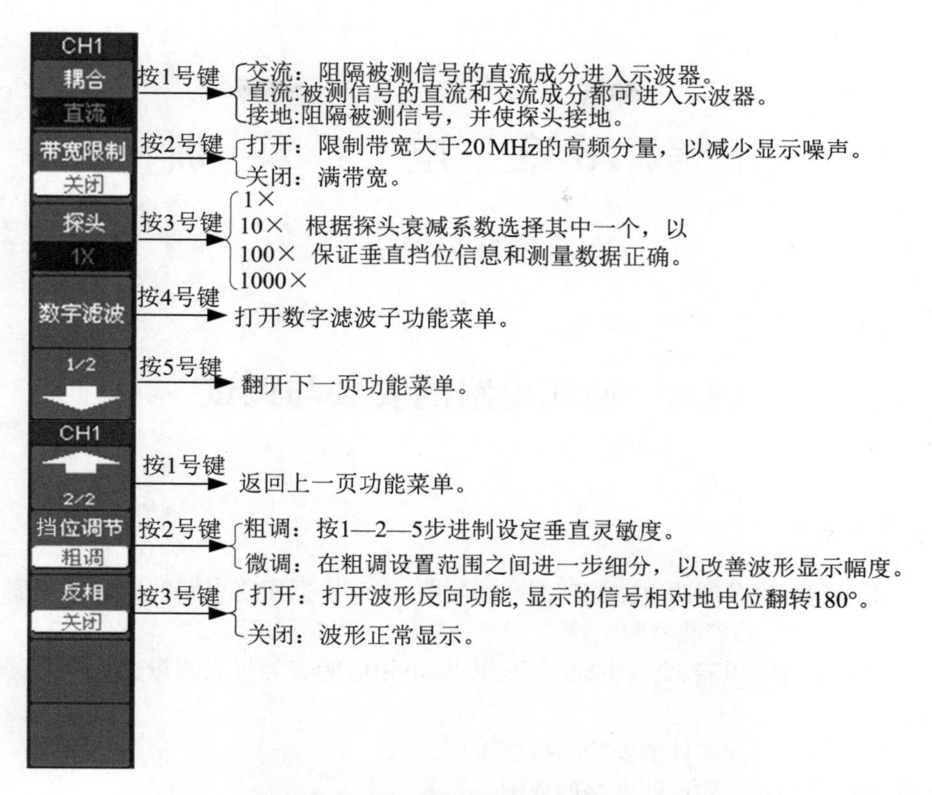

图 17.74 通道功能菜单及说明

③ 数字示波器的操作方法类似于操作计算机,其操作分为 3 个层次。第 1 层:按下前面板上的功能键即进入不同的功能菜单或直接获得特定的功能应用;第 2 层:通过 5 个功能菜单操作键选定屏幕右侧对应的功能项目或打开子菜单或转动多功能旋钮 ◡ 调整项目参数;第 3 层:转动多功能旋钮 ◡ 选择下拉菜单中的项目并按下 ◡ 对所选项目予以确认。

④ 使用时应熟悉并通过观察上、下、左状态栏来确定示波器设置的变化和状态。

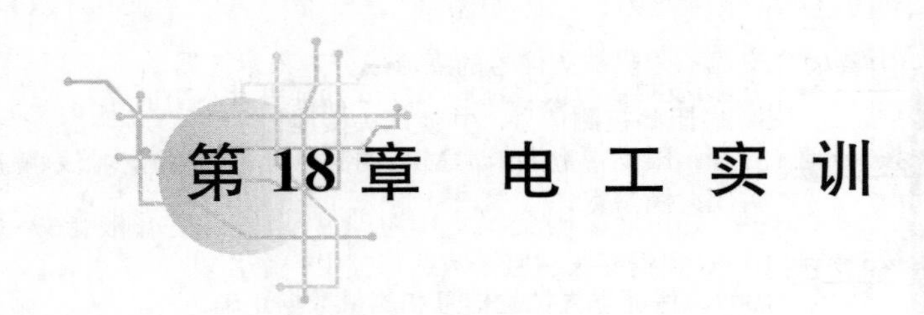

第18章 电 工 实 训

18.1 照明电路的安装与调试

【技能目标】

1. 会识读配电板及照明电路原理图和装配图，能够根据照明电路的原理图和安装图，严格按照工艺要求正确安装照明电路。

2. 会使用交流电压表、交流电流表、万用表、单相电能表等仪表测量交流电压、交流电流和电能。

3. 熟练掌握照明元器件的安装和接线工艺。

4. 能熟练检测和排除照明电路的故障。

5. 培养严格遵守电工安全操作规程的意识与时刻注意安全用电的素养。

6. 能按照6S现场管理要求安全文明生产。

7. 培养学生具有团队合作、爱岗敬业、吃苦耐劳的精神。

【任务描述】

电气照明广泛应用于生产和日常生活中。对家庭照明电路的要求是保证照明设备安全运行，提高照明质量。照明电路的安装与维修是电气技术人员必须掌握的常规技术。

本任务学习家庭照明电路的安装与维护。在电工实训板上设计并安装一个由单相电能表、漏电保护器、熔断器、日光灯、白炽灯、若干开关和插座等元器件组成的简单照明电路，要求安装的照明电路布线规范，布局美观、合理，可以正常工作，并能对家庭常见照明电路的故障进行检测、分析并排除。

通过该任务的学习和训练，在掌握相关正弦交流电路基本知识的基础上，掌握家用照明电路的基本结构、工作原理，熟练掌握家用照明线路安装、调试与维护方法，并培养在工作过程中严格遵守电工安全操作规程的意识，培养学生具有团队合作、爱岗敬业、吃苦耐劳的精神。

【相关知识】

1. 室内配线的基本知识

(1) 线路敷设工艺要求

① 配线长短适度，线头在接线桩上压接不得压住绝缘层，压接后裸线部分不得大于1 mm。

② 凡与有垫圈的接线柱连接，线头必须做成“羊眼圈”，且“羊眼圈”略小于垫圈。

③ 线头压接牢固，稍用力拉扯不应有松动感。

④ 走线横平竖直，分布均匀。转角圆成90°，弯曲部分自然圆滑，弧度全电路保持一致。

⑤ 长线沉底，走线成束，同一平面内不允许有交叉线。必须交叉时应在交叉点架空跨越，两线间距不小于2 mm。当导线互相交叉时，为避免碰线，在每根导线上应套上塑料管或绝缘管，并需将套管固定。

(2) 室内配线基本要求

① 导线的耐压应大于线路工作电压峰值，导线横截面应能满足线路最大载流量和机械强度的要求，导线的绝缘性应能满足敷设方式和工作环境的要求。

② 导线必须分色，红色为相线，蓝色为零线，双色线为地线。

③ 如遇大功率用电器，分线盒内主线达不到负荷要求时，需走专线，且线径的大小和空气开关额定电流的大小也要同时考虑。

④ 低压供电系统中，禁止用大地作为零线，如三线一地制、两线一地制、一线一地制。

⑤ 导线敷设时，应保持“横平竖直”，尽量避免接头，如果有接头，尽量放在暗盒内。

⑥ 导线在开关盒、插座盒(箱)内留线长度不应小于150 mm，留线卷成圈放在底盒里；地线与公用导线如通过盒内不可剪断直接通过的，也应在盒内留一定余地；接线盒(箱)内导线接头须用防水绝缘黏性好的胶带牢固包缠。

(3) 室内配线的供电方式

由于室内用电容量大小不同，我国室内配电常用220 V单相制和380 V三相四线制两种制式。220 V单相制供电适用于小容量的场合，如家庭、小实验室、小型办公场所等。它是由一根相线(火线)和一根零线构成的单相供电回路。一般是在380 V三相四线制中取出一相(火线)一零而得到220 V电压。用电容量较大的场所，如车间、礼堂、机关、学校等采用380 V/220 V三相四线制供电，如图18.1所示，在进行线路设计时，应将用电范围的

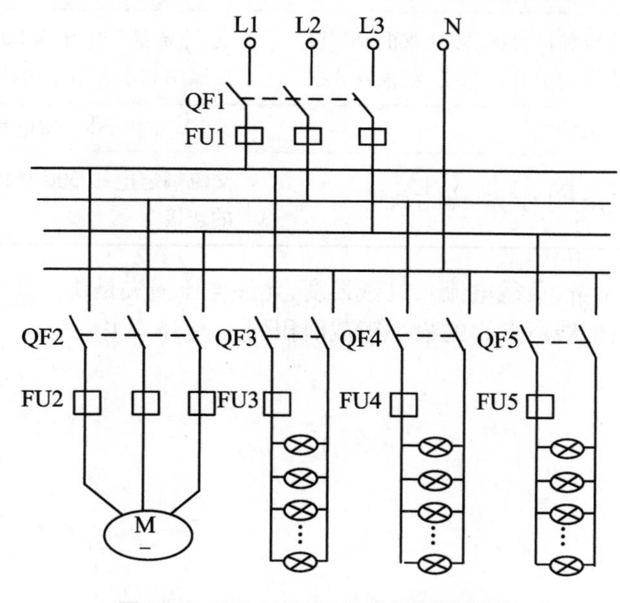

图18.1 380 V/220 V三相四线制供电

负荷尽可能相等地分成3组,分别由三相电源供电,使三相负荷尽可能平衡。对于完全对称的三相负载,如三相电动机、三相电阻炉等,为节省导线,也可用三相三线制供电。

(4) 室内导线的选用

在内线安装中,由于环境条件和敷设方式的不同,使用导线的型号、横截面积也不一样。表18.1列出了内线安装常用导线的型号、名称及用途,供设计安装备料时参考。

表18.1 常用导线的型号、名称及用途

型号	名称	用途
BV BLV BX BLX BLXF	聚氯乙烯绝缘铜芯线 聚氯乙烯绝缘铝芯线 铜芯橡皮线 铝芯橡皮线 铝芯氯丁橡皮线	交、直流500 V及以下的室内照明和动力线路的敷设,室外架空线路
LJ LGJ	裸铝绞线 钢芯铝绞线	用于室内高大厂房绝缘子配线和室外架空线
BVR	聚氯乙烯绝缘铜芯软线	活动不频繁场所的电源连接线
BVS或 (RTS) RVB或 (RFS)	聚氯乙烯绝缘双根铜芯绞合软线 (丁腈聚氯乙烯复合绝缘) 聚氯乙烯绝缘双根平行铜芯软线 (丁腈聚氯乙烯复合绝缘)	交、直流额定电压为250 V及以下的移动电具、吊灯电源连接线
BXS	棉纱编织橡皮绝缘双根铜芯绞合软线(花线)	交、直流额定电压为250V及以下的吊灯电源连接线
BVV BLVV	聚氯乙烯绝缘和护套铜芯线(双根或3根) 聚氯乙烯绝缘和护套铝芯线(双根或3根)	交、直流额定电压为500 V及以下的室内外照明和小容量动力线路的敷设
RHF	氯丁橡套铜芯软线	250 V室内、外小型电气工具的电源连线
RVZ	聚氯乙烯绝缘和护套连接铜芯软线	交流额定电压500 V以下移动式用电器的连接

另外,线路的载流量(负载电流)、机械强度、允许电压损失是决定导线横截面积大小的主要因素。现将室内配线所允许的最小横截面积列于表18.2中。

表 18.2 室内配线线芯最小允许横截面积

敷设方式及用途	芯线最小允许横截面积(mm^2)		
	铜芯软线	铜线	铝线
1. 敷设在室内绝缘支持件上的裸导线	–	2.5	4.0
2. 敷设在绝缘支持件上的绝缘导线其支持点间距为:			
(1) 1 m 及以下 室内	–	1.0	1.5
室外	–	1.5	2.5
(2) 2 m 及以下 室内	–	1.0	2.5
室外	–	1.5	2.5
(3) 6 m 及以下	–	2.5	4.0
(4) 12 m 及以下	–	2.5	6.0
3. 穿管敷设的绝缘导线	1.0	1.0	2.5
4. 槽板内敷设的绝缘导线	–	1.0	1.5
5. 塑料护套线敷设	–	1.0	1.5

2. 低压供电系统基本知识

(1) 用电负荷的常见连接方式

我国低压配电系统一般是三相四线制,即三根相线,一根零线;两个相线之间的电压是380 V,就是我们所说的线电压,一根相线和一根零线之间的电压是220 V,也就是我们所说的相电压;正是由于接线的不同,才出现了380 V和220 V 2个电压等级。室内照明电路一般用220 V的电压。

低压供电一般采用380 V/220 V三相四线制,可采用单相二线(图18.2),或两相三线(两条相线、一条中性线,图18.3),或三相四线供电方式(图18.4)。

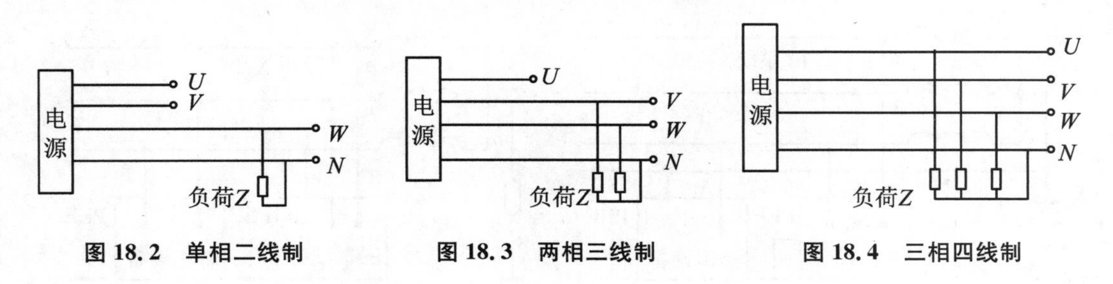

图 18.2 单相二线制 **图 18.3 两相三线制** **图 18.4 三相四线制**

(2) 3种低压供电运行方式

我国低压供电系统主要有3种运行方式:TN系统、TT系统、IT系统。

① TN系统。把变压器低压侧中性点直接接地,再从接地点引出中性线N(俗称“零线”)。系统中,所有用电设备的金属外壳、构架均采用保护接零方式。

TN系统又分为TN-C系统(图18.5)、TN-C-S系统(图18.6)、IN-S系统(图18.7)。

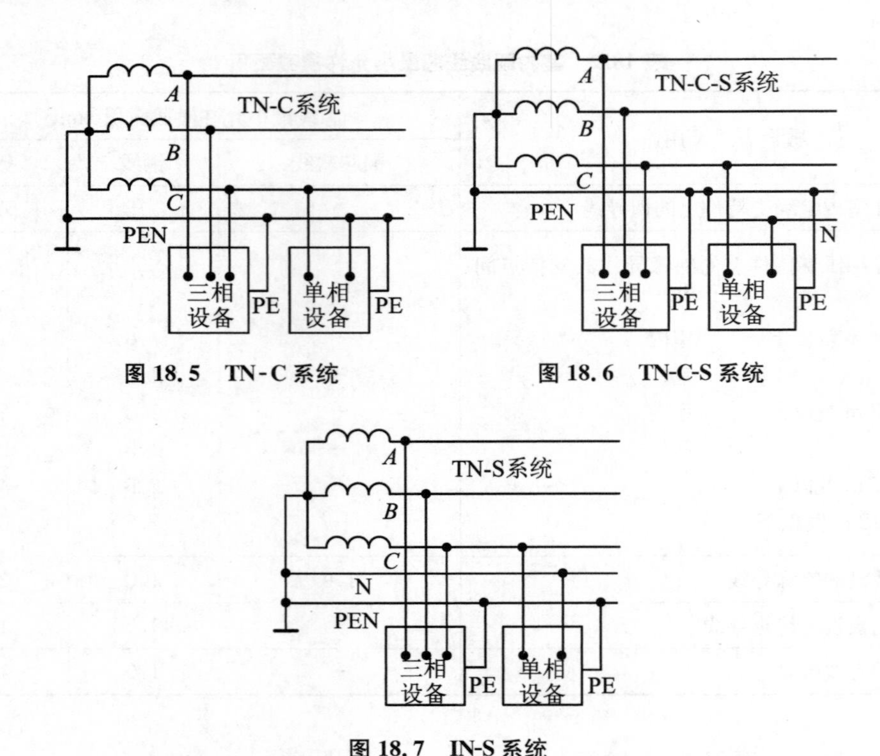

图 18.5　TN-C 系统　　图 18.6　TN-C-S 系统

图 18.7　IN-S 系统

② TT 系统。把变压器低压侧中性点直接接地，再从接地点引出中性线 N。系统中，所有用电设备的金属外壳、构架均采用保护接地方式，如图 18.8 所示。

③ IT 系统。变压器低压侧中性点不接地或经高阻抗接地。系统中，所有用电设备的金属外壳、构架均采用保护接地方式，如图 18.9 所示。

④ 保护接零(PE)。把电气设备的金属外壳、构架与系统中的零线可靠连接在一起。当电气设备发生漏电、绝缘损坏或单相电源与设备外壳、构架短路时，零线短路的较大故障电流可使线路上的保护装置动作，切断故障线路的供电，保护人身安全。保护接零应用在 TN 低压供电系统。

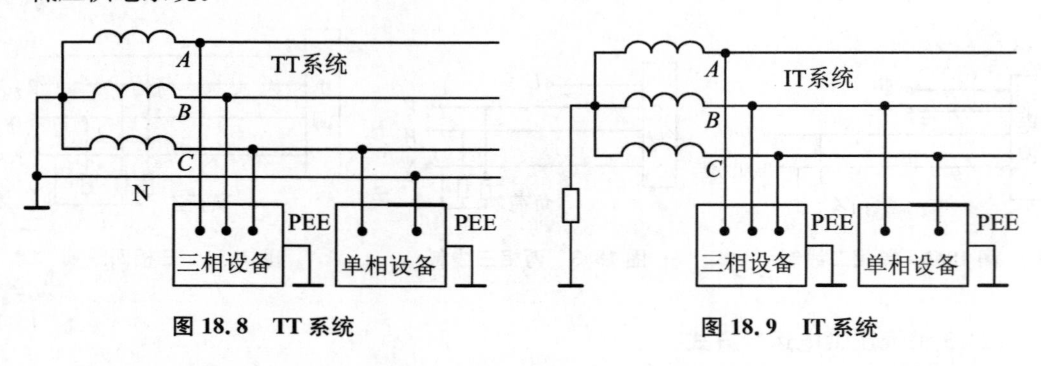

图 18.8　TT 系统　　图 18.9　IT 系统

⑤ 保护接地(PEE)。把电气设备的金属外壳、构架与专用接地装置可靠连接在一起。当电气设备发生漏电或单相电源对设备外壳短路时，如果流向接地体的故障电流足够大，线路上保护装置动作，切断故障线路上的供电；假如流向接地体的故障电流不足以使保护装置动作时，由于人体电阻远大于保护接地的电阻，所以可以避免接触人员的触电危险。

保护接地应用在TT、IT低压供电系统。在同一供电系统,不准存在保护接零和保护接地混用的现象。

【任务训练】

1. 资料、工具与材料准备

(1) 资料准备

图18.10是家庭常用的带有漏电保护及计量功能的照明电路,EL1为白炽灯,EL2为日光灯,QF1为单相断路器,QF2为单相漏电断路器。在接线时,不管是单联开关还是双联开关,开关应接在相线上,这样在开关断开后,灯头不会带电,从而保证了使用和维修的安全。

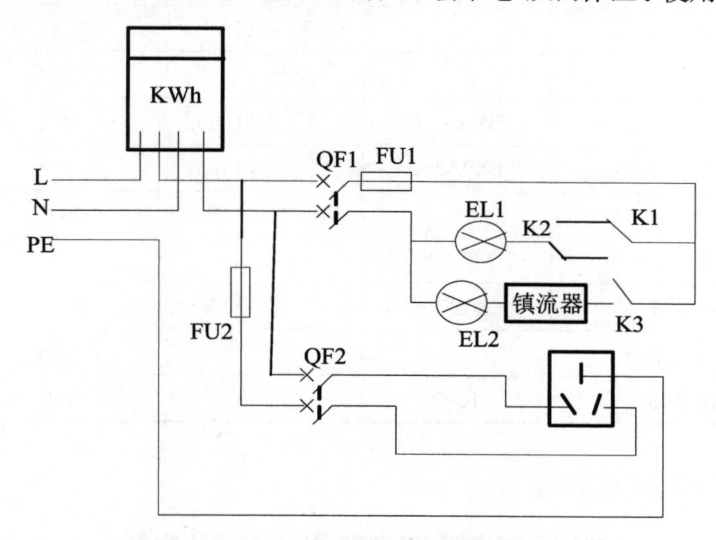

图18.10 室内照明线路电气原理图

照明电路的组成包括电源、单相电能表、漏电保护器、熔断器、插座、灯头、开关、照明灯具和各类电线及配件辅料。

(2) 工具准备

照明线路安装所需工具、仪表有电工刀、十字螺丝刀、一字螺丝刀、钢丝钳、尖嘴钳、斜口钳、剥线钳、压接钳、万用表、验电笔等。

(3) 仪器仪表与材料准备

照明线路安装所需仪器仪表、工具与材料见表18.3。

表18.3 仪器仪表、工具与所需材料

序号	名称	型号	规格与主要参数	数量	备注
1	电工照明实训板	面积最小1 m^2		1	
2	单相电度表	DD28	220 V/3(5) A	1	
3	照明配电盒	HX50-6FCA	明装	1	

续表

序号	名称	型号	规格与主要参数	数量	备注
4	单相断路器	DZ47	220 V/10 A	1	
5	单相漏电断路器	DZ47L	220 V/10 A	1	
6	一位单控开关	86型	220 V/5 A	1	
7	一位双控开关	86型	220 V/5 A	2	
8	单相五孔插座	86型	220 V/10 A	1	
9	螺口平灯座		220 V/5 A	1	
10	螺口灯泡	PZ220-15	15 W	1	
11	日光灯		15 W	1	
12	线卡			若干	
13	绝缘护套线	BVV-1.0	$2\times1\ mm^2$	若干	
14	绝缘护套线	BVV-1.0	$3\times1\ mm^2$	若干	
15	电工常用工具			1	
16	万用表	MF-500		1	
17	兆欧表	ZC25-3	500 V	1	
18	塑料线槽板			若干	
19	熔断器	RN1	5 A	2	

2. 安全防护与6S管理

进入施工现场时，正确穿戴工作服、工作帽，防止高空坠物砸伤，注意自身与他人的工作安全；进入现场必须穿合格的工作鞋，不得穿高跟鞋、网眼鞋、钉子鞋、凉鞋、拖鞋等进入现场。

使用电工工具进行线路安装时，应按照电工工具的使用方法进行操作，防止电工工具的损坏；线路安装结束，应及时对工作场地进行卫生清洁，使物品摆放整齐有序，保持现场的整洁。注意团队成员相互间的人身安全，分工合作共同完成照明线路的安装。工作结束后，应及时对工作场地进行卫生清洁，使物品摆放整齐有序，保持现场的整洁，做到标准化管理。

3. 家庭照明电路的安装步骤

按图18.11所示的电气原理图绘制家庭照明电路的安装图，如图18.12(a)和图18.12(b)所示为安装完的效果图。

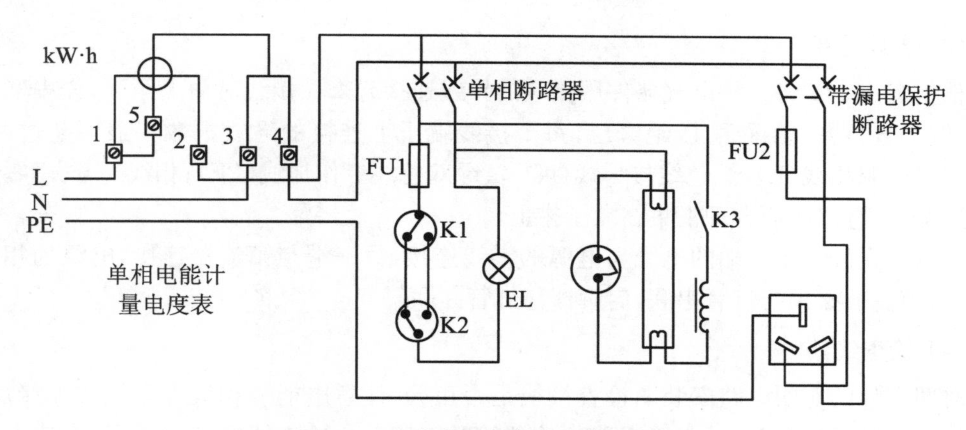

图 18.11 家庭照明电路安装接线图

(a) 照明电路实训板

(b) 照明电路安装实训板房

图 18.12

家庭照明电路的组成包括电源、单相电能表、漏电保护器、熔断器、插座、灯头、开关、照明灯具和各类电线及配件辅料，可以按以下步骤进行安装。

(1) 布局定位

根据设计的照明电路图，在实训板上根据各器件的尺寸大小进行合理布局定位。要求布局合理、结构紧凑、控制方便、美观大方。固定器件时，先对角固定，再两边固定，要求元器件固定可靠、牢固。

(2) 布线

先处理好导线，将导线拉直，布线要横平竖直、整齐，转弯要成弧角，少交叉，应尽量避免导线在中间接头。多根导线并拢平行走线。在走线的时候应遵循“左零右相”的原则。

(3) 电路连接

根据图 18.11 将各种电气器件用相应的导线连接起来。接线时由上至下,先串联后并联,敷线平直整齐,无露铜、压绝缘层,每个接线端子上连接的导线根数一般不超过两根。红色线接电源相线(L),黑色线接零线(N),黄绿双色线专作地线(PE);相线过开关,零线一般不进开关;进出线应合理汇集在端子排上。

注意日光灯灯座一端的电线与电源的零线连接,另一端与镇流器连接,电源的相线接入开关,镇流器必须与灯管串联,启辉器与灯管并联。

(4) 检查线路

对照设计的照明电路安装图检查接线是否正确,注意电能表相线与零线有无接反,漏电保护器、熔断器、开关、插座等元器件的接线是否正确。检查线路外观质量、直流电阻和绝缘电阻是否符合要求,有无断路、短路。

4. 照明电路电器器件的安装

(1) 双联开关的安装

① 双联开关电气原理。图 18.13 所示是室内一控一基本照明电路的电气原理图,K 是单联开关。图 18.14 所示是二控一双控照明电路的电气原理图,K1 与 K2 是双联开关,K1 与 K2 都可以控制白炽灯。

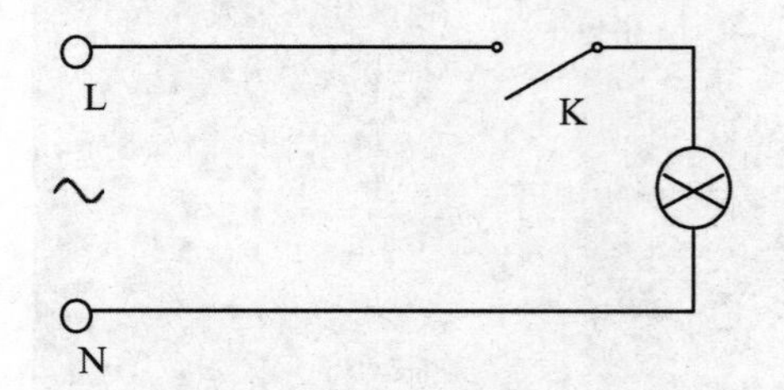

图 18.13 一控一基本照明电路的电气原理图

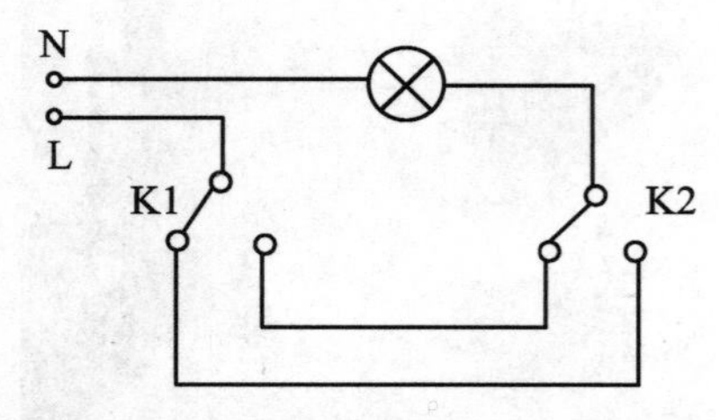

图 18.14 二控一双控照明电路的电气原理图

单联开关用一个开关控制一盏灯。但是如果用一只单联开关来控制楼道口的灯,无论是装在楼上还是楼下,开灯和关灯都不方便,装在楼下,上楼时开灯方便,到楼上就无法关灯;反之,装在楼上同样有这样的问题。因此为了方便,可以在楼上、楼下各装一只双联开关来同时控制楼道口的这盏灯,这就是用两只双联开关控制一只白炽灯电路。

双联开关一般用于在两处控制一盏灯,这种形式通常用于楼上、楼下或走廊的两端均可控制照明灯的接通和断开。双联开关的安装方法与单联开关类似,但其接线较复杂。

双联开关有 3 个接线桩头,其中桩头 1 为连铜片(简称连片),它就像一个活动的桥梁一样,无论怎样按动开关,连片 1 总要跟桩头 2,3 中的一个保持接触,从而达到控制电路通或断的目的,如图 18.15 所示。

② 安装接线图。在图 18.16 接线图中,要注意以下几点:

(a) 两只双联开关(分别记作 SA1,SA2)串联后再与灯座串联。

(b) SA1 连片 1 接相线,SA2 连片 1′接灯座。

(c) SA1、SA2 桩头 2 和 3′,3 和 2′相连接。

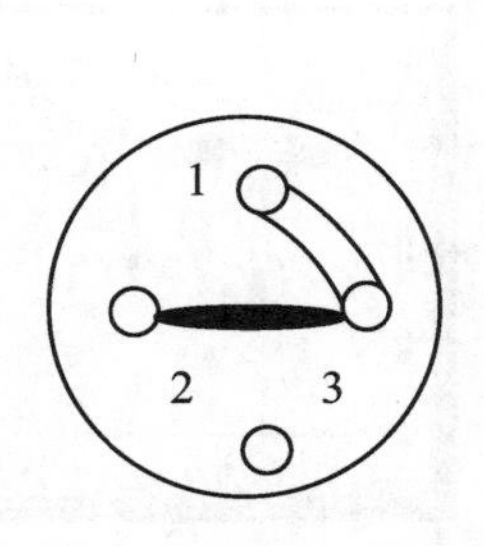

图 18.15 双联开关结构示意图

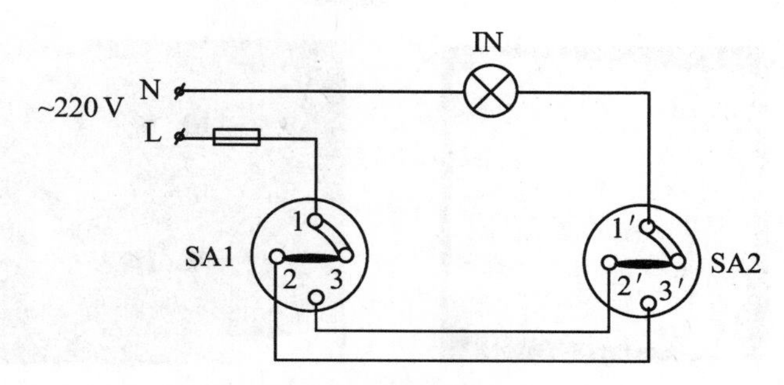

图 18.16 双控开关接线图

③ 连接步骤。双联开关，首先要找出开关的中间点。方法是，将双联开关的 3 个接线柱定为 1,2,3 点。用万用表测量 1 点和 2 点是否联通，如果联通，把开关按钮按到另一处，再测量 1 点和 3 点，如果也是联通的话，就可以得知 1 点是中间点。然后将一个双联开关的中间点 1 点接到火线，2,3 点接到另一个双联开关的 2,3 点，另一个双联开关的 1 点接到灯座，灯座的另一条线接到零线，全部线路共一条零线。一般双联开关的包装里都有线路图。

(2) 照明开关、插座、灯座的安装与接线

① 照明开关的安装。照明开关是控制灯具的电气元件，起接通或断开照明线路的作用。开关的接线如图18.17所示。插座的图形符号如图 18.18 所示。

(a) 开关接线图

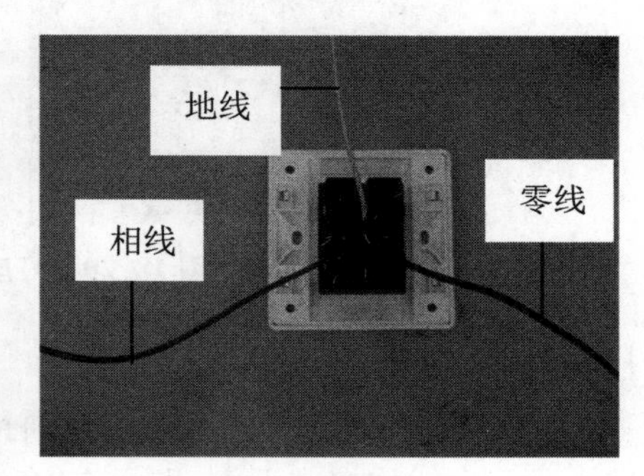

(b) 插座接线图

图 18.17 开关与插座的接线

(a) 插座

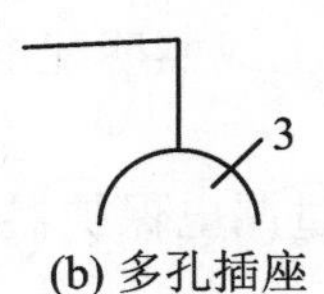

(b) 多孔插座

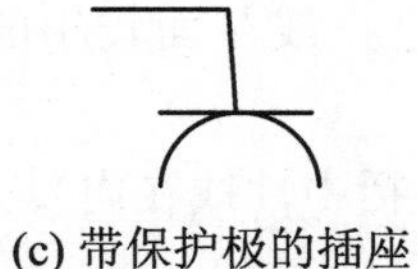

(c) 带保护极的插座

(d) 带单极开关的插座

图 18.18 插座的图形符号

② 插座的安装。家庭常用插座可分为单相二孔、三孔及五孔插座，图 18.19 是几种不同插座的外形。单相两孔插座有横装和竖装两种。横装时，接线原则是左零右相；竖装时，接线原则是上相下零。单相三孔插座的接线原则是左零右相上接地。另外在接线时也可根据插座后面的标识，L 端接相线，N 端接零线，E 端接地线。

根据标准规定，相线（火线）是红色线，零线（中性线）是黑色线，接地线是黄绿双色线。

图 18.19　插座的外形

安装照明开关和插座时，首先在准备安装开关和插座的地方钻孔，然后按照开关和插座的尺寸安装线盒，接着按接线要求，将盒内引出的导线与开关、插座的面板连接好，将开关或插座推入盒内对正盒眼，用螺丝固定。

③ 灯座(灯头)的安装。插口灯座上的两个接线端子，可任意连接零线和来自开关的相线。但是螺口灯座上的接线端子，必须把零线连接在连通螺纹圈的接线端子上，把来自开关的相线连接在连通中心铜簧片的接线端子上，如图 18.20 所示。

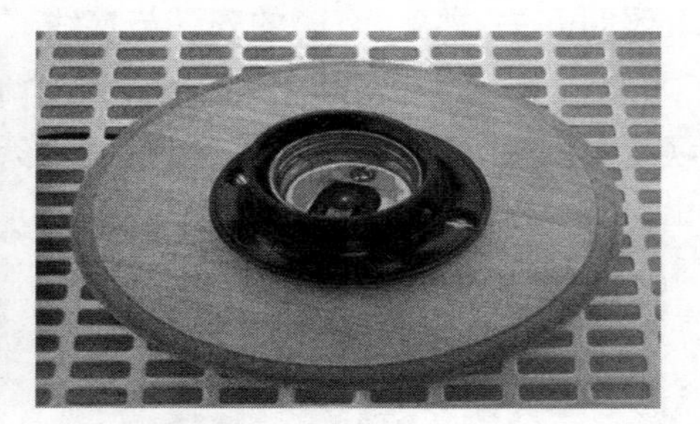

图 18.20　灯座的外形与接线

(3) 保护电路的安装

① 漏电保护器的安装。电源进线必须接在漏电保护器的正上方，即外壳上标有“电源”或“进线”端；出线均接在下方，即标有“负载”或“出线”端。倘若把进线、出线接反了，将会导致保护器动作后烧毁线圈或影响保护器的接通、分断能力。漏电保护器的安装与接线如图 18.21 所示，安装时应注意：

(a) 漏电保护器应安装在进户线截面较小的配电盘上或照明配电箱内。安装在电度表之后，熔断器之前。

(b) 所有照明线路导线(包括中性线在内)均必须通过漏电保护器，且中性线必须与地绝缘。

(c) 安装漏电保护器后，不能拆除单相闸刀开关或熔断器等。闸刀开关可以使维修设备时有一个明显的断开点；同时刀闸或熔断器起着短路或过负荷保护作用。

② 熔断器的安装。低压熔断器广泛用于低压供配电系统和控制系统中，主要用作电路的短路保护，有时也可用于过载保护。常用的熔断器有瓷插式、螺旋式、无填料封闭式和有填料封闭式。使用时串联在被保护的电路中，当电路发生短路故障，通过熔断器的电流达到或超过某一规定值时，熔断器以其自身产生的热量使熔体熔断，从而自动分断电路，起

到保护作用。熔断器的安装如图 18.22 所示，安装时应注意：

(a) 安装熔断器时必须在断电情况下操作。

(b) 应垂直安装，并应能防止电弧飞溅在邻近带电体。

(c) 螺旋式熔断器在接线时，为了更换熔断管时的安全，下接线端应接电源，而连螺口的上接线端应接负载。

(d) 瓷插式熔断器安装熔丝时，熔丝应顺着螺钉旋紧方向绕过去，同时注意不要划伤熔丝，也不要把熔丝绷紧，以免减小熔丝截面尺寸或拉断熔丝。

(e) 更换熔体时应切断电源，并应换上相同额定电流的熔体，不能随意加大熔体。

(f) 熔断器应安装在线路的各相线上，在三相四线制的中性线上严禁安装熔断器。

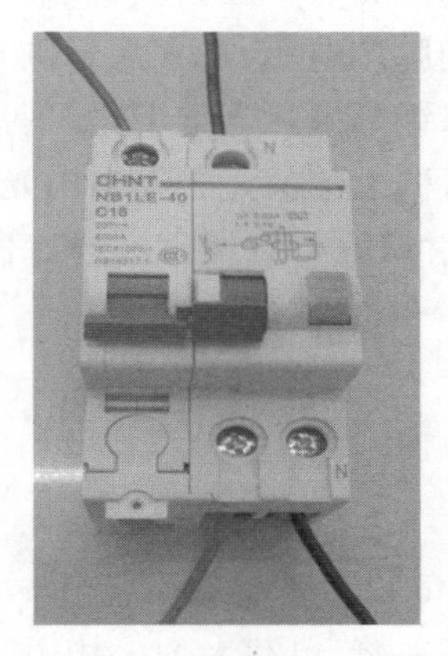

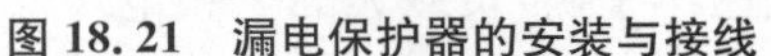

图 18.21 漏电保护器的安装与接线

图 18.22 熔断器的安装与接线

(4) 单相电度表(电能表)的安装

单相电度表接线盒里有 4 个接线桩，从左至右按 1,2,3,4 编号。接线方法是按编号 1,3 接进线(1 接相线,3 接零线)，2,4 接出线(2 接相线,4 接零线)，如图 18.23 所示。

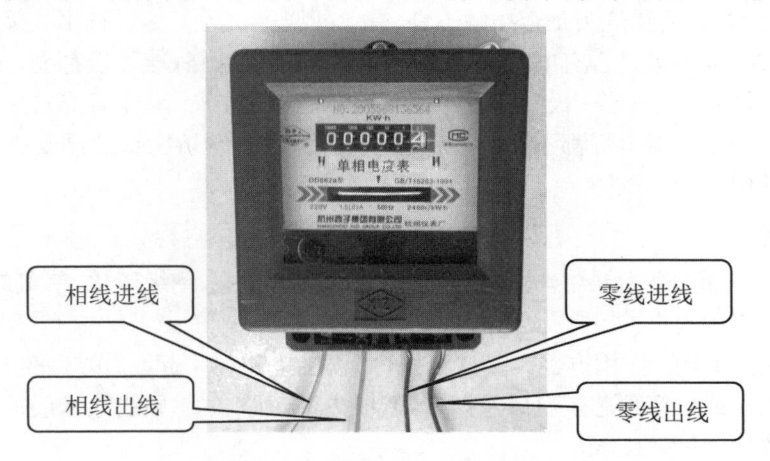

图 18.23 电度表的安装与接线

(5) 日光灯的安装

日光灯主要由灯管、镇流器、启辉器3个部件组成。按图18.24进行日光灯的安装。

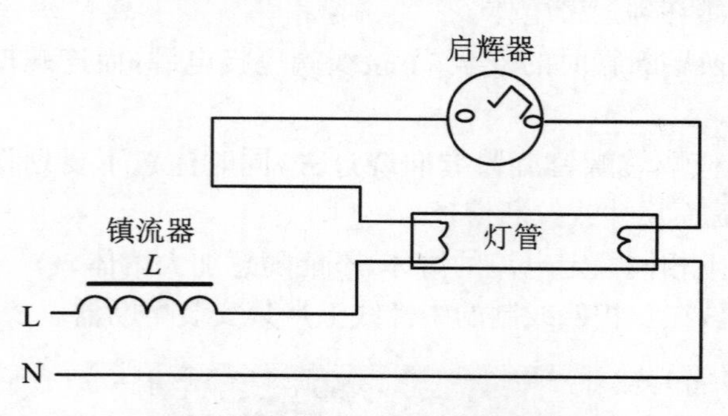

图18.24　日光灯的安装与接线

当接通电源时,电源电压全部加在启辉器动、静触片之间,氖气辉光放电,发出红光;双金属片受热膨胀伸展,与静触片接触,电路接通,电流通过镇流器和灯丝,灯丝预热;辉光放电停止后,双金属片冷却收缩,与静触片断开,镇流器中电流突然中断,在自感作用下,产生较高的脉冲电压,加在灯管两端,引起灯管内水银蒸气弧光放电,辐射出紫外线,激发管壁上的荧光粉发出白光。

日光灯正常发光后,镇流器起降压限流作用,而并联在灯管两端的启辉器不再起作用。

5. 照明电路的常见故障与排除

照明电路的常见故障主要有断路、短路和漏电3种。

(1) 断路

相线、零线均可能出现断路。断路故障发生后,负载将不能正常工作。三相四线制供电线路负载不平衡时,如零线断线会造成三相电压不平衡,负载大的一相电压低,负载小的一相电压增高,如负载是白炽灯,则会出现一相灯光暗淡,而接在另一相上的灯又变得很亮,同时零线断路负载侧将出现对地电压。

产生断路的原因:主要是熔丝熔断、线头松脱、断线、开关没有接通、铝线接头腐蚀等。

断路故障的检查:如果一个灯泡不亮而其他灯泡都亮,应首先检查灯丝是否烧断;若灯丝未断,则应检查开关和灯头是否接触不良、有无断线等。为了尽快查出故障点,可用验电器测灯座(灯头)的两极是否有电,若两极都不亮说明相线断路;若两极都亮(带灯泡测试),说明中性线(零线)断路;若一极亮一极不亮,说明灯丝未接通。对于日光灯来说,应对启辉器进行检查。如果几盏电灯都不亮,应首先检查总保险是否熔断或总闸是否接通,也可按上述方法及验电器判断故障。

(2) 短路

短路故障表现为熔断器熔丝爆断;短路点处有明显烧痕、绝缘碳化,严重的会使导线绝缘层烧焦甚至引起火灾。

造成短路的原因:① 用电器具接线不好,以致接头碰在一起。② 灯座或开关进水,螺口灯头内部松动或灯座顶芯歪斜碰及螺口,造成内部短路。③ 导线绝缘层损坏或老化,并在零线和相线的绝缘处碰线。

当发现短路打火或熔丝熔断时应先查出发生短路的原因,找出短路故障点,处理后更换保险丝,恢复送电。

(3) 漏电

漏电不但造成电力浪费,还可能造成人身触电伤亡事故。

产生漏电的原因：主要有相线绝缘损坏而接地、用电设备内部绝缘损坏使外壳带电等。

漏电故障的检查：漏电保护装置一般采用漏电保护器。当漏电电流超过整定电流值时，漏电保护器动作切断电路。若发现漏电保护器动作，则应查出漏电接地点并进行绝缘处理后再通电。照明线路的接地点多发生在穿墙部位和靠近墙壁或天花板等部位。查找接地点时，应注意查找这些部位。

① 判断是否漏电：在被检查建筑物的总开关上接一只电流表，接通全部电灯开关，取下所有灯泡，进行仔细观察。若电流表指针摇动，则说明漏电。指针偏转的多少，取决于电流表的灵敏度和漏电电流的大小。若偏转多则说明漏电大，确定漏电后可按下一步继续进行检查。

② 判断漏电类型：是火线与零线间的漏电，还是相线与大地间的漏电，或者是两者兼而有之。以接入电流表检查为例，切断零线，观察电流的变化：电流表指示不变，是相线与大地之间漏电；电流表指示为零，是相线与零线之间的漏电；电流表指示变小但不为零，则表明相线与零线、相线与大地之间均有漏电。

③ 确定漏电范围：取下分路熔断器或拉下开关刀闸，电流表若不变化，则表明是总线漏电；电流表指示为零，则表明是分路漏电；电流表指示变小但不为零，则表明总线与分路均有漏电。

④ 找出漏电点：按前面介绍的方法确定漏电的分路或线段后，依次拉断该线路灯具的开关，当拉断某一开关时，电流表指针回零或变小，若回零则是这一分支线漏电，若变小则除该分支漏电外还有其他漏电处；若所有灯具开关都拉断后，电流表指针仍不变，则说明是该段干线漏电。

【考核评价】

考核评价表见表18.4。

表18.4 考核评价表

考核项目	考核内容及评分标准	考核方式	比重
态度	1. 工作现场整理、整顿、清理不到位，扣5分 2. 操作期间不能做到安全、整洁等，扣5分 3. 不遵守教学纪律，有迟到、早退、玩手机、打瞌睡等违纪行为，每次扣5分 4. 进入操作现场，未按要求穿戴，每次扣5分	学生互评（小组长）+教师评价	40%
知识技能	1. 不能正确使用常用电工工具，每次扣2分 2. 不会使用万用表测量交流电压等参数，每项扣3分 3. 不能正确装配照明电路，每处扣5分 4. 未按照工艺要求进行装配，每处扣3分 5. 不会利用万用表与电笔查找与排除故障，扣5分 6. 不会通过书本或网络获取知识技能，扣3分 7. 进行技能答辩错误，每次扣3分	教师评价	60%

18.2　点长车电路的安装与调试

【技能目标】

1. 会识读三相异步电机点长车控制电路原理图，会根据原理图绘制安装接线图。

2. 能够根据原理图与接线图，严格按照工艺要求正确安装线路。

3. 会利用常用电工仪表调试三相异步电机点长车控制电路，能熟练检测和排除调试线路过程中可能出现的故障。

4. 掌握三相笼型异步电机的结构与工作原理。

5. 掌握三相笼型异步电机的星形与三角形连接方式。

6. 掌握常用电气控制器件的基本结构与工作原理。

7. 掌握电气控制中自锁的概念与用法。

8. 掌握常用低压电器的结构、原理与使用方法。

9. 能按照现场管理 6S(整理、整顿、清扫、清洁、素养、安全)要求安全文明生产。

10. 培养团队合作精神与组织协调能力；培养学生爱岗敬业、吃苦耐劳的精神。

【任务描述】

在工厂和生活中常会见到很多功率较小的异步电机，比如冷却泵、小型车床等，由于功率较小，拖动的负载较小，允许直接启动，而启动的方式除了开关手动控制外，也常用接触器、继电器控制电路实现。

本任务学习点长车电路的安装与调试，设计并安装一个由交流接触器、笼型异步电机、熔断器、空气开关等元器件组成的简单的三相笼型异步电机的点长车电路。通过该项目的学习，学生在掌握相关三相笼型异步电机基本知识的基础上，掌握常用电气控制器件的基本结构、工作原理；能利用常用电工工具与仪表对三相异步电机控制线路进行安装与调试。加强在工作过程中严格遵守电工安全操作规程的意识，培养团队合作、爱岗敬业、吃苦耐劳的精神。

【相关知识】

1. 交流接触器

接触器是一种用途广泛的开关电器。它利用电磁、气动或液动原理，通过控制电路来实现主电路的通断。接触器具有通断电流能力强、动作迅速、操作安全、能频繁操作和远距离控制等优点，但不能切断短路电流，因此接触器通常需与熔断器配合使用。接触器的主要控制对象是电动机，也可用来控制其他电力负载。

接触器的分类较多，按驱动触点系统动力来源不同，分为电磁式接触器、气动式接触器或液动式接触器；按灭弧介质的性质不同，分为空气式接触器、油浸式接触器和真空接触器等；还可按主触点控制的电流性质，分为交流接触器和直流接触器等。

(1) 交流接触器

交流接触器主要用于接通或分断电压至 1140 V、电流 630 A 以下的交流电路，可实现对电动机和其他电气设备的频繁操作和远距离控制。

接触器由电磁机构、触点系统和灭弧系统 3 部分组成。

电磁机构一般为交流机构，也可采用直流电磁机构。吸引线圈为电压线圈，使用时并接在电压相当的控制电源上。当线圈通电后，衔铁在电磁吸力的作用下，克服复位弹簧的反力与铁芯吸合，带动触头动作，从而接通或断开相应电路。当线圈断电后，动作过程与上述相反。触点可分为主触点和辅助触点，主触点一般为三极动合触点，电流容量大，通常装设灭弧机构，因此具有较大的电流通断能力，主要用于大电流电路（主电路）；辅助触点电流容量小，不专门设置灭弧机构，主要用在小电流电路（控制电路）中做联锁或自锁。

(2) 直流接触器

直流接触器主要用来远距离接通和分断电压至 440 V、电流至 630 A 的直流电路，以及频繁地控制直流电动机的启动、反转与制动。其结构和工作原理与交流接触器基本相同，只是采用了直流电磁机构。为了保证动铁芯可靠释放，常在磁路中夹有非磁性垫片，以减小剩磁的影响。

直流接触器的主触头在断开直流电路时，如电流过大，会产生强烈的电弧，故多装有磁吹式灭弧装置。由于磁吹线圈产生的磁场经过导磁片，磁通比较集中，电弧将在磁场中产生更大的电动力，使电弧拉长并拉断，从而达到灭弧的目的。这种灭弧装置由于磁吹线圈同主电路串联，其电弧电流越大，灭弧能力就越强。

常用的直流接触器有 CZ0，CZ18 等系列。

2. 继电器

继电器是一种根据外界输入信号（电信号或非电信号）来控制电路“接通”或“断开”的自动电器，主要用于控制、线路保护或信号转换。

继电器的种类有很多，分类方法也较多。按用途来分，可分为控制继电器和保护继电器；按反映的信号来分，可分为电压继电器、电流继电器、时间继电器、热继电器和速度继电器等；按动作原理来分，可分为电磁式继电器、电子式继电器和电动式继电器等。

电磁式继电器主要有电压继电器、电流继电器和中间继电器。电磁式继电器的结构、工作原理与接触器相似，由电磁系统、触点系统和反力系统 3 部分组成，其中电磁系统为感测机构，其触点主要用于小电流电路中，因此不专门设置灭弧装置。

当吸引线圈通电（或电流、电压达到一定值）时，衔铁运动驱动触点动作。通过调节反力弹簧的弹力、止动螺钉的位置或非磁性垫片的厚度，可以达到改变电器动作值和释放值的目的。

(1) 电流继电器

电流继电器根据电路中电流大小动作或释放，用于电路的过电流或欠电流保护，电流继电器线圈的匝数少，导线粗，阻抗小，使用时其吸引线圈直接（或通过电流互感器）串联在被控电路中。电流继电器有直流和交流电流继电器之分。

① 过电流继电器。过电流继电器用于电路过电流保护，当电路工作正常时不动作；当电路出现故障、电流超过某一整定值时，引起开关电器有延时或无延时动作。它主要用于频繁启动和重载启动的场合，作为电动机和主电路的过载和短路保护，其外形和图形文字符号如图 18.25、图 18.26 所示。

图 18.25　过电流继电器外形图

图 18.26　过电流继电器图形和文字符号

② 欠电流继电器。欠电流继电器用于电路欠电流保护，电路在线圈电流正常时，继电器的衔铁与铁芯是吸合的，当通过继电器的电流减小到某一整定值以下时，欠电流继电器释放。常用于直流电动机励磁电路和电磁吸盘的弱磁保护。其外形和图形文字符号如图 18.27、图 18.28 所示。欠电流继电器动作电流为线圈额定电流的 30%～65%，释放电流为线圈额定电流的 10%～20%。

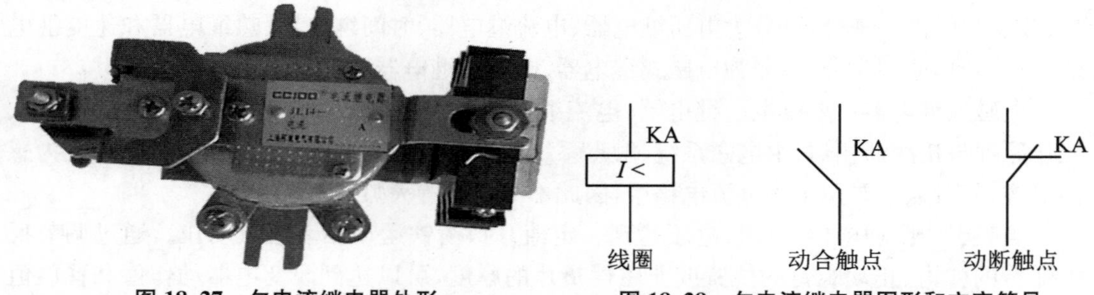

图 18.27　欠电流继电器外形　　**图 18.28　欠电流继电器图形和文字符号**

(2) 电压继电器

电压继电器根据电路中电压大小来控制电路的“接通”或“断开”。用于电路的过电压或欠电压保护，继电器线圈的导线细、匝数多、阻抗大，使用时其吸引线圈直接并联在被控电路中。

电压继电器有直流电压继电器和交流电压继电器之分，它们的工作原理是相同的；同一类型又可分为过电压继电器、欠电压继电器和零电压继电器。

① 过电压继电器。当电压大于其整定值时动作的电压继电器，主要用于对电路或设备做过电压保护，常用的过电压继电器为JT4-A系列，其动作电压可在105%～120%额定电压范围内调整。

过电压继电器如图18.29所示。图形符号如图18.30所示。

KA
U>
过电压继
电器线圈
KA
动合触点
KA
动断触点

图18.29 过电压继电器　　图18.30 过电压继电器图形与文字符号

② 欠电压继电器。用于电路欠电压保护，当电压降至某一规定范围时动作的电压继电器。

③ 零电压继电器。它是欠电压继电器的一种特殊形式，当继电器的端电压降至0或接近消失时才动作。

欠(零)电压继电器正常工作时，铁芯与衔铁吸合，当电压低于整定值时，衔铁释放，带动触点复位，对电路实现欠电压或零电压保护。JT4-P系列欠电压继电器的释放电压为40%～70%额定电压；零电压继电器的释放电压为10%～35%额定电压。

欠电压继电器图形和文字符号如图18.31所示。

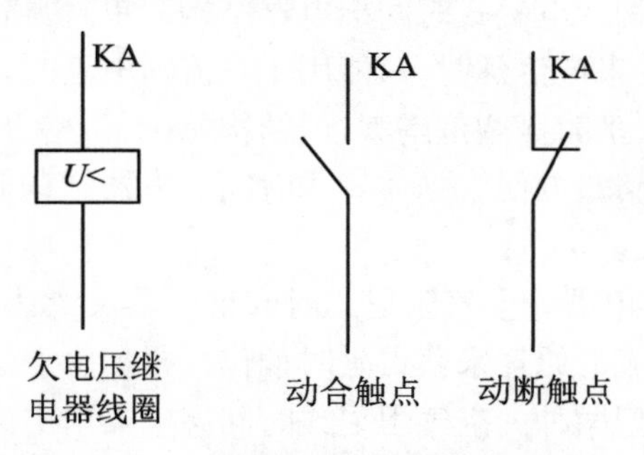

图18.31 欠电压继电器图形和文字符号

(3) 中间继电器

中间继电器实际上是一种动作值与释放值不能调节的电压继电器,其输入信号是线圈的通电和断电,输出信号是触点的动作。主要用于传递控制过程中的中间信号。中间继电器的触点数量较多,可以将一路信号转变为多路信号,以满足控制要求。

中间继电器结构及工作原理与接触器基本相同。但中间继电器的触点对数多,且没有主辅之分,各对触点允许通过的电流大小相同,多数为 5 A,可用来控制多个元件或回路。

中间继电器图形与文字符号如图 18.32 所示,常用的中间继电器如图 18.33 所示。

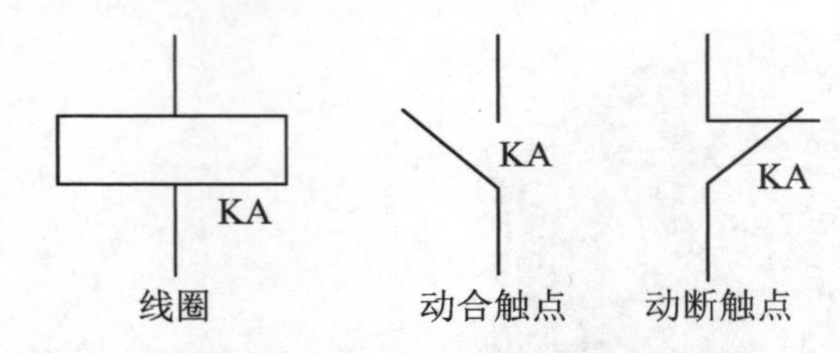

图 18.32　中间继电器图形和文字符号

JZ7

JZ8

JZ15

图 18.33　常见中间继电器外形图

(4) 时间继电器

继电器的感测机构接收到外界动作信号、经过一段时间延时后触点才动作的继电器,称为时间继电器。时间继电器是一种利用电磁原理或机械动作原理实现触点延时接通和断开的自动控制电器。它广泛用于需要按时间顺序进行控制的电气控制线路中。

时间继电器按动作原理可分为电磁式、空气阻尼式、电动式和电子式;按延时方式可分为通电延时和断电延时两种。电磁式时间继电器结构简单,价格低廉,但体积和重量较大,延时较短,它利用电磁阻尼来产生延时,只能用于直流断电延时,主要用于配电系统。电动式时间继电器延时精度高、延时可调范围大,但结构复杂、价格贵。空气阻尼式时间继电器延时精度不高、价格便宜、整定方便。晶体管式时间继电器结构简单、延时长、精度高、消耗功率小、调整方便及寿命长。

① 空气阻尼式时间继电器。空气阻尼式时间继电器又称为气囊式时间继电器。利用气囊中的空气通过小孔节流的原理来获得延时动作。根据触点延时的特点,可分为通电延时动作型和断电延时复位型两种。空气阻尼式时间继电器由电磁机构、触点系统和空气阻尼器 3 部分组成。

② 电子式时间继电器。电子式时间继电器具有体积小、延时范围大、精度高、寿命长以及调节方便等特点,目前在自动控制领域应用广泛。

JS20系列时间继电器采用插座式结构，所有元件装在印刷电路板上，用螺钉使之与插座紧固，再装上塑料罩壳组成本体部分，在罩壳顶面装有铭牌和整定电位器旋钮，并有动作指示灯。主要使用型号有JS20、JS13等系列，JS20系列时间继电器采用的延时电路有场效应晶体管电路和单结晶体管电路两类，外形如图18.34所示。

图18.34　JS20晶体管时间继电器外形图

时间继电器型号及意义如图18.35所示。

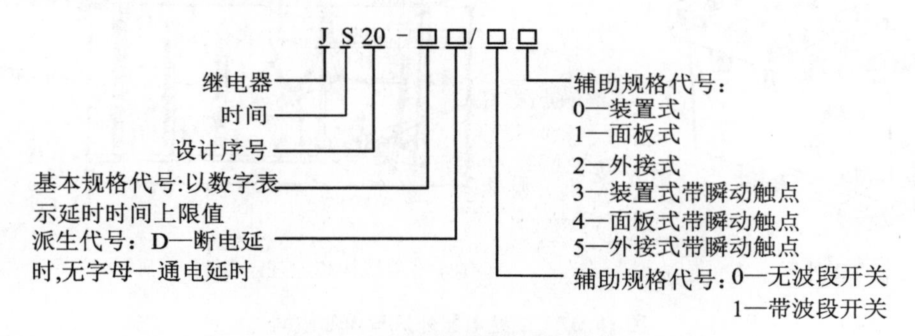

图18.35　时间继电器型号及意义

(5) 热继电器

电动机在运行过程中经常会遇到过载现象，只要过载不严重、时间不长，电动机绕组的温升没有超过其允许温升是允许的；但如果电动机长时间温升超过允许温升，轻则使电动机的绝缘加速老化而缩短其使用寿命，严重则可能会使电动机因温度过高而烧毁。

热继电器是利用电流通过发热元件时所产生的热量，使双金属片受热弯曲而推动触点动作的一种保护电器。主要用于电动机的过载保护、断相保护以及电流不平衡运行保护。

① 热继电器的保护特性。作为对电动机过载保护的热继电器，应能保证电动机不因过载烧毁，同时又能最大限度地发挥电动机的过载能力，因此热继电器必须具备以下一些条件：

(a) 具备反时限保护特性。为充分发挥电动机的过载能力，保护特性应尽可能与电动机过载特性贴近。

(b) 具有一定的温度补偿性。当周围环境温度发生变化引起双金属片弯曲而带来动作误差时，应具有自动调节补偿功能。

(c) 热继电器的动作值应能在一定范围内调节以适应生产和使用要求。

② 热继电器的结构与工作原理：

(a) 结构。由发热元件、双金属片、触点系统和传动机构等部分组成。它有两相结构和三相结构热继电器之分，三相结构热继电器又可分为带断相保护和不带断相保护两种。图 18.36 为 JR36 型热继电器的外形图，图 18.37 为三相结构热继电器外形和内部结构示意图。

图 18.36　JR36 型热继电器外形图

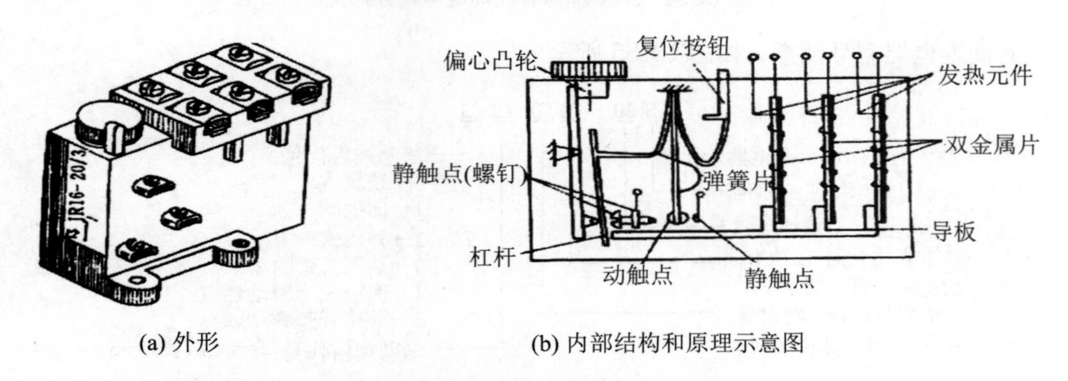

(a) 外形　　(b) 内部结构和原理示意图

图 18.37　热继电器外形与内部结构

发热元件由电阻丝制成，与主电路串联；当电流通过热元件时，热元件对双金属片加热，使双金属片受热弯曲。双金属片是热继电器的核心部件，由两种热膨胀系数不同的金属材料辗压而成；当它受热膨胀时，会向膨胀系数小的一侧弯曲。此外，它还具有调节和复位机构。热继电器图形和文字符号如图 18.38 所示。

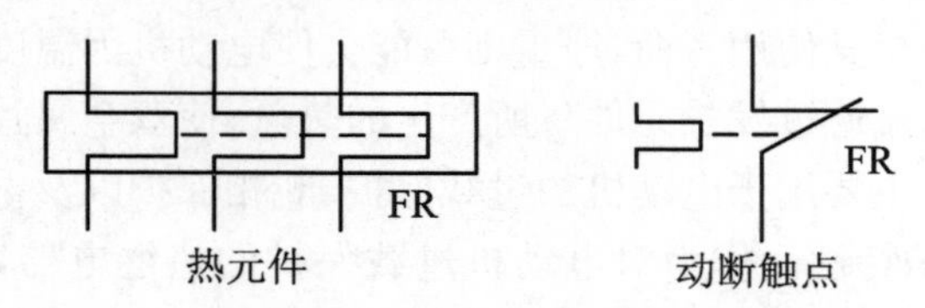

图 18.38　热继电器图形和文字符号

(b) 工作原理。当电动机未超过额定电流时，双金属片自由端弯曲的程度不足以触及动作机构，因此热继电器不会工作；当电流超过额定电流时，双金属片自由端弯曲的位移将随着时间的积累而增加，最终将触及动作机构而使热继电器动作，切断电动机控制电路。由于双金属片弯曲的速度与电流大小有关，电流越大，弯曲的速度也越快，动作时间就短；反之，则时间就长。这种特性称为反时限特性。只要热继电器的整定值调整得恰当，就可以使电动机在温度超过允许值之前停止运转，避免因高温而造成损坏。

当电动机启动时，电流很大，但时间很短，热继电器不会影响电动机的正常启动。

表18.5是热继电器动作时间和电流之间的关系表。

表18.5 热继电器保护特性

电流(A)	动作时间	试验条件
$1.05I_N$	>1～2 h	冷态
$1.2I_N$	<20 min	热态
$1.5I_N$	<2 min	热态
$6.0I_N$	>5 s	冷态

③ 热继电器的选用:

(a) 当电动机星形连接时,选用两相或三相热继电器均可进行保护。

(b) 当电动机三角形连接时,应选用三相带差分放大机构的热继电器才能进行最佳的保护。

(c) 额定电压:热继电器额定电压是指触点的电压值,选用时要求额定电压大于或等于触点所在线路的额定电压。

(d) 额定电流:热继电器额定电流是指允许装入的热元件的最大额定电流值,选用时要求额定电流大于或等于被保护电动机的额定电流。

(e) 热元件规格:热元件规格用电流值表示,是指热元件允许长时间通过的最大电流值。选用时一般要求其电流规格小于或等于热继电器的额定电流。

(f) 热继电器的整定电流:整定电流是指长期通过热元件又刚好使热继电器不动作的最大电流值。热继电器的整定电流要根据电动机的额定电流、工作方式等情况调整而定。一般情况下可按电动机额定电流值整定。

由于热继电器主双金属片受热膨胀的热惯性及动作机构传递信号的惰性原因,热继电器从电动机过载到触点动作需要一定的时间,因此热继电器不能做短路保护。但也正是这个热惯性和机械惰性,保证了热继电器在电动机启动或短时过载时不会动作,从而满足了电动机的运行要求,避免电动机不必要的停车。同理,当电动机处于重复短时工作时,亦不适宜用热继电器作为其过载保护,而应选择能及时反映电动机温升变化的温度继电器作为过载保护。

需要指出,对于重复短时工作制的电动机(如起重机),由于电动机不断重复升温,热继电器双金属片的温升跟不上电动机绕组的温升变化,因而电动机将得不到可靠保护。因此,不宜采用双金属片式热继电器。

热继电器主要型号有JR20,JRS1,JR0,JR14,JR36等系列,引进产品有T系列、3UA系列和LR1-D系列等。热继电器型号及意义如图18.39所示。

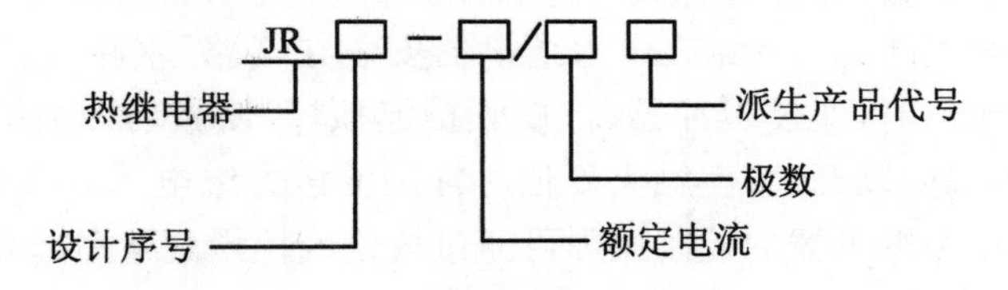

图18.39 热继电器型号及意义

(6) 速度继电器

速度继电器主要用于电动机反接制动，所以也称反接制动继电器。电动机反接制动时，为防止电动机反转，必须在反接制动结束时或结束前及时切断电源。

① 结构。速度继电器主要由转子、定子和触点3个部分组成。转子是一块永久磁铁，固定于轴上。定子的结构与笼型异步电动机相似，是一个笼型空心圆环，由硅钢片叠压而成，并装有笼型绕组。

② 工作原理。速度继电器使用时，其轴与电动机轴相连，外壳固定在电动机的端盖上。当电动机转动时带动速度继电器的转子(磁极)转动，于是在气隙中形成一个旋转磁场，定子绕组切割该磁场产生感应电流，进而产生力矩，定子受到的磁场力的方向与电动机的旋转方向相同，从而使定子向轴的转动方向偏摆，通过定子拨杆拨动触点，使触点动作。在杠杆推动触头的同时也压缩反力弹簧，其反作用阻止定子继续转动。当转子的转速下降到一定数值时，电磁转矩小于反力弹簧的反用力矩，定子便回到原来位置，对应的触头恢复到原来状态。速度继电器的动作转速一般为120 rad/min，复位转速约在100 rad/min以下。常用的速度继电器有JY1，JFZ0型，其中JY1型能在3000 rad/min以下可靠地工作。

速度继电器的图形和文字符号如图18.40所示。

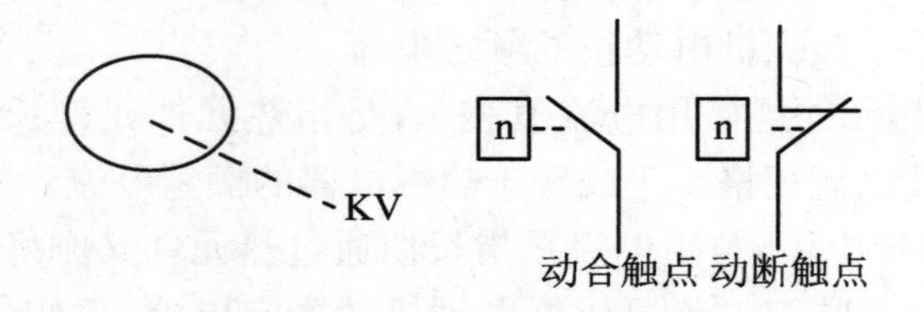

图18.40　速度继电器图形和文字符号

速度继电器的型号及意义如图18.41所示。

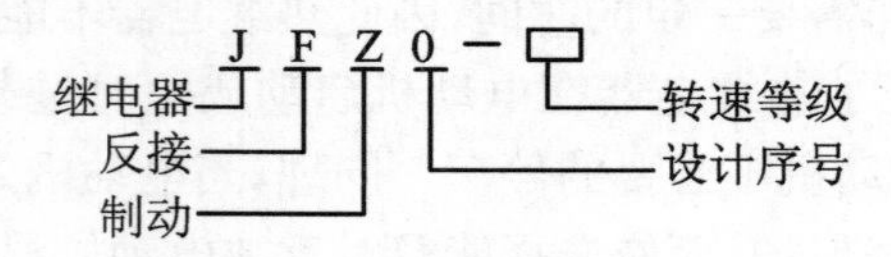

图18.41　速度继电器的型号及意义

(7) 压力继电器

压力继电器是根据压力源压力变化情况决定触点的断开或闭合，以便对机械设备提供保护或控制的继电器。它常用于气动控制系统中。当压力低于整定值时，压力继电器使机床自动停车，以保证安全。

压力继电器由缓冲器、橡皮薄膜、顶杆、压缩弹簧、调节螺母和微动开关组成。微动开关与顶杆的距离一般大于0.2 mm。压力继电器安装在气路、水路或油路的分支管路中。当管道压力超过整定值时，通过缓冲器、橡皮膜抬起顶杆，使微动开关动作；当管道压力低于整定值时，顶杆脱离微动开关，使触头复位。常用的压力继电器有YJ系列、YT-1226系列压力调节器等。压力继电器的控制压力可通过放松或拧紧调整螺母来改变。

3. 主令电器

主令电器主要用于发出指令或信号,达到对电力拖动系统的控制。主令电器的种类有很多,主要有按钮开关、位置开关和万能转换开关、主令控制器等。

(1) 按钮

控制按钮在低压控制电路中用于手动发出控制信号,作为远距离控制。按钮是一种用人力操作,并具有储能(弹簧)复位的控制开关。按钮的触点允许通过的电流较小,一般不超过5 A。它不直接控制主电路,而是在控制电路中发出指令或信号去控制接触器等电器,再由它们去控制主电路的通断、功能转换或电气联锁。

① 基本结构。按钮一般都由操作头、复位弹簧、触点、外壳及支持连接部件组成。操作头的结构形式有按钮式、旋钮式和钥匙式等。按钮开关结构如图 18.42 所示,其图形和文字符号如图18.43所示。

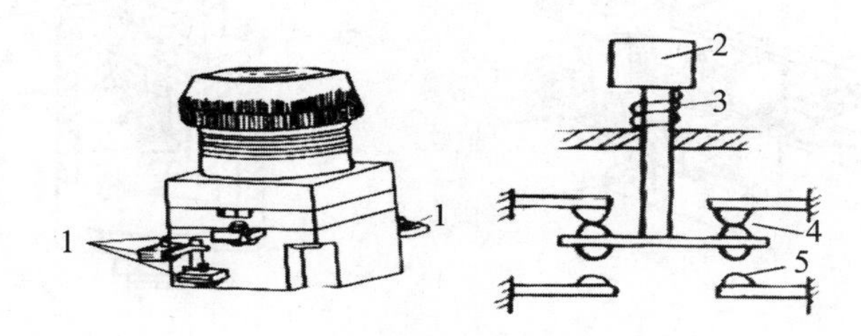

图 18.42 按钮开关的结构

1. 接线柱;2. 按钮帽;3. 复位弹簧;4. 常闭触头;5. 常开触头

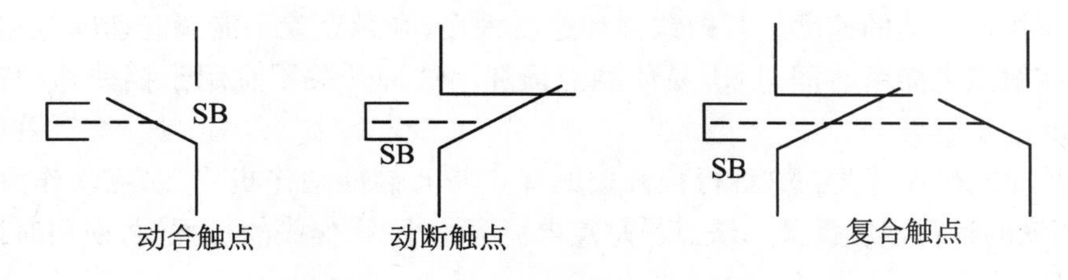

图 18.43 按钮开关的图形和文字符号

② 型号。按钮开关的型号及意义如图 18.44 所示。

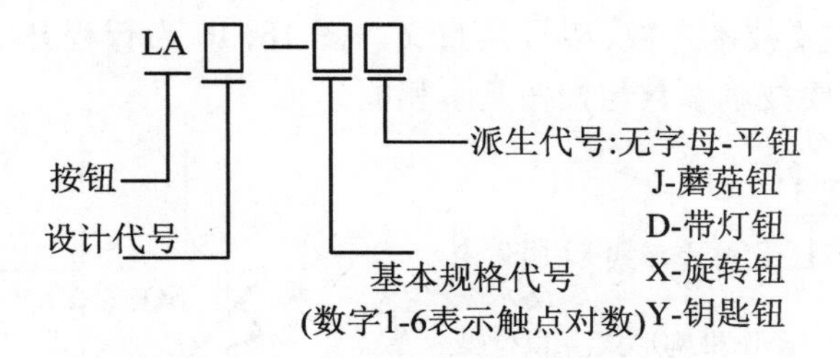

图 18.44 按钮开关的型号及意义

常用按钮型号有 LA4,LA10,LA18,LA20,LA25 等。

(2) 行程开关

行程开关又称为限位开关，它的作用是将机械位移转变为触点的动作信号，以控制机械设备的运动，在机电设备的行程控制中有很大作用。行程开关的工作原理与控制按钮相同，不同之处在于行程开关是利用机械运动部分的碰撞面而使其动作。行程开关用以反映工作机械的行程，发出命令以控制其运动方向，主要用于机床、自动生产线和其他机械的限位及程序控制。

① 行程开关结构。行程开关的种类有很多，但都主要由触点部分、操作部分和反力系统组成。根据操作部分运动特点不同，行程开关可分为直动式行程开关、滚轮式行程开关、微动式行程开关。行程开关结构如图 18.45 所示。

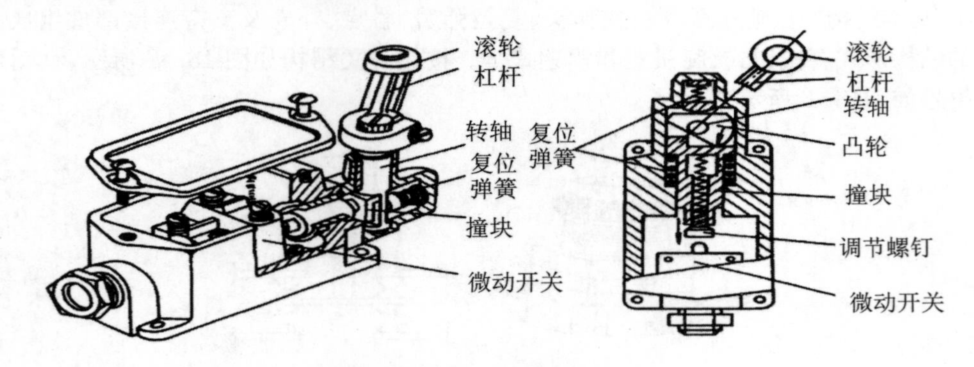

图 18.45　行程开关结构

(a) 直动式行程开关。直动式行程开关的特点是结构简单、成本较低，但触点的运行速度取决于挡铁移动的速度。若挡铁移动速度太慢，则触点就不能瞬时切断电路，使电弧或电火花在触点上滞留时间过长，易使触点损坏。这种开关不宜用于挡铁移动速度小于 0.4 m/min 的场合。

(b) 微动式行程开关。这种行程开关的优点是有储能动作机构，触点动作灵敏、速度快，并与挡铁的运行速度无关。缺点是触点电流容量小、操作头的行程短、使用时操作头部分容易损坏。

(c) 滚轮式行程开关。这种行程开关具有触点电流容量大、动作迅速、操作头动作行程大等特点，主要用于低速运行的机械。

② 行程开关的主要技术参数、型号及意义。图 18.46 为行程开关的型号和图形文字符号。行程开关的主要技术参数与按钮基本相同。

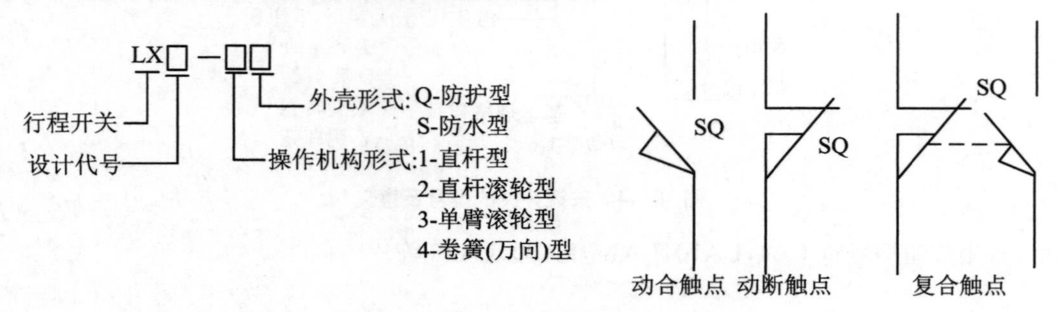

图 18.46　行程开关的型号和图形文字符号

常用行程开关的型号有 LX5,LX10,LX19,LX33,LXW-11 和 JLXK1 等系列。

(3) 接近开关

接近开关又称为无触点位置开关,是一种非接触型检测开关,其外形如图 18.47 所示。它通过其感应头与被测物体间介质能量的变化来取得信号,其功能是当物体接近开关的一定距离时就能发出“动作”信号,达到行程控制、计数及自动控制的目的,不需要机械式行程开关所必须施加的机械外力。它采用了无触点电子结构形式,克服了有触点位置开关可靠性差、使用寿命短和操作频率低的缺点。

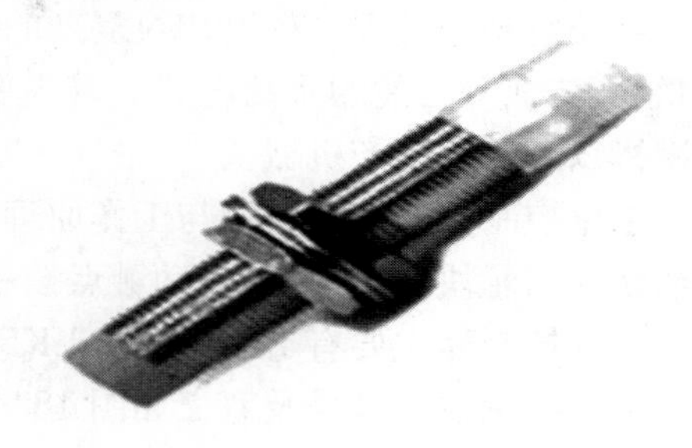

图 18.47　接近开关外形图

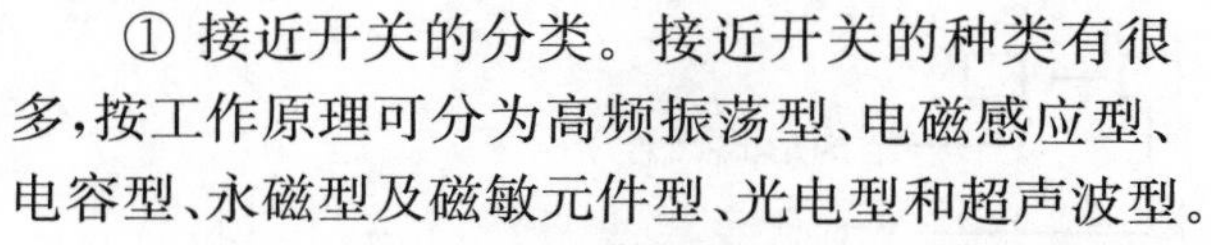

① 接近开关的分类。接近开关的种类有很多,按工作原理可分为高频振荡型、电磁感应型、电容型、永磁型及磁敏元件型、光电型和超声波型。

② 接近开关的工作原理。接近开关具有体积小、可靠性高、使用寿命长、动作速度快以及无机械、电气磨损等优点,因此可替代行程开关,并已在设备自动控制系统中得到广泛应用。其中,高频振荡型接近开关使用最频繁。高频振荡型接近开关由振荡器、检测器以及晶体管或晶闸管输出等部分组成,封装在一个较小的外壳内。

当接通电源后,振荡器开始振荡,检测电路输出低电位,晶体管截止,负载中只有维持振荡的电流通过,负载不动作;当有金属物体靠近一个以一定频率稳定振荡的高频振荡器的感应头附近时,由于感应作用,该物体内部会产生涡流及磁滞损耗,使振荡回路因电阻增大、能耗增加而振荡减弱,直至停止振荡。检测电路根据振荡器的工作状态控制输出电路的工作,输出信号去控制继电器或其他电器,以达到控制目的。

常用的高频振荡型接近开关有 LXJ6,LXJ7,LXJ3 和 LJ5A 等系列。引进生产的有 3SG,LXT3 等系列。接近开关的型号及意义如图 18.48 所示。

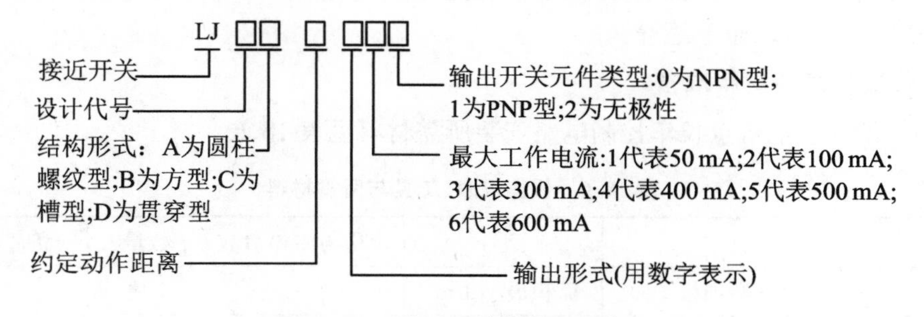

图 18.48　接近开关的型号及意义

(4) 万能转换开关

万能转换开关实际是多挡位、控制多回路的组合开关,主要用于控制线路的转换及电气测量仪表的转换,也可用于控制小容量异步电动机的启动、换向及调速。由于这种开关触点数量多,因而可同时控制多余控制电路,用途较广,故称为万能转换开关。

万能转换开关由触点系统、操作机构、转轴、手柄、定位机构等主要部件组成,用螺栓组装成整体。操作时,手柄带动转轴和凸轮一起旋转,凸轮推动触点接通或断开,由于凸轮的形状不同,当手柄处于不同的操作位置时,触点的分合情况也不同,从而达到换接电路的目的。

(5) 主令控制器

主令控制器是用于频繁切换复杂的多回路控制电路,以达到发布命令或与其他控制电路联锁、转换等目的的手动电器。其主要作用是与交流磁力控制盘配合共同控制起重机、轧钢机以及其他生产机械。

主令控制器的基本结构与工作原理和万能转换开关相似,也是利用安装在方轴上的不同形状的凸轮块的转动,来驱动触点按一定规律动作。

主令控制器主要有 LK1,LK4,LK5,LK14,LK15 和 LK16 等系列。

主令控制器的型号及意义如图 18.49 所示。

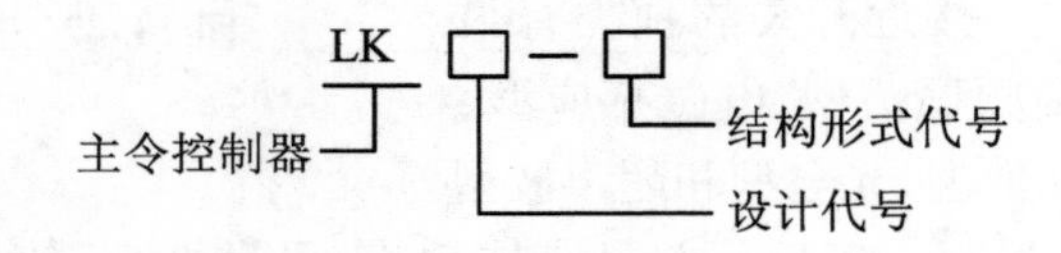

图 18.49　主令控制器的型号及意义

结构形式主要有凸轮调整式和凸轮非调整式两种。凸轮调整式主令控制器的凸轮块的位置可以按给定触点分合表进行调整,而凸轮非调整式则仅能按触点分合表进行适当的排列组合。

【任务训练】

1. 所需仪器仪表、工具与材料

(1) 工具准备

电工常用工具一套,包括电工刀、十字螺丝刀、一字螺丝刀、钢丝钳、尖嘴钳、斜口钳、剥线钳、压接钳、万用表、验电笔等。

(2) 仪器仪表与材料准备

三相笼型异步电机点长车控制电路安装所需材料见表 18.6。

表 18.6　仪器仪表、工具与所需材料

序号	名称	型号	规格与主要参数	数量	备注
1	网孔实训板	面积最小 1 m^2		1 块	
2	三相笼型异步电机	Y2	220 V/3(5) A	1 块	
3	熔断器	RN1	32 A	3 个	
4	熔断器		10 A	2 个	
5	交流接触器			1 个	
6	空气开关			1 个	
7	按钮			3 个	

续表

序号	名称	型号	规格与主要参数	数量	备注
8	热继电器			1个	
9	绝缘护套线	BVV-1.0	$2\times1\ mm^2$	若干	
10	绝缘护套线	BVV-1.0	$3\times1\ mm^2$	若干	
11	电工常用工具			1套	
12	万用表	MF-500		1块	
13	塑料线槽板			若干	
14	编码套管			若干	
15	接线端子			若干	

2. 检查领到的材料与工具

(1) 检查万用表、电动机等是否可正常使用。

(2) 检查元器件、连线等材料是否齐全,型号是否正确。

(3) 检查工具数量是否齐全,型号是否正确,能否符合使用要求。

3. 穿戴与使用绝缘防护用具

工作负责人认真检查每位工作人员的穿戴情况:

进入实训室或者工作现场,必须穿工作服(长袖),戴好工作帽,长袖工作服不得卷袖。进入现场必须穿合格的工作鞋,任何人不得穿高跟鞋、网眼鞋、钉子鞋、凉鞋、拖鞋等进入现场。使用电工工具进行线路安装时,应按照电工工具的使用方法进行操作,防止电工工具损坏;注意团队成员相互间的人身安全,分工合作共同完成照明线路的安装。

确认工作者穿好工作服;

确认工作者紧扣上衣领口、袖口;

确认工作者穿上绝缘鞋;

确认工作者戴好工作帽。

对穿戴不合格的工作者,取消此次工作资格。

4. 三相笼型异步电机点长车控制电路的安装与调试

(1) 电路分析

① 点动控制电路。按下按钮,电动机转动,松开按钮,电动机停转,这种控制就叫点动控制,它能实现电动机短时转动,常用于机床的对刀调整和电动葫芦等。

如图18.50所示,三相笼型异步电机点动电路控制线路由主电路和控制电路两部分组成。主电路由空气开关QF、熔断器FU1、交流接触器KM的主触点和笼型电动机M组成;控制电路由启动按钮SB和交流接触器线圈KM组成。主电路中空气开关QF为电源开关,起隔离电源的作用;熔断器FU1对主电路进行短路保护。由于点动控制电动机运行时间短,有操作人员在近处监视,所以一般不设过载保护环节。

电动机点动控制线路的工作过程如下：

启动过程：先合上空气开关 QF，按下启动按钮 SB，接触器 KM 线圈通电，KM 主触点闭合，电动机 M 通电启动。

停机过程：松开 SB，KM 线圈断电，KM 主触点断开，电动机 M 停电停转。

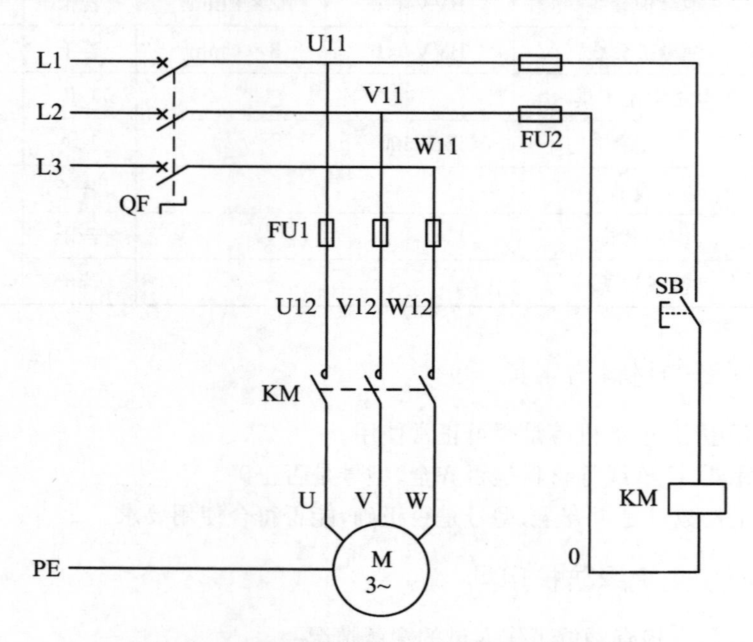

图 18.50　三相笼型异步电机点动控制原理图

② 单向连续运转（长动）控制线路。生产机械连续运转是最常见的形式，要求拖动生产机械的电动机能够长时间运转。实现生产机械连续运转最常用的控制线路基本环节是自锁控制。三相异步电动机自锁控制是指按下按钮 SB2，电动机转动之后，再松开按钮 SB2，电动机仍保持转动。其主要原因是交流接触器的辅助触点维持交流接触器的线圈长时间得电，从而使得交流接触器的主触点长时间闭合，电动机长时间转动。这种控制应用在长时连续工作的电动机中，如车床、砂轮机等。

常见单向连续控制线路如图 18.51 所示，主电路由空气开关 QF、接触器 KM 的主触点、热继电器 FR 的发热元件和电动机 M 组成；控制电路由停止按钮 SB2、启动按钮 SB1、接触器 KM 的常开辅助触点和线圈、热继电器 FR 的常闭触点组成。

线路设有以下保护环节：

(a) 过载保护。采用热继电器 FR，由于热继电器的热惯性较大，即使发热元件流过几倍于额定值的电流，热继电器也不会立即动作。因此在电动机启动时间不太长的情况下，热继电器不会动作，只有在电动机长期过载时，热继电器才会动作，其常闭触点断开使控制电路断电，从而使 KM 主触点断开，起到保护电动机的作用。

(b) 欠电压、失电压保护。通过接触器 KM 的自锁环节来实现。当电源电压由于某种原因而严重欠电压或失电压（如停电）时，接触器 KM 断电释放，电动机停止转动。当电源电压恢复正常时，接触器线圈不会自行通电，电动机也不会自行启动，只有在操作人员重新按下启动按钮后，电动机才能启动。

本控制线路能够防止电源电压严重下降时电动机欠电压运行；能够防止电源电压恢复

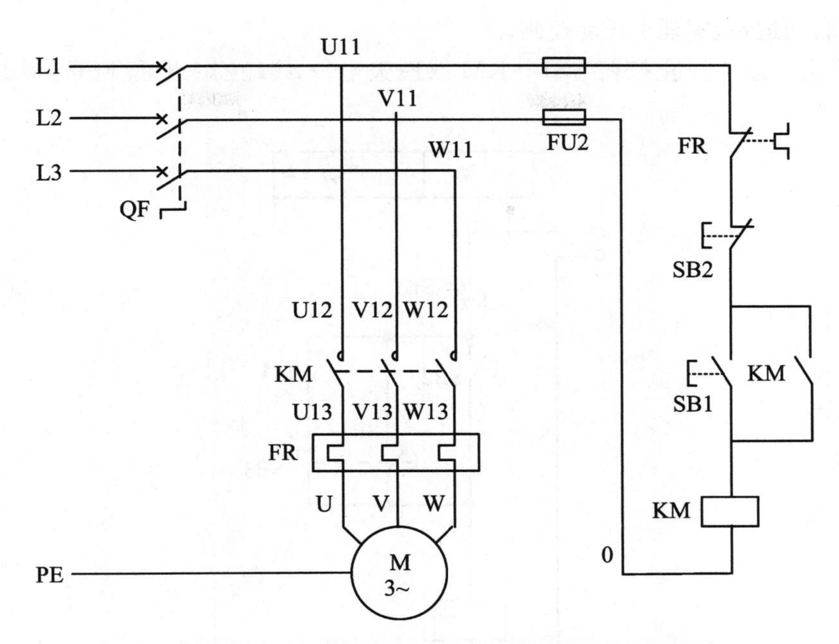

图 18.51 三相笼型异步电机单向连续(长动)控制原理图

时,电动机自行启动而造成设备和人身事故。

该控制线路工作过程如下:

启动:合上空气开关 QF,按下启动按钮 SB1,接触器 KM 线圈通电,KM 主触点闭合和常开辅助触点闭合,电动机 M 接通电源运转;(松开 SB1)利用接通的 KM 常开辅助触点自锁,电动机 M 连续运转。

停机:按下停止按钮 SB2,KM 线圈断电,KM 主触点和辅助常开触点断开,电动机 M 断电停转。

在电动机连续运行的控制电路中,当启动按钮 SB1 松开后,接触器 KM 的线圈通过其辅助常开触点的闭合仍继续保持通电,从而保证电动机的连续运行。这种依靠接触器自身辅助常开触点的闭合而使线圈保持通电的控制方式,称自锁或自保。起到自锁作用的辅助常开触点称为自锁触点。

③ 单向点动与连续混合控制的控制电路。在生产实践过程中,机床设备正常工作需要电动机连续运行,而试车和调整刀具与工件的相对位置时,又要求“点动”控制。为此生产加工工艺要求控制电路既能实现“点动控制”,又能实现“连续运行”工作。为了做到点动与长动混合控制,可采用如图 18.52 所示控制电路,而主电路与连续控制电路相同。

如图 18.52 所示,线路的动作过程:先合上电源开关 QF,点动控制、长动控制和停止的工作过程如下:

(a) 点动控制。按下按钮 SB3→SB3 常闭触点先分断(切断 KM 辅助触点电路)。SB3 常开触点后闭合(KM 辅助触点闭合)→KM 线圈得电→KM 主触点闭合→电动机 M 启动运转。

松开按钮 SB3→SB3 常开触点先恢复分断→KM 线圈失电→KM 主触点断开(KM 辅助触点断开)后 SB3 常闭触点恢复闭合→电动机 M 停止运转,实现了点动控制。

(b) 长动控制。按下按钮 SB2→KM 线圈得电→KM 主触点闭合(KM 辅助触点闭合)→

电动机 M 启动运转，实现了长动控制。

(c) 停止。按下停止按钮 SB1→KM 线圈失电→KM 主触点断开→电动机 M 停止运转。

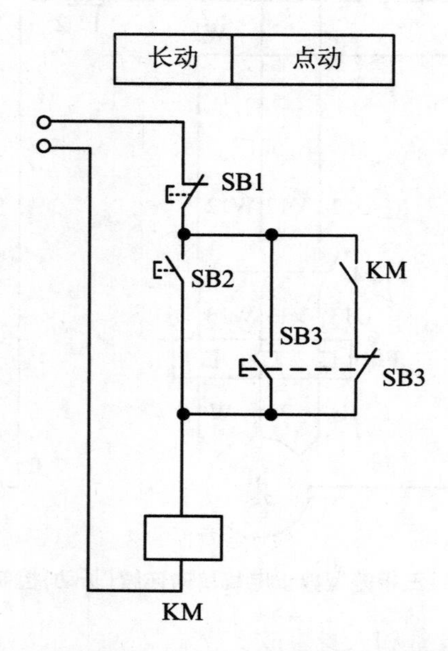

图 18.52　三相笼型异步电机点动与连续混合控制原理图

(2) 电路安装

三相笼型异步电机点动电路控制电路包括空气开关、熔断器、交流接触器笼型电动机、按钮和各类电线及配件辅料，可以按以下步骤进行安装。

① 检查器件及工具是否齐全，相关电器型号是否正确，各器件是否工作正常。

② 布局定位：根据三相笼型异步电机点长车控制电路，在实训板上根据各器件的尺寸大小进行合理布局定位。要求布局合理、结构紧凑、控制方便、美观大方。固定器件的时候，先对角固定，再两边固定，要求元器件固定可靠、牢固。

③ 布线：先处理好导线，将导线拉直，布线要横平竖直、整齐，转弯要成直角，少交叉，应尽量避免导线在中间接头。多根导线并拢平行走线。在走线的时候应遵循“左零右火”的原则。

④ 电路连接：电路连接时要注意组件上的相关触点的选择，区分常开、常闭、主触点、辅助触点。导线线号的标志应与原理图和接线图相符合。在每一根连接导线的线头上必须套上标有线号的套管，位置应接近端子处。线号编制方法如下：

(a) 主电路。三相电源按相序自上而下编号为 L1，L2，L3；经过电源开关后，在出线端子上按相序依次编号为 U11，V11，W11。主电路中各支路的，应从上至下、从左至右，每经过一个电器元件的线桩后，编号要递增，如 U11，V11，W11，U12，V12，W12 等。单台三相交流电动机(或设备)的 3 根引出线按相序依次编号为 U，V，W(或用 U1，V1，W1 表示)。

(b) 控制电路应从上至下、从左至右，逐行用数字依次编号，每经过一个电器元件的接线端子，编号要依次递增。

⑤ 线路断电检测，包括线路接线检查，检查接线是否正确，接线端是否牢固，有无

松动。

⑥ 通电试车。

(3) 电路调试

① 三相异步电机点动控制电路调试。安装连接好电路后，检查线路是否连接正确，并用万用表电阻挡检查电路有无断路与短路的现象。确定无短路或断路现象后，可合上 QF 进行通电检查。在通电检查电路的时候，可以采取分段检查的方法，先检查主电路，再检查控制电路。为了单独检查主电路，可手动强制闭合交流接触器，观察电机是否能正常启动。确认主电路正常后再调试控制电路。电路正常工作的状态应为：按下按钮，电机旋转，松开按钮，电机停止。

② 三相异步电机连续控制电路调试。安装连接好电路后，按照图 18.52 检查线路是否连接正确，并用万用表电阻挡检查电路有无断路与短路的现象。主电路的检测方式与上述点动控制电路调试方法一致。控制电路正常工作的状态为：按下按钮 SB1 后，无论 SB1 是否弹起，电机持续转动，只有在按下按钮 SB2 时，电机才停止转动。

③ 三相异步电机点长车控制电路调试。安装连接好电路后，主电路的接线与检测与以上电路一致。控制电路按照图 18.52 检查线路是否连接正确。三相异步电机点长车控制电路正常工作的状态为：按下按钮 SB2 则电机连续转动，按下按钮 SB3 则电机成点动状态，按下按钮 SB1 则电机停止转动。

5. 现场管理及材料与工具的归还

(1) 在工作中，团队成员应分工明确，相互合作

① 工作中整理工作现场，保持工作场地的卫生清洁。

② 工作中，保持现场工具、物品的整齐有序。

③ 工作中互相帮助，相互提醒，注意本人与他人的安全。

(2) 工作结束后，应及时进行工作场地卫生清洁，使物品摆放整齐有序，保持现场的整洁，做到标准化管理

① 归还所有借用的工具与材料。

② 在工具与材料领取单上签字确认，做好归还记录。

【考核评价】

考核评价表见表 18.7。

表 18.7　考核评价表

考核项目	考核内容及评分标准	考核方式	比重
态度	1. 工作现场整理、整顿、清理不到位，扣5分 2. 操作期间不能做到安全、整洁等，扣5分 3. 不遵守教学纪律，有迟到、早退、玩手机、打瞌睡等违纪行为，每次扣5分 4. 进入操作现场，未按要求穿戴，每次扣5分	学生互评（小组长）+教师评价	40%
知识技能	1. 元器件安装不按规程要求、松动、不整齐，每处扣3分。不能正确使用常用电工工具，每次扣2分 2. 损坏元器件，不用仪表检查元件，每件扣3分 3. 导线未进入线槽，有跨接，每处各扣2分。不整齐美观，扣5分 4. 导线不经过端子板，每根线扣3分。每个接线螺钉压接线每处超过两根，扣5分 5. 接点松动、接头露铜过长、压接不正确、压绝缘层，标记线号不清楚、遗漏或误标，每处扣1分 6. 损伤导线绝缘或线芯、少接线，每根扣3分 7. 导线乱线敷设，扣10分 8. 完成后每少盖一处盖板，扣5分。不能正确装配照明电路，每处扣5分 9. 电器没整定值或错误，扣5分 10. 一次试车不成功，扣5分；二次试车不成功，扣10分；没有试车，扣10分 11. 不会通过书本或网络获取知识技能，扣3分 12. 进行技能答辩错误，每次扣3分	教师评价	60%

【拓展提高】

顺序联锁控制电路的安装

在生产机械中，往往有多台电动机，由于受各电动机的功能限制，需要按一定顺序动作，才能保证整个工作过程的合理性和可靠性。例如，X62W型万能铣床上要求主轴电动机启动后，进给电动才能启动；平面磨床中，要求砂轮电动机启动后，冷却泵电动机才能启动等。这种只有当一台电动机启动后，另一台电动机才允许启动的控制方式，称为电动机的顺序控制。

1. 手动控制多台电动机先后顺序工作的控制线路

在生产实践中，有时要求一个拖动系统中多台电动机实现先后顺序工作。例如，机床中要求润滑电动机启动后，主轴电动机才能启动。图18.53为两台电动机顺序启动的控制线路。

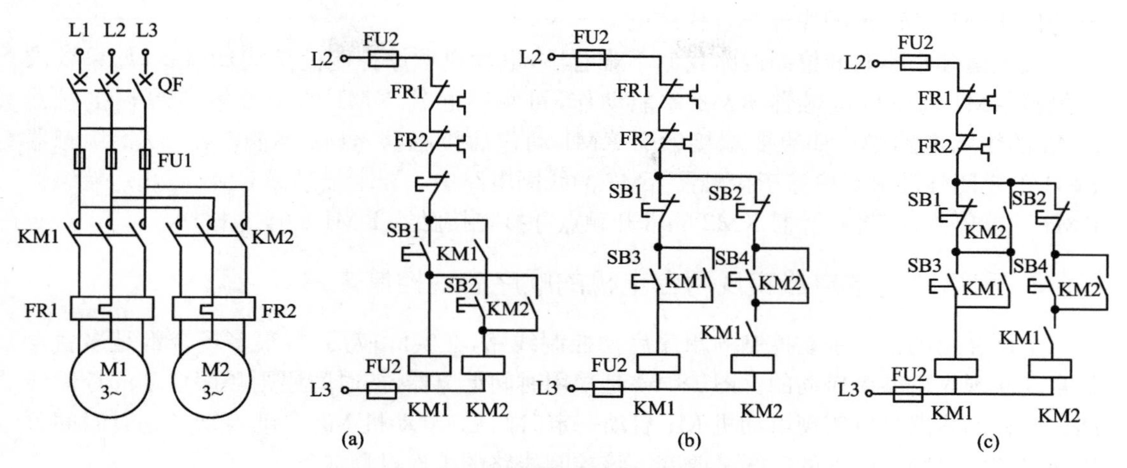

图 18.53 两台电动机顺序启动的控制线路

图 18.53(a)中，只有当 KM1 闭合，电动机 M1 启动后，按下 SB2 后 KM2 线圈才能得电，电动机 M2 才能启动，KM1 的辅助常开触点起自锁和顺控的双重作用。按下 SB3 后两个接触器同时失电断开，两电动机同时停机。该控制线路的工作过程如下：合上刀开关 QF，按下 SB1，KM1 线圈得电，KM1 主触点闭合，电动机 M1 通电全压启动，KM1 常开辅助触点闭合自锁，这时按下 SB2，KM2 线圈得电，KM2 主触点闭合，电动机 M2 通电启动，KM2 常开辅助触点闭合自锁，两台电机顺序启动过程结束；按下 SB3，KM1，KM2 同时失电，两接触器常开触点断开，电动机 M1，M2 同时停止。

图 18.53(b)中控制线路顺序启动的控制与图 18.53(a)相同，停车时，如要实现电动机 M1 停转，M2 一定同时停转，电动机 M1 不停的情况下，按下 SB2，可以实现电动机 M2 单独停车。该电路的控制过程如下：合上刀开关 QF，按下 SB3，KM1 线圈得电，KM1 主触点闭合，电动机 M1 通电全压启动，KM1 两个常开辅助触点闭合自锁，这时按下 SB2，KM2 线圈得电，KM2 主触点闭合，电动机 M2 通电启动，KM2 常开辅助触点闭合自锁，两台电机顺序启动过程结束；如果按下 SB1，则 KM1 线圈失电，KM1 主触点断开，电机 M1 失电停机，同时，KM1 常开辅助触点断开，KM2 线圈失电，KM2 主触点断开，电动机 M2 失电停机。如果按下 SB2，则 KM2 线圈失电，KM2 主触点断开，电动机 M2 失电停机，再按下 SB1，KM1 线圈失电，电动机 M1 停机。

图 18.53(c)所示控制电路可以实现 M1→M2 的顺序启动、M2→M1 的顺序停止控制。即 M1 不启动，M2 就不能启动，M2 不停止，M1 就不能停止。顺序停止控制分析：KM2 线圈断电，SB1 常闭点并联的 KM2 辅助常开触点断开后，SB1 才能起停止控制作用，所以，停止顺序为 M2→M1。该电路的控制过程如下：

合上刀开关 QF，按下 SB3，KM1 线圈得电，KM1 主触点闭合，电动机 M1 通电全压启动，KM1 两个常开辅助触点闭合自锁，这时按下 SB2，KM2 线圈得电，KM2 主触点闭合，电动机 M2 通电启动，KM2 两个常开辅助触点闭合自锁，两台电机顺序启动过程结束；停车时，如果先按下 SB1，由于 SB1 与 KM2 的常开辅助触点并联，SB1 被断开后，由于 KM2 常开辅助触点的自锁作用，KM1 线圈一直保持得电，KM1 主触点保持闭合，电动机 M1 不能实现停机。先按下 SB2，则 KM1 线圈失电，KM2 主触点断开，电动机 M2 失电停止，KM2

的常开辅助触点全部断开，这时按下 SB1，KM1 的线圈失电，KM1 主触点断开，电动机 M1 失电停止，M2，M1 的顺序停车过程结束。

从上面 3 个不同的控制线路我们不难看出，电动机顺序控制的接线规律是：如果要求接触器 KM1 动作后接触器 KM2 才能动作，可将接触器 KM1 的常开触点串在接触器 KM2 的线圈电路中。如果要求接触器 KM1 动作后接触器 KM2 不能动作，可将接触器 KM1 的常闭辅助触点串接于接触器 KM2 的线圈电路中。要求接触器 KM2 停止后接触器 KM1 才能停止，则将接触器 KM2 的常开触点并接在接触器 KM1 的停止按钮。

2. 利用时间继电器实现两台电机的顺序启动控制电路

上面介绍的都是手动控制的顺序启动控制线路，在实际应用中，很多场合都是多台电机自动实现先后顺序启动的。图 18.54 是采用时间继电器，按时间原则顺序启动的控制线路。该控制线路可以实现电动机 M1 启动一定时间后，电动机 M2 自动启动。延时时间可以通过调整时间继电器的时间来改变。该控制线路的工作过程如下：

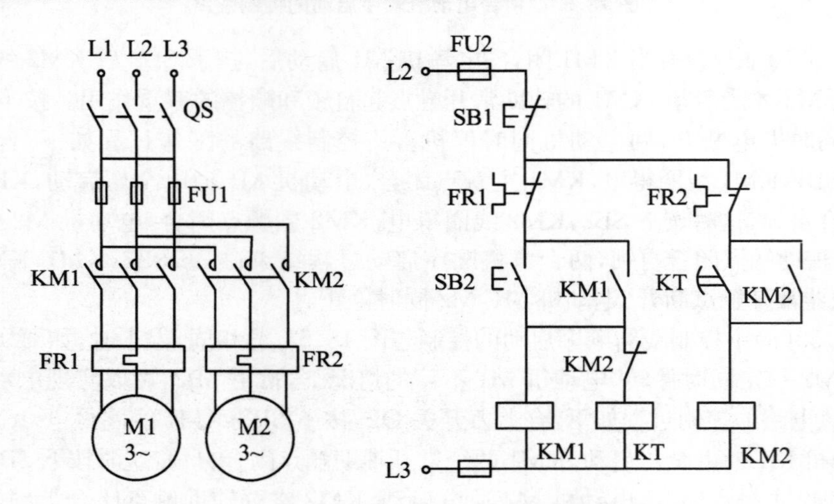

图 18.54　采用时间继电器的顺序启动控制线路

合上刀开关 QS，按下 SB2，KM1 线圈得电，KM1 主触点闭合，电动机 M1 全压启动，KM1 常开辅助触点闭合自锁，同时时间继电器 KT 线圈得电，计时开始，延时一段时间后，时间继电器的延时闭合常开触点闭合，KM2 的线圈得电，KM2 主触点闭合，电动机 M2 得电全压启动，KM2 的常闭辅助触点断开，时间继电器被撤除以节约电能，KM2 的辅助常开触点闭合自锁。

3. 电机顺序联锁控制电路的调试

(1) 三台电机顺启逆停电气原理

图 18.55 是三台电机顺启逆停的电气原理图，停止时，利用了 KM3 的常开触点锁住 SB3，利用 KM2 的常开触点锁住 SB1。所以停止时，必须先停 M3，才能停止 M2，M2 停止后，才能停止 M1。

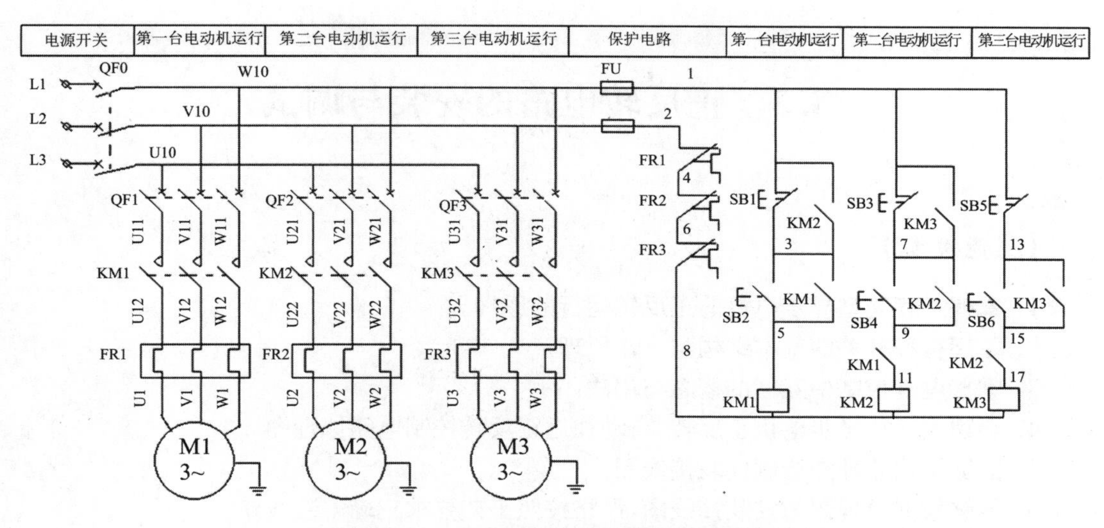

图 18.55　三台电机顺启逆停电路控制原理图

(2) 电路的调试方法与故障查找

① 元器件的检测。首先检查电气设备的元件的线圈、常开与常闭触点；检查熔断器；检查热继电器的常闭触点是否断开；根据原理图的线号检查接线是否正确。

② 通电前线路短路检查。采用电阻法对线路是否短路进行检查，确认是否有短路现象。以 M1 的控制电路为例，首先将万用表拨到 2k 挡，将两个表笔放在两个熔断器下端，按住 SB2，如果万用表显示数值为接触器线圈的电阻值，则表示没有短路；如果显示为无穷大，说明电路有断路现象；如果显示为 0，表示电路有短路。短路情况下，首先得排除短路故障，才能通电试车。

③ 通电调试，检查电路的工作情况，确定故障范围。

④ 根据故障范围，查找故障：

电阻法查找故障：利用仪表测量线路上某点或某元器件的通断来判断故障点的方法。电阻法检测时，应切断设备电源，然后用万用表电阻挡对怀疑的线路或者元器件进行测量。用此方法还应注意一些相关元器件的关系，避免非目标部位的实测数据，造成错误判断。

电压法查找故障：用万用表的交流电压 750 V 挡位来检查，可以采用分段电压法测量和分阶电压法测量等方法，进行通电检查。电压法检测电路故障点简单明了，而且比较直观，但是要注意交流电压和直流电压的测量以及选用合适的量程，不能选错挡位。

(3) 注意事项

① 有的故障查明后即可动手修复，例如，触点接触不良、接线松脱和开关失灵等。有的虽然查明故障部位，尚需进一步检查，例如，因过载造成的热继电器动作，不能简单地将热继电器复位了事，而应进一步查明过载的原因，消除后方可进行修复工作。

② 处理故障的修复工作应尽量恢复原样，避免出现新的故障。在某些特殊情况下，有时需要采取一些适当的应急措施，使设备尽快恢复运行，但仅是应急而已，切不可长期如此。

③ 通电试运行时，应和设备操作者密切配合，确保人身和设备的安全。

18.3 正反转电路的安装与调试

【技能目标】

1. 掌握三相笼型异步电机的正反转运行的原理。
2. 掌握行程开关的基本结构与工作原理。
3. 掌握电气控制中互锁的概念与用法。
4. 会识读三相异步电机正反转、自动往返正反转控制电路原理图。
5. 能够根据原理图绘制安装接线图。
6. 能够根据原理图与安装接线图,严格按照工艺要求正确安装线路。
7. 会利用常用电工仪表调试三相异步电机正反转控制电路,能熟练检测和排除调试线路过程中出现的故障。
8. 能按照现场管理 6S(整理、整顿、清扫、清洁、素养、安全)要求安全文明生产。
9. 培养学生的团队合作精神与组织协调能力。
10. 培养学生爱护工具、爱岗敬业、吃苦耐劳的精神。

【任务描述】

在实际生产应用中,经常需要生产机械改变运动方向,如工作台前进、后退,电梯的上升、下降等,这就要求电动机能实现正、反转。对于三相异步电动机来说,要实现正反转,只要任意更改电动机定子绕组两相电源的相序就可以实现。电源相序的改变可通过两个接触器来实现。

本任务学习三相异步电机正反转电路的安装与调试,设计并安装一个由交流接触器、笼型异步电机、熔断器、空气开关等元器件组成的简单的三相笼型异步电机的正反转控制电路,要求采用按钮互锁,并设计一个自动往返正反转的控制电路。通过该项目学习,学生在掌握相关三相笼型异步电机基本知识的基础上,熟练掌握行程开关的基本结构和工作原理与应用,掌握电气控制中互锁的概念并熟练使用。能利用常用电工工具与仪表对三相异步电机正反转线路进行安装与调试。加强在工作过程中严格遵守电工安全操作规程的意识,培养学生团队合作、爱岗敬业、吃苦耐劳的精神。

【相关知识】

1. 电气控制系统图

电力拖动中使用的电气控制系统图包括电气原理图及电气安装图(分电器布置图、电气安装接线图、电气互连图等)。

(1) 电气原理图

用图形符号和文字符号(及接线标号)表示电路各个电器元件连接关系和电气工作原

理的图称为电气原理图。电气原理图习惯上又称为电气控制电路图。由于电气原理图结构简单，层次分明，适用于研究和分析电路的工作原理，故在设计部门和生产现场得到了广泛的应用。绘制电气原理图时应遵循以下一些主要原则：

① 电气原理图中所有电器元件的图形、文字符号必须采用国家规定的统一标准。

② 电器元件采用分离画法。同一电器元件的各部件可以不画在一起，但必须用统一的文字符号标注。若有多个同一种类的电器元件，可在文字符号后加上数字序号以示区别，如 KM1，KM2 等。

③ 所有按钮或触点均按没有外力作用或线圈未通电时的状态画出。

④ 电气控制电路按通过电流的大小分为主电路和控制电路。主电路包括从电源到电动机的电路，是大电流通过的部分，画在原理图的左边。控制电路通过的电流较小，由按钮、电器元件线圈、接触器辅助触点、继电器触点等组成，画在原理图的右边。

⑤ 动力电路的电源电路绘成水平线，主电路则应垂直于电源电路画出。

⑥ 控制电路应垂直地绘在两条或几条水平电源线之间。耗能元件（如线圈、电磁铁、信号灯等）应直接接在下面的电源线一侧，而控制触点应接在另一电源线上。

⑦ 为方便阅图，在图中自左至右、从上而下表示动作顺序，并尽可能减少线条数量和避免线条交叉。

下面以三相异步电动机双重联锁正反转控制线路的电气原理图为例进行实训操作，如图 18.56 所示。

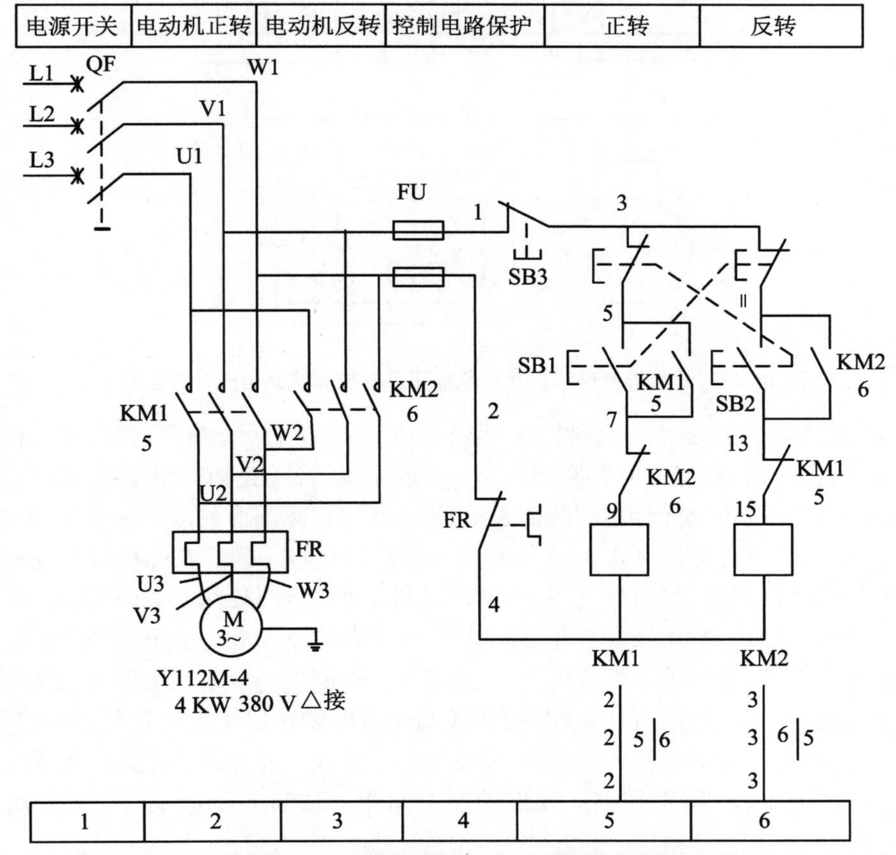

图 18.56 三相异步电动机双重联锁正反转控制线路电气原理图

(2) 电气安装图

电气安装图用来表示电气控制系统中各电器元件的实际安装位置和接线情况，有电器布置图、电气安装接线图和电气互连图3个部分，主要用于施工和检修，如图18.57所示。

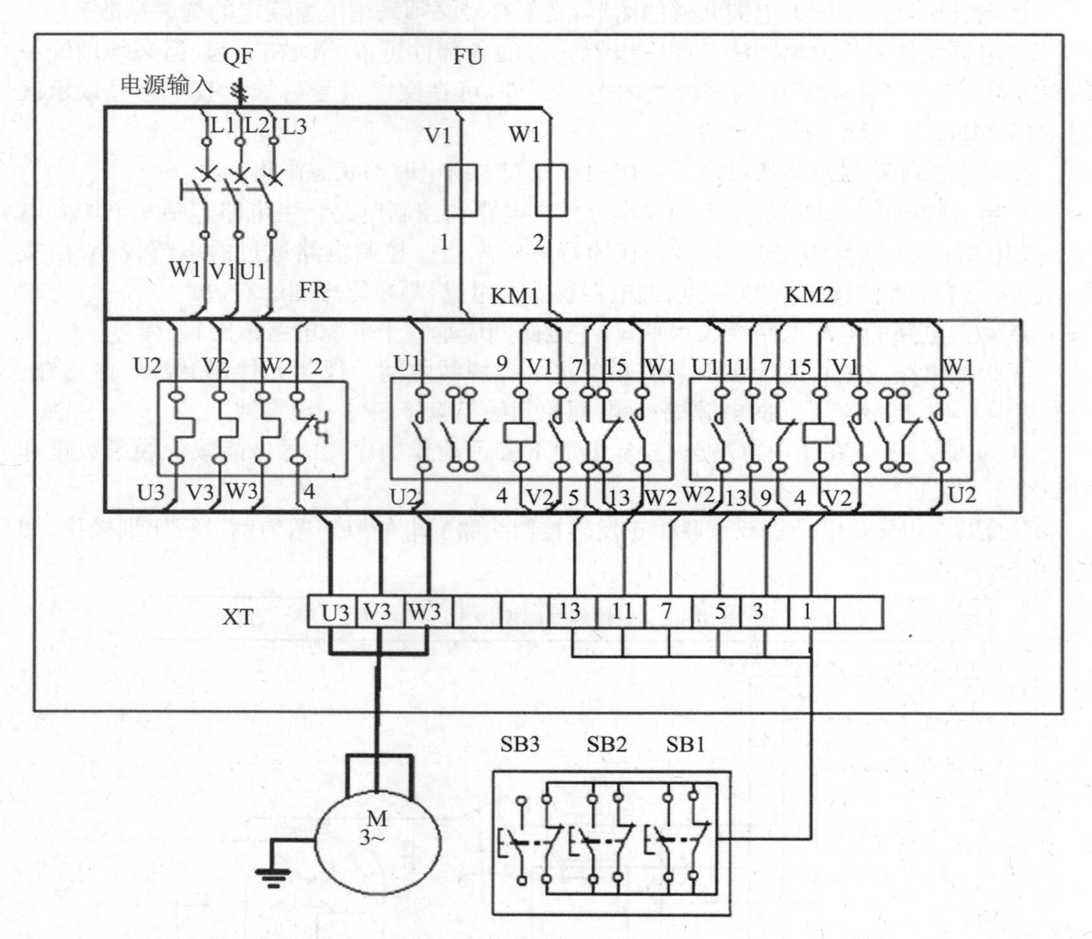

图18.57 三相异步电动机双重联锁正反转控制线路电气安装接线图

① 电器布置图反映各电器元件的实际安装位置，各电器元件的位置根据元件布置合理、连接导线经济以及检修方便等原则安排。控制系统的各控制单元电器布置图应分别绘制。电器布置图中的电器元件用实线框表示，不必画出实际图形或图形代号。图中各电器元件的代号应与电气原理图和电器清单上所列元器件代号一致。在图中往往还留有一定备用面积空间及导线管(槽)位置空间，以供走线和改进设计时使用。有时图中还需标注必要的尺寸。电器元件一般均布置在柜(箱)内的铁板或绝缘板上。电源总开关一般位于左上方，其次是接触器、热继电器或变压器、互感器等。熔断器一般装在电源开关的近旁或右上侧；为便于操作，按钮一般装在右侧，而接线端子板应装在便于接线及更换的位置，通常以下部为多。电器元件间的排列应整齐、紧凑并便于接线。元件间的距离应考虑元件的更换、散热、安全和导线的固定排列。元件的左右间距一般为50 mm左右，上下间距应在100 mm左右。

② 电气安装接线图用来表明电气设备各控制单元内部元件之间的接线关系，是实际安装接线的依据，在具体施工和检修中能起到电气原理图所起不到的作用，主要用于生产现场。绘制电气安装接线图时应遵循以下原则：

(a) 各电器元件用规定的图形和文字符号绘制，同一电器元件的各部分必须画在一起，其图形、文字符号以及端子板的编号必须与原理图一致。各电器元件的位置必须与电器元件位置图中的布置对应。不在同一控制柜、控制屏等控制单元的电器元件之间的电气连接必须通过端子板进行。

(b) 电气安装接线图中走线方向相同的导线用线束表示，连接导线应注明导线规格(数量、截面积等)。

(c) 若采用线管走线时，必须留有一定数量的备用导线。线管还应标明尺寸和材料。

(d) 电气安装接线图中导线走向一般不表示实际走线途径，施工时由操作者根据实际情况选择最佳走线方式。

2. 电气控制电路的安装步骤

(1) 电器元件的安装与固定

电器元件在安装与固定之前必须先进行一般性检测，对于新的电器元件可检查其外表是否完好，动作是否灵活，其参数是否与被控对象相符等。确认电器元件完好后再进入安装与固定工序。

① 划线定位。将安装面板置于平台上(可以用绝缘板，也可以是金属板)，把板上需安装的电器元件(断路器、接触器、热继电器、熔断器、线槽板等)按电器位置图设计排列的位置、间隔、尺寸摆放在面板上，用划针进行画线定位，即画出底座的轮廓和安装螺孔的位置。

② 开孔。电器元件所用的固定螺钉一般略小于电器元件上的固定孔。如安装面板为绝缘板，则钻孔的孔径略大于固定螺钉的直径，用螺母加垫圈固定。如线槽板、金属板等，则在板上钻孔、攻丝固定，可按钻孔、攻丝的有关知识进行加工。

③ 绝缘电阻检测。电器元件全部安装完毕后，应用 500 V 兆欧表测量元件正常工作时导电部分与绝缘部分及与面板之间的绝缘电阻，绝缘电阻应大于 2 MΩ。

(2) 电气控制电路的布线

连接导线的截面积由所控制对象的电流来决定，若主电路电流很大，可用铜母带制作。一般的小型三相异步电动机或金属切削机床主电路则可用绝缘铜线制作。这里仅介绍绝缘铜线的布线。

① 导线的下线。最常用的导线是铜芯聚氯乙烯绝缘电线，主电路导线截面积视电动机容量而定，控制电路导线截面积一般为 1～2.5 mm^2。

下线前要先准备好端子号管，成品端子号管常用的为 FHl 和 PGH 系列。自制端子号管的方法为在白色塑料套管(其孔径应稍大于导线绝缘层外径)上用医用紫药水按安装接线图上的编号标记，每组为两个相同编号的端子号，做好标记后在电炉上烘烤一段时间，即可永不褪色。

按安装接线图中导线的实际走线长度下线，再将端子号管分别套在下好线的导线两端，并将导线打弯，防止端子号管落下。

② 接线。先接控制电路及辅助电路主电路，后接主电路等。

按安装接线图从面板左上方的电器元件开始，将电路中所用到的接线端接上已备好相应编号的导线作为引出，另一端甩向应接的另一电器元件处。如此按照接线图自左至右、自上至下接线。并注意随时将相近元件的引出线按所去方向整理成束，遇到引出线的另一端电器元件接线端可随时整理妥当并接好(也可以整理好后暂不接，留待最后接)，将连至端子板的导线接到端子板相应编号的端子，如此直到所用到的电器元件接线端接完为止。

每个接线端子都应用平垫圈与弹簧垫圈或瓦形片压接。用瓦形片压接在接线螺钉处，导线剥除绝缘后可直接插入瓦形片下，用螺钉紧固即可。如用垫圈压接在接线螺钉处，则导线剥掉绝缘后需弯成顺时针的小圆环，直径略大于螺钉直径，用螺钉加弹簧垫圈和平垫圈一起拧紧。

一般导线从电器元件的接线端接出后拐弯至面板，并沿板面走竖直或水平直线到另一电器元件的接线端，一般不悬空走线。但如果同一电器元件的接点之间连接，或相邻的元件之间的接点连接，则可以悬空接线。整个导线的布置应横平竖直，避免交叉，拐角处应为90°并有一定的圆弧。

接线完毕后应对线束进行捆扎，捆扎部位主要是线束的拐角处和中间段，捆扎长度一般为每处10～20 mm，捆扎材料通常为塑料带、尼龙小绳或专用的捆线带。

(3) 电气控制电路的检查和试车

① 电气控制电路的检查。首先进行不通电检查，如采用观察法和电阻法等进行确认：

(a) 首先检查电气设备有无短路问题；

(b) 检查元器件是否安装正确、牢固可靠；

(c) 检查线号标注是否正确合理，有无漏错；

(d) 检查布线是否正确合理，有无漏错。

确认无误后，方可通电。

② 电气控制电路的试车。正确操作电气设备控制线路，理解控制动作与工作过程是否正常；如不正常，可以采用分段电压法测量和分阶电压法测量等方法，进行通电检查。

(4) 实施步骤

① 对照图纸检查所用电器元件规格是否与图纸要求相符，检查各电器元件是否完好，动作是否灵活；

② 将检查合格后的电器元件参照电器元件布置图放在安装板上，调整合理后，可用划针进行安装位置及安装孔的画线；

③ 用钻子或大号钉子在固定安装孔位置钻出或打出一定深度的定位孔，以利于机螺钉的旋紧；

④ 选择合适的机螺钉将各电器元件固紧在安装板上；

⑤ 按操作工艺要求写好端子号管；

⑥ 按接线实际长度下线，将成对的端子号管套在下好的导线两端，并将导线端头打折；

⑦ 按安装接线图进行各电器元件之间的连接，边连接边整理导线的走向；

⑧ 全部导线连接完成后整理接线，并用捆扎带进行捆扎、固定；

⑨ 检查接线，并接通三相交流电源试车。

【任务训练】

1. 所需仪器仪表、工具与材料

(1) 工具准备

电工常用工具一套，包括电工刀、十字螺丝刀、一字螺丝刀、钢丝钳、尖嘴钳、斜口钳、剥线钳、压接钳、万用表、验电笔等。

(2) 仪器仪表与材料准备

三相笼型异步电机正反转控制电路安装所需材料见表18.8。

表18.8 仪器仪表、工具与所需材料

序号	名称	型号	规格与主要参数	数量	备注
1	网孔实训板	面积最小1 m^2		1块	
2	三相笼型异步电机	Y2	220 V/3(5) A	1块	
3	熔断器	RN1	32 A	3个	
4	熔断器		10 A	2个	
5	交流接触器			1个	
6	空气开关			1个	
7	按钮			3个	
8	行程开关			4个	
9	热继电器			1个	
10	绝缘护套线	BVV-1.0	2×1 mm^2	若干	
11	绝缘护套线	BVV-1.0	3×1 mm^2	若干	
12	电工常用工具			1套	
13	万用表	MF-500		1块	
14	塑料线槽板			若干	
15	编码套管			若干	
16	接线端子			若干	

2. 检查领到的材料与工具

(1) 检查万用表、电动机等是否可正常使用。
(2) 检查元器件、连线等材料是否齐全、型号是否正确。
(3) 检查工具数量是否齐全、型号是否正确，能否符合使用要求。

3. 穿戴与使用绝缘防护用具

工作负责人认真检查每位工作人员的穿戴情况：进入实训室或者工作现场，必须穿工作服(长袖),戴好工作帽,长袖工作服不得卷袖。进入现场必须穿合格的工作鞋,任何人不得穿高跟鞋、网眼鞋、钉子鞋、凉鞋、拖鞋等。使用电工工具进行线路安装时,应按照电工工具的使用方法进行操作,防止电工工具的损坏;注意团队成员相互间的人身安全,分工合作共同完成照明线路的安装。

确认工作者穿好工作服;

确认工作者紧扣上衣领口、袖口;

确认工作者穿上绝缘鞋;

确认工作者戴好工作帽。

对穿戴不合格的工作者,取消此次工作资格。

4. 三相笼型异步电机正反转电路的安装与调试

(1) 电路分析

① 电动机正反转控制电路。电动机正反转控制线路如图 18.58 所示,其中接触器 KM1 为正向接触器,控制电动机 M 正转;接触器 KM2 为反向接触器,控制电动机 M 反转。正反转控制电路的形式有很多种,如图 18.58 所示为无互锁控制线路,其工作过程如下:

正转控制:合上空气开关 QF,按下正向启动按钮 SB2,正向接触器 KM1 通电,KM1 主触点和自锁触点闭合,电动机 M 正转。

反转控制:合上空气开关 QF,按下反向启动按钮 SB3,反向接触器 KM2 通电,KM2 主触点和自锁触点闭合,电动机 M 反转。

停机:按停止按钮 SB1,KM1(或 KM2)断电,M 停转。

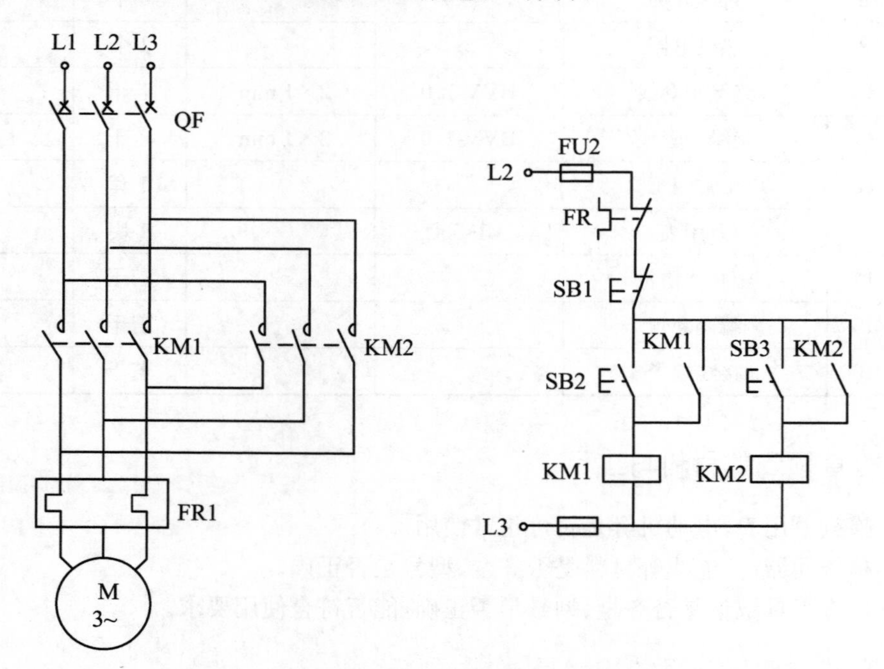

图 18.58　基本正反转电路

该控制线路能够实现电机的正方向运行，但是其缺点是若误操作，在电机正转的时候按下 SB2 或在电机反转的时候按下 SB1 的话，会使 KM1 与 KM2 都通电，从而引起主电路电源短路故障。因此，为避免短路故障发生，要求电气控制线路中设置必要的联锁环节。

如图 18.59 所示，将任何一个接触器的辅助常闭触点串入对应的另一个接触器线圈电路中，则其中任何一个接触器先通电后，切断了另一个接触器的控制回路，即使按下相反方向的启动按钮，另一个接触器也无法得电，这种利用两个接触器的辅助常闭触点互相控制的方式叫电气互锁，起互锁作用的常闭触点叫互锁触点。

注意：电动机从正转变为反转时，必须先按下停止按钮后，才能按反转启动按钮，否则由于接触器的联锁作用，不能实现反转。

这种设置了电气互锁的电气控制线路只能实现“正→停→反”或者“反→停→正”控制，即必须按下停止按钮后，才能反向或正向启动。这对需要频繁改变电动机运转方向的设备来说，是很不方便的。为了提高生产率，能够直接正、反向操作，利用复合按钮组成“正→反→停”或“反→正→停”的互锁控制。

如图 18.60 所示，复合按钮的常闭触点同样起到互锁的作用，这样用复合按钮的常闭触点实现的互锁叫机械互锁。图 18.60 所示控制电路既有接触器常闭触点的电气互锁，也有复合按钮常闭触点的机械互锁，即具有双重互锁。该线路操作方便，安全可靠，应用广泛。

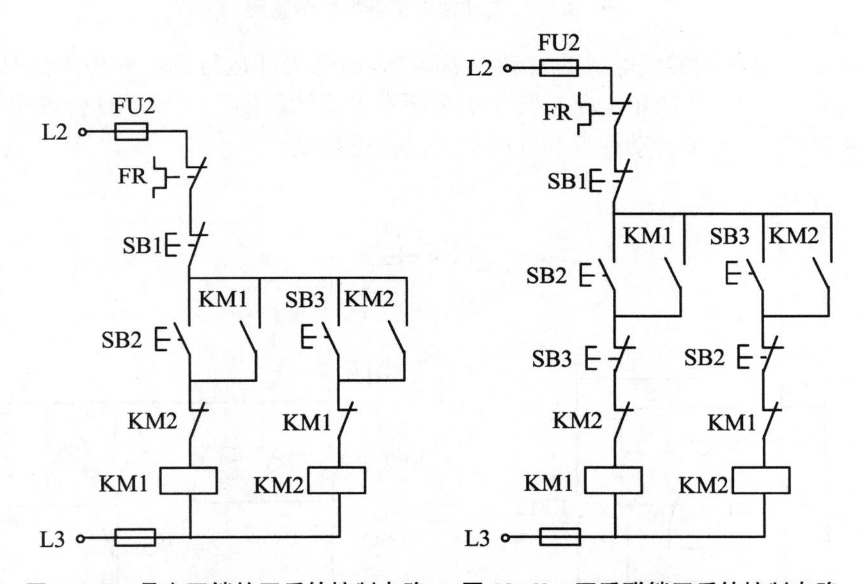

图 18.59　具有互锁的正反转控制电路　　图 18.60　双重联锁正反转控制电路

② 自动往返循环控制电路。在机床电气设备中，很多是通过工作台自动往返运行来进行往返循环工作的，例如龙门刨床的工作台前进、后退。这些控制线路一般按照行程控制原则，利用生产机械运动的行程位置实现往返控制。

自动往返循环控制线路如图 18.61 所示。SQ1 和 SQ2 分别为反、正向限位行程开关，SQ3 和 SQ4 分别为反、正向终端保护限位开关，防止行程开关 SQ1，SQ2 失灵时造成工作台从机床上冲出的事故。

为了实现图 18.61 所示的自动往返循环运动，其控制线路图如图 18.62 所示，其工作过程如下：合上电源开关 QF，按下启动按钮 SB2，接触器 KM1 通电，电动机 M 正转，工作台向前，工作台前进到一定位置，撞块压动限位开关 SQ2，SQ2 常闭触点断开，KM1 断电，电动机 M 停止正转，工作台停止向前；SQ2 常开触点闭合，KM2 通电，电动机 M 改变电源相序而反转，工作台向后，工作台后退到一定位置，撞块压动限位开关 SQ1，SQ1 常闭触点断开，KM2 断电，M 停止后退；SQ1 常开触点闭合，KM1 通电，电动机 M 又正转，工作台又前进，如此往复循环工作，直至按下停止按钮 SB1，KM1（或 KM2）断电，电动机停止转动。当 SQ1 或 SQ2 出现故障时，撞块就会压动行程开关 SQ3 或 SQ4，使接触器 KM2 或 KM1 失电断开，电机停机。

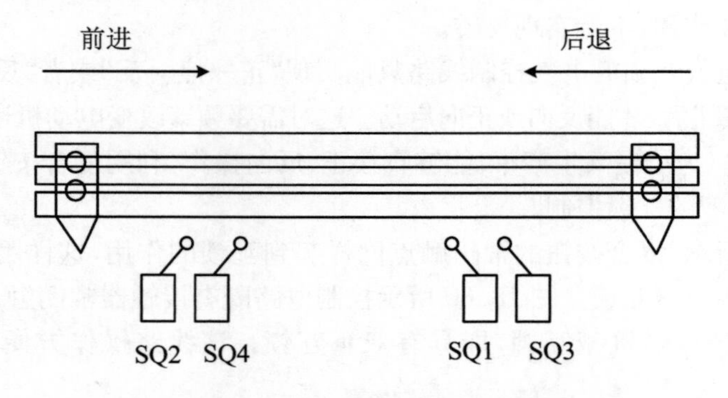

图 18.61　自动往返循环控制示意图

用该控制电路只能实现电机的自动往返运动，如果工件运行到中间位置的话，就无法实现返回运动，图 18.63 所示电路在图 18.62 所示电路的基础上又加了复合按钮常闭触点的机械互锁环节，实现了自动往返和随时的手动往返控制。

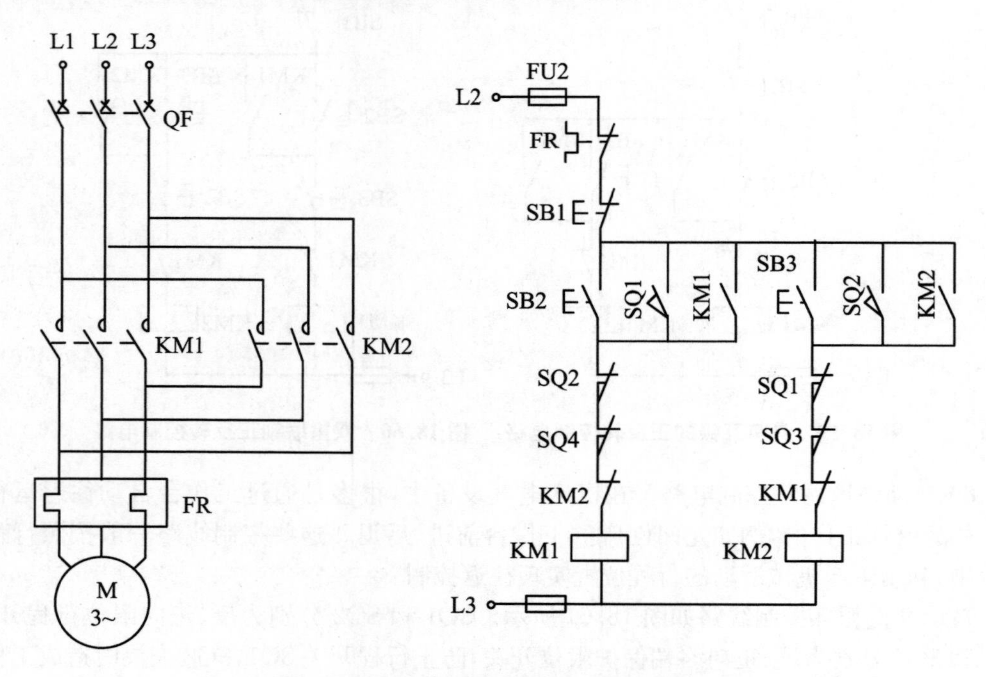

图 18.62　自动往返循环控制电路原理图

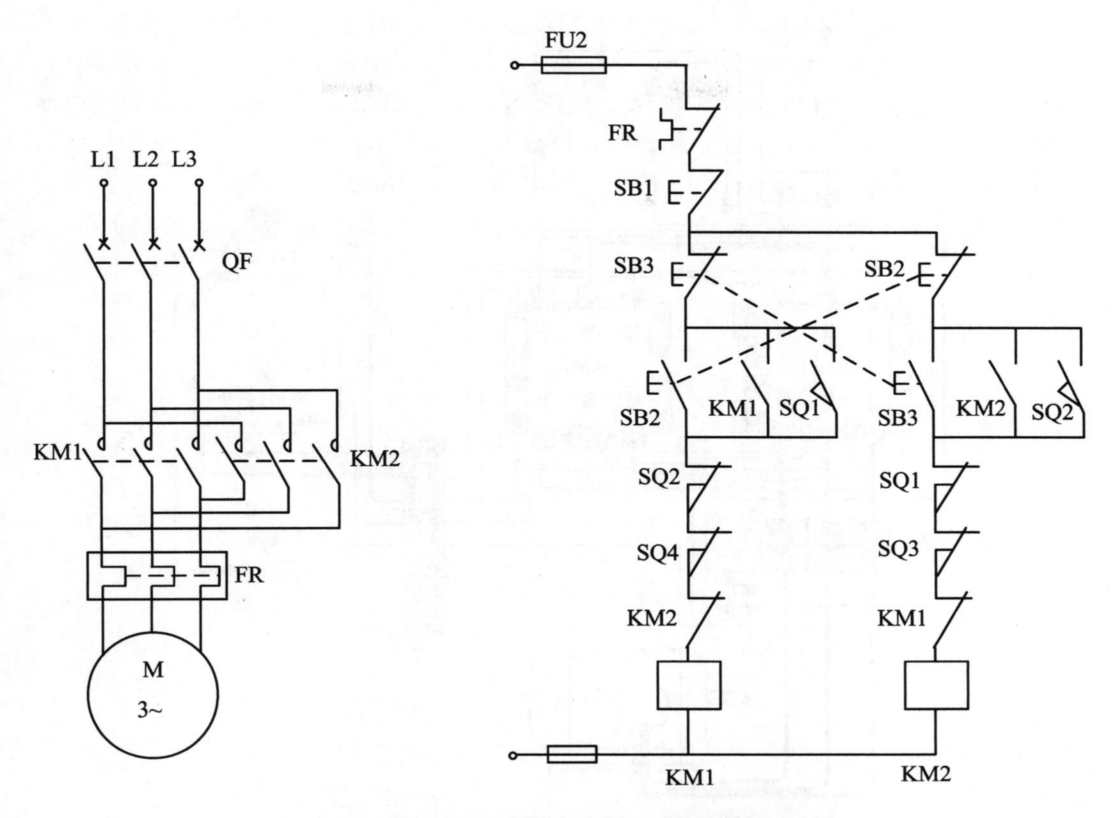

图18.63 带手动操作的自动往返循环控制电路原理图

其电路工作过程如下：合上电源开关QF，按下启动按钮SB2，接触器KM1通电，电动机M正转，工作台向前，工作台前进到一定位置，撞块压动限位开关SQ2，SQ2常闭触点断开，KM1断电，电动机M停止正转，工作台停止向前；SQ2常开触点闭合，KM2通电，电动机M改变电源相序而反转，工作台向后运行。如果在工作台前进的过程中按下反向运行按钮SB3，则SB3的常闭触点断开，KM1断电，电动机M停止正转，工作台停止向前；SB3常开触点闭合，KM2通电，电动机M改变电源相序而反转，工作台撞块还没压到SQ2则反向运行，直到碰到SQ1或者SB1按下。如果后退运行中没有按下SB1的话，工作台后退到一定位置，撞块压动限位开关SQ1，SQ1常闭触点断开，KM2断电，M停止后退；SQ1常开触点闭合，KM1通电，电动机M又正转，工作台又前进，如此往复循环工作，直至按下停止按钮SB1，KM1（或KM2）断电，电动机停止转动。当SQ1或SQ2出现故障时，撞块就会压动行程开关SQ3或SQ4，使接触器KM2或KM1失电断开，电机停机。

（2）电路安装

① 安装步骤。三相笼型异步电机正反转控制电路包括空气开关、熔断器、交流接触器、行程开关、笼型异步电动机、按钮和各类电线及配件辅料，可以按图18.64接线图进行安装。

（a）检查器件及工具是否齐全，相关电器型号是否正确，各器件是否工作正常。

（b）布局定位。根据三相笼型异步电机正反转控制电路，在实训板上根据各器件的尺寸大小进行合理布局定位。要求布局合理、结构紧凑、控制方便、美观大方。固定器件的时

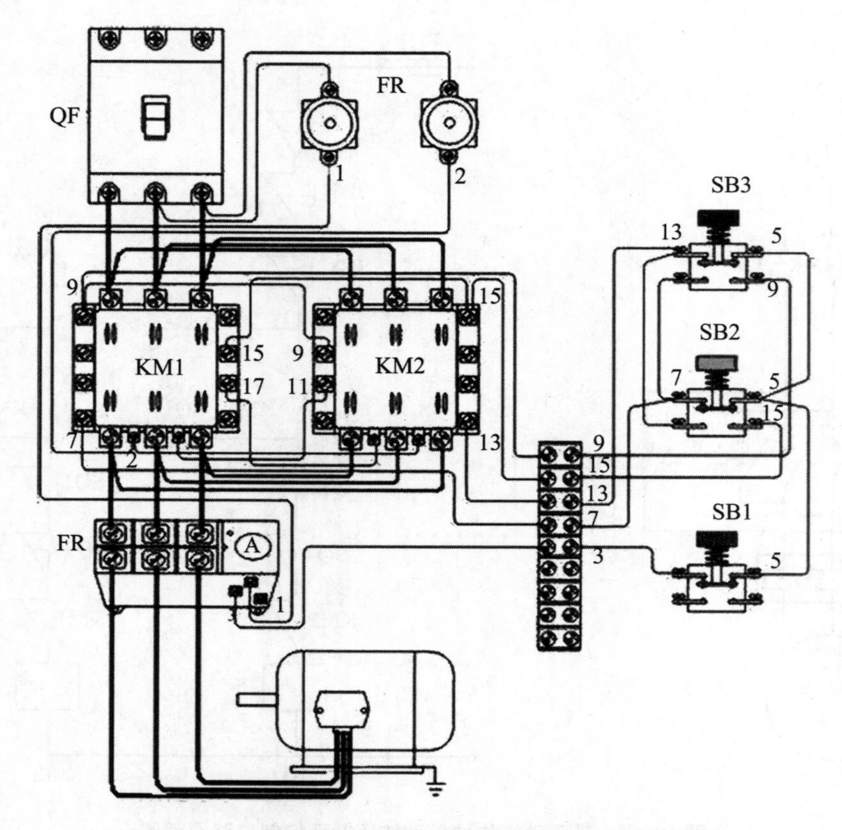

图 18.64　三相异步电机复合互锁正反转控制电路接线图

候,先对角固定,再两边固定,要求元器件固定可靠、牢固。

(c) 布线:先处理好导线,将导线拉直,布线要横平竖直、整齐,转弯要成直角,少交叉,应尽量避免导线在中间接头。多根导线并拢平行走线。在走线的时候应遵循“左零右火”的原则。

(d) 电路连接。电路连接时要注意组件上相关触点的选择,区分常开、常闭、主触点、辅助触点。导线线号的标志应与原理图和接线图相符合。

注意到行程开关或按钮、三相异步电机等元件,其实际工作位置必定与控制电路或主电路不同,故这几种元件需经过塑料线槽板接进主电路或控制电路,以模拟实际用电情况。

(e) 线路断电检测,包括线路接线检查,检查接线是否正确,接线端是否牢固,有无松动。

② 行程开关的安装。在电气控制系统中,位置开关的作用是实现顺序控制、定位控制和位置状态的检测,用于控制机械设备的行程及限位保护。其构造由操作头、触点系统和外壳组成。常见的行程开关如图 18.65 所示。

在实际生产中,将行程开关安装在预先安排的位置,行程开关可以安装在相对静止的物体(如固定架、门框等,简称静物)上或者运动的物体(如行车、门等,简称动物)上。当安装于生产机械运动部件上的模块撞击行程开关时,行程开关的触点动作,开关的连杆驱动开关的接点引起闭合的接点分断或者断开的接点闭合,实现电路的切换。因此,行程开关是一种根据运动部件的行程位置而切换电路的电器,它的作用原理与按钮类似。

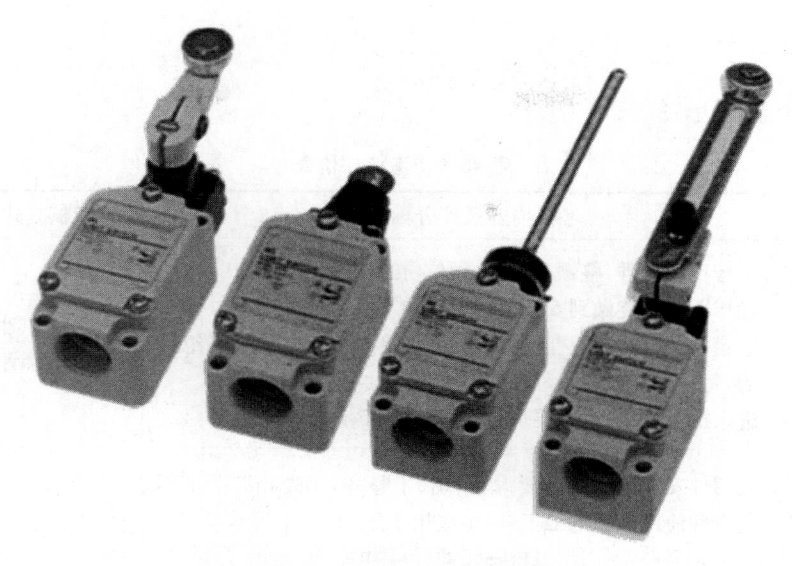

图 18.65 行程开关实物图

(3) 电路调试

① 三相异步电机复合互锁正反转控制电路调试。根据图 18.64 安装连接好电路后，按照图 18.60 检查线路是否连接正确，并用万用表电阻挡检查电路有无断路与短路的现象。确定无短路或断路现象后，可合上 QF 进行通电检查。在通电检查电路的时候，可以采取分段检查的方法，先检查主电路，再检查控制电路。为了单独检查主电路，可手动强制闭合交流接触器，观察电机是否能正常启动。确认主电路正常后再调试控制电路。电路正常工作的状态应为：按下按钮 SB2，电机正向旋转，按下按钮 SB3，电机反向旋转，按下按钮 SB1，电机停止转动。

② 三相异步电机自动往返正反转控制电路调试。按图 18.62 重新连接控制电路，安装连接好电路后，检查线路是否连接正确，并用万用表电阻挡检查电路有无断路与短路的现象。待检查正确无误后通电检查。控制电路正常工作的状态为：按下按钮 SB2，电机正向旋转，按下按钮 SB3，电机反向旋转，按下按钮 SB1，电机停止转动。此外，SQ1 和 SQ4 触动后，电机可自动反向旋转，触动 SQ2 和 SQ3 可使电机停转。

5. 现场管理及材料与工具的归还

(1) 在工作中，团队成员应分工明确，相互合作

① 工作中整理工作现场，保持工作场地的卫生清洁。

② 工作中，保持现场工具、物品的整齐有序。

③ 工作中互相帮助，相互提醒，注意本人与他人的安全。

(2) 工作结束后，应及时进行工作场地卫生清洁，使物品摆放整齐有序，保持现场的整洁，做到标准化管理

① 归还所有借用的工具与材料。

② 在工具与材料领取单上签字确认，做好归还记录。

【考核评价】

考核评价表见表18.9。

表18.9 考核评价表

考核项目	考核内容及评分标准	考核方式	比重
态度	1. 工作现场整理、整顿、清理不到位,扣5分 2. 操作期间不能做到安全、整洁等,扣5分 3. 不遵守教学纪律,有迟到、早退、玩手机、打瞌睡等违纪行为,每次扣5分 4. 进入操作现场,未按要求穿戴,每次扣5分	学生互评(小组长)+教师评价	40%
知识技能	1. 元器件安装不按规程要求、松动、不整齐,每处扣3分。不能正确使用常用电工工具,每次扣2分 2. 损坏元器件,不用仪表检查元件,每件扣3分 3. 导线未进入线槽,有跨接,每处各扣2分。不整齐美观,扣5分 4. 导线不经过端子板,每根线扣3分。每个接线螺钉压接线超过两根,每处扣5分 5. 接点松动、接头露铜过长、压接不正确、压绝缘层,标记线号不清楚、遗漏或误标,每处扣1分 6. 损伤导线绝缘或线芯、少接线,每根扣3分 7. 导线乱线敷设,扣10分 8. 完成后每少盖一处盖板,扣5分。不能正确装配照明电路,每处扣5分 9. 电器没整定值或错误,扣5分 10. 一次试车不成功,扣5分;二次试车不成功,扣10分;没有试车,扣10分 11. 不会通过书本或网络获取知识技能,扣3分 12. 进行技能答辩错误,每次扣3分	教师评价	60%

【拓展提高】

能耗制动电路的安装

在电动机的轴上加一个与其旋转方向相反的转矩,使电动机减速或停转的方法称电动机的制动。根据制动转矩产生的方法不同,可分为机械制动和电气制动。机械制动一般采用电磁抱闸装置进行制动。电气制动有以下几种方式:

1. 电源反接制动

反接制动是电动机在停机后,给定子加上与原电源相序相反的电源相序的电源,使定子产生与转子旋转方向相反的旋转磁场，使转子产生的电磁转矩与电动机的旋转方向相反，为制动转矩，使电动机很快停转。

在开始制动的瞬间，转差率 $s>1$，电动机的转子电流比启动时还要大，为限制电流的冲击，需在定子绕组中串入电阻，并在电动机转速接近零时将电源切除。反接制动需要电源电能，经济性能差，制动性能较好。

2. 倒拉反转制动

当电动机拖动位能性负载，在提升负载时由于负载的重力作用使电动机转子的实际转向朝着下放的方向旋转，此时转子产生的电磁转矩对转子的转动起制动作用，故称倒拉反转制动运行状态。

3. 再生制动(回馈制动)

当三相异步电动机在运行过程中，由于外来因素的影响，使电动机转速超过旋转磁场的同步转速 n_0，电动机进入发电机运行制动状态，此时电磁转矩的方向与转子转向相反，变为制动转矩，电机将机械能转变成电能向电网反馈，称为再生制动或回馈制动。

在生产实践中，一种是出现在位能负载下放重物时，由于重物的作用使转子转速超过同步转速；另一种出现在电动机变极调速中，电动机由原来的调速挡调至低速挡时，转子转速大于同步转速。

(1) 下放重物时的回馈制动

当异步电动机拖动位能负载下放重物时，首先将电动机定子两相反接，定子旋转磁场方向改变了，电磁转矩方向也随之改变，电动机反向启动，重物下放。刚开始，电动机转速小于同步转速，处于电动运行状态，电磁转矩与电动机旋转方向相同。在电磁转矩和重物重力产生的负载转矩共同作用下，转子转速超过旋转磁场转速，电机进入发电机制动状态运行，这时电磁转矩方向与电动机运行状态时相反，成为制动转矩，电动机开始减速，直到制动转矩与重力转矩相平衡时，重物将以恒定转速平稳下降。

(2) 变极调速时的发电机制动

当电动机由少极数变换到多极数瞬间，旋转磁场转速突然成比例地减小，而转子由于惯性，转速降低需要一个变化过程，于是转子转速大于同步转速，电动机进入发电机制动状态。

发电机制动的优点是经济性能好，可将负载的机械能转换成电能反馈回电网。其缺点是应用范围窄，仅当电动机转速大于旋转磁场的同步转速时才能实现回馈制动。

4. 能耗制动

能耗制动是在三相笼型异步电动机脱离三相交流电源后，在定子绕组上加一个 80～100 V 的直流电源，使定子绕组产生一个静止的磁场，当电动机在惯性作用下继续旋转时，转子绕组会切割静止的磁感线产生感应电流，该感应电流与静止磁场相互作用产生一个与电动机旋转方向相反的电磁转矩(制动转矩)，使电动机迅速停转。

能耗制动是一种应用很广泛的电气制动方法，与反接制动相比，能耗制动制动电流小，能耗较小，制动准确度较高，制动时制动转矩平滑，但是需直流电源整流装置，设备费用高，制动转矩与转速成比例减小，在低速时，制动力较弱。能耗制动适用于电动机能量较大，要求制动平稳、制动频繁以及停位准确的场合。铣床、龙门刨床及组合机床的主轴定位等常用能耗制动。

能耗制动的控制形式比较多，图 18.66 所示为一种全波整流、基于时间控制原则的能耗制动控制线路。该电路能够实现在电机停机时进行一段时间的能耗制动，制动结束后自动撤除制动电源。制动时间长短可以通过时间继电器延时时间进行调整。

主电路中的 R 用于调节制动电流的大小；KM2 常开触点上方应串接 KT 瞬动常开触点。防止 KT 出故障时其通电延时常闭触点无法断开，致使 KM2 不能失电而导致电动机定子绕组长期通入直流电。

该控制线路工作过程如下：

合上电源开关 QF，按下启动按钮 SB1，接触器 KM1 线圈得电，KM1 主触点闭合，电机全压启动，KM1 常开辅助触点闭合自锁，KM1 常闭辅助触点断开防止 KM2 误动作；停车时，按下停止按钮 SB2，SB2 常闭触点断开，KM1 线圈失电，KM1 主触点断开，电动机电源断开，KM1 常闭辅助触点闭合，SB2 常开触点闭合，KM2 线圈得电，KM2 主触点闭合，直流电源被接通，电动机进行能耗制动，同时时间继电器 KT 线圈得电，计时开始，时间继电器瞬时闭合常开触点闭合，KM2 常开辅助触点闭合形成自锁，计时时间到，时间继电器 KT 延时断开常闭触点断开，交流接触器 KM2 线圈失电，KM2 主触点断开，直流电源被撤除，KM2 常开辅助触点断开，时间继电器 KT 线圈失电，能耗制动过程结束。

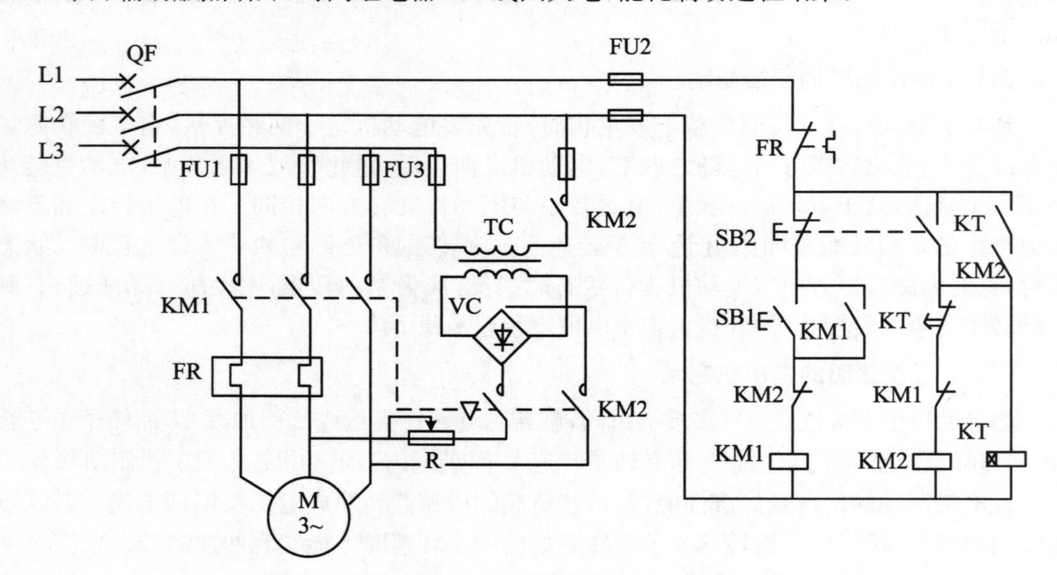

图 18.66　时间控制原则的能耗制动控制线路原理图

图 18.67 所示为速度控制原则的能耗制动控制线路。电机转速高于一定值时，能耗制动才能开启，采用能耗制动把速度降到设定的速度之后，能及时地把制动电源撤除。

假设速度继电器的动作值调整为 120 rad/min，释放值为 100 rad/min。该控制线路的工作过程如下：合上刀开关 QF，按下启动按钮 SB2，KM1 通电并自锁，电动机全压启动，当转速上升至 120 rad/min，KV 动合触点闭合，为 KM2 通电做准备。电动机正常运行时，KV 动合触点一直保持闭合状态，停车时，按下停车按钮 SB1，SB1 动断触点首先断开，使 KM1 断电结束自锁，主回路中，KM1 的主触点断开，电动机脱离三相交流电源；

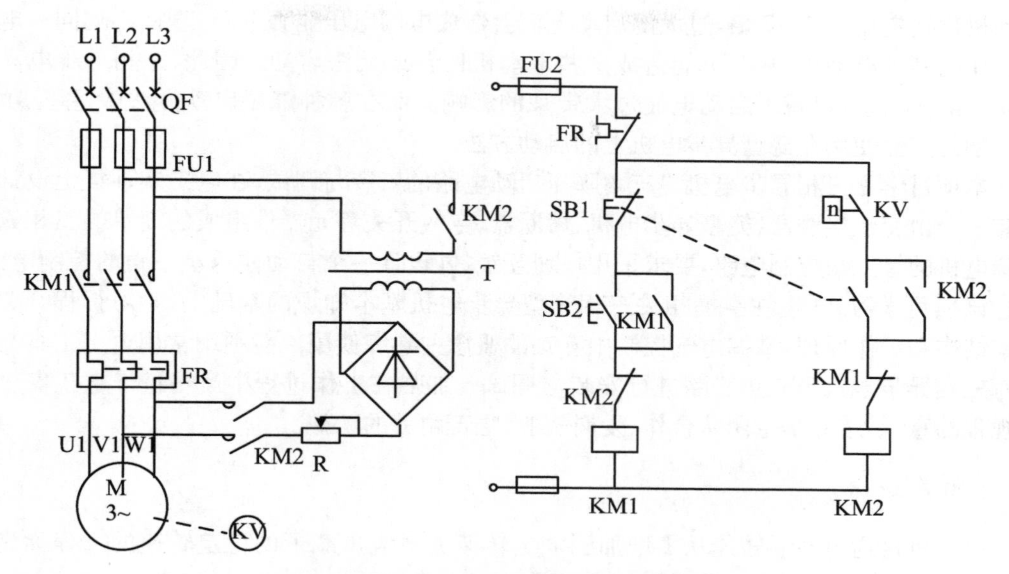

图 18.67 能耗制动速度原则控制线路原理图

SB1 动合触点后闭合，使 KM2 线圈通电并自锁，KM2 主触点闭合，交流电源经整流后经限流电阻向电动机提供直流电源，电动机进行能耗制动，电动机转速迅速下降，当转速下降至 100 rad/min，KV 动合触点断开，KM2 线圈失电结束自锁，KM2 主触点断开从而切断直流电源，制动结束。

18.4 星三角降压启动电路的安装与调试

【技能目标】

1. 掌握三相笼型异步电机的星三角降压启动的原理与应用范围。
2. 能根据现场负载的实际情况选择电机启动的方式。
3. 会识读三相异步电机星三角控制电气原理图。
4. 能根据电气原理图绘制安装接线图。
5. 能够根据原理图与安装接线图，严格按照工艺要求正确安装线路。
6. 会利用常用电工仪表调试三相异步电机星三角控制电路，能熟练检测和排除调试线路过程中可能出现的故障。
7. 能按照现场管理 6S(整理、整顿、清扫、清洁、素养、安全)要求安全文明生产。
8. 培养学生的团队合作精神与组织协调能力。
9. 培养学生爱岗敬业、吃苦耐劳的精神与良好的职业素养。

【任务描述】

三相异步电机的直接启动是一种简单、可靠且经济的启动方法，但直接启动电流可达电动机额定电流的4～7倍，过大的启动电流会造成电网电压显著下降，直接影响同一电网中工作的其他电动机，甚至可能造成这些电动机停转或无法启动。因此，三相异步电动机常采用降压启动，以减少启动电流过大带来的影响。而在各种降压启动方法中，星三角降压启动是广泛使用在笼型异步电机上的启动方法。

本项目学习三相异步电机星三角降压启动电路的安装与调试，在电工实训板上设计并安装一个由交流接触器、笼型异步电机、熔断器、空气开关等元器件组成的简单的三相笼型异步电机的星三角控制电路，要求采用按钮互锁，并设计一个自动往返星三角的控制电路。通过该项目学习，学生在掌握相关三相笼型异步电机基本知识的基础上，学习行程开关的基本结构和工作原理，掌握电气控制中互锁的概念并熟练使用。能利用常用电工工具与仪表对三相异步电机星三角线路进行安装与调试。加强在工作过程中严格遵守电工安全操作规程的意识，培养学生团队合作、爱岗敬业、吃苦耐劳的精神。

【相关知识】

电动机接通电源后转速从零增加到额定转速或对应负载下的稳定转速的过程称为启动过程。

电动机启动瞬间的电流叫启动电流。刚启动时，$n=0$，$s=0$，气隙旋转磁场与转子相对速度最大，因此，转子绕组中的感应电动势也最大，由转子电流公式可知，启动时 $s=1$，异步电动机转子电流达到最大值，一般转子启动电流是额定电流的5～8倍。根据磁动势平衡关系，定子电流随转子电流而相应变化，故启动时定子电流也很大，可达额定电流的4～7倍。这么大的启动电流将带来以下不良后果：

使线路产生很大电压降，导致电网电压波动，从而影响到接在电网上其他用电设备正常工作。当容量较大的电动机启动时，电网电压波动更加严重。

电压降低，电动机转速下降，严重时使电动机停转，甚至可能烧坏电动机。另一方面，电动机绕组电流增加，铜损耗过大，使电动机发热、绝缘老化。特别是对需要频繁启动的电动机影响较大。

电动机绕组端部受电磁力冲击，甚至发生形变。

异步电动机启动时，启动电流很大，但启动转矩却不大。因为启动时，$s=1$，$f_2=f_1$，转子漏抗 x_{20}很大，$x_{20}\gg r_2$，转子功率因数角接近90°，功率因数 $\cos\varphi_2$ 很低；同时，启动电流大，定子绕组漏阻抗压降大，由定子电动势平衡方程可知，定子绕组感应电动势减小，使电机主磁通有所减小。由于这两方面的因素，由电磁转矩公式 $T=C_T\Phi_m I_2'\cos\varphi_2$ 可知，尽管 I_2'很大，异步电动机的启动转矩并不大。

通过以上分析可知，异步电动机启动的主要问题是启动电流大，而启动转矩却不大。为了限制启动电流，并得到适当的启动转矩，根据电网的容量、负载的性质、电动机启动的频繁程度，对不同容量、不同类型的电动机应采用不同的启动方法。启动电流为

$$I_{st}=\frac{U_1}{\sqrt{(R_1+R_2')^2+(X_1+X_{20}')^2}}$$

由上式可知，减小启动电流有以下两种方法：降低异步电动机电源电压 U_1；增加异步电动机定、转子阻抗。对鼠笼式和绕线式异步电动机，可采用不同的方法来改善启动性能。

在电动机启动时对电动机启动的要求主要有：电动机应有足够的启动转矩；在保证足够的启动转矩的前提下，电动机的启动电流应尽量小；启动所需的控制设备应简单、力求价

格低廉、操作及维护方便;过程中的能量损耗尽量小。

三相异步电动机有直接启动与降压启动两种方式。

直接启动也称为全压启动。将电动机三相定子绕组直接接到额定电压的电网上来启动电动机,直接启动的优点是所需设备简单,启动时间短,缺点是对电动机及电网有一定的冲击。

异步电动机能否采用直接启动应由电网的容量、启动频繁程度、电网允许干扰的程度以及电动机的容量等因素决定。若电网容量足够大,而电动机容量较小时,一般采用直接启动,而不会引起电源电压有较大的波动。允许直接启动的电动机容量通常有如下规定:

电动机由专用变压器供电,且电动机频繁启动时电动机容量不应超过变压器容量的20%;电动机不经常启动时,其容量不超过30%。

若无专用变压器,照明与动力共用一台变压器时,允许直接启动的电动机的最大容量应以启动时造成的电压降落不超过额定电压的10%～15%的原则确定。

容量在7.5 kW以下的三相异步电动机一般均可采用直接启动。通常也可用下面经验公式来确定电动机是否可以采用直接启动:

$$\frac{I_{st}}{I_N} < \frac{3}{4} + \frac{\text{变压器容量(kVA)}}{4 \times \text{电动机功率(kW)}}$$

1. 星三角降压启动

启动时降低加在电动机定子绕组上的电压,启动结束后加额定电压运行的启动方式称为降压启动。当电源容量不够大,电动机直接启动的线路电压降超过15%时,应采用降压启动。降压启动以降低启动电流为目的,但由于电动机的转矩与电压的平方成正比,因此降压启动时,虽然启动电流减小,同时也导致启动转矩大大减小,故此法一般只适用于电动机空载或轻载启动。

Y-△降压启动如图18.68、图18.69所示。启动时,先把定子三相绕组做星形连接,启动完后,再将三相绕组接成三角形。这种方法只能用于正常运行时作为三角形连接的电动机的启动。

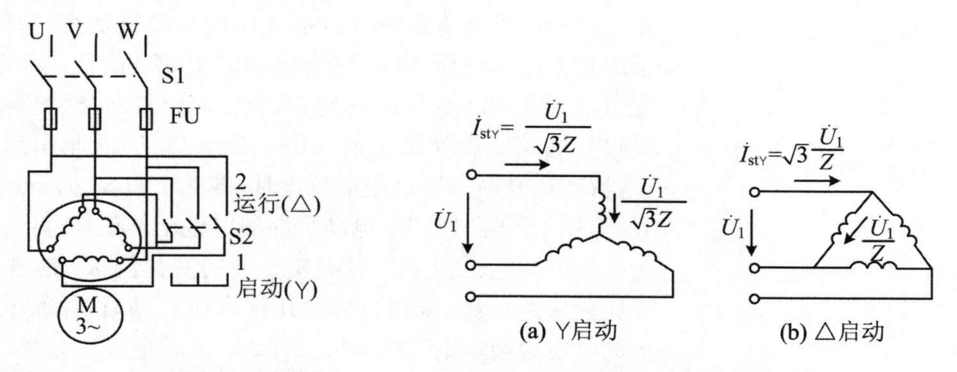

图 18.68 Y-△降压启动原理图　　图 18.69 星三角降压启动接线方式

下面我们将电动机作Y形启动及△形全压启动时的启动电流与启动转矩进行比较。设电源电压为 U_1,电动机每相阻抗为 Z,启动时,三相绕组接成Y形,则绕组电压为$U_1/\sqrt{3}$,故电动机的启动电流为

$$I_{stY} = \frac{U_1}{\sqrt{3}Z}$$

若电动机以△形直接启动，则绕组相电压为电源线电压，定子绕组每相启动电流为$\sqrt{3}U_1/Z$。故电网供给电动机的启动电流为

$$I_{st\triangle}=\frac{\sqrt{3}U_1}{Z}$$

Y形与△形连接启动时，启动电流的比值为

$$\frac{I_{stY}}{I_{st\triangle}}=\frac{1}{3}$$

由于启动转矩与相电压的平方成正比，故Y形与△形连接启动的启动转矩的比值为

$$\frac{T_{stY}}{T_{st\triangle}}=\frac{\left(\frac{U_1}{\sqrt{3}}\right)^2}{U_1^2}=\frac{1}{3}$$

综上所述，采用Y-△降压启动，其启动电流及启动转矩都减小到直接启动时的1/3。Y-△降压启动的最大优点是操作方便，启动设备简单，成本低，但它仅适用于正常运行时定子绕组以三角形连接的异步电动机。Y系列4～100 kW三相鼠笼式异步电动机定子绕组通常采用△形连接，使Y-△降压启动方法得以广泛应用。Y-△降压启动的缺点是启动转矩只有△形直接启动时的1/3，启动转矩较小，因此只能用于轻载或空载启动的设备上。

2. 定子回路串电阻启动

启动时，在定子绕组中串电阻降压，启动后再将电阻切除。由于串电阻启动具有启动平稳、工作可靠、启动时功率因数高等特点，但所需启动设备比Y-△降压启动多，投资较大，功率损耗大，不宜频繁启动。

3. 自耦变压器降压启动

电动机在启动时，定子绕组通过自耦变压器接到电源上，启动完毕，再将自耦变压器切除，定子绕组直接接在电源上正常运行。

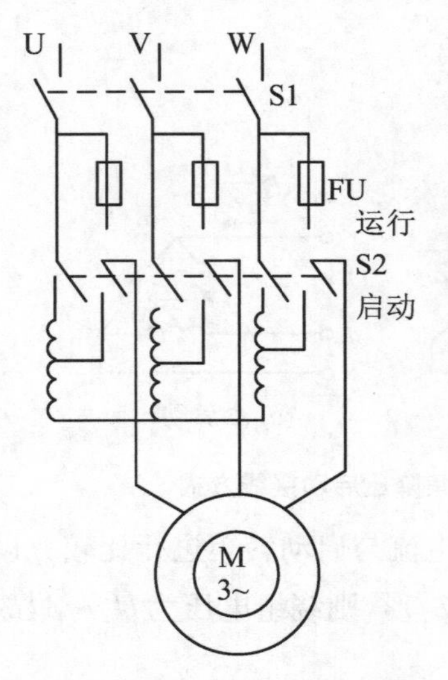

图 18.70　手动控制自耦变压器降压启动原理图

这种启动方法是利用自耦变压器来降低加在电动机定子绕组上的端电压，其原理接线如图18.70所示。启动时，先合上开关S1，再将开关S2掷于启动位置，这时电源电压经过自耦变压器降压后加在电动机上启动，限制了启动电流，待转速升高到接近额定转速时，再将开关S2掷于运行位置，自耦变压器被切除，电动机在额定电压下正常运行。

设电网电压为U_1，自耦变压器的变比为k_a，变压器抽头比为$k=1/k_a$，采用自耦变压器降压启动时，加在电动机上的电压为额定电压的$1/k_a$，启动电流满足以下关系：

$$I'_{st}=k^2I_{st}$$

因为启动转矩与电源电压的平方成正比，所以启动转矩也减小到直接启动时的$1/k_a^2$，即

$$T'_{st}=k^2T_{st}$$

由此可见，利用自耦变压器降压启动，电网供给的启动电流及电动机的启动转矩都减小到直接启动时的$1/k_a^2$。

自耦变压器二次侧通常有几个抽头，例如40%，60%，80% 3个抽头分别表示二次侧电压为一次侧电压的百分比。自耦变压器降压启动的优点是不受电动机绕组连接方式的影响，且可按允许的启动电流和负载所需的启动转矩来选择合适的自耦变压器抽头。其缺点是设备体积大，投资高。自耦变压器降压启动一般用于星三角降压启动不能满足要求，且不频繁启动的大容量电动机。

自耦降压启动自动控制如图18.71所示。

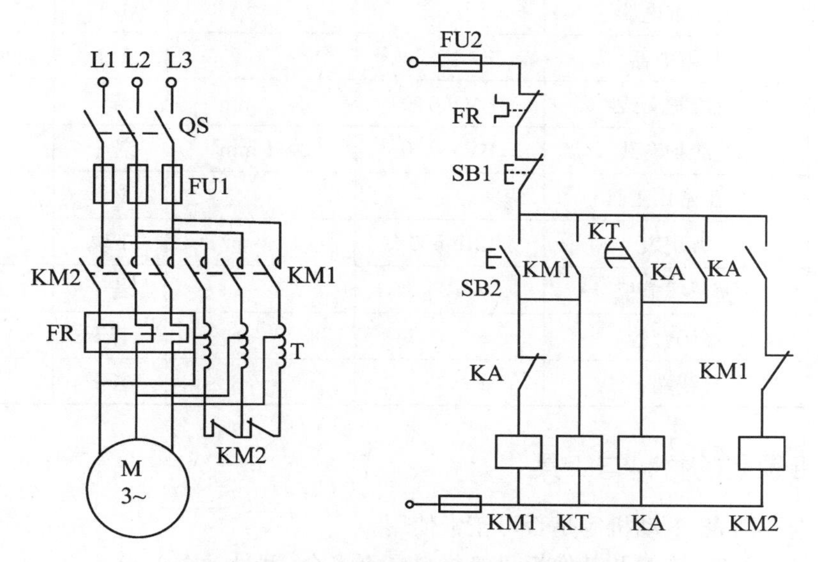

图18.71 自动控制自耦变压器降压启动原理图

【任务训练】

1. 所需仪器仪表、工具与材料

(1) 工具准备

电工常用工具一套，包括电工刀、十字螺丝刀、一字螺丝刀、钢丝钳、尖嘴钳、斜口钳、剥线钳、压接钳、万用表、验电笔等。

(2) 仪器仪表与材料准备

三相笼型异步电机星三角降压启动电路安装所需材料见表18.10。

表18.10 仪器仪表、工具与所需材料

序号	名称	型号	规格与主要参数	数量	备注
1	网孔实训板	面积最小1 m^2		1块	
2	三相笼型异步电机	Y2	220 V/3(5) A	1块	
3	熔断器	RN1	32 A	3个	
4	熔断器		10 A	2个	

续表

序号	名称	型号	规格与主要参数	数量	备注
5	交流接触器			3个	
6	空气开关			1个	
7	按钮			3个	
8	时间继电器			1个	
9	热继电器			1个	
10	绝缘护套线	BVV-1.0	2×1 mm^2	若干	
11	绝缘护套线	BVV-1.0	3×1 mm^2	若干	
12	电工常用工具			1套	
13	万用表	MF-500		1块	
14	塑料线槽板			若干	
15	编码套管			若干	
16	接线端子			若干	

2. 检查领到的材料与工具

(1) 检查万用表、电动机等是否可正常使用。

(2) 检查元器件、连线及其他耗材等材料是否齐全、型号是否正确。

(3) 检查工具数量是否齐全、型号是否正确，能否符合使用要求。

3. 穿戴与使用绝缘防护用具

工作负责人认真检查每位工作人员的穿戴情况：

进入实训室或者工作现场，必须穿工作服（长袖），戴好工作帽，长袖工作服不得卷袖。进入现场必须穿合格的工作鞋，任何人不得穿高跟鞋、网眼鞋、钉子鞋、凉鞋、拖鞋等进入现场。使用电工工具进行线路安装时，应按照电工工具的使用方法进行操作，防止电工工具的损坏；注意团队成员相互间的人身安全，分工合作共同完成照明线路的安装。

确认工作者穿好工作服；

确认工作者紧扣上衣领口、袖口；

确认工作者穿上绝缘鞋；

确认工作者戴好工作帽。

对穿戴不合格的工作者，取消此次工作资格。

4. 星三角降压启动电路的安装与调试

(1) 电路分析

星形-三角形(Y-△)降压启动是指在电动机启动时，把电动机的绕组连接成星形，运行时，绕组变成三角形连接，由于三角形连接时加在每个绕组上的电压是星形连接时的3倍，所以采用星三角启动方式可以降低启动电流。星三角启动控制有多种控制方式，其中时间原则控制线路结构简单，容易实现，实际使用效果也好，应用比较广泛。

按时间原则实现控制的电动机星三角控制线路如图 18.72 所示，其中接触器 KM1 为主接触器；接触器 KM2 为星形接触器，控制电动机星形启动；接触器 KM3 为三角形接触器，控制电动机三角形启动。即 KM1，KM2 主触点闭合时，绕组接成星形，此时加在电动机每相绕组上的电压为额定电压的 $1/\sqrt{3}$，从而减小了启动电流。KM3 主触点闭合时，为三角形连接，使电动机在额定电压下运行。由于两种接线方式的切换要在短时间内完成，在控制电路中采用时间继电器实现定时自动切换。

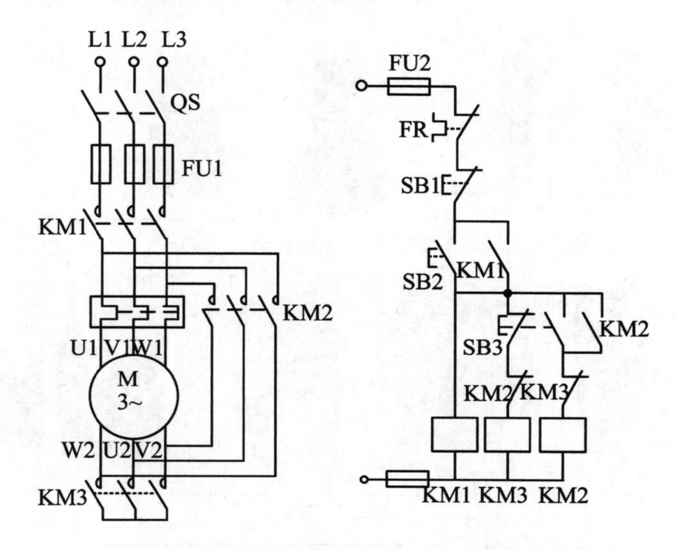

(a) 手动控制的星三角降压启动电气原理图

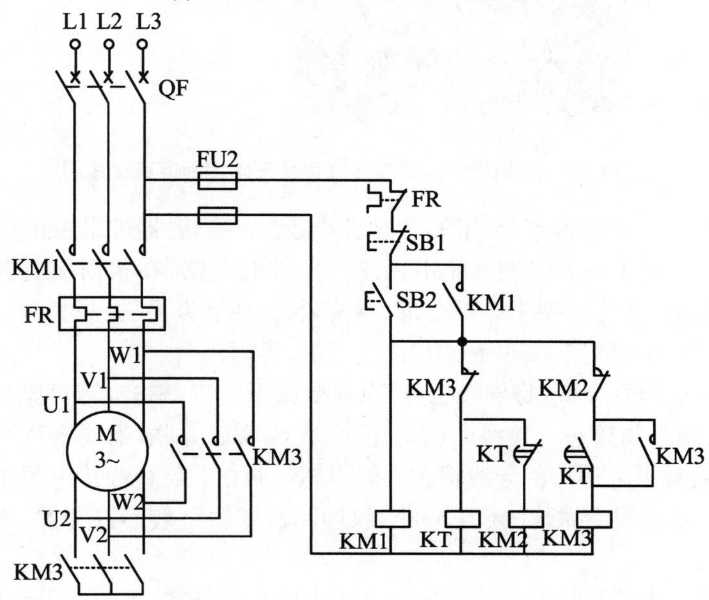

(b) 时间继电器自动控制的星三角降压启动原理图

图 18.72　星三角降压启动原理图

该线路结构简单，缺点是启动转矩也相应下降为三角形连接的1/3，转矩特性差，因而本线路适用于电网380 V，额定电压660 V/380 V(星形-三角形连接)的电动机轻载启动的场合。

星三角降压启动电路的组成包括变压器、交流断路器、接触式继电器、时间继电器、热过载继电器、按钮开关、三相交流电动机等。

(2) 安装步骤

三相笼型异步电机星三角降压启动控制电路按图18.73所示接线图进行安装。

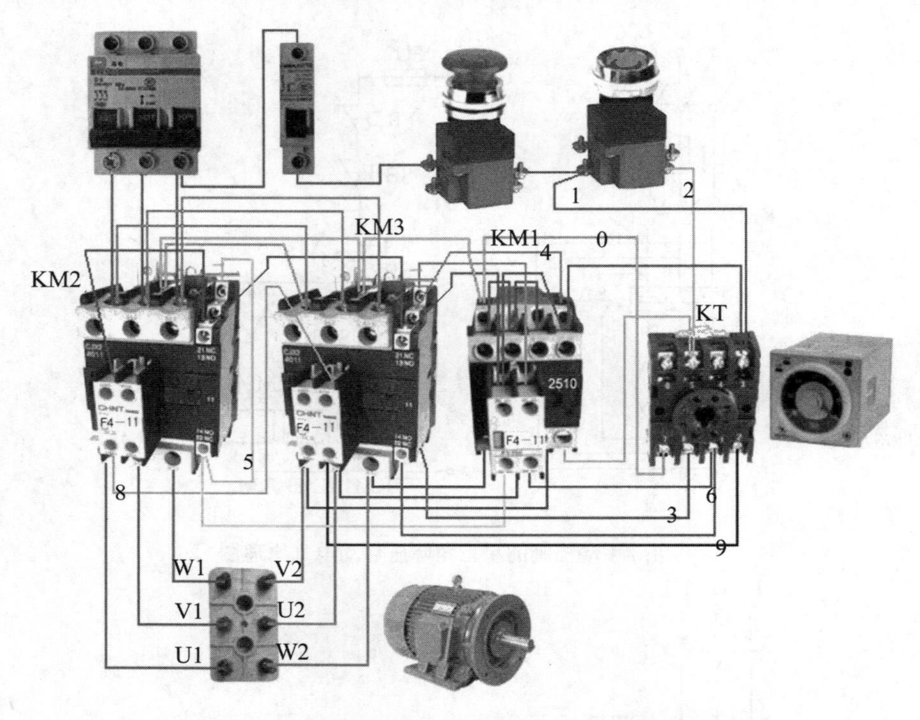

图18.73　三相异步电机复合互锁星三角控制电路接线图

① 检查器件及工具是否齐全，相关电器型号是否正确，各器件是否正常工作。

② 布局定位。根据三相笼型异步电机星三角控制电路，在实训板上根据各器件的尺寸大小进行合理布局定位。要求布局合理、结构紧凑、控制方便、美观大方。固定器件的时候，先对角固定，再两边固定，要求元器件固定可靠，牢固。

③ 布线。先处理好导线，将导线拉直，布线要横平竖直、整齐，转弯要成直角，少交叉，应尽量避免导线在中间接头。接线时由上至下，先串联后并联，敷线平直整齐，无露铜、压绝缘层，每个接线端子上连接的导线根数一般不超过两根。红色线接电源相线(L)，黑色线接零线(N)，黄绿双色线专做地线(PE)；相线过开关，零线一般不进开关；进出线应合理汇集在端子排上。

④ 电路连接。电路连接时要注意组件上相关触点的选择，区分常开、常闭、主触点、辅助触点。导线线号的标志应与原理图和接线图相符合。

⑤ 线路断电检测，包括线路接线检查，检查接线是否正确，接线端是否牢固，有无松动。对照设计的照明电路安装图检查接线是否正确，注意电能表相线与零线有无接反，漏

电保护器、熔断器、开关、插座等元器件的接线是否正确。

(3) 电路调试

合上电源开关QF后,按以下步骤操作。

① 星形减压启动三角形运行。按下启动按钮SB2,接触器KM通电,KM主触点闭合,接触器KM2通电,KM2主触点闭合,定子绕组连接成星形,M减压启动;时间继电器KT通电延时 t(s),KT延时常闭辅助触点断开,KM2断电,KT延时闭合常开触点闭合,KM3主触点闭合,定子绕组连接成三角形,M加以额定电压正常运行,KM3常闭辅助触点断开,KT线圈断电,时间继电器KT被撤除以节能。

② 停止,按下SB1,整个控制电路断电,KM1,KM3线圈断电释放,电动机M断电停止。

5. 现场管理及材料与工具的归还

(1) 在工作中,团队成员应分工明确,相互合作

① 工作中整理工作现场,保持工作场地的卫生清洁。

② 工作中,保持现场工具、物品的整齐有序。

③ 工作中互相帮助,相互提醒,注意本人与他人的安全。

(2) 工作结束后,应及时进行工作场地卫生清洁,使物品摆放整齐有序,保持现场的整洁,做到标准化管理

① 归还所有借用的工具与材料。

② 在工具与材料领取单上签字确认,做好归还记录。

【考核评价】

考核评价表见表18.11。

表18.11 考核评价表

考核项目	考核内容及评分标准	考核方式	比重
态度	1. 工作现场整理、整顿、清理不到位,扣5分 2. 操作期间不能做到安全、整洁等,扣5分 3. 不遵守教学纪律,有迟到、早退、玩手机、打瞌睡等违纪行为,每次扣5分 4. 进入操作现场,未按要求穿戴,每次扣5分	学生互评(小组长)+教师评价	40%

续表

考核项目	考核内容及评分标准	考核方式	比重
知识技能	1. 元器件安装不按规程要求、松动、不整齐，每处扣3分。不能正确使用常用电工工具，每次扣2分 2. 损坏元器件，不用仪表检查元件，每件扣3分 3. 导线未进入线槽，有跨接，每处各扣2分。不整齐美观，扣5分 4. 导线不经过端子板，每根线扣3分。每个接线螺钉压接线超过两根，每处扣5分 5. 接点松动、接头露铜过长、压接不正确、压绝缘层，标记线号不清楚、遗漏或误标，每处扣1分 6. 损伤导线绝缘或线芯、少接线，每根扣3分 7. 导线乱线敷设，扣10分 8. 完成后每少盖一处盖板，扣5分。不能正确装配照明电路，每处扣5分 9. 电器没整定值或错误，扣5分 10. 一次试车不成功，扣5分；二次试车不成功，扣10分；没有试车，扣10分 11. 不会通过书本或网络获取知识技能，扣3分 12. 进行技能答辩错误，每次扣3分	教师评价	60%

【拓展提高】

双速异步电动机控制电路的安装

实际生产中的机械设备常有多种速度输出的要求，调速设备的应用非常广泛。电动机的调速方式有改变电机磁极对数调速，改变电机电源频率调速，改变电机转差率调速等3种调速方式。

对于中小型设备应用，变极调速由于控制线路简单、成本低、检修维护方便等优点，应用非常广泛。如图18.74所示，变极调速是通过改变电动机定子绕组的解法，从而改变磁极对数来进行调速的。

图18.75为手动控制的双速电机控制线路图，该控制线路可以实现电机的高低速启动和高低速运行，可以实现高低速的双向切换，可以在任意速度状态下停车。

该控制线路的控制过程如下：合上刀开关QS，按下SB2，接触器KM1得电，主触点闭合，电机低速启动，KM1常开辅助触点闭合自锁；按下SB3，SB3常闭触点断开，KM1线圈失电，KM1常闭辅助触点闭合，主触点断开，KM2线圈得电，KM2主触点闭合，KM2常开辅助触点闭合，KM3线圈得电，KM3主触点闭合，电动机由低速转入高速状态。再按下SB1时，KM2、KM3线圈失电，KM1线圈得电动作，电动机又转入低速状态。按下SB1，控制线路全部失电，所有接触器主触点全部断开，电机停转。

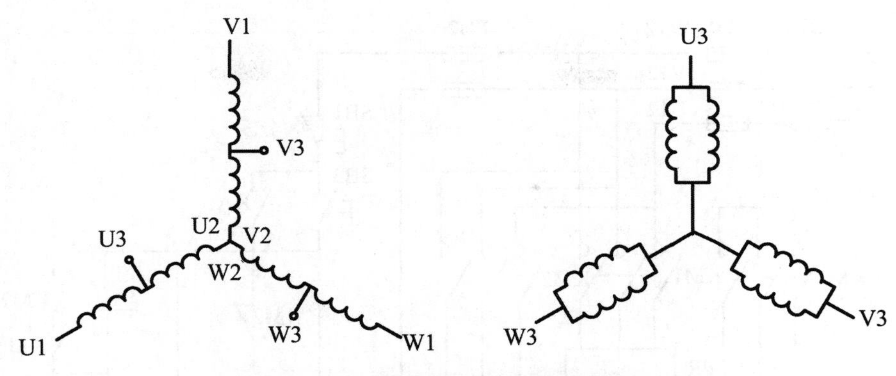

图 18.74 双速电机定子绕组接线图

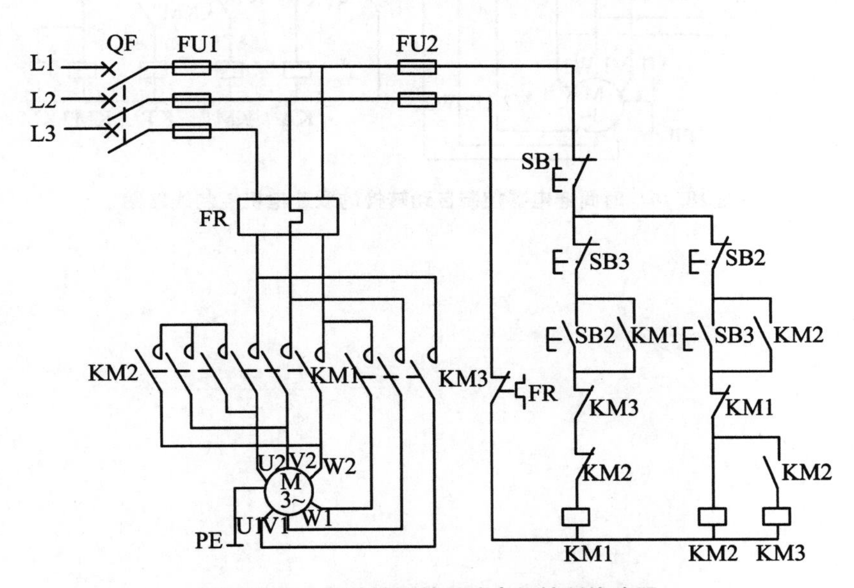

图 18.75 手动控制的双速电机控制线路图

图 18.76 为利用时间继电器自动控制的双速电机控制线路图，该电路实现低速启动，延时一段时间后自动转入高速运行，但是不能够进行高低速的互相切换。该控制线路的工作过程如下：合上刀开关 QS，按下 SB2，中间继电器 KA 得电，KA 常开触点闭合自锁；接触器 KM1 得电，KM1 主触点闭合，电机低速启动；时间继电器 KT 线圈得电开始计时，计时时间到，KT 延时断开常闭触点断开，KM1 线圈失电，KM1 主触点断开，KM1 常闭辅助触点闭合，KT 延时闭合常开触点闭合，接触器 KM2，KM3 线圈得电，KM2，KM3 主触点闭合，KM2，KM3 常开辅助触点闭合自锁，电机进入高速运行，KM3 常闭辅助触点断开，时间继电器 KT 线圈被撤除以节约电能。

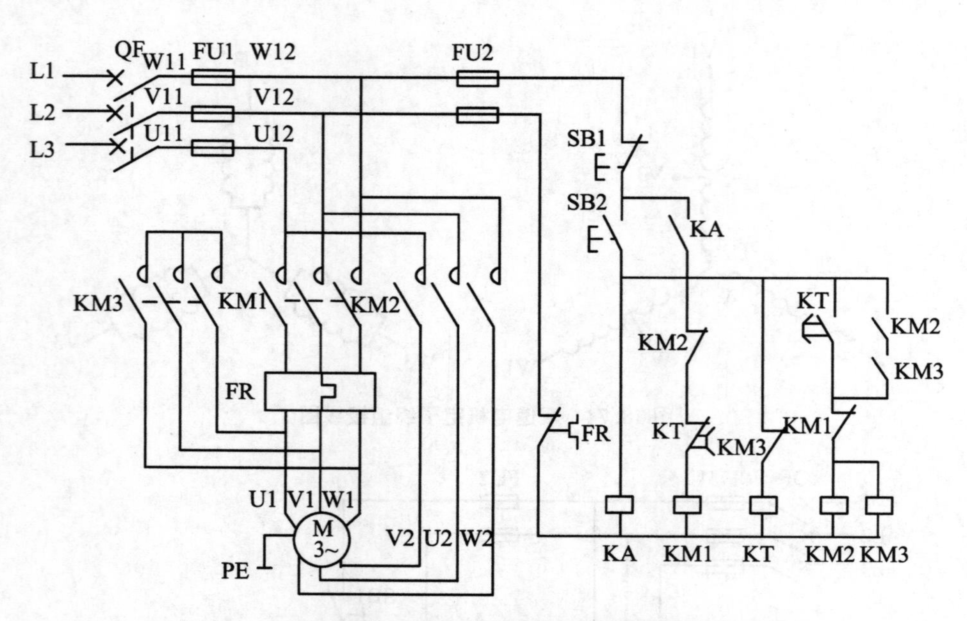

图 18.76 时间继电器控制自动转换的双速电机控制线路图

参 考 文 献

[1] 王金花.电工技术[M].北京:人民邮电出版社,2016.
[2] 赵承荻.电工电子技术及应用[M].北京:高等教育出版社,2013.
[3] 谭延良.电工电子技术项目化教程[M].上海:同济大学出版社,2019.
[4] 任元吉,曾一新,陈吹信.电工基础[M].北京:航空工业出版社,2015.
[5] 史娟芬.电子技术基础与技能[M].南京:江苏教育出版社,2010.
[6] Boylestad R L.电路分析导论[M].北京:机械工业出版社,2014.
[7] 段树华,李华柏.电工技能训练[M].上海:同济大学出版社,2017.
[8] 张志良.电工基础学习指导与习题解答[M].北京:机械工业出版社,2010.
[9] 林曦,张涛.电工技术基础与技能[M].北京:人民交通出版社,2016.
[10] 林宏裔.电工与电子技术基础[M].北京:中国铁道出版社,2007.
[11] 唐介.电路基本理论[M].哈尔滨:哈尔滨工业大学出版社,2008.
[12] 邱关源.电路[M].5版.北京:高等教育出版社,2006.
[13] 宋孔德.基尔霍夫定律[M].北京:人民教育出版社,1981.
[14] 王敏,周树道,马宁.节点电压法与网孔电流法的关系与教学设计[J].大学教育,2015(4):170-171.
[15] 杨利军,段树华.电工基础[M].北京:高等教育出版社,2012.
[16] 杨利军,熊异.电工技能训练[M].北京:机械工业出版社,2010.
[17] 段树华,李华柏.高低压电器装配工技能训练与考级[M].北京:中国电力出版社,2014.
[18] 雷锡绒.电工基础[M].北京:中国铁道出版社,2010.